高职高专"十二五"规划教材

★ 农林牧渔系列

宠物解剖生理

JIEPOU SHENGLI

CHONGWU

霍军 曲强 主编

化学工业出版社

·北京·

内 容 提 要

本书是高职高专宠物类专业"十二五"规划教材分册之一。本书根据宠物专业特点和高职教改需要组织内容,在内容深度和广度上力求反映临床实际需求,并融入相关新技术和新方法,紧密结合宠物行业实际。主要内容包括:阐述了宠物细胞、基本组织、系统解剖学知识和器官组织内容,详细介绍了宠物的生命现象及活动规律,重点介绍了犬、猫各个系统的解剖构造和生理机能,对于其他宠物如观赏鱼和鸟类在本书中也有述及,读者可根据需要选择性学习。各章后附有复习思考题和岗位技能实训项目,方便学生自测和操作练习。全书语言简明,图文并茂。

本书适合作为高职高专宠物类相关专业学生的教材,同时也可供行业培训人员,宠物疫病防治人员,防疫检疫人员,饲养、驯养、美容及管理人员参考。

图书在版编目(CIP)数据

宠物解剖生理/霍军,曲强主编. —北京:化学工业
出版社,2011.8(2025.1重印)

高职高专"十二五"规划教材★农林牧渔系列
ISBN 978-7-122-11908-7

Ⅰ. 宠… Ⅱ.①霍…②曲… Ⅲ. 观赏动物-动物
解剖学:生理学-高等职业教育-教材 Ⅳ.Q954.5

中国版本图书馆 CIP 数据核字(2011)第 144135 号

责任编辑:梁静丽 李植峰　　　　　　文字编辑:何　芳
责任校对:战河红　　　　　　　　　　装帧设计:史利平

出版发行:化学工业出版社(北京市东城区青年湖南街 13 号　邮政编码 100011)
印　　刷:三河市航远印刷有限公司
装　　订:三河市宇新装订厂
787mm×1092mm　1/16　印张 17¾　字数 462 千字　2025 年 1 月北京第 1 版第 16 次印刷

购书咨询:010-64518888　　　　　　售后服务:010-64518899
网　　址:http://www.cip.com.cn
凡购买本书,如有缺损质量问题,本社销售中心负责调换。

定　　价:49.00 元

高职高专规划教材★农林牧渔系列
建设委员会成员名单

主 任 委 员　　介晓磊
副主任委员　　温景文　陈明达　林洪金　江世宏　荆　宇　张晓根
　　　　　　　　窦铁生　何华西　田应华　吴　健　马继权　张震云
委 员　　（按姓名汉语拼音排列）

边静玮	陈桂银	陈宏智	陈明达	陈　涛	邓灶福	窦铁生	甘勇辉	高　婕	耿明杰
宫麟丰	谷风柱	郭桂义	郭永胜	郭振升	郭正富	何华西	胡克伟	胡孔峰	胡天正
黄绿荷	江世宏	姜文联	姜小文	蒋艾青	介晓磊	金伊洙	荆　宇	李　纯	李光武
李彦军	梁学勇	梁运霞	林伯全	林洪金	刘　莉	刘俊栋	刘　蕊	刘淑春	刘万平
刘晓娜	刘新社	刘奕清	刘　政	卢　颖	马继权	倪海星	欧阳清芳	欧阳素贞	
潘开宇	潘自舒	彭　宏	彭小燕	邱运亮	任　平	商世能	史延平	苏允平	陶正平
田应华	王存兴	王　宏	王秋梅	王水琦	王秀娟	王燕丽	温景文	吴昌标	吴　健
吴郁魂	吴云辉	武模戈	肖卫苹	解相林	谢利娟	谢拥军	邢　军	徐苏凌	徐作仁
许开录	闫慎飞	颜世发	燕智文	杨玉珍	尹秀玲	于文越	张德炎	张海松	张晓根
张玉廷	张震云	张志轩	赵晨霞	赵　华	赵先明	赵勇军	郑继昌	周晓舟	朱学文

高职高专规划教材★农林牧渔系列
编审委员会成员名单

主 任 委 员　　蒋锦标
副主任委员　　杨宝进　张慎举　黄　瑞　杨廷桂　刘　莉　胡虹文　张守润
　　　　　　　　宋连喜　薛瑞辰　王德芝　王学民　张桂臣
委 员　　（按姓名汉语拼音排列）

艾国良	白彩霞	白迎春	白永莉	白远国	柏玉平	毕玉霞	边传周	卜春华	曹　晶
曹宗波	陈传印	陈杭芳	陈金雄	陈　璟	陈盛彬	陈现臣	程　冉	褚秀玲	崔爱萍
丁玉玲	董义超	董曾施	杜护华	段鹏慧	范洲衡	方希修	付美云	高　凯	高　梅
高志花	弓建国	顾成柏	顾洪娟	关小变	韩建强	韩　强	何海健	何英俊	胡凤新
胡虹文	胡　辉	胡石柳	黄　瑞	黄修奇	吉　梅	纪守学	纪　瑛	蒋锦标	鞠志新
来景辉	李碧全	李　刚	李继连	李　军	李雷斌	李林春	梁本国	梁称福	梁俊荣
林　纬	林仲桂	刘方玉	刘革利	刘广文	刘丽云	刘　莉	刘振湘	刘贤忠	刘晓欣
刘振华	刘宗亮	柳遵新	龙冰雁	罗　玲	潘　琦	潘一展	邱深本	任国栋	阮国荣
申庆全	石冬梅	史兴山	史雅静	宋连喜	孙克威	孙维平	孙雄华	孙志浩	唐建勋
唐晓玲	田　伟	田伟政	田文儒	汪玉琳	王爱华	王朝霞	王大来	王道国	王德芝
王　健	王立军	王孟宇	王双山	王铁岗	王彤光	王文焕	王新军	王　星	王学民
王艳立	王云惠	王中华	吴俊琢	吴琼峰	吴占福	吴中军	肖尚修	熊运海	徐公义
徐占云	许美解	薛瑞辰	羊建平	杨宝进	杨平科	杨廷桂	杨卫韵	杨学敏	杨　志
杨治国	姚志刚	易　诚	易新军	于承鹤	于显威	袁亚芳	曾饶琼	曾元根	战忠玲
张春华	张桂臣	张怀珠	张　玲	张庆霞	张慎举	张守润	张堂田	张响英	张　欣
张新明	张艳红	张祖荣	赵希彦	赵秀娟	郑翠芝	周显忠	朱金凤	朱雅安	卓开荣

高职高专规划教材★农林牧渔系列
建设单位

（按汉语拼音排列）

安阳工学院
保定职业技术学院
北京城市学院
北京林业大学
北京农业职业学院
长治学院
长治职业技术学院
常德职业技术学院
成都农业科技职业学院
成都市农林科学院园艺研
　究所
重庆三峡职业学院
重庆文理学院
德州职业技术学院
福建农业职业技术学院
抚顺师范高等专科学校
甘肃农业职业技术学院
广东科贸职业学院
广东农工商职业技术学院
广西百色市水产畜牧兽医局
广西大学
广西职业技术学院
广州城市职业学院
海南大学应用科技学院
海南师范大学
海南职业技术学院
杭州万向职业技术学院
河北北方学院
河北工程大学
河北交通职业技术学院
河北科技师范学院
河北省现代农业高等职业技
　术学院
河南科技大学林业职业学院
河南农业大学
河南农业职业学院
河西学院
黑龙江科技职业学院
黑龙江民族职业学院

黑龙江农业工程职业学院
黑龙江农业经济职业学院
黑龙江农业职业技术学院
黑龙江生物科技职业学院
呼和浩特职业学院
湖北三峡职业技术学院
湖北生物科技职业学院
湖南环境生物职业技术学院
湖南生物机电职业技术学院
怀化职业技术学院
吉林农业科技学院
集宁师范高等专科学校
济宁市高新技术开发区农业局
济宁市教育局
济宁职业技术学院
嘉兴职业技术学院
江苏联合职业技术学院
江苏农林职业技术学院
江苏畜牧兽医职业技术学院
江西生物科技职业学院
金华职业技术学院
晋中职业技术学院
荆楚理工学院
荆州职业技术学院
景德镇高等专科学校
昆明市农业学校
丽水学院
丽水职业技术学院
辽东学院
辽宁科技学院
辽宁农业职业技术学院
辽宁医学院高等职业技术学院
辽宁职业学院
聊城大学
聊城职业技术学院
眉山职业技术学院
南充职业技术学院
盘锦职业技术学院

濮阳职业技术学院
青岛农业大学
青海畜牧兽医职业技术学院
曲靖职业技术学院
日照职业技术学院
三门峡职业技术学院
山东科技职业学院
山东省贸易职工大学
山东省农业管理干部学院
山西林业职业技术学院
商洛学院
商丘职业技术学院
上海农林职业技术学院
深圳职业技术学院
沈阳农业大学
沈阳农业大学高等职业技术
　学院
苏州农业职业技术学院
宿州职业技术学院
乌兰察布职业学院
温州科技职业学院
厦门海洋职业技术学院
咸宁学院
咸宁职业技术学院
信阳农业高等专科学校
杨凌职业技术学院
宜宾职业技术学院
永州职业技术学院
玉溪农业职业技术学院
岳阳职业技术学院
云南农业职业技术学院
云南省曲靖农业学校
云南省思茅农业学校
张家口教育学院
漳州职业技术学院
郑州牧业工程高等专科学校
郑州师范高等专科学校
中国农业大学烟台研究院

《宠物解剖生理》编写人员名单

主　　编　霍　军　曲　强

副 主 编　黄文峰　吴礼平

编　　者　（按姓名汉语拼音排列）

陈　滨　黑龙江科技职业学院

陈　敏　信阳农业高等专科学校

郝春燕　杨凌职业技术学院

胡小九　云南农业职业技术学院

黄文峰　辽宁职业学院

霍　军　郑州牧业工程高等专科学校

凌　丁　广西农业职业技术学院

刘方玉　湖北三峡职业技术学院

刘会娟　辽宁农业职业技术学院

罗厚强　温州科技职业技术学院

曲　强　辽宁农业职业技术学院

王　军　郑州牧业工程高等专科学校

吴礼平　杨凌职业技术学院

张　磊　黑龙江生物科技职业学院

主　　审　韩行敏　黑龙江科技职业学院

序

当今，我国高等职业教育作为高等教育的一个类型，已经进入到以加强内涵建设，全面提高人才培养质量为主旋律的发展新阶段。各高职高专院校针对区域经济社会的发展与行业进步，积极开展新一轮的教育教学改革。以服务为宗旨，以就业为导向，在人才培养质量工程建设的各个侧面加大投入，不断改革、创新和实践。尤其是在课程体系与教学内容改革上，许多学校都非常关注利用校内、校外两种资源，积极推动校企合作与工学结合，如邀请行业企业参与制定培养方案，按职业要求设置课程体系；校企合作共同开发课程；根据工作过程设计课程内容和改革教学方式；教学过程突出实践性，加大生产性实训比例等，这些工作主动适应了新形势下高素质技能型人才培养的需要，是落实科学发展观，努力办人民满意的高等职业教育的主要举措。教材建设是课程建设的重要内容，也是教学改革的重要物化成果。教育部《关于全面提高高等职业教育教学质量的若干意见》（教高［2006］16 号）指出"课程建设与改革是提高教学质量的核心，也是教学改革的重点和难点"，明确要求要"加强教材建设，重点建设好 3000 种左右国家规划教材，与行业企业共同开发紧密结合生产实际的实训教材，并确保优质教材进课堂。"目前，在农林牧渔类高职院校中，教材建设还存在一些问题，如行业变革较大与课程内容老化的矛盾、能力本位教育与学科型教材供应的矛盾、教学改革加快推进与教材建设严重滞后的矛盾、教材需求多样化与教材供应形式单一的矛盾等。随着经济发展、科技进步和行业对人才培养要求的不断提高，组织编写一批真正遵循职业教育规律和行业生产经营规律、适应职业岗位群的职业能力要求和高素质技能型人才培养的要求、具有创新性和普适性的教材将具有十分重要的意义。

化学工业出版社为中央级综合科技出版社，是国家规划教材的重要出版基地，为我国高等教育的发展做出了积极贡献，曾被新闻出版总署领导评价为"导向正确、管理规范、特色鲜明、效益良好的模范出版社"，2008 年荣获首届中国出版政府奖——先进出版单位奖。近年来，化学工业出版社密切关注我国农林牧渔类职业教育的改革和发展，积极开拓教材的出版工作，2007 年年底，在原"教育部高等学校高职高专农林牧渔类专业教学指导委员会"有关专家的指导下，化学工业出版社邀请了全国 100 余所开设农林牧渔类专业的高职高专院校的骨干教师，共同研讨高等职业教育新阶段教学改革中相关专业教材的建设工作，并邀请相关行业企业作为教材建设单位参与建设，共同开发教材。为做好系列教材的组织建设与指导服务工作，化学工业出版社聘请有关专家组建了"高职高专规划教材★农林牧渔系列建设委员会"和"高职高专规划教材★农林牧渔系列编审委员会"，拟在"十一五"、"十二五"期间组织相关院校的一线教师和相关企业的技术人员，在深入调研、整体规划的基础上，编写出版一套适应农林牧渔类相关专业教育的基础课、专业课及相关外延课程教材。专业涉及种植、园林园艺、畜牧、兽医、水产、宠物等。

该套教材的建设贯彻了以职业岗位能力培养为中心，以素质教育、创新教育为基础的教育理念，理论知识"必需"、"够用"和"管用"，以常规技术为基础，关键技术为重点，先进技术为导向。此套教材汇集众多农林牧渔类高职高专院校教师的教学经验和教改成果，又得到了相关行业企业专家的指导和积极参与，相信它的出版不仅能较好地满足高职高专农林牧渔类专业的教学需求，而且对促进高职高专专业建设、课程建设与改革、提高教学质量也将起到积极的推动作用。希望有关教师和行业企业技术人员，积极关注并参与教材建设。毕竟，为高职高专农林牧渔类专业教育教学服务，共同开发、建设出一套优质教材是我们共同的责任和义务。

介晓磊

前言

  宠物解剖生理是高职高专宠物类专业学生必修的一门重要专业基础课。为适应现代社会经济发展和高职高专教学改革的需要，培养社会急需的高标准合格的专业技术人才，我们联合全国开设宠物类专业高职高专院校的骨干教师编写了《宠物解剖生理》教材。

  全书内容共分十九章，图文并茂。前六章为解剖学部分，阐述细胞、基本组织和系统解剖学知识；器官组织内容放在相应章节内叙述。第七章至第十九章为生理学部分，阐述宠物的生命现象及活动规律。在编写方式上将许多内容采用了图表式叙述，增加大量的线条图，编者在编写中还注意了文字的易读性和内容的实用性。在每章之前列出学习目标和技能目标，每章之后附有复习思考题和岗位技能实训，以供学生复习、实习与自测之用。

  本书由12所院校、13位骨干教师联合编写，编写人员均在有关院校的教学第一线工作，意在使教材集各家所长。本书的特色在于，编者从专业结构实际出发，根据高职高专技术应用型人才的培养目标和职业技术教育"以素质教育为基础，以能力培养为中心"的特点，贯彻以应用为目的，以必需、够用为度的原则，注重突出应用性和实践性，尽可能做到概念清楚、重点突出，既深入浅出又理论联系实际，力求反映当前解剖学和生理学方面的新理论和新概念，并保证内容的科学性、实用性和先进性。根据教育培养对象，在教材编写中我们注重解剖学和生理学内容上的衔接，删除了重复叙述的部分，适当增加了学科发展的新知识。

  本书在编写和出版过程中得到了各参编院校及领导的大力支持，使本书能够顺利及时地出版发行，编者在此表示深切的谢意。另外，本书在编写中参考了同行专家的文献和资料，书中部分插图是根据参考文献中绘制或修改的，在此对原书作者和出版者致以衷心的感谢。

  本教材在编写过程中虽经多次修改，但由于编者水平有限，编写时间仓促，书中疏漏和不妥之处在所难免，敬请同仁和广大读者批评指正，以便今后修改提高。

编者
2011 年 7 月

目录

绪　　论

【学习目标】
1. 掌握宠物解剖生理的概念。
2. 了解宠物解剖生理的研究方法。
3. 了解宠物机体生理功能的调节方式。
4. 掌握宠物机体各部的名称。
5. 掌握宠物解剖学常用术语。

一、宠物解剖生理的研究内容

宠物解剖生理是研究宠物有机体形态、结构及生命活动规律的科学，包括宠物解剖学和宠物生理学两部分内容。二者研究内容不同，但联系密切，机体结构是功能的基础，生命活动中表现出的某种生理功能是某种特定结构的运动形式。

（1）宠物解剖学　是研究正常宠物有机体的形态、结构及其发生发展规律的科学。根据研究的目的和方法不同，分为大体解剖学、组织学和胚胎学。大体解剖学是借助于解剖器械，经肉眼观察，研究宠物有机体各器官的形态、结构、位置及相互关系。由于研究目的不同，又分为系统解剖学、局部解剖学、比较解剖学和功能解剖学等。组织学是采用切片、染色等技术，借助显微镜研究组织细胞的细微结构及其与功能的关系。胚胎学是研究宠物个体发生规律的科学，即研究由受精卵发育到个体形成过程中的形态、结构和功能变化。

（2）宠物生理学　是研究宠物有机体基本生命活动及其规律的科学。宠物有机体的结构和功能十分复杂，在研究其生理功能变化规律及探讨其产生的机制时，需要从不同水平提出问题进行研究。生理学的研究可分为三个不同的水平，即细胞和分子水平、器官和系统水平、整体水平，上述三种水平的研究都不是孤立的，而是相互联系、互相补充的。因此，要阐明某些生理功能的机制，必须进行综合分析，才能得出较为全面的结论。

二、宠物解剖生理的研究方法

（1）宠物解剖学研究方法　解剖学属形态科学，大体解剖学研究方法是通过宠物解剖，观察标本，以获得丰富的宠物器官形态结构知识；组织学和胚胎学的研究方法有多种，如固定组织、组织化学、免疫组织化学以及组织培养、活体染色和超微结构等。特别是电子显微镜的发明和应用，使形态科学研究从细胞整体和亚细胞结构深入到分子结构水平。随着现代科学技术的发展，解剖学的内容也不断充实、更新和发展，并与生物化学、免疫学、病理学等相关学科交叉渗透。

（2）宠物生理学研究方法　生理学是一门实验科学，现有的生理学知识大量来自于动物实验的结果。生理学的研究方法归纳起来可分为急性实验和慢性实验两类。急性实验按研究目的和需要又分为离体器官实验和活体解剖实验，这两种方法的实验过程不能持久，实验动物往往死亡。其优点是对器官、系统可进行较细致的实验研究，但不能完全反映器官在体内的正常活动情况。慢性实验法以完整、健康的宠物为研究对象，通常施以一定的外科手术，待宠物手术恢复后，可在正常的饲料管理条件下进行长期的系统观察。这些实验技术的优点是能反映宠物正常的生理活动，但不便于分析诸多的影响因素。

三、学习宠物解剖生理的目的和意义

宠物解剖生理是宠物专业基础理论课，与其他专业基础课和专业课，如宠物病理、宠物临床诊疗技术、宠物饲养、宠物繁殖等都有着密切的联系，只有掌握宠物体正常的形态、结构和生理功能，才能辨别机体的正常和异常及个体和品种体质的优与劣，并在生产实践中合理地饲养、繁殖、改良，预防和治疗疾病，提高宠物生活质量，促进行业的发展，满足人民日益增长的生活需要。

四、宠物机体生理功能的调节

宠物机体生理功能的调节是十分复杂的，但其基本形式有三种，即神经调节、体液调节和自身调节。

（1）神经调节　是神经系统通过神经纤维对其支配的器官所进行的调节。它是机体功能调节的最主要方式。神经调节是通过反射活动来实现的。所谓反射是指在中枢神经系统的参与下，机体对内外环境变化产生的应答性反应。反射的结构基础是反射弧，由感受器、传入神经、反射中枢、传出神经和效应器五部分组成。反射弧的任何一个环节被破坏，都将使相应的反射消失。神经调节的特点是快速、精确、短暂。

（2）体液调节　主要是通过内分泌腺和内分泌细胞所分泌的各种激素来完成的，这些激素进入血液后，经血液循环运送至全身各处或某一器官组织，调节机体新陈代谢、生长发育和生殖活动等，这种通过体液因素调节生理活动的方式称为体液调节。某些内分泌腺可以在内环境发生变化的情况下直接分泌激素，但绝大多数是直接或间接地受控于神经系统，因而体液调节常成为神经调节的一个环节，故常把体液调节称为神经-体液调节。

除激素外，某些组织细胞代谢产物，如组胺、乳酸、CO_2 等，可在细胞外液间扩散，并对其邻近的细胞或组织发生作用，如使局部血管扩张通透性增加等，称为局部性体液调节。其主要作用是使局部活动与全身性调节相协调。体液调节的特点是缓慢、广泛而持久。

（3）自身调节　是指在内外环境变化时，体内的某些细胞、组织和器官的活动不依赖于神经和体液调节而产生的适应性反应。例如，血管壁的平滑肌在受到牵拉刺激时，会发生收缩反应，当小动脉灌注压力升高时，对血管壁的牵张刺激增加，小动脉的平滑肌就收缩，使口径缩小，因而血流变化不大，相反亦然。这种自身调节对于维持组织局部血流量相对恒定起一定的作用。一般来说，自身调节的范围较小，灵敏度也低，但对局部的生理功能的调节仍具有一定意义。

五、犬体各部名称

有机体都是两侧对称的，各部的划分和命名主要以骨为基础。可分为头部、躯干和四肢三大部分。下文以犬（图0-1）为例讲述宠物机体各部的名称。

1. 头部

头部包括颅部和面部。

（1）颅部　位于颅腔周围。又可分枕部（在头颈交界处、两耳根之间）、顶部（颅腔顶壁）、额部（在顶部之前、两眼眶之间）、颞部（在耳和眼之间）、耳部（包括耳及耳根）和腮腺部（在耳根腹侧，咬肌部后方）。

（2）面部　位于口腔和鼻腔周围。又可分眼部（包括眼和眼睑）、眶下部（在眼眶前下方，鼻后部的外侧）、鼻部（包括鼻孔、鼻背和鼻侧）、咬肌部（为咬肌所在部位）、颊部（为颊肌所在部位）、唇部（上唇和下唇）、颏部（在下唇腹侧）和下颌间隙部（在下颌支之间）。

2. 躯干

躯干部包括颈部、背胸部、腰腹部、荐臀部和尾部。

（1）颈部　又分为颈背侧部、颈侧部和颈腹侧部。颈背侧部位于颈部背侧，前端接枕部，后端达背部的前缘；颈侧部位于颈部两侧；颈腹侧部位于颈部腹侧，前部为喉部，后部为气管部。

（2）背胸部　分为背部、胸侧部（肋部）和胸腹侧部。背部为颈背侧部的延续，主要以胸椎为基础；胸侧部（肋部）以肋为基础，其前部为前肢的肩带部和臂部所覆盖，后部以肋弓与腹部为界；胸腹侧部又分为前后两部，前部在胸骨柄附

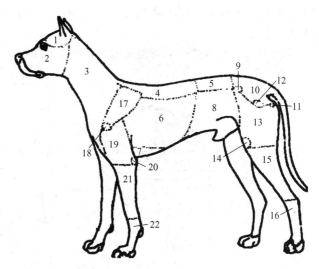

图 0-1　犬体的各部位名称

1—颅部；2—面部；3—颈部；4—背部；5—腰部；6—胸侧部（肋部）；7—胸骨部；8—腹部；9—髋结节；10—荐臀部；11—坐骨结节；12—髋关节；13—大腿部（股部）；14—膝关节；15—小腿部；16—后脚部；17—肩带部；18—肩关节；19—臂部；20—肘关节；21—前臂部；22—前脚部

近，称为胸前部；后部自两前肢之间向后达剑状软骨，称为胸骨部。

（3）腰腹部　分腰部和腹部。腰部以腰椎为基础，为背部的延续；腹部为腰椎横突腹侧的软腹壁部分。

（4）荐臀部　分为荐部和臀部。荐部以荐骨为基础，是腰部的延续；臀部位于荐部的两侧。

（5）尾部　位于荐部之后，可分尾根、尾体和尾尖。

3. 四肢

宠物四肢包括前肢和后肢。

（1）前肢　又分肩带部（肩部）、臂部、前臂部和前脚部（包括腕部、掌部和指部）。

（2）后肢　又分大腿部（股部）、小腿部和后脚部（包括跗部、跖部和趾部）。

六、解剖学常用术语

1. 轴

宠物正常站立时，从其头端至尾端与地面平行的轴称为长轴（纵轴），与长轴垂直的轴则称为短轴（横轴）依据长轴、短轴、与其平行或垂直的解剖切面有以下 3 种。

（1）矢状面　是与机体长轴平行且与地面垂直的切面，沿机体长轴纵切将机体分为左、右对称两半的矢状切面，称正中矢状面，与正中矢状面平行的其他面称侧矢状面。

（2）横断面　是与机体长轴垂直的切面。可将机体分为前、后两部分。

（3）额面（水平面）　是与地面平行且与矢状面和横断面垂直的切面，可将机体分为背侧和腹侧两部分。

2. 方位

（1）用于躯干的术语　近机体头端的为前侧或颅侧，近尾端的为后侧或尾侧。近脊柱的一侧为背侧，近腹部的一侧为腹侧。近正中矢状面的为内侧，远离正中矢状面的为外侧。

（2）用于四肢的术语　近躯干的一端为近端，离躯干远的一端为远端。前肢和后肢的前

面为背侧面，前肢的后面为掌侧面，后肢的后面为跖侧面。距四肢中轴近的为轴侧，离中轴远的为远轴侧。

以犬为例，犬体的三个切面及方位示意见图 0-2。

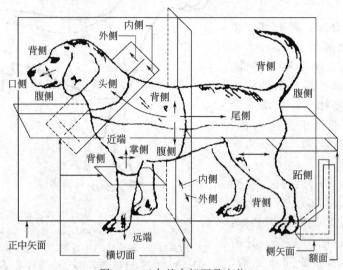

图 0-2　三个基本切面及方位

【复习思考题】

1. 宠物解剖生理学的主要研究内容是什么？
2. 解剖学的分科有哪些？
3. 常用的解剖方位术语有哪些？
4. 宠物机体各部位的名称有哪些？
5. 简述宠物机体生理功能的调节方式、意义和特点。

第一章　细胞和基本组织

【学习目标】

　　1. 熟知细胞的概念，掌握细胞的结构和基本机能，了解细胞的形态和大小，了解几类主要细胞器的结构和功能。

　　2. 熟悉细胞的生命活动现象。

　　3. 掌握上皮组织的一般特点和分类；被覆上皮的结构特点、分布和功能。

　　4. 了解腺上皮和腺的概念，外分泌腺的结构和分类，腺细胞的类型。

　　5. 掌握结缔组织的特点和分类；掌握疏松结缔组织各种成分的结构和功能；了解致密结缔组织、脂肪组织和网状组织的基本结构和分类。

　　6. 掌握三种肌肉组织的光镜结构与功能特点。

　　7. 掌握神经细胞的光镜和电镜结构，神经元的分类和功能特征。

【技能目标】

　　1. 通过细胞的生理功能和生命活动分析机体的生理机能。

　　2. 能正确使用及保养显微镜。

　　3. 能正确区分上皮、结缔、肌组织和神经组织的结构，熟知其分布和功能。

第一节　细　　胞

一、细胞的概念

　　细胞是动物有机体形态结构、生理机能和生长发育的基本单位。宠物种类繁多，形态结构各异，但都是由细胞和细胞间质构成。细胞和细胞间质构成机体的各种组织、器官和系统，从而构成一个完整的有机体，表现出一切生命活动现象。

二、细胞的大小和种类

　　细胞的大小相差很大，多数细胞都很小，要用显微镜才能直到，平均直径在 $10\sim100\mu m$。有些细胞比较小，如球状细菌的细胞直径只有 $0.2\mu m$。有些比较大，如禽类的卵细胞，直径可达 $1mm$，这样大的细胞，甚至肉眼也能看到。细胞的种类见图 1-1。

三、细胞的构造

　　宠物机体的绝大多数细胞均由细胞膜、细胞质和细胞核三部分构成。

细胞
├─ 细胞膜
├─ 细胞质
│　├─ 基质：液态水、无机离子、蛋白质、糖、脂等
│　├─ 细胞器
│　│　├─ 膜性细胞器：线粒体、内质网、高尔基复合体等
│　│　└─ 非膜性细胞器：核糖体、中心粒、微管、微丝等
│　└─ 内含物：具有一定形态的营养物质或代谢产物如糖原、脂滴、色素颗粒等
└─ 细胞核

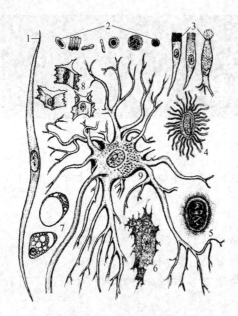

图1-1 细胞的种类

1—平滑肌细胞；2—血细胞；3—上皮细胞；
4—骨细胞；5—软骨细胞；6—成纤维细胞；
7—脂肪细胞；8—腱细胞；9—神经细胞

（一）细胞膜

1. 细胞膜的化学成分及电镜结构

（1）化学成分 主要由蛋白质和脂类构成，此外还有少量糖类。

（2）电镜结构 细胞膜是包在细胞质表面的一层薄膜，又称质膜，总厚度7～10nm。电镜下，膜分三层结构：内、外两层电子致密度高，深暗；中间一层电子致密度低，明亮。各层厚约2.5nm，具有这样三层结构的膜称之"单位膜"。单位膜不仅存在于细胞膜，而且也存在于某些细胞器的细胞内膜，细胞膜和细胞内膜统称为生物膜。细胞内凡具有单位膜的结构统称之"膜相结构"。

2. 细胞膜的分子结构

目前公认细胞膜的分子结构是"液态镶嵌模型"（图1-2）学说。在细胞膜的外表面，糖分子可与蛋白质分子或脂质分子相结合，形成糖链，糖链常突出于细胞膜的外表面形成致密丛状的糖衣，叫细胞衣。

3. 细胞膜的功能

（1）界膜作用 维持细胞的一定形态。

（2）物质交换 可通过以下几种方式完成细胞内外的物质交换。

① 被动运输 是指物质顺着浓度差由高浓度的一侧通过细胞膜向低浓度的一侧运输。

② 主动运输 是指物质逆浓度差由低浓度的一侧通过细胞膜向高浓度的一侧运输。这种运输过程需要消耗能量，即 $ATP \longrightarrow ADP +$ 能量。

③ 胞吞作用和胞吐作用 细胞膜从外界摄入物质的过程称胞吞作用（入胞）。内吞物质为固体称吞噬作用，为液体称吞饮作用。细胞膜向外界排放物质的过程称胞吐作用。胞吞和胞吐作用均需消耗能量。

（3）保护作用 保护细胞内物质及防止外界的损伤。

（二）细胞质

细胞质包括基质及悬浮在基质中的各种细胞器和内含物。基质呈液态、透明、无定形的胶状。内含物指细胞质中具有一定形态的营养物质或代谢产物。细胞器是细胞质中具有一定形态结构和执行特定生理机能的微小"器官"，根据其有无单位膜包裹，可分为膜相结构及非膜相结构两大类。

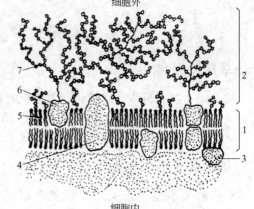

图1-2 细胞膜液态镶嵌模型图

1—脂质双层；2—糖衣；3—表在蛋白；4—嵌入蛋白；5—糖脂；6—糖蛋白；7—糖链

1. 线粒体

线粒体几乎存在于所有细胞内，成熟的红细胞内没有线粒体。

（1）结构（图1-3）　电镜下呈短杆状或颗粒状，长 $1\sim2\mu m$，直径 $0.5\sim1.0\mu m$。电镜下是由双层单位膜包裹而成的封闭囊状叠套结构。外膜光滑，呈封闭状，内膜向腔内折叠形成板层状或小管状线粒体嵴。内外两膜之间有膜间腔（外室），内膜所围成的腔隙称为内室，内室中充满线粒体基质。线粒体含有一套遗传系统，能合成少量蛋白质（占自身蛋白质的 10%）。

（2）功能　具有能量转换和供应作用。当细胞需要能量时，$ATP \longrightarrow ADP + 能量$。俗称"供能站"。

2. 核蛋白体

（1）结构（图1-4）　由 rRNA 与蛋白质结合而成的椭圆形致密颗粒，大小约 $15nm\times25nm$，外无单位膜包裹。每个核蛋白体由大小两个亚基组成，多个核蛋白体可由 mRNA 串联起来形成多聚核蛋白体。核蛋白体若游离于胞质内，称游离态核蛋白体；若附着于内质网的外表面上，则称附着态核蛋白体。

（2）功能　合成蛋白质。游离态核蛋白体所合成的蛋白质供细胞自身利用，而附着态核蛋白体所合成的蛋白质经细胞膜输出细胞外。

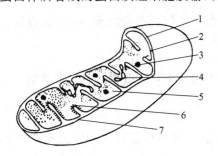

图1-3　线粒体结构模式图
1—膜间腔；2—内膜；3—基质颗粒；
4—线粒体环状 DNA；5—基质腔；
6—嵴与基粒；7—外膜

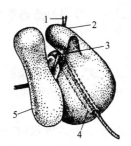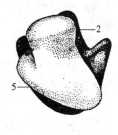

图1-4　核蛋白体立体结构模式图
1—mRNA；2—大亚基；3—肽链合
成区；4—新生肽链释放部位；
5—小亚基

3. 内质网

（1）结构（图1-5）　由单位膜构成的互相通连的扁平囊及小泡小管，可与核膜、质膜、高尔基复合体相通连。根据其表面是否附有核蛋白体，可分为粗面内质网（有核蛋白体附着）和滑面内质网（无核蛋白体附着，多为小泡、小管状）。

（2）功能　粗面内质网参与合成分泌蛋白。滑面内质网的功能较为复杂，因其内含不同的酶而具不同的功能。

4. 高尔基复合体

（1）结构（图1-6）　电镜下成网状，多位于核附近，因此亦有内网器之称。由单位膜包裹构成的扁平囊泡、小泡和大泡三部分组成。扁平囊略弯曲呈弓形，凸面朝向核，称形成面，小泡位于此，小泡由粗面内质网出芽而来，其内含有由粗面内质网合成的蛋白质，并将其运送到扁平囊泡，故称转运小泡；凹面朝向膜，称成熟面，大泡位于此，有浓缩分泌物的作用，又称浓缩泡。

（2）功能　参与细胞内某些合成物质的浓缩、加工、包装和运输。俗称"加工车间"。

5. 溶酶体

（1）结构　为膜性囊状小体，直径 $0.25\sim0.8\mu m$，内含有多种酸性水解酶。其标志酶为酸性磷酸酶。

（2）功能　具有消化分解细胞内各种大分子物质的作用。俗称"消化器官"。

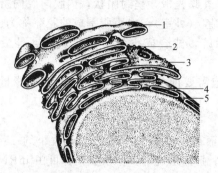

图 1-5　粗面内质网和滑面内质网模式图　　　　图 1-6　高尔基复合体结构立体模式图

1—滑面内质网；2—核糖体；3—粗面　　　　　1—大囊泡；2—成熟面；3—层状

内质网；4—外核膜；5—核孔　　　　　　　　扁囊；4—小囊泡；5—生成面

6. 过氧化物酶体

过氧化物酶体又称微体，为圆形或卵圆形小泡，外包单位膜，含多种酶，标志酶为过氧化氢酶。

7. 中心体

中心体由 2 个中心粒组成，中心粒呈颗粒状，电镜下为 9 束三联微管构成。作用参与细胞有丝分裂过程和参与鞭毛与纤毛的形成。

8. 微管

微管是一种中空的管状结构，以单微管、二联微管、三联微管存在。功能是构成细胞骨架。

9. 微丝

微丝存在多种细胞内，功能是构成细胞骨架。

（三）细胞核

除哺乳动物成熟的红细胞外，所有细胞均有核。一个细胞通常为一个核，但亦有双核甚至多核（骨骼肌细胞）。其形态多呈圆形、椭圆形，但也有呈杆状、分叶状等。细胞核由核膜、核基质、核仁和染色质（染色体）和核内骨架等组成，超微结构见图 1-7。

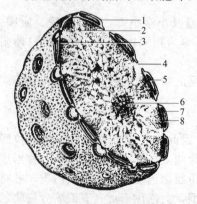

图 1-7　细胞核超微结构模式图

1—核膜；2—常染色质；3—异染色质；

4—核孔；5—核周隙；6—核仁；

7—核膜外层；8—核膜内层

1. 核膜

电镜下可见由内、外两层单位膜构成，两层膜间有 20～40nm 的间隙，称核周隙。核膜上有许多核孔，是一组蛋白质颗粒以特定方式排布而成的复杂结构叫核孔复合体。在内核膜的内表面，有一层纤维状的蛋白质纵横整齐排列，整体观为笼状，叫核纤层。核内骨架、核纤层、核孔复合体相连构成核骨架。

2. 核仁

多数细胞核有 1～2 个核仁，在蛋白质合成旺盛的细胞，核仁大而明显。其化学成分为 RNA、DNA 和蛋白质。其中的核仁内的染色质是分布在核仁周围的染色质伸入到核仁内的部分，属常染色质，内含 rRNA 基因。功能为合成 rRNA 和组装核蛋白体大小亚基的前体。

3. 核基质

核基质亦称核液，内含水、各种酶和无机盐等，是核行使各种功能活动的内环境。

4. 染色质（染色体）

染色质是间期核内易被碱性染料着色的结构，其化学组成为 DNA、RNA、组蛋白和非组蛋白。在分裂间期，着色浅，处于伸展状态、有转录活性的染色质，称常染色质；有的部分呈浓缩状态，着色深，不转录或转录不活跃的染色质称异染色质。

当细胞进入分裂期，染色质丝高度螺旋化，变粗变短，在光镜下为短线状或棒状结构，称染色体（图 1-8）。可见染色质和染色体是同一物质在细胞的间期和分裂期的不同形态表现。

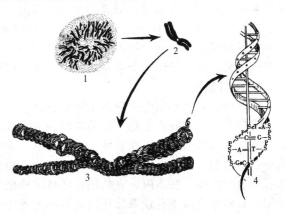

染色体的形态结构有着丝粒、着丝点，着丝粒和着丝点所在的区域染色体缢缩变细，称主缢痕。有些染色体除主缢痕外，还有特别细窄的区域，称次缢痕。在次缢痕的远端连着一个球形小体，称随体。染色体可按长短、结构、着丝点位置等特征进行分组编号，组成染色体组型。

分裂中期，可见每条染色体均由两条染色单体构成，借着丝粒连接，称之为姊

图 1-8　染色体结构模式图
1—有丝分裂中期的染色体（由两条染色单体组成）；
2—分离后的染色体；3—染色体放大后螺旋盘绕的染色丝；4—螺旋状排列的 DNA

妹染色单体。在体细胞中，染色体成对出现（$2n$），其中一条来自父本，另一条来自母本，称同源染色体。其中有一对与性别有关，称性染色体。哺乳类：XX-XY。禽类：ZW-ZZ。其他染色体均称为常染色体。

染色体的数目：人 23 对，犬 39 对，猫 19 对，信鸽 40 对，家兔 22 对，野兔 24 对。

四、细胞的生命活动

（一）新陈代谢

新陈代谢包括合成代谢和分解代谢。合成代谢是指细胞从外界营养物质，在细胞内经过加工、合成自身所需要的物质的过程；分解代谢是指细胞不断分解、释放能量供其各种功能活动的需要，并把代谢产物排出细胞外的过程。新陈代谢是细胞生命活动的基础，细胞死亡意味着新陈代谢的停止。

（二）感应性

活细胞都能在受到外界适宜刺激时产生相应的反应来适应环境。感应性是指对外界刺激产生反应的特性。

（三）细胞的运动

生活的细胞的各种环境条件的刺激下，均能表现出不同的运动形式，常见的有变形运动、舒缩运动、纤毛运动和鞭毛运动。

（四）增殖与分化

1. 细胞增殖

细胞增殖是通过细胞分裂来实现的。细胞分裂从上一次分裂结束到下一次分裂结束所经历的时间称为细胞增殖周期，简称细胞周期，分为分裂期和分裂间期两个阶段。

（1）分裂间期　是指细胞从一次分裂结束到下一次分裂开始之间的过程。

（2）分裂期　有三种方式，即有丝分裂、无丝分裂和减数分裂。

① 有丝分裂（间接分裂）　前期、中期、后期、末期四个时期。是一个连续变化的过程，由一个母细胞分裂成两个子细胞，一般需要1～2h。

② 无丝分裂（直接分裂）　在高等动物主要发生于某些高度分化的细胞，如肝细胞、肾小管上皮细胞、肾上皮细胞。进行分裂时，首先是细胞伸长、细胞核也拉长，中央凹陷，细胞质和细胞核均一分为二，形成了两个子细胞；如细胞质不分开，将形成双核。

③ 减数分裂　又称成熟分裂，它是一种特殊类型的有丝分裂，这种分裂仅出现于生殖细胞的成熟过程中，它的特点是：在细胞内DNA于间期中进行复制一次后，要连续进行两次细胞分裂，结果子细胞中染色体的数目比亲代细胞减少了一半，故称为减数分裂。

2. 细胞分化

细胞分化是指多细胞生物在个体发育过程中，细胞在分裂的基础上，彼此之间在形态结构、生理功能等方面产生稳定性差异的过程。细胞分化存在于动物体的整个生命过程中，但在胚胎期表现最为明显。在胚胎发育过程中，一个受精卵通过分裂和分化，逐渐形成许许多多形态结构和生理功能不同的细胞，它们分别构成组织、器官乃至系统，最后成为一个完整的有生命的个体。在体内，有的细胞已高度分化，失去了分化成其他细胞的能力，称高分化细胞；有的细胞保持有较强分化成其他细胞的能力，称低分化细胞（如间充质细胞）。一般来说，分化低的细胞增殖能力强，分裂速度快；分化高的细胞增殖能力差，甚至失去增殖能力，分裂速度慢。

（五）衰老与死亡

1. 细胞衰老

细胞衰老是指细胞适应环境变化和维持细胞内环境稳定的能力降低，并以形态结构和生化改变为基础。细胞衰老时，其结构变化主要表现为核固缩、结构不清、染色加深，核质比减小，内质网、线粒体等细胞器减少，色素、脂褐素等沉积于细胞内；其生化改变主要表现为酶活性与含量下降、水分减少、氨基酸和蛋白质合成速率下降等。

2. 细胞死亡

细胞死亡是细胞生命现象不可逆的终止。细胞死亡有两种不同的形式：一种是细胞意外性死亡或称细胞坏死，它是由于某些外界因素如局部贫血、高热、物理性或化学性损伤、生物侵袭等，造成细胞急速死亡。另一种是细胞自然死亡或称细胞凋亡，也称细胞编程性死亡，它是细胞衰老过程中其功能逐渐衰退的结果，就像秋天树叶凋谢一样，遵循自身的程序和规律，自己结束其生命。细胞凋亡受基因的调控，是多细胞动物生命活动中不可缺少的组成内容，为保证个体发育成熟所必需，为清除不再需要的细胞提供了一个有效的机制。细胞凋亡规律一旦失常，个体即不能正常发育，或发生畸形，或不能存活。例如，在T细胞、B细胞的分化成熟过程中，由于免疫系统的选择性作用，95％的前T细胞、前B细胞均要死亡；而成熟白细胞的寿命也只有数天，死亡一批，再生一批，互相交替，非常严格有序。若细胞凋亡发生障碍，就会引起多种疾病，如白血病、自身免疫病等。

第二节　基本组织

组织是由形态相似和功能相关的细胞和细胞间质所构成，是动物各种器官的结构基础。每一种组织可看作是一群特定分化的细胞，每种组织具有相同的形态和功能特征，与其存在的器官无关。组织根据其形态、功能和发生，传统上分为四大基本组织，即上皮组织、结缔组织、肌肉组织和神经组织。各类组织具有不同的形态结构和功能。

一、上皮组织

上皮组织由大量密集排列的细胞组成和少量的细胞间质所组成。它具有如下形态结构特点：①上皮组织的细胞紧密排列，细胞形态较规则，细胞间质（细胞外基质）极少。②上皮组织的细胞呈现明显的极性，即细胞的两端在结构和功能上具有明显的差别。上皮细胞的一面朝向身体表面或有腔器官的腔面，称游离面；另一面朝向深部的结缔组织，为基底面。基底面附着于基膜，基膜是一薄膜，上皮细胞借此膜与结缔组织相连。③上皮组织内没有血管，其营养依靠结缔组织中的血管通过基膜扩散而获得。④上皮细胞排列紧密，相邻细胞间常形成特化的细胞连接结构。

上皮组织具有保护、吸收、分泌、排泄、感觉等功能，根据形态和功能可分为被覆上皮、腺上皮、感觉上皮。

1. 被覆上皮

被覆上皮根据上皮细胞的排列层数和形态可分为以下几种。

（1）单层扁平上皮（图1-9） 由一层扁平细胞组成。表面观，细胞呈不规则形或多边形，细胞核椭圆形，位于细胞中央，细胞边缘呈锯齿状互相嵌合。侧面观，细胞呈扁平形。

单层扁平上皮衬贴在心、血管和淋巴管腔面的称内皮，分布在胸膜、腹膜和心包膜表面的称间皮，内皮和间皮的上皮游离面光滑，有利于血液和淋巴液流动、物质透过和内脏运动。

（2）单层立方上皮（图1-10） 由一层近似于立方形的细胞排列而成。表面观，每个细胞呈六角形或多角形；侧面观，细胞呈立方形，细胞核圆形，位于细胞中央。这种上皮分布于肾小管、外分泌腺的小导管、甲状腺滤泡等处，具有分泌和吸收的作用。

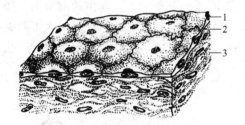

图1-9 单层扁平上皮模式图

1—扁平细胞；2—基膜；3—结缔组织

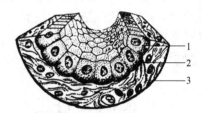

图1-10 单层立方上皮模式图

1—立方细胞；2—基膜；3—结缔组织

（3）单层柱状上皮（图1-11） 由一层棱柱状细胞组成。从表面看，细胞呈六角形或多角形；由侧面观，细胞呈柱状，细胞核长圆形，多位于细胞近基底部。此种上皮大多有吸收或分泌功能。在肠腔面的单层柱状上皮中，柱状细胞间有许多散在的杯状细胞。杯状细胞形似高脚酒杯，细胞顶部膨大，充满黏液性分泌颗粒。杯状细胞是一种腺细胞，分泌黏液，有滑润上皮表面和保护上皮的作用。这种上皮主要分布于胃肠道黏膜、子宫内膜及输卵管黏膜腔面。

（4）假复层纤毛柱状上皮（图1-12） 由柱状细胞、梭形细胞和锥体形细胞等几种形状、大小不同的细胞组成。柱状细胞游离面具有纤毛。上皮中也常有杯状细胞。由于几种细胞高矮不等，只有柱状细胞和杯状细胞的顶端伸到上皮游离面，细胞核的位置也深浅不一，故从上皮侧面看很像复层上皮。但这些高矮不等的细胞基底端都附在基膜上，故实际仍为单层上皮。这种上皮主要分布在呼吸管道的腔面。

（5）变移上皮（图1-13） 又名移行上皮，衬贴在排尿管道（肾盏、肾盂、输尿管和膀胱）的腔面。变移上皮的细胞形状和层数可随所在器官的收缩与扩张而发生变化。如器官缩

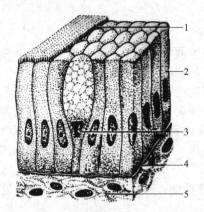

图 1-11　单层柱状上皮模式图

1—纹状缘；2—柱状细胞；3—杯状
细胞；4—基膜；5—结缔组织

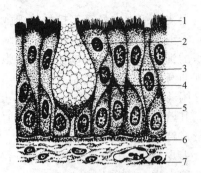

图 1-12　假复层纤毛柱状上皮模式图

1—纤毛；2—杯状细胞；3—柱状细胞；
4—梭形细胞；5—锥形细胞；
6—基膜；7—结缔组织

小时，上皮变厚，细胞层数较多，此时表层细胞呈大立方形，胞质丰富，有的细胞含两个细胞核；中间层细胞为多边形或梨形；基底细胞为矮柱状或立方形。当器官扩张时，上皮变薄，细胞层数减少，细胞形状也变扁。电镜下观察表明，表层和中间层细胞下方都有突起附着于基膜，故应列为假复层上皮。

（6）复层扁平上皮（图 1-14）　由多层细胞组成，是最厚的一种上皮。紧靠基膜的一层细胞为立方形或矮柱状，此层以上是数层多边形细胞，浅层为几层扁平细胞。最表层的扁平细胞已退化，并不断脱落。基底层的细胞较幼稚，具有旺盛的分裂能力，新生的细胞渐向浅层移动，以补充表层脱落的细胞。这种上皮与深部结缔组织的连接面弯曲不平，扩大了两者的连接面。复层扁平上皮分布于口腔、食管和阴道等的腔面和皮肤表面，具有耐摩擦和阻止异物侵入等作用。

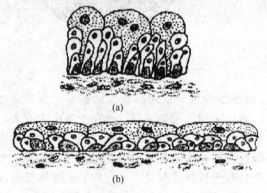

图 1-13　变移上皮模式图

（a）收缩状态；（b）扩张状态

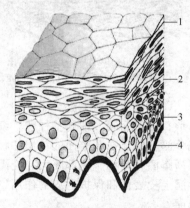

图 1-14　复层扁平上皮模式图

1—扁平细胞；2—多角形细胞；
3—矮柱形细胞；4—基膜

（7）复层柱状上皮　表面为一层柱状细胞，基底层细胞呈矮柱，中间为多角形细胞。这种上皮比较少见，主要位于一些动物的眼睑结膜，在有些腺体内较大的导管也可以见到，其主要功能亦为保护。

各种被覆上皮的分类、分布及功能现总结为表 1-1。

表 1-1　被覆上皮的分类、分布

被覆上皮
- 单层
  - 单层扁平上皮
    - 内皮：心脏、血管和淋巴管腔面
    - 间皮：胸膜、腹膜和心包膜表面
    - 其他：肺泡壁和肾小囊壁层等
  - 单层立方上皮：肾小管、甲状腺滤泡等
  - 单层柱状上皮：胃、肠和子宫等腔面
- 假复层
  - 假复层纤毛柱状上皮：呼吸道、附睾等腔面
  - 变移上皮：肾盏、肾盂、膀胱和输尿管等腔面
- 复层
  - 复层扁平上皮：皮肤表皮和口腔、食管等腔面
  - 复层柱状上皮：眼睑结膜

2. 被覆上皮的特殊结构

由于被覆上皮所处的位置及功能不同，在细胞的游离面、侧面、基底面可形成一些特殊结构，以适应相应的功能（图 1-15）。这些结构有的由细胞质和细胞膜构成，有的由细胞膜、细胞质和细胞间质共同构成。这些结构也存在于其他组织。

（1）游离面

① 细胞衣　又称糖衣，为一薄层绒毛状的复合糖。细胞衣具有黏着、支持、保护、物质交换及识别等功能。

② 微绒毛　是细胞游离面伸出的细小指状突起，直径约 $0.1\mu m$，长 $0.5\sim1.4\mu m$。微绒毛可极大地扩展细胞的表面积，具有活跃的分泌和吸收功能。

③ 纤毛　是细胞游离面伸出的能摆动的较长的突起，比微绒毛粗且长。一个细胞可有几百根纤毛。纤毛长 $5\sim10\mu m$，粗约 $0.2\mu m$。纤毛具有一定方向节律性摆动的能力，许多纤毛的协调摆动可以把黏附在上皮表面的分泌物和颗粒状物质向一定方向推送。

④ 静纤毛　在某些上皮细胞的游离面有类似纤毛的细长突起，内部无微管，仅有微丝存在，不能摆动，称静纤毛。不同部位的静纤毛功能不一，结构有所差异。

（2）侧面

① 紧密连接　位于上皮细胞之间近游离面处，此处相邻细胞的细胞膜呈间断性相互融合，呈带状箍在每个细胞周围，起机械性连接和屏障作用。

② 中间连接　位于紧密连接带的下方，此处相邻细胞膜不融合，存在 $15\sim20nm$ 的间隙，间隙中有较致密的丝状物连接相邻细胞的膜，在胞质内常有横行的微丝附着在细胞膜内层，而另一端组成终末网。此连接具有黏着作用、保持细胞形状和传递细胞收缩力的作用。

③ 桥粒　位于中间连接的深部。此处相邻细胞之间有 $20\sim30nm$ 的间隙，其中有低密度的丝状物，间隙中央有一条与细胞膜相平行而致密的中间线，此线由丝状物质交织而成。桥粒是一种很牢固的细胞连接，起固定和支持作用。

④ 缝隙连接　位于桥粒的深面，此处相邻细胞膜之间有 $2nm$ 的裂隙，可见许多间隔大

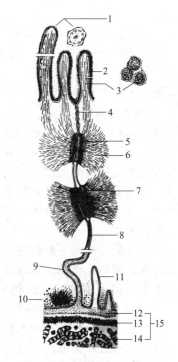

图 1-15　上皮细胞的特殊结构
电镜模式图

1—纤毛；2—细胞衣；3—微绒毛；4—紧密连接；5—中间连接；6—终末网；7—桥粒；8—缝隙连接；9—镶嵌连接；10—半桥粒；11—质膜内褶；12—透明板；13—基板；14—网板；15—基膜

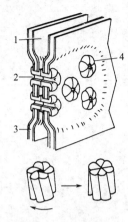

图 1-16　缝隙连接
结构模式图

1—细胞间隙；2—亲水管；
3—细胞膜；4—连接蛋白

致相等的连接点，连接点是镶嵌蛋白组成的一个六角形的小管，使相邻细胞借中央小管相通，有利于离子交换借以传递化学信息等。如图 1-16。

⑤ 镶嵌连接　镶嵌连接位于上皮细胞的深处，相邻两细胞间膜凹凸不平，互相形成锯齿状连接，没有固定的连接结构，但可加强细胞间的牢固结合，还可扩大细胞的接触面积。

（3）基底面

① 基膜　基膜又称基底膜，是上皮基底面与深部结缔组织间的薄膜。电镜下，基膜由三层结构构成。基膜除有支持和连接作用外，还是半透膜，有利于上皮细胞与深部结缔组织进行物质交换。

② 质膜内褶　质膜内褶是上皮细胞基底面的细胞膜折向胞质所形成的许多内褶。质膜内褶的主要作用是扩大细胞基底部的表面积，有利于水和电解质的迅速转运。

③ 半桥粒　半桥粒位于上皮基底面朝向细胞质的一侧，是桥粒结构的一半。半桥粒有强化上皮细胞固着力的作用。

3. 腺上皮和腺

以分泌功能为主的上皮称腺上皮。以腺上皮为主要成分组成的器官称腺。根据其分泌物的排出方式，可将腺体分为内分泌腺和外分泌腺。在胚胎期，腺上皮起源于内胚层、中胚层或外胚层衍生的原始上皮。这些上皮细胞分裂增殖，形成细胞索，伸入深部的结缔组织中，分化成腺。如形成的腺有导管通到器官腔面或身体表面，分泌物经导管排出，称外分泌腺，如汗腺、胃腺等；如果形成的腺没有导管，分泌物经血液和淋巴输送，称内分泌腺，如甲状腺、肾上腺等。

（1）外分泌腺的一般构造　外分泌腺一般有导管，其分泌物可经导管排到身体表面或器官的腔面，亦称有管腺。外分泌腺外包结缔组织被膜，被膜结缔组织深入腺实质构成腺的间质，腺实质由导管部和分泌部构成。导管部管壁由上皮围成，与腺泡相通，除具有输送分泌物外，有的导管兼有分泌和吸收功能。分泌部又称腺泡，由腺上皮围成，中央为腺泡腔，与腺导管相连。分泌部具有分泌功能。根据分泌物性质的不同，腺泡又可分为黏液性腺泡、浆液性腺泡、混合性腺泡。

（2）外分泌腺的分类（图 1-17）　外分泌腺的种类繁多，没有一种分类方法能把所有的

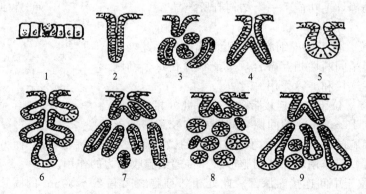

图 1-17　各种外分泌腺的形态模式图

1—单细胞腺；2—单直管状腺；3—单曲管状腺；4—单分支管状腺；5—单泡
状腺；6—单分支泡状腺；7—复管状腺；8—复泡状腺；9—复管泡状腺

外分泌腺包括进去，只能应用不同的标准分类，对具体的某个腺体而言，可分属于不同的类型。

① 根据腺细胞的数量分类　可分为单细胞腺（如杯状细胞）和多细胞腺（大部分腺体）。

② 根据腺的形态分类　此类腺体由分泌部和导管部组成，分泌部可形成管状、泡状和管泡状三种类型，而导管部又有不分支、分支和反复分支三种，腺泡和导管的结合可有多种形态。

③ 根据腺细胞的分泌物的性质分类　分为浆液性腺、黏液性腺和混合性腺。浆液性腺，分泌部由浆液性腺细胞组成，分泌物为较稀薄而清亮的液体，内含各种消化酶和少量黏液。腮腺和胰腺等属于此类。黏液性腺，分泌部由黏液性腺细胞组成，分泌物为黏稠的液体，主要成分为糖蛋白，也称黏蛋白，舌下腺和十二指肠腺等属于此类。混合性腺，是指由浆液性细胞和黏液性腺泡共同组成的腺，并常有由浆液性细胞和黏液性细胞一起组成的混合性腺泡，颌下腺属于此类。但需说明，这种按浆液性细胞和黏液性细胞对腺的分类，只适用于一部分外分泌腺，还有相当多的腺不能按上述特点分类。

（3）腺细胞的分泌方式（图 1-18）

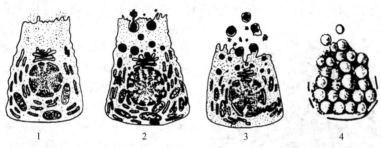

图 1-18　腺细胞分泌方式示意图
1—透出分泌；2—局浆分泌；3—顶浆分泌；4—全浆分泌

① 透出分泌　分泌物以分子的形式从细胞膜渗出的方式称透出分泌，如肾上腺皮质细胞，胃腺壁细胞等属于此类。

② 局部分泌　又称开口分泌。分泌物在腺细胞内先形成有单位膜包裹的分泌颗粒，当颗粒达细胞顶端时颗粒膜与细胞膜融合，将分泌物排出，腺细胞本身不受任何损伤。动物体内大部分分泌腺腺细胞的分泌物通过此种方式分泌。

③ 顶浆分泌　腺细胞在分泌过程中，细胞顶膜受损，细胞顶部的一部分胞浆与分泌物一起排出，哺乳动物乳腺细胞的分泌和汗腺的分泌方式为此类。

④ 全浆分泌　此种分泌方式腺细胞在分泌过程中发生崩解，全部胞浆变成分泌物一起排出。也就是腺细胞形成的分泌物首先在胞浆中蓄积，当蓄积到一定程度时或因生理需要时，细胞破溃崩解，所有胞浆混同其分泌物一同排出，破溃的腺细胞则由底层细胞增殖补充。皮脂腺细胞的分泌方式属于此类。

4. 感觉上皮

感觉上皮又称神经上皮，是一类具有特殊感觉能力的上皮组织，这种上皮的细胞游离端多具有丰富的纤毛，其基底端呈细丝状深入其下层结缔组织中并与感觉神经相连。当感觉细胞受到刺激而处于兴奋状态时，则可产生冲动，其冲动传入感觉神经，再由感觉神经传至相应的中枢，所以，感觉上皮主要分布在舌（味觉上皮）、鼻（嗅觉上皮）、眼（视觉上皮）、耳（听觉上皮）等感觉器官内，具有味觉、嗅觉、视觉和听觉等感觉功能。

二、结缔组织

结缔组织由细胞和大量细胞间质构成。结缔组织的间质由基质和纤维成分组成，其中还有不断流动的组织液。基质为均质的无定形物质，可呈液态、胶态和固态。纤维呈细丝状包埋在基质中。结缔组织与上皮组织相比，具有以下的特点：①细胞数量少，种类多，散在于细胞间质中，细胞无极性。②细胞间质成分多。③不直接与外界环境接触，因而亦称为内环境组织。

结缔组织是动物体内分布最广泛、形态最多样化的一大类组织，广泛分布于机体的各个部位，具有支持、连接、充填、营养、保护、修复和防御等功能，是四大基本组织中结构和功能最为多样的组织。按照形态的不同，结缔组织分为液态流动的血液与淋巴、松软的固有结缔组织、较坚硬的软骨组织和骨组织。狭义的结缔组织仅指固有结缔组织。

（一）固有结缔组织

固有结缔组织，按其结构和功能的不同分为疏松结缔组织、致密结缔组织、脂肪组织和网状组织。

1. 疏松结缔组织

疏松结缔组织（图 1-19）广泛分布于器官、组织和细胞之间，结构疏松，形似蜂窝，所以又称蜂窝组织。其结构特点是细胞种类较多，纤维较少，排列稀疏，基质成分较多。疏松结缔组织具有连接、支持、营养、防御、保护和修复等功能。

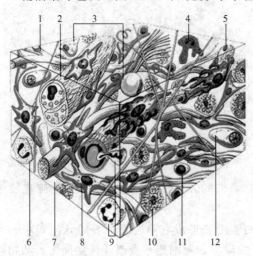

图 1-19　疏松结缔组织
1—胶原纤维；2—神经；3—脂肪细胞；4—巨噬细胞；5—毛细血管；6—嗜酸粒细胞；7—基质；8—成纤维细胞；9—中性粒细胞；10—肥大细胞；11—淋巴细胞；12—浆细胞

（1）细胞　疏松结缔组织中的细胞成分种类较多，在不同部位的疏松结缔组织中，各种细胞的数量和分布状态不相同。

① 成纤维细胞　是疏松结缔组织的主要细胞成分。胞体较大，形态很不规则，呈扁平多突起，常附着在胶原纤维上。核较大，椭圆形，核仁清楚。胞质弱嗜碱性。当成纤维细胞的机能处于相对静止时，细胞体积变小，突起少，胞核小，着色深，核仁不明显，此时称纤维细胞。在手术及创伤修复等情况下，纤维细胞可转化为功能活跃的成纤维细胞。成纤维细胞能形成纤维和分泌基质，具有较强的再生能力。

② 巨噬细胞　又称组织细胞，数量较多，分布广泛，常与毛细血管靠近。细胞形态多样，有圆形、梭形。细胞核较小而圆，染色较深，细胞质丰富，多为嗜酸性。巨噬细胞可趋化性定向运动、吞噬和清除异物及衰老伤亡的细胞，分泌多种生物活性物质以及参与和调节免疫应答等功能

③ 浆细胞　多呈圆形或卵圆形，细胞核圆较小，常偏于细胞的一侧，染色质呈块状附于核膜上，呈辐射状分布。胞质嗜碱性，细胞核旁可见一淡染区。浆细胞具有合成和分泌免疫球蛋白即抗体的功能，参与体液免疫。浆细胞来源于 B 淋巴细胞。浆细胞在一般结缔组织中少见，在病原微生物和异体物质易侵入的部位较多。

④ 肥大细胞　数量较多，分布很广，常沿小血管和小淋巴管分布。胞体较大，呈圆形或卵圆形，胞核小而圆，多位于中央。胞质内充满异染性颗粒，颗粒易溶于水。颗粒中含有

肝素、组胺和白三烯，具有抗凝血、增加毛细血管通透性和促使血管扩张等作用。

⑤ 脂肪细胞　常单个或成群分布。细胞较大，呈圆球形，胞质含大小不等的脂滴，最终融合成一个大的脂肪滴，居于细胞的中央，将胞质及核挤到一侧。在 HE 染色标本上，因脂滴被溶剂溶解，细胞呈空泡状。脂肪细胞具有合成、贮存脂肪和参与脂质代谢的功能。

⑥ 未分化的间充质细胞　多沿毛细血管走行分布，其形态结构与成纤维细胞相似，但较小，在切片标本上不易区分。在一定条件下可增殖分化为成纤维细胞、脂肪细胞、血管内皮和平滑肌细胞等。

⑦ 白细胞　正常情况下，在结缔组织中可见从小血管游走出的一些白细胞，以淋巴细胞、嗜酸性粒细胞、中性粒细胞为多。

（2）纤维　疏松结缔组织以胶原纤维和弹性纤维为主要纤维成分。

① 胶原纤维　是疏松结缔组织中的主要纤维成分，新鲜时呈白色，故又称白纤维。纤维常集合成粗细不等的束，直径约为 $1\sim20\mu m$，HE 染色标本上呈粉红色，波浪状走行，常有分支。胶原纤维具有很强的韧性和抗拉力，而弹性较差，是结缔组织具有支持作用的物质基础。

② 弹性纤维　数量比胶原纤维少，新鲜时呈黄色，又称黄纤维。纤维较细，直径 $0.2\sim1.0\mu m$。HE 染色标本上不易着色，折光性强，常呈较亮的淡粉色。弹性纤维富于弹性而韧性差。

③ 网状纤维　很细、分支多互相连接成网。HE 染色标本上不着色，镀银染色时显黑褐色，故又称嗜银纤维。网状纤维在疏松结缔组织较少见，主要分布在结缔组织与其他组织的交界处，如基膜的网板、毛细血管、平滑肌细胞的周围。

（3）基质　基质是一种无色透明、均质状的胶态物质，没有一定的形态结构，充满于纤维和细胞之间。基质的主要化学成分是蛋白多糖、糖蛋白和水，蛋白多糖主要是透明质酸。基质有阻止细菌进入和异物扩散的作用。

2. 致密结缔组织

致密结缔组织的组成与疏松结缔组织基本相同，两者的主要区别是，致密结缔组织中的纤维成分特别多，而且排列紧密，细胞和基质成分很少。除弹性组织外，绝大多数的致密结缔组织中以粗大的胶原纤维束为主要成分，其中含少量纤维细胞、小血管和淋巴管。按纤维的性质和排列方式不同，可将致密结缔组织分为以下几种类型。

（1）不规则致密结缔组织（图 1-20）　分布于真皮的网状层、巩膜、大多数器官的被膜等处。纤维以胶原纤维为主，粗大的胶原纤维束互相交织成致密的网或层。纤维的走行方向与承受机械力学作用的方向相适应。纤维束间有少量基质和成纤维细胞、纤维细胞、小血管及神经束等。

（2）规则致密结缔组织　肌腱（图 1-21）为其典型代表。胶原纤维束平行而紧密排列，束间有沿其长轴成行排列的细胞，称腱细胞，它是一种变形的成纤维细胞，胞体伸出许多翼状突起，插入纤维束间并将其包裹。细胞的横切面呈星形，核位于细胞的中央。

（3）弹性组织　是富于弹性纤维的致密结缔组织，如项韧带、黄韧带、声带等。由粗大的弹性纤维平行排列成束，并以细小的分支连接成网，其间有胶原纤维和成纤维细胞。

3. 网状组织

网状组织由网状细胞、网状纤维和基质组成（图 1-22）。网状细胞为星形多突起细胞，其突起彼此连接成网。胞质弱嗜碱性。核较大、椭圆形、染色浅、核仁清楚。网状纤维细而多分支，沿着网状细胞的胞体和突起分布。网状纤维分支互相连接成的网孔内充满基质（在淋巴器官和造血器官分别是淋巴液和血液）。体内没有单独存在的网状组织，它是构成淋巴组织、淋巴器官和造血器官的基本组成成分。网状组织分布于消化道、呼吸道黏膜固有层、

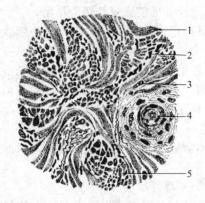

图 1-20　不规则致密结缔组织（真皮）
1—胶原纤维（纵切）；2—弹性
纤维；3—成纤维细胞核；4—血
管；5—胶原纤维（横切）

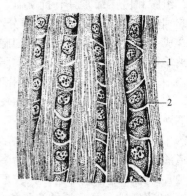

图 1-21　规则致密结缔组织（肌腱）
1—胶原纤维束；2—腱细胞

淋巴结、脾、扁桃体及红骨髓中，构成它们的支架和提供微环境。

4. 脂肪组织

脂肪组织主要是由大量脂肪细胞集聚而成（图 1-23）。富含血管的疏松结缔组织将成群的脂肪细胞分隔成许多脂肪小叶。根据脂肪细胞的结构和功能不同，可分为两种脂肪组织。

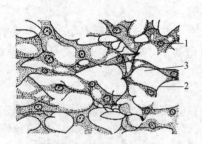

图 1-22　网状组织
1—网状细胞；2—网状纤维；3—基质

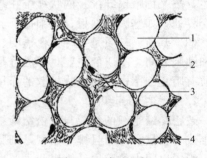

图 1-23　脂肪组织
1—脂肪细胞；2—细胞核；3—细胞质；4—结缔组织

（1）白色（黄色）脂肪组织　新鲜时呈黄色或白色，结构特点是脂肪细胞胞质内含有一个大的脂肪滴，位于细胞的中央，在 HE 染色标本上，因脂肪滴被溶解而成大空泡状；很少的胞质及扁椭圆形的胞核被挤在周边，此种细胞称为单泡脂肪细胞［图 1-24(a)］。分布于皮下组织、系膜、网膜和黄骨髓等处，具有支持、缓冲保护和维持体温和贮存能量的功能。

（2）棕色脂肪组织　新鲜时呈棕色，含有丰富的血管和神经。棕色脂肪细胞的特点是细胞呈多边形，胞质内有许多较小的脂滴和大而密集的线粒体，线粒体与脂滴紧密相贴；核圆，位于细胞中央，称此种细胞为多泡脂肪细胞［图 1-24(b)］。棕色脂肪主要存在于幼龄动物和冬眠动物体

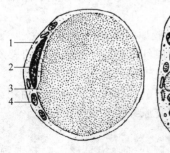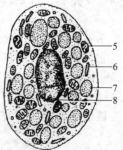

(a) 单泡脂肪细胞　　(b) 多泡脂肪细胞
图 1-24　单泡脂肪细胞（a）和多泡脂肪
细胞（b）超微结构模式图
1—细胞质；2—细胞核；3—脂滴；4—线粒体；5—线
粒体；6—粗面内质网；7—脂滴；8—细胞核

内。可迅速氧化而产生大量热量，有利于新生动物的抗寒和维持冬眠动物的体温。

（二）软骨组织

软骨组织由少量的软骨细胞和大量的细胞间质构成。间质呈均质状，由半固体的凝胶状基质和纤维构成。软骨组织和周围的软骨膜构成软骨，软骨组织构成软骨的主体。根据软骨组织中细胞间质的不同，可将软骨分为透明软骨、弹性软骨和纤维软骨。

1. 透明软骨

透明软骨分布最广，如鼻、喉、气管和支气管的软骨、肋软骨及关节软骨等。其结构特点是：新鲜时为淡蓝色、半透明，基质内的胶原纤维交织排列，并与基质的折光率一致，HE 染色标本上不易分辨。结构如图 1-25。

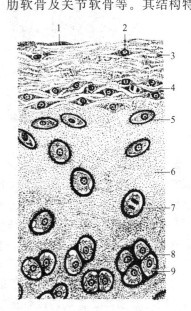

图 1-25　透明软骨显微结构模式图
1—胶原纤维；2—成纤维细胞；3—软骨膜外层；4—软骨膜内层；5—幼稚的软骨细胞；6—软骨基质；7—细胞分裂；8—软骨囊；9—同源细胞群

（1）软骨细胞　软骨细胞因在软骨组织中的存在部位不同，其形态亦异。近软骨表面，细胞较小呈扁椭圆形，多为单个存在。向深层细胞逐渐长大，呈圆形或椭圆形，在软骨的中央，软骨细胞成群分布，每群为 2～8 个细胞，它们都是由一个软骨细胞分裂而来，故称同源细胞群。软骨细胞具有合成和分泌基质与纤维的功能。软骨细胞埋藏在软骨间质内，它所存在的部位为一小腔，称为软骨陷窝。在 HE 染色标本上，陷窝周围的软骨基质呈强嗜碱性，染色很深，称软骨囊。同源细胞群中的每个软骨细胞分别围以软骨囊。

（2）软骨基质　透明软骨基质为半固态。其主要化学成分是蛋白多糖，还有一定量的蛋白质。虽然软骨组织内没有血管，由于基质富含水分，易于物质渗透，使深层的软骨细胞也能获得营养物质。透明软骨中的纤维成分是由 II 型胶原蛋白构成的胶原原纤维，不形成胶原纤维。胶原原纤维直径细小（10～20nm），交织状分布。蛋白多糖分子的侧链以短突与胶原原纤维相接触，构成较大间隙的网架，以承受压力并结合着大量的水分子，使基质呈现半透明固态。

（3）软骨膜　是软骨组织外面包有的一层致密结缔组织（关节软骨表面没有），分内、外两层。外层致密，含纤维多，细胞和血管均少；内层疏松，纤维较少，血管和细胞成分多，其中的成骨细胞对软骨的生长和发育有重要的作用。软骨组织内无血管，营养由软骨膜来供给。

2. 弹性软骨

弹性软骨的结构如图 1-26，分布于耳廓、会厌等处。其构造与透明软骨相似，只是间质内含有大量的弹性纤维，互相交织成网，使其具有很大的弹性。弹性软骨新鲜时呈黄色。

3. 纤维软骨

纤维软骨（图 1-27）存在于椎间盘、耻骨联合、关节盘等处。其特点是基质很少，其中含有大量的胶原纤维束，平行或交叉排列。软骨细胞单个、成对或成单行排列，分布于纤维束间。软骨陷窝周围也可见软骨囊。HE 染色切片中，胶原纤维嗜酸性染成红色。

（三）骨组织

骨组织是一种坚硬的结缔组织，由骨细胞和大量钙化的细胞间质组成（图 1-28）。钙化的细胞间质称骨基质。

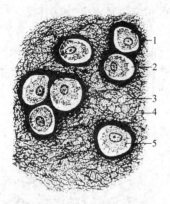

图 1-26 弹性软骨
1—软骨囊；2—软骨陷窝；3—软骨基质；
4—弹性纤维；5—软骨细胞

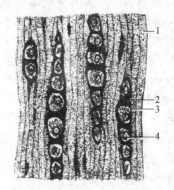

图 1-27 纤维软骨
1—胶原纤维束；2—软骨基质；
3—软骨囊；4—软骨细胞

1. 骨基质

固态，由有机成分和无机成分构成。有机成分包括大量的胶原纤维和基质，由骨细胞分泌形成的。有机成分使骨具有韧性。无机成分主要为钙盐，又称骨盐。动物体内 90% 的钙以骨盐的形式存在骨内。成熟骨组织的胶原纤维平行排列成层并借无定形基质黏合在一起，其上有骨盐沉积，形成薄板状结构，称为骨板。同一层骨板内的胶原纤维平行排列，相邻两层骨板内的纤维方向互相垂直，这种结构形式能承受多方压力，增强了骨的坚固性。

2. 骨细胞

骨细胞为扁椭圆形、多突起的细胞，核亦扁圆、染色深，胞质弱嗜碱性。骨细胞位于骨陷窝内。骨陷窝为骨板内或骨板之间形成的小腔，骨陷窝向周围呈放射状排列的细小管道，称骨小管。相邻骨陷窝的骨小管相互连通。骨细胞多突起，突起伸入骨小管内。相邻骨细胞突起彼此互相接触有缝隙连接，供骨组织进行物质交换。

此外，在骨组织的边缘存在骨原细胞、成骨细胞和破骨细胞，它们参与骨组织的形成、

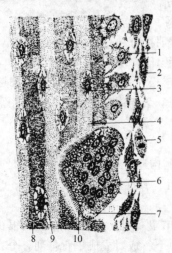

图 1-28 骨组织的各种细胞
1—成骨细胞；2—骨原细胞；3—骨细胞；
4—溶解中的骨基质；5—骨原细胞分裂；
6—破骨细胞；7—亮区；8—骨板；
9—骨陷窝；10—皱褶像

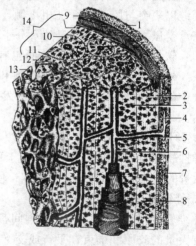

图 1-29 长骨骨干结构模式图
1—骨膜；2—外环骨板；3—骨单位；4—血管；
5—穿通管；6—中央管；7—骨膜外层；8—成骨细胞；9—外环骨板；10—骨单位；11—间骨板；12—内环骨板；13—骨松质；14—骨密质

构建、修复和溶解。

3. 长骨的结构

长骨由骨松质、骨密质、骨膜、关节软骨、骨髓、血管及神经等构成（图1-29）。

（1）骨松质　多分布长骨的两端，是由大量针状或片状的骨小梁连接而成的多孔的网架，形似海绵状。骨小梁之间有肉眼可见的腔隙，其中充满骨髓。骨小梁也是板层骨，由数层平行排列的骨板和骨细胞构成。骨小梁按承受力的作用方向有规律地排列。

（2）骨密质　位于骨干的表面。骨密质的骨板排列十分致密而规则，肉眼不见腔隙。在骨干，骨板有四种形式，即外环骨板、内环骨板、骨单位和间骨板。

① 外环骨板　由几层到几十层骨板构成，环绕骨干外表面平行排列，最外层与骨外膜相贴。

② 内环骨板　较薄，仅有数层沿骨髓腔内面平行排列。由于骨干的腔面凹凸不平，常有骨小梁伸出，故内环骨板不甚规则且厚薄不均，其内表面衬有骨内膜。内、外环骨板内均有垂直或斜穿骨板的管道，称穿通管，与纵向排列的骨单位的中央管相通连。管内有来自骨内、外膜的结缔组织、小血管和神经等。

③ 骨单位　位于内、外环骨板之间，数量很多，是构成长骨干的主要结构单位，骨单位顺着长骨的纵轴平行排列，呈筒状，其中央有一条纵行小管，称中央管或哈氏管。每个骨单位内的骨细胞均能通过互相通连的骨小管获得营养和排出代谢产物。

④ 间骨板　是填充于骨单位之间的一些不规则的平行骨板。它是长骨发生过程中，骨改建时未被吸收的原有骨单位或内、外环骨板的残留部分。

（3）骨膜　为致密结缔组织膜，包绕在骨的外表面称骨外膜，覆盖在骨髓腔、骨小梁及中央管的内表面称骨内膜。骨膜对骨组织有营养、生长和修复的作用。

（四）血液和淋巴

血液和淋巴是流动在血管和淋巴管内的呈液态的结缔组织，由细胞成分（各种血细胞和淋巴细胞）和大量的细胞间质（血浆和淋巴浆）组成。

1. 血液

血液是一种流动的结缔组织，由有形成分（血细胞）及无定形成分（血浆）组成。大多数哺乳动物的全身血量占体重的$7\%\sim8\%$，其中血浆占血液成分的$55\%\sim65\%$，血细胞则占$35\%\sim45\%$。

（1）血浆　血浆相当细胞间质，其中90%是水，其余为血浆蛋白（白蛋白、球蛋白、补体蛋白和纤维蛋白原）、脂蛋白、无机盐、酶、激素、维生素和各种代谢产物。血液流出血管后，即凝成血块，这是由于溶解状态下的纤维蛋白原转变为不溶状态的纤维蛋白所致。血液凝成血块后，周围析出淡黄色清明的液体，称血清。

（2）血细胞　血细胞包括红细胞、白细胞和血小板。

① 红细胞　动物成熟的红细胞呈中央薄而周缘厚的双面凹的圆盘状，无细胞核和细胞器。猫红细胞常排列成长链串状（形态可变性）。红细胞大小和数量，随动物种类不同而异。红细胞质内充满血红蛋白，具有携带氧和二氧化碳的功能。各种动物红细胞的平均寿命约为120天。衰老的红细胞大都被脾或肝内的巨噬细胞所吞噬。红骨髓不断产生红细胞，补充到血液中去，从而使红细胞总数维持在一定水平上。动物红细胞数量除存在种系差异外，还依个体、性别、年龄、营养状况及生活环境而改变。幼龄动物的比成年动物的多，雄性动物的比雌性动物的多，营养好的比营养不良的多，生活在高原的比平原的多。红细胞大小及数量见表1-2。

② 白细胞　为无色有核的球形细胞，一般较红细胞体积大，能做变形运动穿过毛细血管进入周围组织，发挥其防御和免疫功能。每立方毫米血液中的白细胞数量远比红细胞少。光镜下，根据白细胞胞质内有无特殊颗粒，可将其分为有粒白细胞和无粒白细胞两类。

表 1-2　红细胞的大小和数量

动物种别	直径/μm	每立方毫米血液中红细胞数/百万个
狗	7.0	6.8
猫	5.9	7.5

有粒白细胞又可根据颗粒的嗜色性，分为中性粒细胞、嗜酸性粒细胞和嗜碱性粒细胞。中性粒细胞胞体呈圆球形，平均直径约 $12\mu m$。核的形状由肾形、杆形和分叶形；猫的核溢缩不完全，犬的核不分叶。胞质呈淡粉红色，内含淡紫色或淡红色的细小颗粒。颗粒内含有多种酶类，如酸性磷酸酶、碱性磷酸酶、溶菌酶等，能消化、分解吞噬的异物和细菌。中性粒细胞具有很强的变形运动和吞噬能力。嗜酸性粒细胞直径在 $10\sim15\mu m$，核多为 $2\sim3$ 个叶。胞质内有较粗大的嗜酸性颗粒；犬的颗粒少，有时仅有 $2\sim3$ 个，色泽与红细胞颜色近似；猫的颗粒多，呈棒状；颗粒内含有酸性磷酸酶、过氧化物酶、组胺酶等。当受到寄生虫感染和发生过敏反应时，嗜酸性粒细胞大量增加。嗜碱性粒细胞在白细胞中数量最少，在 $0\sim1\%$ 之间，胞质内颗粒稀疏、大小不均，呈蓝紫色，内含肝素、组胺和慢反应物质，参与过敏反应和抗凝血过程。

无粒白细胞分为两种即单核细胞和淋巴细胞。单核细胞是白细胞中体积最大的细胞，直径约 $15\mu m$，核呈卵圆形、肾形、马蹄形或不规则形。染色淡，胞质丰富，呈弱嗜碱性。单核细胞在血流中停留时间很短，当穿过毛细血管壁进入结缔组织后，分化成巨噬细胞。淋巴细胞呈球形，依体积大小分为大、中、小三种，小淋巴细胞数量最多。典型的小淋巴细胞直径约 $5\mu m$，核大而圆、染色深，几乎占据整个细胞，核一侧常有凹陷。细胞质很少，呈一窄带状，染成淡的蓝色。淋巴细胞的形态虽然相似，但不是同一类群，根据其发生部位、表面特性、寿命长短和免疫功能的不同，分为 T 淋巴细胞（又称胸腺依赖淋巴细胞）、B 淋巴细胞（又称囊依赖淋巴细胞）、杀伤性淋巴细胞（又称 K 细胞）、自然杀伤性淋巴细胞（又称 NK 细胞）。T 淋巴细胞由胸腺发育而来，在血流中约占淋巴细胞的多数，寿命较长，参加细胞性免疫；B 淋巴细胞在骨髓（在鸟类由腔上囊）分化发育而来，数量少，寿命短，参加体液性免疫反应。

各类白细胞的形态、构造和功能见表 1-3。

表 1-3　各类白细胞的比较

白细胞种类	形态构造			功能
	形态	细胞核	细胞质	
淋巴细胞	球形，直径 $6\sim16\mu m$，分大、中、小 3 种	圆形，一侧常有凹痕，染色质粗大、致密，染成深蓝色	很少，染成天蓝色，含少量嗜天青颗粒，靠核外显浅色环	参与免疫反应
单核细胞	球形，直径 $10\sim20\mu m$	卵圆形、肾形、马蹄形、分叶形，染色质呈细丝状，着色浅	丰富，Wright 染色呈浅蓝色，含有散在的嗜天青颗粒	游走到结缔组织成为巨噬细胞，具有吞噬能力，参与机体免疫
中性粒细胞	球形，直径 $7\sim15\mu m$	呈杆状或分叶状	含有许多细小而分布均匀的浅红色颗粒	吞噬和杀菌
嗜酸性粒细胞	球形，直径 $8\sim20\mu m$	一般分二叶，呈八字形	充满粗大、分布均匀的橘红色嗜酸性颗粒	参与免疫反应
嗜碱性粒细胞	球形，直径 $10\sim12\mu m$	不规则，分叶状或 S 形，常被胞质颗粒掩盖	充满大小不等、分布不均匀的紫蓝色碱性颗粒	抗凝血和参与机体过敏反应

③ 血小板　血小板是骨髓巨核细胞质脱落的碎片，呈圆形或椭圆形的小体，其周缘部分透明、中央部分含紫蓝色颗粒。血小板主要功能是参与凝血过程。

2. 淋巴

血液中的血浆透过毛细血管壁进入组织间隙，称组织液。当组织液进入毛细淋巴管后，即称淋巴，后经淋巴结及各级淋巴管入静脉。淋巴中的液体成分与血浆相似，细胞成分主要是小淋巴细胞，单核细胞较少，有时还有少量的嗜酸性粒细胞。

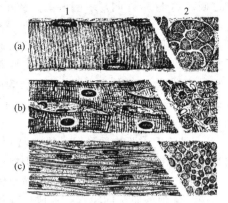

图 1-30　三种肌肉组织
(a) 骨骼肌；(b) 心肌；(c) 平滑肌
1—纵断面；2—横断面

三、肌肉组织

肌肉组织主要由肌细胞组成，肌细胞之间有少量的结缔组织以及血管和神经，肌细胞呈长纤维形，又称为肌纤维。肌纤维的细胞膜称肌膜，细胞质称肌浆，肌浆中有许多与细胞长轴相平行排列的肌丝，它们是肌纤维舒缩功能的主要物质基础。根据结构和功能的特点，将肌肉组织分为三类：骨骼肌、心肌和平滑肌（图 1-30）。骨骼肌和心肌属于横纹肌。骨骼肌受躯体神经支配，为随意肌；心肌和平滑肌受植物性神经支配，为不随意肌。

1. 骨骼肌

骨骼肌因大多借肌腱附着于骨骼而得名，由骨骼肌纤维组成。在显微镜可见其肌纤维有明暗相间的横向条纹，故称横纹肌。其收缩有力，受意识支配，又称随意肌。

（1）骨骼肌纤维的光镜结构　骨骼肌纤维为长圆柱形的多核细胞，横径 $10\sim100\mu m$，长短不一，一般在 $1\sim40mm$ 之间。肌膜的外面有基膜紧密贴附。一条肌纤维内含有几十个甚至几百个细胞核，位于细胞周围近肌膜处。核呈扁椭圆形，异染色质较少，染色较浅，核仁明显。肌浆内含许多与细胞长轴平行排列的肌丝束，称肌原纤维。每条肌纤维含有数百至数千条肌原纤维。肌原纤维之间含有大量线粒体、糖原以及少量脂滴，肌浆内还含有肌红蛋白。肌原纤维呈细丝状，直径 $1\sim2\mu m$，沿肌纤维长轴平行排列，每条肌原纤维上都有明暗相间、重复排列的横纹。由于各条肌原纤维的明暗横纹都相应地排列在同一平面上，因此肌纤维呈现出规则的明暗交替的横纹。横纹由明带和暗带组成。在偏光显微镜下，明带呈单折光，为各向同性，又称 I 带；暗带呈双折光，为各向异性，又称 A 带。在电镜下，暗带中央有一条浅色窄带称 H 带，H 带中央有一条暗线为 M 线。明带中央则有一条暗线称 Z 线。两条相邻 Z 线之间的一段肌原纤维称为肌节。每个肌节都由 1/2 I 带＋A 带＋1/2 I 带所组成。肌节长 $2\sim2.5\mu m$，它是骨骼肌收缩的基本结构单位（图 1-31）。

（2）骨骼肌纤维的超微结构

① 肌原纤维　电镜下，肌丝分为两种，直径 15nm

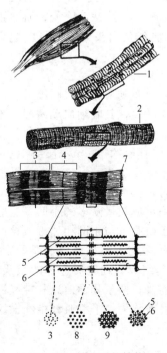

图 1-31　骨骼肌的结构
1—骨骼肌；2—肌纤维；3—暗带；
4—明带；5—粗丝；6—细丝；
7—Z 线；8—H 带；9—M 线

的粗肌丝和直径 8nm 的细肌丝。两种肌丝在肌节内各居一定位置。粗肌丝位于明带，中央分出丝突固定于 M 线，两端游离，细肌丝一端发出分支固定于 Z 线，另一端平行插入粗肌丝之间，达 H 带外侧，末端游离。故 I 带只有细肌丝，A 带既有粗肌丝又有细肌丝，其中 H 带只有粗肌丝。粗肌丝是由许多肌球蛋白分子有序排列组成的。细肌丝由三种蛋白质分子组成，即肌动蛋白、原肌球蛋白和肌原蛋白。两种肌丝在肌节内的这种规则排列以及它们的分子结构，是肌纤维收缩功能的主要基础。

② 横小管　又称 T 小管，它是肌膜向肌浆内凹陷形成的小管网，由于它的走行方向与肌纤维长轴垂直，故称横小管。横小管位于 A 带与 I 带交界处，同一水平的横小管在细胞内分支吻合成网，环绕在每条肌原纤维周围。横小管的功能是将肌膜的兴奋迅速传到每个肌节。

③ 肌浆网　肌浆网是肌纤维内特化的滑面内质网，位于横小管之间，纵行包绕在每条肌原纤维周围，故又称纵小管。位于横小管两侧的肌浆网呈环行的扁囊，称终池，终池之间则是相互吻合的纵行小管网。每条横小管与其两侧的终池共同组成骨骼肌三联体。在横小管的肌膜和终池的肌浆网膜之间形成三联体连接，可将兴奋从肌膜传到肌浆网膜。肌浆网的膜上有丰富的钙泵，有调节肌浆中 Ca^{2+} 浓度的作用。横小管兴奋引起肌浆网释放 Ca^{2+}，肌浆中 Ca^{2+} 浓度升高，启动的肌丝的滑动，引起肌纤维的收缩。

（3）骨骼肌纤维的收缩原理　目前认为，骨骼肌收缩的机制是肌丝滑动原理。其过程大致如下：①运动神经末梢将神经冲动传递给肌膜；②肌膜的兴奋经横小管迅速传向终池；③肌浆网膜上的钙泵活动，将大量 Ca^{2+} 转运到肌浆内；④肌原蛋白与 Ca^{2+} 结合后，发生构型改变，进而使原肌球蛋白位置也随之变化；⑤原来被掩盖的肌动蛋白位点暴露，迅即与肌球蛋白头接触；⑥肌球蛋白头 ATP 酶被激活，分解了 ATP 并释放能量；⑦肌球蛋白的头及杆发生屈曲转动，将肌动蛋白拉向 M 线；⑧细肌丝向 A 带内滑入，I 带变窄，A 带长度不变，但 H 带因细肌丝的插入可消失，由于细肌丝在粗肌丝之间向 M 线滑动，肌节缩短，肌纤维收缩；⑨收缩完毕，肌浆内 Ca^{2+} 被泵入肌浆网内，肌浆内 Ca^{2+} 浓度降低，肌原蛋白恢复原来构型，原肌球蛋白恢复原位又掩盖肌动蛋白位点，肌球蛋白头与肌动蛋白脱离接触，肌则处于松弛状态。

2. 平滑肌

平滑肌由成束或成层的平滑肌细胞构成，排列整齐，主要分布到胃肠道、呼吸道、泌尿生殖道以及血管和淋巴管的管壁，又称内脏肌。平滑肌纤维无横纹，其收缩启动缓慢，不受意识支配，属于不随意肌。

（1）平滑肌纤维的光镜结构　平滑肌纤维呈长梭形，平均直径约 $10\mu m$，长约 $100\mu m$。妊娠子宫壁平滑肌可长达 $500\mu m$。血管平滑肌较细长，宽 $2\sim5\mu m$，长 $40\sim60\mu m$。平滑肌只有一个核，呈棒状或椭圆形，位于细胞中央。肌纤维收缩时，核可扭曲成螺旋状。

（2）平滑肌纤维的超微结构　电镜下观察，肌膜向下凹陷形成数量众多的小凹。这些小凹相当于骨骼肌的横小管。肌浆网发育很差，呈小管状，位于肌膜下与小凹相邻近。核两端的肌浆内含有线粒体、高尔基复合体和少量粗面内质网以及较多的游离核糖体，偶见脂滴。平滑肌的细胞骨架系统比较发达，主要由密斑、密体和中间丝组成。细胞周边部的肌浆中，主要含有粗、细两种肌丝。相邻的平滑肌纤维之间在有缝隙连接，便于化学信息和神经冲动的沟通，有利于众多平滑肌纤维同时收缩而形成功能整体。目前认为，平滑肌纤维和横纹肌一样是以"肌丝滑动"原理进行收缩的。

3. 心肌

心肌是由心肌纤维组成，分布于心壁。心肌纤维有明暗相间的横纹，也属横纹肌。其心肌收缩力强而有节律，不受意识支配，是不随意肌。

（1）心肌纤维的光镜结构　心肌纤维呈短柱状，多数有分支，相互连接成网状。心肌纤维的连接处称闰盘，在 HE 染色体的标本中呈着色较深的横形或阶梯状粗线。心肌纤维的核呈卵圆形，位居中央，有的细胞含有双核。心肌纤维的肌浆较丰富，多聚在核的两端，其中含有丰富的线粒体、糖原及脂滴和少量脂褐素。后者为溶酶体的残余体，随年龄的增长而增多。心肌纤维显示有横纹，但其肌原纤维和横纹都不如骨骼肌纤维的明显。

（2）心肌纤维的超微结构　心肌纤维也含有粗、细两种肌丝，它们在肌节内的排列分布与骨骼肌纤维相同，也具有肌浆网和横小管等结构。心肌纤维的超微结构有下列特点：①肌原纤维不如骨骼肌那样规则明显，肌丝被少量肌浆和大量纵行排列的线粒体分隔成粗、细不等的肌丝束，以致横纹也不如骨骼肌的明显；②横小管较粗，位于 Z 线水平；③肌浆网比较稀疏，纵小管不甚发达，终池较小也较少，横小管两侧的终池往往不同时存在，多见横小管与一侧的终池紧贴形成二联体，三联体极少见；④闰盘位于 Z 线水平，由相邻两个肌纤维的分支处伸出许多短突相互嵌合而成，常呈阶梯状，在连接的横位部分，有中间连接和桥粒，起牢固的连接作用，在连接的纵位部分，有缝隙连接，便于细胞间化学信息的交流和电冲动的传导，这对心肌纤维整体活动的同步化是十分重要的。

四、神经组织

神经组织是由神经细胞和神经胶质细胞组成的，它是构成神经系统的主要成分。神经细胞是神经系统的结构和功能单位，亦称神经元，它能感受体内、外环境的刺激和传导兴奋，是神经系统结构和功能的基本单位，有一些神经元尚具有内分泌功能。神经元之间以突触彼此联系，形成复杂的神经网络。神经胶质细胞也称神经胶质，其数量比神经元多，对神经元起支持、保护、分隔、营养和修复等作用。

（一）神经元

神经元的大小差异很大，形态多种多样，但都可分为胞体和突起两部分。其典型结构如图 1-32。

1. 神经元的结构

（1）胞体　胞体包括细胞核和周围的胞质（称核周体），胞体是整个神经神经细胞的代谢、营养中心。胞核大而圆，位于胞体中央，染色质细小而分散，着色浅，核仁明显。核周体除与一般细胞的细胞质相同外，尚有以下特点：①含有一种嗜碱性物质，称尼氏体，在一般染色中被碱性染料所染色，多呈斑块状或颗粒状。它分布在核周体和树突内，而轴突起始段的轴丘和轴突内均无。电镜下，尼氏体是由许多发达的平行排列前粗面内质网及其间的游离核糖体组成。神经活动所需的大量蛋白质主要在尼氏体合成，再流向核内、线粒体和高尔基复合体。②特有的神经元纤维，在神经细胞质内，存在着直径为2~3μm 的丝状纤维结构，在银染的切片可清晰地显示出呈棕黑色的丝状结构，此即为神经元纤维，在核周体内交织成网，并向树突和轴突延伸，可达到突起的末梢部位。

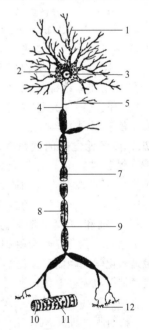

图 1-32　典型神经元结构模式图
1—树突；2—尼氏小体；3—神经细胞核；4—轴突；5—侧支；6—髓鞘；7—雪旺鞘；8—雪旺细胞核；9—郎飞结；10—肌纤维；11—运动终板；12—神经末梢

（2）突起　突起分树突和轴突。树突有多个，比较短，呈树枝状分支，因而得名。其内部结构与核周体相似有尼氏体和神经元纤维。树突表面常有许多棘状或小芽状突起，称树突棘。树突棘是神经元之间形成突触的主要部位。树突的细胞膜上有许多受体，具有接受刺激的功

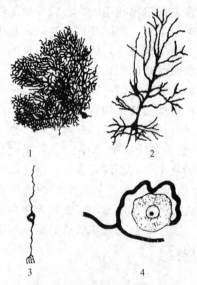

图1-33 几种类型的神经元

1,2—多极神经元；3—双极神经元；4—假单极神经元

能，神经冲动沿树突传入胞体。轴突细长，直径均匀，可有呈直角分出的侧支，末端分支较多称轴突终末。胞体发出轴突的部位呈圆锥形隆起称轴丘，轴丘和轴突的结构相似，无尼氏体，有神经原纤维，轴突成分的更新及神经递质全成所需的蛋白质和酶，是在胞体内合成后输送到轴突及其终末的。一个神经元只有一根轴突。神经冲动沿轴突传至其他神经元或效应器。

2. 神经的分类

（1）根据神经元突起的数目分类 ①多极神经元，有一个轴突和多个树突；②双极神经元，有两个突起，一个是树突，另一个是轴突；③假单极神经元，从胞体发出一个突起，距胞体不远又呈"T"形分为两支，一支分布到外周的其他组织的器官，称周围突；另一支进入中枢神经系统，称中枢突。如图1-33。

（2）根据神经元功能分类 ①感觉神经元，或称传入神经元，多为假单极神经元，胞体主要位于脑脊神经节内，其周围突的末梢分布在皮肤和肌肉等处，接受刺激，将刺激传向中枢。②运动神经元，或称传出神经元多为多极神经元，胞体主要位于脑、脊髓和植物性神经节内，它把神经冲动传给肌肉或腺体，产生效应。③联络神经元，又称中间神经元，介于前两种神经元之间，多为多极神经元，在感觉和运动神经元之间起联络作用。

（3）根据神经元释放的递质不同分类 ①胆碱能神经元；②胺能神经元；③肽能神经元；④氨基酸能神经元。

3. 神经元之间的联系——突触

突触是神经元与神经元之间或神经元与非神经细胞之间的一种特化的细胞连接，通过它的传递作用实现细胞与细胞之间的通信。在神经元之间的连接中，最常见是一个神经元的轴突终末与另一个神经元的树突、树突棘或胞体连接，分别构成轴-树、轴-棘、轴-体突触。此外还有轴-轴和树-树突触等。

突触可分为化学性突触和电突触两大类。犬、猫神经系统以化学突触占大多数，通常所说的突触是指化学突触而言。化学性突触是以化学物质（神经递质）作为通信的媒介，电突触是缝隙连接，是以电流（电讯号）传递信息。化学性突触结构可分突触前膜、突触间隙和突触后膜三部分，以及线粒体、突触小泡，如图1-34。突触前膜是轴突终末与另一个神经元相接触处轴突终末特化增厚的部分。突触前膜内侧有突触小泡，一般呈圆形或椭圆形，其内含乙酰胆碱、去甲肾上腺素或肽类等神经递质。突触间隙是突触前膜和后膜之间狭小的间隙，宽20～30nm，含有糖蛋白和一些细丝状物质。突触后膜是与突触前膜相对应的神经元或效应细胞的局部细胞膜。突触后膜含有能与神经递质特异性结合的受体。

（二）神经胶质细胞

神经胶质细胞或简称胶质细胞，广泛分布于中枢和周围神经系统，其数量比神经元的数量大得多，胶质细胞与神经元数目之比为（10：1）～（50：1）。胶质细胞体积一般比神经元小，胞质中缺乏尼氏体和神经元纤维。胶质细胞与神经元一样具有突起，但

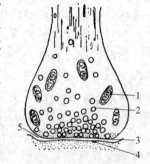

图1-34 化学性突触超微结构模式图

1—线粒体；2—突触小泡；3—突触前膜；4—突触后膜；5—突触间隙

其胞突不分树突和轴突，亦没有传导神经冲动的功能。胶质细胞可分几种，各有不同的形态特点，HE 染色只能显示其细胞核，用特殊的银染色或免疫细胞化学方法可显示细胞的全貌。神经胶质细胞有多种（图 1-35），现分述如下。

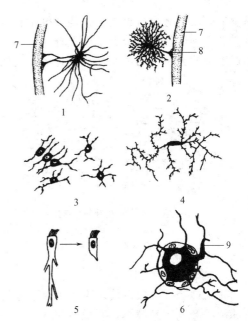

图 1-35　神经胶质细胞的种类
1—纤维性星形胶质细胞；2—原浆性星形胶质细胞；
3—少突胶质细胞；4—小胶质细胞；5—室管膜细胞
（左为胚胎期形态，右为成体期形态）；6—被囊细胞；
7—毛细血管；8—突起末梢；9—神经元

1. 中枢神经系统内的神经胶质细胞

（1）星状胶质细胞　星形胶质细胞是胶质细胞中体积最大的一种。细胞呈星形、核圆形或卵圆形，较大，染色较浅，突起伸展充填在神经元胞体及其突起之间，起支持和分神经元的作用，些突起末端形成脚板，附在毛细血管壁上，或附着在脑和脊髓表面形成胶质界膜。星形胶质细胞可分两种：①纤维性星形胶质细胞，多分布在白质，细胞的突起细长，分支较少，胞质内含大量胶质丝。②原浆性星形胶质细胞，多分布在灰质，细胞的突起较短粗，分支较多，胞质内胶质丝较少。星形胶质细胞能维持神经元周围环境 K^+ 含量的稳定性，调节细胞间隙中神经递质的浓度，有利神经元的活动。在神经系统发育时期，某些星形胶质细胞具有引导神经元迁移的作用，使神经元到达预定区域并与其他细胞建立突触连接。中枢神经系统损伤时，星形胶质细胞增生、肥大、充填缺损的空隙，形成胶质瘢痕。

（2）少突胶质细胞　在银染色标本中，少突胶质细胞突起较少，但用特异性的免疫细胞化学染色，是可见其突起并不很少，而且分支也多，胞体较星形胶质细胞的小，核圆，染色较深，胞质内胶质丝很少，但有较多微管和其他细胞器。少突胶质细胞分布在神经元胞体附近和神经纤维周围，它的突起末端扩展成扁平薄膜，包卷神经元的轴突形成髓鞘，所以它是中枢神经系统的髓鞘形成细胞。少突胶质细胞还有抑制再生神经元突起生长的作用。

（3）小胶质细胞　是胶质细胞中最小的一种。胞体细长或椭圆，核小，扁平或三角形，染色深。突起细长有分支，表面有许多小棘突。小胶质细胞的数量少，约占全部胶质细胞的 5% 左右。中枢神经系统损伤时，小胶质细胞可转变为巨噬细胞，吞噬细胞碎屑及退化变性的髓鞘。血循环中的单核细胞亦侵入损伤区，转变为巨噬细胞，参与吞噬活动。

（4）室管膜细胞　为立方或柱形，分布在脑室及脊髓中央管的腔面，形成单层上皮，称室管膜。室管膜细胞表面有许多微绒毛，有些细胞表面有纤毛。某些地方的室管膜细胞，其基底面有细长的突起伸向深部，称伸长细胞。

2. 周围神经系统内的神经胶质细胞

（1）神经膜细胞　又称雪旺细胞，是周围神经纤维的鞘细胞，它们排列成单，一个接一个地包裹着周围神经纤维的轴突。在有髓神经纤维，神经膜细胞形成髓鞘，是周围神经系统的髓鞘形成细胞。神经膜细胞外表面有一层基膜，在周围神经再生中起重要作用。

（2）被囊细胞　又称卫星细胞，是神经节内神经元胞体周围的一层扁平细胞，有营养和保护神经元的作用。

（三）神经纤维

神经纤维是由神经元的长轴突外包胶质细胞所组成。包裹中枢神经纤维轴突的胶质细胞是少突胶质细胞，包裹周围神经纤维轴突的是神经膜细胞。根据包裹轴突的胶质细胞是否形成髓鞘，神经纤维可分有髓神经纤维（图1-36）和无髓神经纤维（图1-37）。神经纤维主要构成中枢神经系统的白质和周围神经系统的脑神经、脊神经和植物性神经。

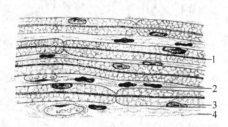

图1-36　有髓神经纤维结构模式图

1—轴突；2—成纤维细胞核；

3—神经膜细胞；4—结缔组织

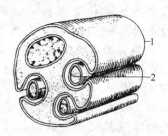

图1-37　无髓神经纤维结构模式图

1—神经膜细胞；2—轴索

1. 有髓神经纤维

有髓神经纤维数量较多，周围神经系统的神经和中枢神经系统白质中的神经纤维多数是有髓神经纤维。光镜下，有髓神经纤维的中心为神经元的轴突或长树突统称轴索，外包髓鞘。周围神经系统中，髓鞘是由神经膜细胞节段性包绕轴索而成。每一节有一个神经膜细胞，相邻节段间有一无髓鞘的狭窄处，称神经纤维结，或郎飞结，两个结之间的一段纤维称结间段。电镜下，可见髓鞘呈明暗相间的同心状板层结构，由是由神经膜细胞的胞膜多层包绕轴索而成。中枢神经系统中，髓鞘少突胶质细胞伸出多个突起分别包卷数条轴索，其胞体位于神经纤维之间。

2. 无髓神经纤维

周围神经系统的无髓神经纤维光镜下可见细长的神经膜细胞核，排在轴索表面，神经纤维直径较细。电镜下，可见一个神经膜细胞包埋数条轴索，中枢神经系统的无髓神经纤维是裸露的神经元突起。

（四）神经末梢

周围神经纤维的终末部分，终止于其他组织所形成的特有结构，称神经末梢。神经末梢可分两类：一类是传入神经纤维末梢，常终止于感觉器官，又叫感觉神经末梢；另一类是传出神经纤维末梢，终止在肌肉或腺体，又叫运动神经末梢。感觉神经末梢与其附属结构共同组成感受器，运动神经末梢与肌纤维或腺细胞之间的突触性连接组成效应器。感觉神经末梢能感受体内、外环境的各种刺激，并能将产生的神经冲动向中枢神经传导。运动神经末梢，可接受由中枢神经传来的冲动，引起肌肉收缩或腺体分泌。

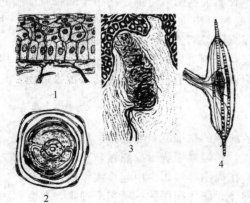

图1-38　感觉神经末梢结构模式图

1—游离神经末梢；2—环层小体

横断面；3—触觉小体；4—肌梭

1. 感觉神经末梢

感觉神经末梢（图1-38）按形态结构不同，可归纳为以下两种感觉神经末梢。

（1）游离神经末梢　是由较细的有髓鞘神经纤维和无髓鞘神经纤维的终末端反复分支而成。分布在皮肤的表皮、黏膜上皮、浆膜、某些结缔组织等处。当有髓鞘神经纤维进入表皮或其他组织时，末梢的髓鞘消失，轴突裸露成游离的细支，广泛分布在表皮或其他组织深层的细胞之间。游离神经末梢的主要机能为感受疼痛刺激，也参与对触觉和压觉等刺激的感受。

（2）有被囊神经末梢　均包以结缔组织成分组成的被囊，形式很多，大小不一。常见的有触觉小体、环层小体和肌梭等。触觉小体分布在真皮乳头内，主要功能司触觉。环层小体多见于真皮深层、皮下组织等结缔组织内，主要功能为感受压力、振动和张力觉。肌梭分布于全身的骨骼肌中，四肢肌较躯干肌多，为本体感受器。

图 1-39　运动终板

2. 运动神经末梢

由中枢发出的运动神经纤维末梢，终止在骨骼肌或内脏的平滑肌及腺体，支配肌肉的活动和腺体的分泌。可分为以下两种。

（1）躯体运动神经末梢　运动神经元的有髓神经纤维抵达骨骼肌纤维处失去髓鞘并反复分支，一个神经元可支配多条神经纤维，每个分支终末呈斑块膨大并与一条骨骼肌纤维构成神经肌突触，也称运动终板（图 1-39）。电镜下，运动终板处的肌纤维内含有较多的细胞核和线粒体，肌纤维向内凹成浅槽，轴突终末嵌入浅槽内。轴突终末的细胞膜形成突触前膜，槽底肌膜即突触后膜，下陷形成许多深沟和皱褶。突触前、后膜之间为突触间隙。

（2）内脏运动神经末梢　内脏运动神经末梢是植物性神经节后纤维的末梢。这类神经纤维较细，直径约 $1\mu m$，大多无髓鞘。神经末梢终末呈串珠样膨体附于内脏和血管平滑肌或腺细胞上（图 1-40）。膨体内含递质小泡，膨体与效应细胞之间间距较大，可超过 100nm，膨体释放递质，通过弥散方式作用于效应细胞。

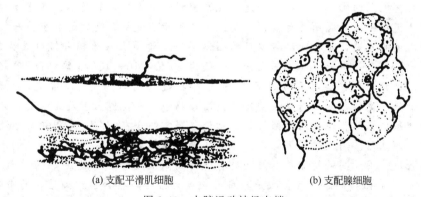

(a) 支配平滑肌细胞　　　　　　　　(b) 支配腺细胞

图 1-40　内脏运动神经末梢

【复习思考题】

1. 简述细胞的主要结构与功能。
2. 被覆上皮的分类、结构及分布如何？
3. 疏松结缔组织的组成成分有哪些？各有何功能？
4. 简述软骨组织的结构和分类。
5. 血液的有形成分有哪些？其形态和功能如何？
6. 试比较骨骼肌、平滑肌和心肌的形态和结构特点。
7. 神经元的结构和分类如何？

【岗位技能实训】

项目一 显微镜的使用

【目的要求】

1. 熟悉生物显微镜的构造及其功用，正确掌握显微镜的使用方法并牢记使用时的注意事项。

2. 学习低倍镜、高倍镜的镜检技术。

【实训材料】生物显微镜；各种细胞的永久标本玻片。

【方法步骤】

1. 认识显微镜的基本结构

显微镜是实验室中最常用的仪器。通过项目操作，同学们要了解它的基本结构，并学会使用显微镜的方法。自柜中取用时，用右手握紧镜臂，左手托住镜座，保持镜体直立，轻轻放置于桌上，观察各部构造。

显微镜的中部有一弯曲的柄，称镜臂；基部有一马蹄形部分，是镜座。镜座上的短柱叫镜柱。镜臂基部有一个方形或圆形的平台，是载物台（或称镜台）。台的中央有一圆孔，可通过光线。两侧有压片夹，用以固定玻片标本。现代的显微镜具镜台 XY 驱动器，用以固定和移动玻片标本。在圆孔的下面，有由一片或数片透镜所组成的聚光器，有集射光线于物体的作用。在聚光器下方有反光镜，可将光线反射至聚光器。此镜一面平，一面凹。凹面具有较强的反光性，多用于光线较暗的情况下；光线较强时用平面镜即可。电子显微镜的光源来源于内光源，位于镜座靠后方。镜座右侧臂有调节螺旋，可以前后调节改变光线的强弱。光线较强适于观察色深的物体；光线较弱适于观察透明（或无色）的物体。在载物台的圆孔上方，有一附于镜柄上端的圆筒称为镜筒，其上下两端附有镜头。现代的显微镜一般有两个镜筒。两镜筒之间的距离，可按观察者双目的距离调节。镜筒上端为接目镜（或称目镜），可从镜筒内抽出，接目镜有低倍和高倍之分，一般为 10 倍（10×）、16 倍（16×）。在镜筒下端有可放置的圆盘叫旋转器，下面附有 2～4 个接物镜（或称物镜）以螺旋旋入旋转器内。接物镜也有低倍和高倍之分。转动旋转器可换用接物镜。在镜臂上有两组螺旋。大的叫粗调焦器，小的叫细调焦器。现代的显微镜粗、细调焦器常组合在一起，外周粗的螺旋为粗调焦器，小的叫细调焦器。用调焦器调焦点。粗调焦器升降镜筒较快，用于低倍镜调焦；细调焦器升降镜筒较慢，用于高倍镜调焦。接物镜有低倍和高倍之分，一般放大 4×、10×、40×或 100×（油）。显微镜的总放大倍数是接目镜的放大倍数与接物镜放大倍数的乘积。例如，使用 10×接目镜与 10×接物镜，则总放大倍数是 100 倍。

2. 使用显微镜

① 将显微镜平放在实验台上，转动粗调焦器，把镜筒向上提起。转动旋转器，使低倍接物镜对准载物台的圆孔。二者相距 2cm 左右，打开光源按钮，向前向后移动按钮，两眼对着双筒接目镜观察，调节光线的强弱至适宜强度。

② 低倍镜的使用　将需观察的标本装片放在载物台上，使标本正对中央圆孔。用玻片夹固定。俯首侧视接物镜，并顺时针方向旋动粗调焦螺旋，使载物台上升到装片与接物镜约 0.5cm 处。要求双眼全睁自目镜观察，并向逆时针方向慢慢地转动粗调焦螺旋，使载物台下降至能见到物像为止。为使见到的物像更清晰，再来回转动细调焦螺旋。

③ 高倍镜的使用　需用高倍镜时，一定是在上述低倍镜下能看清物像的前提下进行。首先将要详细看的部分移到视野正中央，转动转换器，换高倍物镜。转动细调焦器，上下调

节，使物像达到最清晰为止。

3. 注意事项

① 取放显微镜时必须一手握镜臂，另一手托住镜座，禁止单手提着行走。

② 禁止拆散显微镜上任何部件。

③ 显微镜各部分必须保持清洁。光学系统部分切勿用手、布、粗纸等擦拭，必须用擦镜纸轻轻揩擦，若镜头等光学部分积有灰尘时需先用洗耳球吸去灰尘后再擦拭，必要时可略蘸些二甲苯进行揩擦。金属等机械部分有灰尘时，可用纱布擦拭。

④ 显微镜用毕后，必须把接物镜移开，使两个高、低倍接物镜以"八"字形朝前方，然后取出装片。拔掉电源，放回原位，罩好防护罩。最后要按仪器使用情况登记本如实填写该仪器使用情况。

【技能考核】

1. 能够准确说出显微镜的基本构件，能够熟练、准确操作显微镜。

2. 观察各类标本玻片，正确识别细胞的形态及构造。

项目二　上皮组织、结缔组织的观察与识别

【目的要求】掌握上皮组织、结缔组织的结构特点。

【实训材料】食管横切片；血涂片。

【方法步骤】

1. 复层扁平上皮　食管横切片，HE 染色。

(1) 肉眼观察　管腔表面有一层蓝紫色结构，即为复层扁平上皮。

(2) 低倍镜观察　食管腔面，可见上皮由多层上皮细胞构成。

(3) 高倍镜观察　基底层细胞呈立方形或矮柱状，核椭圆形，着色深。中间层细胞呈不规则的多边形，核圆形或椭圆形，着色较浅。表层细胞由梭形逐渐变成扁平，核扁。

2. 血涂片（瑞氏染色）

(1) 肉眼观察　血涂片为淡橘红色。

(2) 低倍镜观察　红细胞分布均匀呈淡红色，其中散在蓝色白细胞。

(3) 高倍镜观察

① 红细胞　数量多，体积小、圆形、无核，染成橘红色。

② 白细胞　数量少，细胞体积大，细胞核明显。

a. 中性粒细胞　胞质含有淡紫色的细小颗粒。核呈紫蓝色，形状变化很大，多数为分叶核，分成 2～5 叶。

b. 嗜酸性粒细胞　胞核多分两叶、染成蓝紫色，胞质中充满被伊红染成鲜红色的大小一致的粗大圆形颗粒。

c. 嗜碱性粒细胞　胞质淡紫色，内含大小不一染成紫蓝色或深蓝色的颗粒，核形状不定，染色浅。

d. 淋巴细胞　主要为小淋巴细胞和中淋巴细胞。小淋巴细胞大小与红细胞近似，胞核大而细胞质少。核呈圆形，一侧常有一缺痕，染成深蓝紫色。中淋巴细胞较大，核圆形或卵圆形，染成深蓝紫色。细胞质较小淋巴细胞稍多，染成天蓝色。

e. 单核细胞　体积大，核为卵圆形、肾形或马蹄形，染色稍淡。胞质较多，呈均匀一致的蓝灰色。

③ 血小板　形状不规则，呈淡蓝色，内有紫色颗粒聚集，常成堆分布在细胞之间。

【技能考核】

1. 在高倍镜下分辨出部分复层扁平上皮。

2. 在高倍镜下依据形态结构分辨血细胞。

项目三　肌肉组织和神经组织的观察与识别

【目的要求】

1. 掌握骨骼肌纤维的光镜结构。

2. 掌握神经元的形态和结构。

【实训材料】骨骼肌纵、横切片；脊髓横切片。

【方法步骤】

1. 骨骼肌　纵、横切片，铁苏木素染色。

（1）肉眼观察　切片上有两条标本，长的一块是骨骼肌纵切面，短的一块是横切面。

（2）低倍镜观察　纵切面肌纤维平行排列；横切面肌纤维呈圆形或多边形。

（3）高倍镜观察　肌膜下分布椭圆形的核，有明暗相间的横纹，染色深的为暗带，浅染部位为明带。横切的肌细胞核靠近肌膜，每条肌纤维外包有肌内膜。

2. 多极神经元　脊髓横切片，HE染色。

（1）肉眼观察　切片呈椭圆形，中央蝴蝶形染色深的为灰质，外围染色浅的为白质。

（2）低倍镜观察　典型的神经元有细胞核，含多个突起。

（3）高倍镜观察　胞体形态不规则，核大，圆形，位于胞体中央。染色质细粒状，核仁明显。细胞突起多，且多数是树突，不易见到轴突。胞体及树突内有染成紫蓝色呈块或粒状的尼氏体。

【技能考核】

1. 在高倍镜下识别骨骼肌纤维纵、横切面结构。

2. 在高倍镜下识别多极神经元结构。

第二章 运动系统

【学习目标】
1. 掌握骨的基本结构。
2. 熟悉全身骨的划分，熟记宠物全身骨的名称。
3. 掌握关节的构造及四肢各关节的构成。
4. 熟悉呼吸肌的构成，掌握腹壁肌各层肌纤维的走向及相互位置关系。

【技能目标】
1. 能识别宠物全身骨骼的名称、四肢关节的名称、全身肌肉的名称。
2. 能描述宠物全身骨骼的一般构造和关节的基本构造。
3. 能在标本上掌握主要骨、关节、肌肉和骨性标志，并能熟练应用于活体。

动物体的运动系由骨、骨连接和骨骼肌组成。全身骨借骨连接形成骨骼，构成机体的坚固支架，在维持体型、保护脏器和支持体重等方面起着重要作用。骨骼肌附着于骨，收缩时以关节为支点，使骨的位置发生移动而产生运动。在运动中，骨是运动的杠杆，关节是运动的枢纽，骨骼肌则是运动的动力，故骨骼是运动系的被动部分，骨骼肌则是受神经系支配的运动系的主动部分。

运动系构成动物的基本体型，其重量占动物体重的比例，随其品种、年龄以及营养健康状况等而不同，对犬而言，约占体重的75%。犬的运动系的发育程度，就特种犬而言具有重要的意义。此外，体表的由一些骨突起和肌肉形成的外观标志，在临床上可作为确定体内器官的位置、体尺测量和针灸穴位等的依据。

第一节 骨和骨连接

一、骨的简介

骨是一个器官，具有一定的形态和功能，主要由骨组织构成。骨组织坚硬而富有弹性，有丰富的血管和神经，能不断地进行新陈代谢和生长发育，并具有改建、修复和再生能力。骨基质内有大量钙盐和磷酸盐沉积，是机体的钙磷库，参与体内的钙、磷代谢与平衡。此外，骨髓具有造血和防卫能力。

（一）骨的化学成分及物理特性

骨含有机质和无机质两种化学成分，有机质使骨具有弹性和韧性，无机质则使骨具备硬度。有机质主要包含骨胶原纤维和黏多糖蛋白，这些有机质约占骨重量的1/3。骨重量的另外2/3是以碱性磷酸钙为主的无机盐类。如用酸脱去骨中的无机盐类，则骨仍保持骨的原来形态，但变得柔软而有弹性；将骨燃烧除去有机质，其形态不变，但骨脆而易碎。

有机质和无机质在骨中的比例，随年龄和营养健康状况不同而变化。幼犬的骨有机质相对多些，较柔韧，易变形；老龄犬的骨无机质相对较多，骨质硬而脆，易折碎。

新鲜骨呈乳白色或粉红色，干燥骨轻而色白。骨是体内最坚硬的组织，能承受很大的压力和张力。骨的这种物理特性与骨的形状、内部结构及其化学成分有密切的关系。

（二）骨的构造

骨由骨膜、骨质、骨髓及血管和神经等构成。

1. 骨膜

骨膜被覆于骨的内、外面，是由致密结缔组织构成。包裹于除关节面以外整个骨表面的称骨外膜；衬在骨髓腔内面的称骨内膜。骨外膜富含血管、淋巴管及神经，故呈粉红色，对骨的营养、再生和感觉有重要意义。在腱和韧带附着的地方，骨膜显著增厚，腱和韧带的纤维束穿入骨膜，有的深入骨质内。

骨膜分为外层的纤维层和内层的成骨层。纤维层为结缔组织，其粗大的胶原纤维束穿进骨质，对骨膜起固定和保护作用；成骨层富有细胞，在幼龄期非常活跃，直接参与骨的生长，到成年期则转为静止状态，但它终生保持分化能力，在骨受损伤时，能参与骨质的再生和修补。故在骨的手术中应尽量保留骨膜，以免发生骨的坏死和延迟骨的愈合。

2. 骨质

骨质是骨的主要组成部分，可分骨密质和骨松质。骨密质位于骨的表面，构成长骨的骨干、骨骺以及其他类型骨的外层，质地致密，抗压和抗扭曲力强。骨松质位于骨的内部，呈海绵状，由许多交织成网的骨小梁构成。骨松质小梁的排列方向与受力的作用方向一致。骨密质和骨松质的这种构造，使骨既坚固又轻便。

3. 骨髓

骨髓填充于长骨的骨髓腔和骨松质的腔隙内，由多种类型的细胞和网状结缔组织构成，并有丰富的血管分布。胎儿及幼龄动物骨髓为红骨髓，有造血功能，随年龄的增长，骨髓腔内的红骨髓逐渐被黄骨髓所代替。黄骨髓主要是脂肪组织，具有贮存营养的作用。

4. 血管和神经

骨具有丰富的血管和神经分布。小的血管经骨表面的小孔进入骨内分布于骨密质中，较大的血管称滋养动脉，穿过骨的滋养孔分布于骨髓内；骨的神经随血管行走，分布于骨小梁间、关节软骨下面、骨内膜、骨髓和血管壁上。

（三）骨的形态和分类

各骨由于机能不同而有其不同的形态，骨的形态基本上可分为长骨、短骨、扁骨和不规则骨等四种类型。

1. 长骨

长骨呈长管状，骨的两端膨大，称骨骺，其光滑面称为关节面，覆以关节软骨。中间较细，称骨体又名骨干，内有空腔，称骨髓腔，含有骨髓。长骨多分布于四肢游离部，主要作用是支持体重和构成运动杠杆。

2. 短骨

短骨略呈立方形，大部分位于承担压力较大而运动又较复杂的部位，多成群分布于四肢的长骨之间，如腕骨和跗骨，具有支持、分散压力和缓冲震动的作用。

3. 扁骨

扁骨呈宽扁板状，分布于头、胸等处，常围成腔，以支持和保护重要器官，如颅腔各骨保护脑，胸骨和肋骨参与构成胸廓，以保护心、肺、脾、肝等器官。扁骨亦为骨骼肌提供广阔的附着面，如肩胛骨等。

4. 不规则骨

不规则骨形状不规则，功能多样，一般构成犬体中轴，如椎骨等。有些不规则骨内具有含气的腔，称为含气骨，如上颌骨等。

（四）骨的连接

骨与骨之间借结缔组织、软骨或骨组织相连，形成骨连接。由于骨间连接及其运动形式不同，可分为两大类，即直接连接和间接连接。

1. 直接连接

两骨的相对面或相对缘借结缔组织直接相连，其间无腔隙，不活动或仅有小范围活动，以保护和支持功能为主。根据骨连接间组织的不同，直接连接分为纤维连接和软骨连接。

（1）纤维连接　两骨之间以纤维结缔组织连接固定，一般无活动性，如头骨诸骨之间的缝，桡骨和尺骨之间的韧带连接。这种连接大部分是暂时性的，随着年龄的增长而骨化，转变为骨性结合。

（2）软骨连接　两骨间借软骨相连，基本不能活动。软骨连接包括透明软骨结合和纤维软骨结合两种。

① 透明软骨结合　如蝶骨与枕骨的结合、长骨的骨干与骺间的骺软骨等，到老龄时常骨化为骨性结合。

② 纤维软骨结合　如椎体之间的椎间盘，这种连接在正常情况下终生不骨化。

2. 间接连接

间接连接为骨连接中较普遍的一种形式。骨与骨不直接连接，其间有滑膜包围的腔隙，能进行灵活的运动，故又称滑膜连接，简称关节。

（1）关节的基本结构　关节由关节面、关节软骨、关节囊、关节腔及血管、神经和淋巴管等构成（图 2-1）。有的关节尚有韧带、关节盘等辅助结构。

① 关节面　是相关两骨的接触面，骨质致密，一般为一凹一凸，表面覆以软骨，称为关节软骨，多为透明软骨，厚薄不一，且富有弹性，可减轻运动时的冲击和摩擦。关节软骨无血管、淋巴管和神经，其营养从滑液和关节囊滑膜层的血管渗透获得。常见的关节面有球形、窝状、髁状和滑车状，其运动范围较大；有些关节面呈平面，运动范围较小，主要起支持作用。

② 关节囊　为结缔组织膜，附着于关节面周缘及其附近的骨面上，形成囊状并封闭关节腔。囊壁分为内、外两层。外层是纤维层，由致密结缔组织构成，富有血管和神经。纤维层厚而坚韧，有保护作用，其厚度与关节的功能关系密切。负重大而活

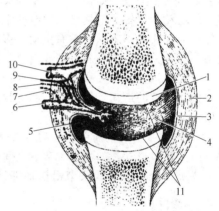

图 2-1　关节构造模式图

1—关节软骨；2—关节囊的纤维层；
3—关节囊的滑膜层；4—关节腔；
5—滑膜绒毛；6—动脉；7，8—感觉
神经纤维；9—植物性神经（交感神经
节后纤维）；10—静脉；11—关节面

动性较小的关节的纤维层厚而紧张，运动范围大的关节的纤维层薄而松弛；内层是滑膜层，由疏松结缔组织构成，呈淡红色，薄而光滑，紧贴于纤维层的内面，附着于关节软骨的周缘，能分泌滑液，具有营养软骨和润滑关节的作用。滑膜常形成绒毛和皱襞，突入关节腔内，以扩大分泌和吸收面积。在纤维层薄的部位，滑膜层常向外呈囊状膨出，形成滑液囊。

③ 关节腔　为关节囊的滑膜层和关节软骨共同围成的密闭腔隙，腔内仅含有少量的滑液。关节腔内为负压，这不仅有利于关节的运动，并可以维持关节的稳定性。

④ 关节的血管、淋巴管及神经　关节的动脉主要来自附近动脉的分支，在关节周围形成动脉网，再分支到骨骺和关节囊。关节囊各层都有淋巴管网，关节软骨无淋巴管。神经亦来自附近神经的分支，在滑膜内及其周围有丰富的神经纤维分布，并有特殊感觉神经末梢，如环层小体和关节终球等。

（2）关节的辅助结构　是适应关节功能而形成的一些特殊结构。

① 韧带　见于多数关节，由致密结缔组织构成。位于关节囊外的韧带为囊外韧带，在关节两侧的称内、外侧副韧带；位于关节囊内的为囊内韧带，但它并不是位于关节腔内，而是夹于关节囊的纤维层和滑膜层之间，同时滑膜层折转将囊内韧带包裹，如髋关节的圆韧带等。位于骨间的称骨间韧带。韧带可增加关节的稳定性，并且对关节的运动有限制作用。

② 关节盘　是位于两关节面之间的软骨板或致密结缔组织。其周缘附于关节囊内面，将关节腔完全或不完全地分成两部分。关节盘可使两关节面更为适合，减少冲击和震荡，有增加运动形式和扩大运动范围的作用，如椎体的椎间软骨或椎间盘、膝关节中的半月板等。

③ 关节唇　是附着于关节窝周缘的纤维软骨环，可以加深关节窝，扩大关节面，有增强关节稳定性的作用，如髋臼周围的缘软骨。

（3）关节的类型

① 单关节和复关节　根据组成关节的骨数目可分为单关节和复关节。单关节仅由 2 枚骨连接形成，如肩关节；复关节由 2 枚以上的骨组成，如腕关节，或由 2 枚骨间夹有关节盘构成，如股胫关节。

② 单轴关节、双轴关节和多轴关节　根据关节运动轴的数目，可将关节分为单轴关节、双轴关节和多轴关节三种。单轴关节是在一个平面上，围绕一个轴运动的关节，犬的四肢关节多数为单轴关节，如腕、肘、指等关节，只能围绕横轴作伸屈动作，其关节面适应于一个方向的运动；双轴关节是可以围绕 2 个运动轴进行活动的关节，如寰枕关节既能围绕横轴作屈伸运动，又能围绕纵轴左右摆动；多轴关节具有 3 个互相垂直的运动轴，可作多种方向的运动，这种关节的关节面呈球或窝状，如髋关节不仅能做伸和屈，又能内收和外展，而且尚能进行旋转运动。

（4）关节的运动　与关节面的形状及其相关韧带的构造有着密切的关系。犬关节的运动一般可分为下列 4 种。

① 滑动　是一种简单的运动方式。相对关节面的形态基本一致，一个关节面在另一个关节面上轻微滑动，如颈椎关节突之间的关节。

② 屈和伸运动　是关节沿横轴进行的运动。运动时两骨的骨干相互接近，关节角度缩小的称屈；反之，使关节角度变大的为伸。

③ 内收和外展运动　是关节沿纵轴进行的运动。运动时骨向正中矢面接近的为内收；相反，使骨远离正中矢面的为外展。

④ 旋转　骨环绕垂直轴运动时为旋转运动。向前向内侧旋转时称旋内；相反，则称为旋外。

（五）犬、猫全身骨骼的划分

犬、猫全身骨骼可分为中轴骨骼、四肢骨骼和内脏骨骼。中轴骨骼位于机体正中线上，构成机体的中轴，包括躯干骨和头骨；四肢骨包括前肢骨和后肢骨；内脏骨位于内脏器官或柔软器官内，如阴茎骨。犬和猫的全身骨骼如图 2-2、图 2-3。

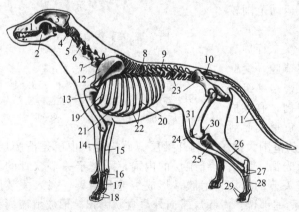

图 2-2　犬的全身骨骼

1—上颌骨；2—下颌骨；3—顶骨；4—环椎；5—枢椎；6—第 4 颈椎；7—第 6 颈椎；8—第 10 胸椎；9—第 2 腰椎；10—荐骨；11—尾椎；12—肩胛骨；13—肱骨；14—桡骨；15—尺骨；16—腕骨；17—掌骨；18—指骨；19—第 2 肋；20—第 8 肋；21—胸骨；22—肋软骨；23—髋骨；24—股骨；25—胫骨；26—腓骨；27—跗骨；28—跖骨；29—趾骨；30—腓肠肌的籽骨；31—髌骨

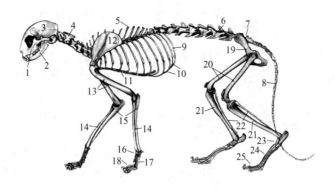

图 2-3　猫的全身骨骼

1—上颌骨；2—下颌骨；3—顶骨；4—枢椎；5—第 6 胸椎；6—第 6 腰椎；7—荐
骨；8—第 11 尾椎；9—第 13 肋；10—肋弓；11—胸骨；12—肩胛；13—肱骨；
14—桡骨；15—尺骨；16—腕骨；17—掌骨；18—指骨；19—髋骨；20—股骨；
21—胫骨；22—腓骨；23—跗骨；24—跖骨；25—趾骨

二、躯干骨及其连接

（一）躯干骨

躯干骨包括脊柱、肋和胸骨。脊柱由一系列椎骨即颈椎（C）、胸椎（T）、腰椎（L）、荐椎（S）和尾椎（Cy），借软骨、关节和韧带连接而成，构成身体的中轴，前端连接头骨，在头颈之间形成颈弯曲，在颈胸之间形成颈背弯曲，在胸腰之间形成背腰弯曲。在整个脊柱中，因胸椎受肋限制，荐椎受髋骨限制，故活动性较小，而颈椎、腰椎的活动性较大，尾椎活动范围最大。

脊柱具有保护脊髓、支持头部、悬吊内脏、支持体重、传递冲力等作用，并作为胸腔及盆腔的支架。

1. 椎骨的一般构造

各段椎骨的形态和构造虽有所不同，但基本相似。每个椎骨均由椎体、椎弓和突起组成。椎体是椎骨的腹侧部分，呈短柱状，表面有一薄层的骨密质，内部为骨松质。前端突起为椎头，后端凹陷为椎窝。相邻椎骨的椎头和椎窝相连接；椎弓位于椎体的背侧，与椎体共同围成椎孔。所有椎骨的椎孔依次相连，形成椎管，主要容纳脊髓。椎弓基部的前后缘各有一对切迹，相邻椎弓的切迹合成椎间孔，供血管和神经通过。突起有 3 种：从椎弓背侧向上方伸出的一个突起，称棘突；从椎弓基部向两侧伸出的一对突起，称横突；从椎弓背侧的前后缘各伸出的一对突起为前、后关节突。相邻椎骨的关节突构成关节。横突和棘突是肌肉和韧带的附着处，对脊柱的伸屈或旋转运动起杠杆作用。

2. 各部椎骨构造特征

虽然各段椎骨的形态有许多共同点，但是，依存在部位不同而有差异。此外，不仅由于品种不同，其各段的椎骨数目有差异，而且在个体间也同样有一些差异。不同的动物其椎骨数可用一定的式子表示，犬的脊柱式为 C7、T13、L7、S3、Cy20-23；猫的脊柱式为 C7、T13、L7、S3、Cy22-23。

（1）颈椎　共有 7 个。除第 1 和第 2 颈椎比较特殊外，其他 5 个颈椎呈现典型的椎骨的一般构造。犬的颈椎结构如图 2-4。

① 第 1 颈椎　又称环椎，呈环形，由背侧弓和腹侧弓及其二者结合后向外突出的两个侧块构成。前端有成对的关节窝，与枕髁形成关节，后端有与第 2 颈椎成关节的鞍状关节

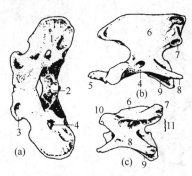

图 2-4　犬的颈椎

(a) 环椎（背侧观）；(b) 枢椎（侧观）；

(c) 第 5 颈椎（侧观）

1—环椎翼；2—腹侧弓；3—椎外侧孔；

4—横突孔；5—齿突；6—棘突；7—后

关节突；8—横突；9—椎体；10—前关

节突；11—椎孔的位置

面。板状的横突由侧块向外突出，称为环椎翼，其外侧缘可在体表摸到。在背侧弓上可见与其他椎骨相一致的椎外侧孔和横突孔。

② 第 2 颈椎　又称枢椎，为最长的椎骨，前端形成齿突，与环椎的鞍状关节面构成可转动的关节。棘突发达，呈长板状，横突长而不分支，伸向后方，有横突孔。

③ 第 3～6 颈椎　越靠近胸椎其椎骨变的越短，椎体的两端较其他的椎骨更加弯曲倾斜。椎体的腹侧有明显的腹嵴。椎弓厚而广，棘突除最后颈椎外均不发达。横突发达，分为背侧支和腹侧支，基部有横突孔，各颈椎的横突孔相连形成横突管。

④ 第 7 颈椎　呈现胸椎的形态，椎体短，棘突发达，在椎窝的两侧各有一个肋凹，与第 1 肋的肋头形成关节。横突不分支，无横突孔。

（2）胸椎　与肋骨形成关节，有 13 个，但有时随腰椎数的变化而变化，不过胸椎、腰椎总数不变。椎体近似三棱形，椎头和椎窝不明显。椎体的前后端的两侧有前、后肋凹，与肋头成为关节，最后胸椎无后肋凹。相邻的胸椎的椎体间形成椎间孔。横突较短，由前向后逐渐变小，其游离缘的腹侧面有小关节面，称为横突肋窝，与相应的肋结节形成关节。犬的胸椎结构如图 2-5。

（3）腰椎　共有 7 个，构成腹腔顶壁的骨质基础。与胸椎相比，椎体长，形态比较一致。棘突短，向前倾斜，横突长而平直，向外突出，具有相互嵌合的关节面，并有明显的乳头突和副乳头突。犬的腰椎结构如图 2-6。

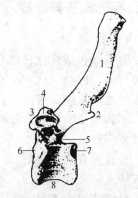

图 2-5　犬的胸椎（左侧观）

1—棘突；2—后关节突；3—横突

肋凹；4—乳突；5—后椎切迹；

6，7—前、后肋窝；8—椎体

（4）荐椎　共有 3 个，位于荐部，构成骨盆腔顶壁的骨质基础。荐椎相互愈合在一起叫荐骨，呈矩形，如图 2-7 所示。荐骨前宽，骨盆腔面微弯曲。第 1 荐骨棘突较短，第 2～3 棘突合并成荐正中嵴。第 1 荐椎的关节突较大，与其余关节突愈合为荐中间嵴。在荐正中嵴与荐中间嵴间有 2 对荐背侧孔，在荐骨的盆面两侧有 2 对荐盆侧孔，与背侧孔相通，是血管和神经的通路。荐骨横突相互愈合，前部较宽为荐骨翼，翼的后上方有较小的耳状关节面，与髂骨成关节。第 1 荐椎椎体的前端腹侧缘略凸，为荐骨岬。

（5）尾椎　不同宠物其数目有一定的变化，如犬一般为 20～23 个。仅前面数个尾椎具有椎骨的一般形态，愈向后愈退化，最后尾椎逐渐变成圆柱状。

图 2-6　犬的腰椎（左侧观）

1—乳头突；2—棘突；3—横突；

4—椎体；5—椎间盘

3. 肋

肋呈弯曲的弓形，构成胸腔的侧壁，左右成对。其对数与胸椎数相同，有 13 对。肋由肋骨和肋软骨组成。肋骨位于背侧，肋软骨位于腹侧。前 8 对肋骨以肋软骨与胸骨相接称真肋或胸肋；后 5 对肋骨的肋软骨则由结缔组织连接于前一肋软骨上，称假肋或弓肋。相邻两肋之间的间隙，称肋间隙。最后肋骨与各肋的肋软骨顺次相接,形成肋弓,为胸廓的后界。最后肋骨的肋软骨则独立存在,因此又称浮肋。

肋骨呈长圆柱状,椎骨端为肋头,分为前后肋头关节面,分别与两相邻椎体的前、后肋凹成关节;肋结节位于肋头的后上方,与相应胸椎的横突肋凹成关节。肋结节与肋头间缩细的部分为肋颈。在肋骨后缘内侧有血管和神经通过的肋沟。各肋的位置变化非常明显,一般情况下,第1肋短而直,而且它的肋软骨也短,与胸骨形成牢固的关节。除此以外的肋骨的长度、弯曲度及向后方的倾斜度逐渐增加,最后的第2或第3肋骨再次变短。上端的2个关节面,越到后位置越靠近,甚至愈合在一起。犬的肋骨示意如图2-8。

肋软骨由透明软骨构成,呈棒状。真肋的肋软骨位于真肋肋骨的腹侧,其远端与胸骨形成关节。假肋的肋软骨由前至后依次紧密相连,最后1个肋软骨末端游离。真肋的肋软骨短而厚且坚硬,而假肋的肋软骨细。

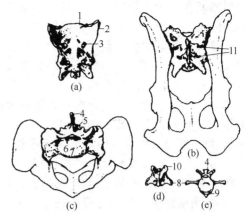

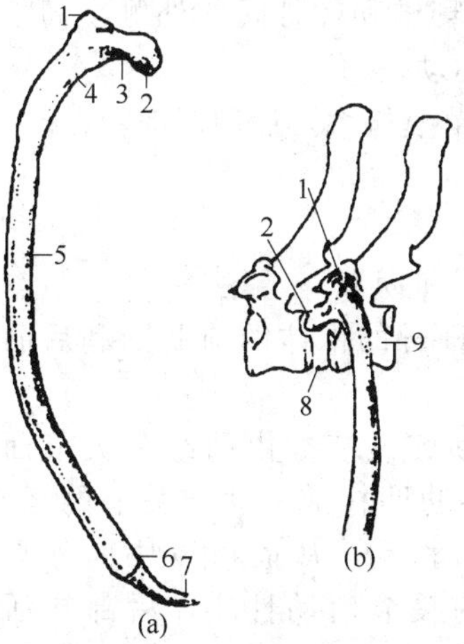

图 2-7 犬的荐骨和尾椎

(a) 荐骨(腹侧观);(b) 荐骨(背侧观);(c) 荐骨(前面观);(d) 尾椎(背侧观);(e) 尾椎(前侧观)
1—岬;2—耳状面;3—荐盆侧孔;4—棘突;5—关节突的遗迹;6—椎管;7—椎体;8—横突;9—血管弓;10—前关节突;11—荐背侧孔

4. 胸骨和胸廓

(1)胸骨 位于胸廓底壁的正中,由7枚骨质的胸骨片借软骨连接而成。胸骨的前部为胸骨柄,呈短棒状,突出于第1肋骨的前方,可在颈部腹侧基部触摸到。两侧与第1肋骨的肋软骨成关节。中部为胸骨体,有若干个胸骨片构成,呈圆筒状。幼龄犬的胸骨片间由软骨连接,随后逐渐骨化。背外侧有肋窝与胸骨肋的肋软骨形成关节。最后为突出于下部肋弓间的平坦的剑状突,连接圆片状的剑状软骨,它支撑腹壁的前部,构成腹白线的附着点。

猫的胸骨由8个节片组成,最前1枚胸骨片称为胸骨柄,最后1枚形成剑状软骨,中间6枚组成胸骨体。

(2)胸廓 胸廓是由胸椎、肋骨、肋软骨和胸骨组成的前小后大的截顶锥形的骨性支架。胸前口较高,由第1胸椎、第1肋以及胸骨柄构成。胸后口较大,向前下方倾斜,由最后胸椎、肋弓和剑状软骨构成。胸廓前部的肋较短,并与胸骨连接,坚固性强,但活动范围小,适应于保护胸腔器官。前部两侧压扁,有利于肩胛骨附着。胸廓后部的肋长且弯曲,活动范围大,形成呼吸运动的杠杆。

图 2-8 犬的肋骨

(a) 犬的左肋骨;(b) 与二个胸椎形成关节的左肋骨
1—肋结节;2—肋头;3—肋颈;4—肋骨角;5—肋骨体;6—肋骨肋软骨结合;7—肋软骨;8—椎间盘;9—与肋骨相对应的胸椎

(二)躯干骨的连接

躯干骨连接分为脊柱连接和胸廓连接。

1. 脊柱连接

椎骨间包括两种连接方式,即通过软骨的椎骨间的直接连接和关节突间具有关节囊的间接连接(关节)。此外,在多数椎骨上可见到椎骨间由长韧带相连接。脊柱连接包括椎体间连接、椎弓间连接、脊柱总韧带和寰枕及寰枢关节等。

(1)椎体间连接 是相邻椎骨的椎头和椎窝之间借纤维软骨和韧带相连。纤维软骨呈盘状，叫椎间盘。盘的外周是纤维环，中央为柔软而富有弹性的髓核，它是胚胎时期脊索的遗迹。椎间盘具有弹性，可形成椎体间的运动，并有缓冲作用。椎间盘愈厚的部位，运动范围愈大。颈部和尾部的椎间盘厚，故运动范围较大。

（2）椎弓间连接　是相邻椎骨的关节突构成的关节，有关节囊，可进行滑动。颈部的关节囊强而宽大，胸腰部的小而紧。

（3）脊柱总韧带　是贯穿脊柱，连接大部分椎骨的韧带，包括棘上韧带、背侧纵韧带、腹侧纵韧带和横突间韧带及棘间韧带。

① 棘上韧带　由荐骨向前伸延至枢椎的棘突。在颈部的韧带，即项韧带沿着颈背部的形态行走，与位于其腹侧部的颈椎保持一定的距离。项韧带由弹性组织构成，具有很强的弹性。棘上韧带和项韧带的主要作用是连接和固定椎骨，协助头颈部肌肉支持头颈。

② 背侧纵韧带　位于椎管的底壁，起自枢椎，止于荐骨。在椎体的中央部较窄，椎间盘处变宽，并紧密附着于椎间盘上。

③ 腹侧纵韧带　附着于椎体和椎间盘腹侧面的长韧带。起自中部的胸椎，止于荐骨的腹侧，其前方由颈长肌所代替。

④ 横突间韧带及棘间韧带　是位于相邻椎骨横突、棘突之间的短韧带，均由弹性纤维构成。腰部无横突间韧带。

（4）寰枕关节和寰枢关节

① 寰枕关节　由寰椎的前关节窝和枕髁构成。关节囊宽大，左右两个关节囊彼此不相通。主要由连接寰椎和枕骨的寰枕背侧和腹侧韧带及其连于寰椎和枕骨间的外侧小韧带连接。此关节为双轴关节，可进行屈伸运动和小范围的左右转运动。

② 寰枢关节　由寰椎的鞍状关节面与枢椎齿突构成，关节囊松大，运动范围较大。

2. 胸廓连接

包括肋椎关节和肋胸关节。

（1）肋椎关节　包括肋头关节和肋横突关节，均有关节囊和韧带。

① 肋头关节　由肋头上2个卵圆形小关节面与相邻两椎骨的椎体的前肋凹和后肋凹构成。

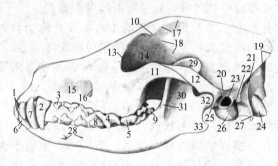

图 2-9　犬头骨（左侧观）

1—上切齿；2—上犬齿；3—上第一前臼齿；4—上第四前臼齿；5—上第一臼齿；6—下切齿；7—下犬齿；8—下第四前臼齿；9—下第三臼齿；10—额骨的颧突；11，12—颧弓（11—颧骨的颞突；12—颞骨的颧突）；13—泪中嵴；14—眼眶；15—犬齿窝；16—眶下孔；17—颞浅嵴；18—眶颞嵴；19—项嵴；20—颞嵴；21—乳突上孔；22—茎突与乳突孔；23—外耳口；24—枕髁；25—后关节突；26—鼓泡；27—乳突旁突；28—髁孔；29—下颌骨的冠状突；30—咬肌窝；31—肌嵴；32—髁状突；33—锐弯的突（下颌骨上的）

② 肋横突关节　由肋结节关节面与胸椎的横突肋凹构成。肋椎关节的运动，可使肋前后移动，从而可以协助呼吸运动。前部的关节活动性小，后部的活动性大。

（2）肋胸关节　由真肋的肋软骨与胸骨构成的关节。具有关节囊和韧带。

三、头骨及其连接

头骨位于脊柱的前方，通过寰枕关节与脊柱连接。头骨主要由扁骨和不规则骨构成，绝大部分借纤维和软骨组织连接，围成腔体，以保护脑、眼球和耳，并构成消化系统和呼吸系统的起始部。头骨大部分成对，仅有少数为单骨。有些头骨的扁骨内、外板之间形成含气体的腔，称为窦。窦可扩大头部的体积，但不增加其重量。有些头骨上有许多突起、结节、嵴、线和窝，供肌肉附着，同时还有供脉管和神经通过的孔、沟、管和裂等。

1. 头骨的组成及构造特点

头骨分为颅骨和面骨。颅骨位于头的后上方，构成颅腔和感觉器官（眼、耳）和嗅觉器官的保护壁。面骨位于头的前下方，形成口腔、鼻腔、咽、喉和舌的支架。犬头骨如图2-9和图2-10。

（1）颅骨　包括成对的额骨、顶骨、颞骨和不成对的枕骨、顶间骨、蝶骨、筛骨等七种10块骨。以下以中长头型犬的颅骨为例加以叙述。

① 枕骨　位于颅后部，构成颅腔后壁和下底壁的一部分。枕骨后端正中有枕骨大孔，前通颅腔，后接椎管。枕骨由基底部、侧部和枕鳞部组成。基底部构成颅腔底壁，自枕骨大孔向前伸延与蝶骨相接。其侧缘与颞骨间形成裂缝称为岩枕裂，裂的后方有颈静脉孔。侧部位于枕骨大孔两侧及背侧。在枕骨大孔的两侧有卵圆形的关节面，称为枕髁，与寰椎构成关节。髁的外侧有颈静脉突。突的基部与枕髁间形成髁腹侧窝，内有舌下神经孔；枕鳞部位于侧部的背侧，主要构成颅腔的后壁。

② 顶间骨　为1块小骨，位于左右顶骨和枕骨之间。

③ 顶骨　位于枕骨和额骨之间，构成颅腔的顶壁，并参与形成颞窝。

④ 额骨　位于鼻骨和筛骨的后方，顶骨的前方，外侧接颞骨。其中部两侧伸出较小的颧突，其不与颧弓相连。

⑤ 颞骨　位于枕骨的前方，顶骨的外下方，构成颅腔的侧壁。分为鳞部、岩部和鼓部。鳞部与额骨、顶骨和蝶骨相接，向外伸出颧突。颧突与颧骨的颞突相连合，形成颧弓。颧突腹侧有横向的关节面，称颞髁，与下颌骨连成关节；岩部位于鳞部和枕骨之间，蝶骨外侧，构成内耳和内耳道的骨质支架，其腹侧有连接舌骨的茎突；鼓部位于岩部的腹外侧，形成不明显的鼓泡，其外侧有骨性外耳道，向内通鼓室。

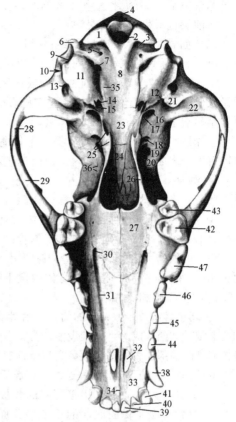

图 2-10　犬头骨（腹侧观）

1—枕髁；2—大孔；3—腹侧髁窝；4—枕外侧隆凸；5—舌下神经管；6—乳突旁突；7—颈孔；8—枕骨的基部；9—茎突乳突孔；10—外耳口；11—鼓泡；12—岩鼓窝；13—颞口；14—颈外动脉孔；15—肌突；16—卵圆孔；17—尾侧翼孔；18—头侧翼孔；19—眶管；20—眼管；21—后关节突；22—下颌骨；23—底蝶骨体；24—前蝶骨体；25—翼骨；26—腭骨的垂直板；27—腭骨的水平板；28，29—颧弓（28—颞骨的颧突；29—颧骨的颞突）；30—较大的腭孔；31—腭沟；32—腭裂；33—切齿骨体；34—切齿骨间管；35—肌结节；36—筛孔；37—鼻后孔；38—犬齿；39—第一切齿；40—第二切齿；41—第三切齿；42，43—第一和第二臼齿；44～47—第一到第四前臼齿

⑥ 蝶骨　构成颅底壁的前部，由一蝶骨体、两对翼（眶翼和颞翼）和一对翼突构成，形如蝴蝶形。前方与筛骨、腭骨、翼骨和犁骨相连，侧面与颞骨相接，后接枕骨基底部。蝶骨体位于正中，呈短棱柱状。眶翼由骨体前部两侧向上伸延，参与构成眼眶内侧壁。在眶翼基部的后方有眶圆孔和视神经管口和翼前孔。颞翼由骨体后部向背外侧伸出，参与构成颅腔外侧壁。翼突在骨体与颞翼相接处，向前方突出，形成鼻后孔的侧壁。

⑦ 筛骨　位于颅腔的前壁，参与构成颅腔和鼻腔。由筛板、垂直板和一对筛骨迷路组成。筛板是位于鼻腔与颅腔之间的筛状隔板，脑面被筛骨嵴分成左右2个椭圆形的筛骨窝，

以容纳脑的嗅球。筛板上有许多小孔，为嗅神经纤维的通路。垂直板位于正中，伸向鼻腔，构成鼻中隔后部。筛骨迷路又称侧块，呈圆锥形，位于垂直板两侧，由许多卷曲的薄骨构成，向前突向鼻腔，支持鼻黏膜。

（2）面骨　面骨由成对鼻骨、泪骨、颧骨、上颌骨、切齿骨、腭骨、翼骨、上鼻甲骨、下鼻甲骨、下颌骨及其不成对的犁骨和舌骨等构成。

① 鼻骨　位于额骨的前方，构成鼻腔顶壁的大部，其长短由于犬的种类有很大的差异。后缘以倒"V"字与额骨相接。左右侧鼻骨在正中线相连。鼻腔面凹，供上鼻甲附着。向前延伸至软鼻腔，并与鼻软骨相连接。

② 泪骨　位于眼眶的前内侧，上颌骨的后上方，大部分以锯齿状缝与相邻骨相接。眼眶内有漏斗状的泪囊窝，囊内有通向鼻腔的鼻泪管开口。

③ 颧骨　位于泪骨的下方，构成眼眶的下界。颧骨有1个明显突起，即颞突。颞突向后方突起，与颞骨的颧突相连，构成颧弓。

④ 上颌骨　位于面部的两侧，构成鼻腔的侧壁、底壁和口腔的上壁，与大部分的面骨相接，分为骨体和腭突。骨体位于鼻骨的下方，在颧骨和泪骨的前方，构成鼻腔侧壁。在第3臼齿相对处的上方，有鼻泪管的眶下孔。上颌骨的下缘呈齿槽缘，有6个臼齿槽；后端圆而突出，称上颌结节。腭突由骨体内侧下部向正中矢面伸出的水平骨板形成，构成硬腭的骨质基础，将口腔和鼻腔隔开。

⑤ 切齿骨　位于上颌骨的前方，由骨体、腭突和鼻突组成。骨体位于前端，有3个切齿槽和与上颌骨共同构成的1个犬齿槽。腭突由骨体呈水平向后突出，形成硬腭前部的骨质基础。鼻突构成鼻腔前部的骨质基础。鼻突与鼻骨前部的游离缘共同形成鼻切齿骨切迹或鼻颌切迹。

⑥ 腭骨　位于鼻后孔两侧，构成鼻后孔侧壁及硬腭后部的骨性支架。

⑦ 翼骨　为薄而窄并稍带弯曲的骨板，构成鼻后孔侧壁后部的支架。

⑧ 犁骨　位于鼻腔底面的正中。背面形成鼻中隔沟或犁骨沟，容纳筛骨垂直板及鼻中隔软骨。

⑨ 鼻甲骨　是2对卷曲的薄骨片。附着于鼻腔两侧壁上。上、下鼻甲骨将每侧鼻腔分为上、中、下3个鼻道。

⑩ 下颌骨　是头骨中最大的骨，为左右共1对。分为前部的骨体和后部的下颌支。骨体略呈水平位，较厚，前部为切齿部，每侧有3个切齿槽、骨体和下颌支联合处的1个犬齿槽和7个臼齿槽。在犬齿部与臼齿部交界处附近的外侧有一颏孔。下颌支是由骨体后部转向背侧的骨板，较宽阔。内、外侧面均凹。供咀嚼肌附着，内面有下颌孔。上端后方有下颌髁与颞骨成关节。前方有左右压扁的大的突起，称冠状突，供颞肌附着。两侧下颌骨之间形成下颌间隙。

⑪ 舌骨　位于下颌支之间，以短的软骨附着于颞骨岩部的茎突，支持舌根、咽和喉。包括基舌骨和舌骨支。基舌骨或舌骨体，横位于舌骨前下方，在其正中向前方伸出不明显的舌突。舌骨支包括甲状舌骨、角舌骨、上舌骨和茎舌骨。甲状舌骨从基舌骨的两端向后伸出，与喉的甲状软骨相连接。角舌骨从基舌骨两端突向前上方，与上舌骨成关节。上舌骨由上端伸向茎舌骨。茎舌骨与上舌骨形成关节，其背侧与颞骨的茎突形成关节岩部。

2. 头骨的外形及鼻旁窦

（1）头骨的外形　由于犬的种类不同，即短头犬、长头犬和中长头犬，其头骨的外形不同，但各骨的相互位置是比较固定的。头骨的外侧表面可分为背面、侧面、底面和顶面。

① 背面　额骨向侧方发出短的颞突，其突起不与颧弓相接而构成完整的骨性的眼眶背侧缘。额骨的背侧与顶骨相接，蝶骨的颞突和颧骨颧突接合形成颧弓，构成眼眶的外侧缘，眼眶内侧缘为额骨的外侧缘，而腹侧缘则为泪骨和部分颧骨的颞突。在顶骨与枕骨相接处的

颅骨后端处，形成枕隆起，其两侧伸向腹侧的项嵴可作为与顶面的界限。额骨的前下方与上颌骨、鼻骨和泪骨等相接，眼眶的腹侧可见眶下孔。两侧的鼻骨在正中矢面相接，鼻骨的外侧为上颌骨。背侧部的最前部为切齿骨，与鼻骨间形成鼻颌切迹。头骨的前端为切齿骨前端背侧的鼻孔部。

② 侧面　由于头型的种类不同其形状也不一样，通常呈球鞋形，分为颅侧部、眶部、上颌部和下颌部。颅侧部由颞窝、颧弓、岩部和鼓部的外侧组成。颞窝全部位于侧面，构成颅腔的侧壁，颞窝的前方通眼眶。颧弓位于颞窝的腹侧。岩部和鼓部位于颧弓后下方，可见外耳道和鼓泡。眶部由额骨、泪骨、颧骨和蝶骨构成眼眶。眼眶底部由上到下依次为视神经孔和眶圆孔和翼前孔。在上颌结节的后方的蝶腭窝内 3 个孔，由上而下依次为上颌孔、蝶腭孔和腭后孔。上颌部主要由上颌骨和切齿骨构成，较短而宽，面部粗糙，是咬肌的附着面。下颌部由下颌骨构成。

③ 底面　除去下颌骨后，可分为颅底部、鼻后孔部和腭部。颅底部宽，在颅底正中的枕骨基底部与蝶骨体接合处形成结节。枕骨基底部侧缘与鼓泡之间的裂隙称为岩枕裂，其后部称颈静脉孔。岩部和鳞部愈合。鼻后孔由腭骨、蝶骨翼突和翼骨构成。腭部由腭骨水平板、上颌骨腭突和切齿骨腭突构成。

④ 顶面　比较窄小，由顶骨、顶间骨和枕骨接合而成。可见明显的枕骨大孔、枕髁等结构。

（2）鼻旁窦　在一些头骨的内部形成直接或间接与鼻腔相通的腔，称为鼻旁窦或副鼻窦。鼻旁窦内的黏膜是鼻腔的黏膜延续，当鼻黏膜发生炎症时，常蔓延到鼻旁窦。犬的鼻旁窦不发达，包括成对的额窦和上颌窦，左右侧的同名窦间互不相通。

① 额窦　占额骨的大部分，外界一直延伸至额骨的颧突内。可以通过经筛鼻道而通于鼻腔的孔划分为外侧额窦、内侧额窦和前额窦三个区。大型犬（长头犬）的额窦可延伸至下颌关节。

② 上颌窦　又称上颌陷凹。位于后臼齿的上颌的后外侧，可延伸至腭骨、蝶骨、眼窝内侧及腹侧鼻甲骨内。犬的上颌窦由于与鼻腔可自由出入，因此，又称上颌陷凹。

3. 头骨的连接

各头骨之间大部分为不动连接，多借缝、软骨或骨直接连接，彼此间结合较为牢固。只有下颌骨借颞下颌关节与颞骨相连，而舌骨则借韧带与颅骨相连。

颞下颌关节是由下颌髁与颞骨的颞髁构成的关节。关节囊强厚，紧包于关节周围。在关节面之间有纤维软骨构成的关节盘。关节盘呈横椭圆形，中央薄，周缘厚并附着于关节囊，将关节分隔成上下互不相通的 2 个腔。关节囊外侧还有侧副韧带以加固关节的连接。两侧颞下颌关节同时活动，属于联合关节，可进行开口、闭口和较大范围的侧运动。

四、前肢骨及其连接

1. 前肢骨的组成

前肢骨包括肩带部和游离部两个部分。肩带部由肩胛骨和锁骨组成，其中肩胛骨发达。锁骨为不规则的三角形薄骨片或软骨板，不与其他骨连接，有些个体完全退化。游离部由肱骨、前臂骨和前脚骨所组成。前臂骨包括桡骨和尺骨。前脚骨包括腕骨、掌骨、指骨和籽骨。犬、猫的前肢骨骼见图 2-11、图 2-12。

2. 前肢各骨构造的特征

（1）肩胛骨　肩胛骨是位于胸部前背侧的扁骨，呈长椭圆形。其长轴由第 1 胸椎棘突末端与第 4 肋骨椎骨端连线的中部，斜向第 1 肋骨胸骨端的稍前方。

外侧面有一明显的纵行隆起称为肩胛冈，下端突出较高并形成钩状的肩峰。肩胛冈将外侧面分为前上方较大的冈上窝和后下方较小的冈下窝，供肌肉附着；内侧面有一大而浅的肩

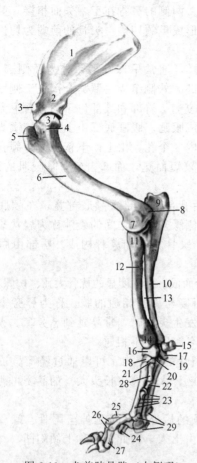

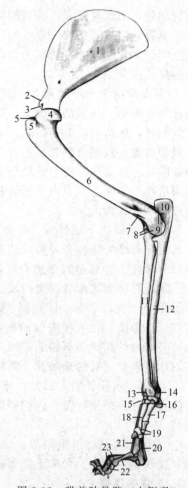

图 2-11　犬前肢骨骼（内侧观）

1—肩胛下窝；2—肩胛颈；3—窝上结节；3′—肱骨头；4—肱骨小结节；5—肱骨大结节；6—大圆肌结节；7—肱骨髁；8—内侧上髁；9—肘；10—尺骨体；11—桡骨头；12—桡骨体；13—前臂间隙；14—桡骨滑车；15—副腕骨；16—中间桡腕骨；17—尺侧腕骨；18—第 2 腕骨；19—第 4 腕骨；20—第 3 腕骨；21—第 1 腕骨；22—第 1 指；23—第 2～5 掌骨；24—第 5 指骨；25—第 4 指；26—第 3 指；27—第 2 指；28—第 1 掌骨；29—近籽骨

图 2-12　猫前肢骨骼（内侧观）

1—肩胛下窝；2—窝上结节；3—冠状突；4—肱骨头；5—小结节；5′—大结节；6—肱骨体；7—髁上孔；8—肱骨髁；9—内侧上髁；10—鹰嘴突；11—桡骨体；12—尺骨体；13—桡骨滑车；14—尺骨头；15—腕骨；16—副腕骨；17—第 1 掌骨；18—第 2 掌骨；19—第 1 指骨；20—第 3 掌骨；21—第 5 掌骨；22—第 2 指指骨；23—第 3 指指骨

胛下窝，供肩胛下肌附着；窝的后上方为供腹侧锯肌附着的粗糙面；前缘薄而隆凸，后缘肥厚而平直；背侧缘较平直，前角和后角间微隆起，其前角对应第 1 胸椎棘突末端，后角对应于第 4 肋骨椎骨端；腹侧角又称关节角，位于第 1 肋骨胸骨端的稍前方。关节角有圆形的关节面，称关节盂（肩臼），与肱骨头形成关节。关节盂的前上方有突出的盂上结节或肩胛结节，它是臂二头肌的起点。结节的内侧有一突起称喙突，它是乌喙骨的遗迹。

（2）肱骨　肱骨又称臂骨，由前上方斜向后下方，位于胸廓两侧的前下方，由两端和骨体构成。近端为圆而光滑的肱骨头，与肩胛骨的关节盂形成关节。在头的掌侧面缩细部，称肱骨颈。头的前面两侧各有一个突起，外侧的称外侧结节，由于又高又大，又称大结节，它是在体表的一个骨性标志；内侧的称内侧结节，又叫小结节。在大、小结节间形成臂二头肌沟，供二头肌腱通过。骨体略呈扭曲的圆柱状，外侧有由后上方斜向外下方呈螺旋状的臂肌沟，供臂肌附着。肌沟的外上方有稍隆凸的三角肌粗隆，内侧中部有卵圆形粗糙面，称大圆肌粗隆，它是大圆肌和背阔肌的止点。远端内、外侧有 2 个滑车状关节面，分别称内、外侧髁。内、外侧髁的上方各有内、外侧上髁。两髁的后面形成宽深的鹰嘴窝，其中具有滑车上孔。鹰嘴窝内有尺骨鹰嘴的肘突深入。滑车关节面的前上方有一浅窝称冠状窝。

（3）前臂骨　前臂骨由桡骨和尺骨联合组成。尺骨的上部位于桡骨的后方，下部位于桡骨的外侧。通过桡骨和尺骨的位置改变，可以进行约 45°的转动。

①桡骨　呈棒状，近端的关节面与臂骨远端的内、外侧髁形成关节，其后部的环状关节面与尺骨形成关节。体部为前后压偏，并形成一定的弯曲。远端形成滑车状关节面，与腕骨形成关节。前缘有伸肌通过的肌沟，后面粗糙为肌肉的附着部位。

②尺骨　较桡骨长，自上向下逐渐变细。近端伸长，鹰嘴呈 3 个结节状，并有明显的钩突，深入鹰嘴窝，在鹰嘴的下方有与桡骨形成关节的关节面。骨体变细，沿桡骨行走，在活体通过结缔组织膜与桡骨结合。远端有与桡骨相对的关节面，并有与尺侧腕骨形成关节的外侧茎状突起。

（4）前脚骨　前脚骨包括腕骨、掌骨、指骨和籽骨。

①腕骨　由形态复杂的短骨构成，共有 7 块。近列有 3 块，即中间桡腕骨、尺侧腕骨和副腕骨；远列 4 块，由内向外为第 1、2、3、4 腕骨。此外，有时在关节内侧面的组织内，存在一小块似籽骨的小骨片。

②掌骨　有 5 块掌骨，即第 1、2、3、4、5 掌骨。其中第 1 掌骨最短，第 3、4 掌骨最长。

③指骨　有 5 个指，除第 1 指仅有 2 个指节骨外，其余均有 3 个指节骨。第 1 指指节骨最短，在行走时并不着地。第 3 指指节骨的形态特殊，呈钩（爪）状，故又称爪骨。

④籽骨　分为掌侧籽骨和背侧籽骨。掌侧籽骨有 9 块，背侧籽骨有 4～5 块。

3. 前肢骨的连接

前肢的肩带与躯干之间不形成关节，而是借肩带肌将肩胛骨与躯干连接。其余的前肢各关节之间均形成关节，自上而下依次为肩关节、肘关节、腕关节和指关节。指关节又包括掌指关节、近节骨间关节和远节骨间关节。

（1）肩关节　肩关节是肩胛骨关节盂和肱骨头构成的单关节。关节角顶向前，关节囊松大，无侧副韧带，故肩关节的活动性大，为多轴关节。虽然由于受内、外侧肌肉的限制，主要进行屈曲运动，但犬仍能做一定程度的内收、外展及外旋运动。

（2）肘关节　肘关节是肱骨远端的关节面与桡骨及尺骨近端关节面构成的单轴单关节。关节角顶向后，关节囊的掌侧呈袋状，较薄，深入鹰嘴窝内；背侧面强厚；两侧与侧副韧带紧密结合。外侧副韧带较短而厚；内侧副韧带薄而较长。由于侧副韧带将关节牢固连接与限制，故肘关节只能做屈伸运动。桡骨和尺骨的骨体间有很长的前臂骨间膜连接，以限制前臂过分地转动。

（3）腕关节　腕关节由桡骨近端、两列腕骨和掌骨近端构成的单轴复关节。前臂腕关节和腕骨尺骨间关节共有一个关节腔。由于能够进行旋内或旋外运动，因此无发达的内、外侧韧带，起于前臂骨远端的内、外侧，下部均分浅、深两层，止于掌骨近端的内、外侧。关节的背侧有数个骨间韧带，以连接相邻各骨。掌侧面也有掌侧深韧带、副腕骨韧带等短韧带。

（4）指关节　指关节包括掌指关节、近指骨间关节和远指骨间关节。每个关节均有关节囊和不发达的韧带。

五、后肢骨及其连接

（一）后肢骨的组成

后肢骨是由髋骨、股骨、髌骨、小腿骨和后脚骨所组成。髋骨是髂骨、坐骨和耻骨三块骨的合称，又叫盆带。小腿骨有胫骨和腓骨。后脚骨包括跗骨、距骨、趾骨和籽骨。犬和猫的后肢骨如图2-13、图2-14。

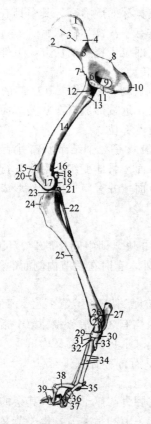

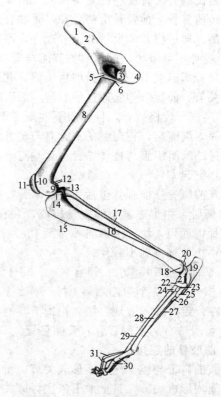

图 2-13　犬后肢骨骼（内侧观）

1—荐结节；2—髋结节；3—髂骨翼；4—关节面；5—髂骨体；6—耻骨；7—髂耻隆起；8—坐骨棘；9—闭孔；10—坐骨结节；11—髋骨的结合面；12—转子窝；13—小转子；14—股骨体；15—股骨滑车；16—内侧上髁；17—股骨内侧髁；18—腓肠肌的籽骨；19—股骨外侧髁；20—膝盖骨；21—腘肌的籽骨；22—腓骨；23—胫骨的内髁；24—胫骨粗隆；25—胫骨体；26—内侧髁；27—跟骨；28—距骨；29—中央跗骨；30—第4跗骨；31—第3跗骨；32—第2跗骨；33—第1跗骨；34—第2~5跖骨；35—近侧籽骨；36—第2趾骨；37—第5趾骨；38—第3趾骨；39—第4趾骨

图 2-14　猫后肢骨骼（内侧观）

1—髂骨翼；2—关节面；3—闭孔；4—坐骨结节；5—髋骨的结合面；6—股骨小转子；7—转子窝；8—股骨体；9—股骨内侧髁；10—股骨的髁内侧嵴；11—膝盖骨；12—腓肠肌的籽骨；13—胫骨的外侧髁；14—胫骨的内侧髁；15—胫骨的嵴；16—胫骨体；17—腓骨体；18—内侧髁；19—跟骨；20—外髁；21—距骨；22—中央跗骨；23—第2跗骨；24—第3跗骨；25—第1跗骨；26—第1跖骨；27—第5跖骨；28—第2跖骨；29—第3跖骨；30—第2趾骨；31—第4趾骨

由于后肢骨及其连接与前肢有许多相似之处，因此，在此仅叙述后肢骨及其连接的特征。

（二）后肢各骨构造的特征

1. 髋骨

髋骨为不规则骨，由髂骨、耻骨和坐骨结合而成。髂骨位于外方，耻骨位于前下方，坐骨位于后下方。三块骨接合处形成内侧切口比较大的杯状关节窝，叫髋臼，与股骨头形成关节。髋臼内有半月状关节面，最深处粗糙而无关节面。左右侧髋骨在骨盆中线处以软骨连接形成骨盆联合。

骨盆是由背侧的荐骨和前位数个尾椎、腹侧的耻骨和坐骨以及侧面的髂骨和荐结节阔韧带构成的前宽后窄的锥形腔，其入口（前口）呈椭圆形，斜向前上方，背侧为荐骨岬，两侧为髂骨体，腹侧为耻骨。骨盆前口的中部最宽，上端最窄；出口（后口）较小，背侧为第1尾椎，腹侧为坐骨弓，两侧为荐结节阔韧带的后缘。骨盆后口的活动性比较强，当提举尾椎时，后口可以变大。

（1）髂骨 为不规则骨，由髂骨体和髂骨翼构成。髂骨体为坚实的圆柱状，其后下方与耻骨和坐骨共同构成髋臼。髂骨翼为髂骨前部，呈长方形。翼的背外侧面称臀肌面，腹内侧面称荐盆面。内侧面小而粗糙，称耳状关节面，与荐骨翼构成关节。髂骨翼的外侧角称髂骨外侧棘，髂骨翼的内侧角称髂骨内侧棘。翼的内侧凹陷，为坐骨大切迹，向后延伸参与形成坐骨嵴。

（2）耻骨 呈"L"形，构成骨盆底的前部，在3块骨中最小，由耻骨体和耻骨支组成。耻骨体为连接髂骨体和坐骨体的部分，并与二者构成髋臼。耻骨前支较窄，自耻骨体伸向前内侧，其前缘在与髂骨交接处粗糙而隆起，为髂耻隆起，后缘形成闭孔的前缘。耻骨后支自耻骨前支的内侧向后延伸，与坐骨支相接，并与后者一起构成闭孔的内界双侧，耻骨支在正中联合构成骨盆联合的前部。在骨盆联合的前缘有棘状突起称耻骨腹侧结节。

（3）坐骨 为不正四边形扁骨，构成骨盆底壁后部，盆面显著凹陷。其内侧缘与对侧的坐骨在正中相接，构成骨盆联合的后部。后外侧有粗大的突起，称坐骨结节，两侧坐骨的后缘相接呈弓状，称坐骨弓。前缘与耻骨围成闭孔。外侧部参与髋臼的形成。

2. 股骨

股骨为全身最大的管状长骨，由后上方斜向前下方，包括骨体和两端。近端可分为股骨头、颈和大转子。股骨头近似球形，向内稍向上方突出。在头的中央有呈圆形的头凹，供圆韧带附着；股骨头与股骨体连接处缩细为股骨颈；在股骨头的外侧有粗大而高的突起为大转子。大转子与股骨头间有深的凹陷，称转子窝。骨体呈圆柱形，背侧面圆而平滑，跖侧面平坦，下部宽而粗糙。在股骨头的腹内侧缘上有不明显的小转子。远端粗大，前方为滑车，后方为内、外侧髁。滑车关节面与髌骨形成关节；内、外侧髁与胫骨及腓骨形成关节。在两髁间有深的髁间窝，而髁的内、外侧上方有供肌肉、韧带附着的内、外侧上髁。外侧髁后外缘有小的腓骨关节面，与腓骨形成关节。在外侧髁与滑车外侧嵴之间有伸肌窝。在外侧髁的外侧有腘肌窝。

3. 髌骨

髌骨又称膝盖骨，是体内最大的籽骨，位于股骨远端前方，并与滑车关节面构成关节。呈卵圆形，前面隆凸、粗糙而不规则。关节面光滑。

4. 小腿骨

小腿骨由前上方斜向后下方，包括内、外侧并列排列的胫骨和腓骨。

（1）胫骨 呈粗大的三棱形，由骨体和两端组成。骨体近端粗大，呈三角形，有三个面：内侧面近侧较宽，略粗糙，供内侧副韧带及相应的肌肉附着；外侧面光滑，稍呈螺旋状；后面扁平，有一粗的腘肌线。背侧缘上1/3处形成三角形隆起，称胫骨粗隆，可作为活体的骨性标志。胫骨粗隆向内下方延续为胫骨嵴。骨体远端较小。胫骨的近端具有两个关节隆起，即内侧髁和外侧髁，每一髁均有鞍状关节面，与相应的股骨髁及半月板形成关节。两髁间有髁间隆起。远端较小，关节面与距骨的滑车相适应。关节面由两个深沟和沟中低嵴构成，沟两侧以内、外侧髁为界。在胫骨远端的外侧缘上有与踝骨形成关节的关节面。

(2) 腓骨　位于胫骨外侧。细长，两端膨大。在中上部与胫骨间形成骨间隙。远端分离后单独形成独立的踝骨。它与胫骨形成关节，并与其共同构成与距骨形成关节的关节面。

5. 后脚骨

(1) 跗骨　跗骨共7块，排列成3列。近列2块，内侧的称距骨，外侧的为跟骨；中列为中央跗骨；远列由内向外为第1、2、3、4跗骨。

① 距骨　又称胫跗骨，近端和背侧以滑车状关节面相延续，关节面与胫骨远端和踝骨形成关节；远端形成距骨远滑车，由两个髁和沟组成的关节面与中央跗骨形成关节；跖侧和外侧与跟骨形成关节。

② 跟骨　长而窄，近端有粗大突出的跟结节，为腓肠肌腱的附着部，内侧有向内突出的粗大突起，称载距突，其前下方有关节面与距骨形成关节。

③ 中央跗骨，第1、2、3、4跗骨　中央跗骨夹在距骨和第1、2、3、4跗骨之间，具有与其各骨所成的关节面；第1、2、3跗骨背侧与中央跗骨形成关节，第3跗骨还有与第4跗骨形成关节的关节面；第4跗骨近端与跟骨形成关节，其内侧与中央跗骨和第3跗骨形成关节，远端与第4、5跖骨形成关节。

(2) 跖骨　跖骨共5块，第1跖骨细小，其他4块跖骨的形状大小与掌骨相似。

(3) 趾骨和籽骨　趾骨通常有4个趾，即第2、3、4、5趾。每趾及其籽骨的数目和形状与前肢的相似。

(三) 后肢骨的连接

后肢骨的连接有荐髂关节、髋关节、膝关节、跗关节和趾关节。荐髂关节属于盆带连接，骨盆联合也属于盆带连接。膝关节包括股髌关节、股胫关节和胫腓关节。趾关节和前肢指关节构造相同。后肢各关节与前肢各关节相对，除趾（指）关节外，各关节角方向相反，这种结构特点有利于动物站立时姿势保持稳定，除髋关节外，各关节均有侧副韧带，故为单轴关节，主要进行屈伸运动。

1. 荐髂关节

荐髂关节由荐骨翼与髂骨的耳状面构成。关节面不平整，周围有关节囊，并有短而强的腹侧韧带加固。故关节几乎不活动。骨盆韧带主要为荐结节阔韧带或荐坐韧带，它是为荐骨和坐骨之间呈索状的强韧带，起自荐骨和前位的尾骨，止于坐骨结节。

2. 髋关节

髋关节是髋臼和股骨头构成的多轴关节。髋臼的边缘有由纤维软骨环形成关节盂缘，在髋臼切迹处有髋臼横韧带。关节囊松大，外侧厚，内侧薄。经髋臼切迹至股骨头凹间有短大的股骨头韧带，又称圆韧带，可限制后肢外展。髋关节能进行多向运动，但主要是屈伸运动，并可伴有轻微的内收、外展和旋内、旋外运动。

3. 膝关节

膝关节包括股胫关节和股髌关节及近端胫腓关节，此外，还包括股骨与腓肠肌起始部的1对籽骨间的关节和胫骨与膝窝腱内的籽骨间的关节。这些关节共同具有1个关节囊。膝关节为单轴复关节。

(1) 股胫关节　由股骨远端的内、外侧髁和胫骨近端的内、外侧髁构成。在股骨与胫骨间垫有2个半月板。半月板可使不符合的关节面相吻合并减少震动。内、外侧半月板均呈楔形，近端面凹陷，远端面平坦。每个半月板均由其前端和后端及其向胫骨近端中央部非关节面延伸的韧带所固定，外侧半月板附着于股骨髁间窝后部。

关节囊附着于股胫关节的周围及半月板的周缘。囊前壁薄，后壁厚。其滑膜层形成内侧和外侧两个相通的关节腔，并与股髌关节腔交通。内、外侧关节腔又被内、外侧半月板分为上、下两部分。

股骨与小腿骨间由 4 条韧带连接。内、外侧副韧带位于关节的内、外侧，分别起于股骨内、外侧上髁，内侧副韧带止于胫骨的近端，外侧副韧带止于腓骨头。还有位于股骨髁间窝内的两条交叉韧带，分别称前交叉韧带和后交叉韧带。前者由胫骨的髁间隆起至股骨髁间窝外侧壁；后者强大，自胫骨腘肌切迹至股骨髁间窝的前部。

（2）股髌关节　由股骨远端滑车关节面与髌骨的关节面构成。关节囊薄而宽松，在关节囊的上部有伸入股四头肌下面的滑膜盲囊。

股髌关节有内、外侧副韧带和一条髌直韧带。内、外侧副韧带细小，起于髌骨软骨，止于股骨；髌直韧带是连接髌骨的远端与胫骨隆起之间的韧带。

股胫关节主要是屈伸运动，同时可进行小范围的旋转运动；股髌关节的运动主要是髌骨在股骨滑车上滑动，以改变股四头肌作用力的方向而伸展膝关节。

4. 跗关节

跗关节又称飞节，是由小腿骨远端、跗骨和跖骨近端形成的单轴复关节。跗关节包括小腿跗关节，跗骨间近、远关节和跗跖关节。小腿跗关节活动范围大，其余关节均连接紧密，仅可微动以起缓冲作用。

关节囊的滑膜层形成多个滑膜囊，其中胫距囊最大，位于胫骨与距骨间；近跗间囊位于距骨、跟骨和中央跗骨及第 4 跗骨之间；远跗间囊位于中央跗骨和第 4 跗骨与第 1 跗骨及第 2 和 3 跗骨之间；跗跖囊位于远列跗骨与跖骨近端之间。跗关节内、外侧副韧带均分为浅层的长韧带和深层的短韧带，附着于小腿骨远端和跖骨近端的内、外侧，但在跗骨的近列与中间列之间无内侧副韧带。除此之外还有跖侧长韧带、背侧韧带、跖侧韧带等。

5. 趾关节

趾关节包括跖趾关节、近趾节间关节和远趾节间关节。其构造与前肢的指关节相似。

第二节　肌　肉

肌肉能接受刺激发生收缩，为机体活动的动力器官。根据其形态、机能和位置等不同特点，可分为三种类型，即平滑肌、心肌和骨骼肌。平滑肌主要分布于内脏和血管；心肌分布于心脏；骨骼肌主要附着在骨骼上，它的肌纤维在显微镜下呈明暗相间的横纹结构，故又称横纹肌。骨骼肌收缩能力强，受意识支配，所以也叫随意肌。本节主要叙述骨骼肌的形态、位置及其作用。

一、肌肉简介

1. 肌肉的构造

组成运动器官的每一块肌肉都是一个复杂的器官，它们均由肌腹和肌腱两部分组成。具体构造见图 2-15。

（1）肌腹　肌腹是肌器官的主要部分，位于肌器官的中间，由许多骨骼肌纤维借结缔组织结合而成，具有收缩能力。包在整块肌肉外表面的结缔组织称为肌外膜。肌外膜向内伸入把肌纤维分成大小不同的肌束，称为肌束膜。肌束膜再向肌纤维之

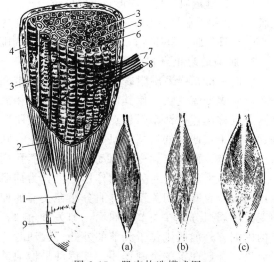

图 2-15　肌肉构造模式图
（a）半羽状肌；（b）羽状肌；（c）复羽状肌
1—肌腱；2—肌腹；3—肌纤维；4—肌外膜；5—肌束膜；6—肌内膜；7—神经；8—血管；9—骨

间伸入包围着每一条肌纤维，称为肌内膜。肌膜是肌肉的支持组织，使肌肉具有一定的形状。血管、淋巴管和神经随着肌膜进入肌肉内，对肌肉的代谢和机能调节有重要意义。当动物营养良好的时候，在肌膜内蓄积有脂肪组织，使肌肉横断面上呈大理石状花纹。

（2）肌腱 肌腱位于肌腹的两端，由规则的致密结缔组织构成。在四肢多呈索状，在躯干多呈薄板状，又称腱膜。腱纤维借肌内膜直接连接肌纤维的两端或贯穿于肌腹中。腱不能收缩，但有很强的韧性和张力，不易疲劳。其纤维伸入骨膜和骨质中，使肌肉牢固附着于骨上。

根据肌腹中腱纤维的含量和肌纤维的排列方式，可将肌肉分为动力肌、静力肌和动静力肌三种。

① 动力肌 结构比较简单，呈纺锤形，肌腹只由肌纤维及结缔组织所组成，肌纤维的方向与肌腹的长轴平行。这种肌肉收缩迅速而有力，幅度较大，是推动身体前进的主要动力。但消耗能量多，易于疲劳。

② 静力肌 肌腹中肌纤维很少，甚至消失，而由腱纤维所代替，失去了收缩能力，主要起机械作用。

③ 动静力肌 肌腹中含有或多或少的腱质，构造复杂。根据肌腹中腱的分布和肌纤维的排列方向又可分为半羽状肌、羽状肌和复羽状肌。表面有一条腱索或腱膜，肌纤维斜向排列于腱的一侧为半羽状肌；腱索伸入肌腹中间，肌纤维以一定角度对称地排列于腱索两侧为羽状肌；肌腹中有数条腱索或腱层，肌纤维有规律地斜向排列于腱索两侧为复羽状肌。动静力肌由于肌腹中有腱索，肌纤维虽短但数量大为增多，从而增强了肌腹的收缩力，并且不易疲劳，但收缩幅度较小。

2. 肌肉的形态和分布

肌肉由于位置和机能不同，而有不同的形态，一般可分为下列四种类型。

（1）板状肌 呈薄板状，主要位于腹壁和肩带部。其形状大小不一，有扇形、锯齿形和带状等。板状肌可延续为腱膜，以增加肌肉的附着面和坚固性。

（2）多裂肌 多数沿脊柱两侧分布，具有明显的分节性。各肌束独立存在，或互相结合成一大块肌肉。多裂肌收缩时，只能产生小幅度的运动。

（3）纺锤形肌 呈纺锤形，主要分布于四肢。中间膨大的部分为肌腹，两端多为腱质。起端是肌头，止端是肌尾。有些肌肉有数个肌头或肌尾。纺锤形肌收缩时，可产生大幅度的运动。

（4）环行肌 呈环行，多环绕在自然孔的周围，形成括约肌，收缩时可缩小或关闭自然孔。

3. 肌肉的起止点和作用

肌肉一般都借着腱附着在骨、筋膜、韧带和皮肤上，中间跨越一个或几个关节，肌肉收缩时，肌腹变短变粗，使其两端的附着点互相靠近，牵引骨发生移位而产生运动。肌肉的不动附着点称起点，活动附着点称止点。四肢肌肉的起点一般都靠近躯干或四肢的近端，止点则远离躯干或四肢的远端。肌肉的起点和止点随着运动条件改变可以互相转化，即原来的起点变为动点，而止点则变为不动点。在自然孔周围的环行肌的起止点难以区分。

根据肌肉收缩时对关节的作用，可分为伸肌、屈肌、内收肌和外展肌等。肌肉对关节的作用与其位置有密切关系。伸肌分布在关节的伸面，通过关节角顶，当肌肉收缩时可使关节角变大。屈肌分布在关节的屈面，即关节角内，当肌肉收缩时使关节角变小。内收肌位于关节的内侧，外展肌则位于关节的外侧。运动时，一组肌肉收缩，作用相反的另一组肌肉就适当放松，并起一定的牵制作用，使运动平稳地进行。

动物在运动时，每一个动作并不是单独一块肌肉起作用，而是许多肌肉互相配合的结果。在一个动作中起主要作用的肌肉称主动肌；起协助作用的肌肉称协同肌；而产生相反作用的肌肉则称对抗肌。每一块肌肉的作用并不是固定不变的，而是在不同的条件下起着不同的作用。

4. 肌肉的命名

肌肉一般是根据其作用、结构、形状、位置、肌纤维方向及起止点等命名的。如伸肌、屈肌、内收肌、外展肌、咬肌、提肌、降肌等的命名是根据其作用；二腹肌、三头肌等是根据其结构；三角肌、锯肌等是根据其形状；颞肌、胸肌等是根据其位置；直肌、斜肌等是根据肌纤维的方向；臂头肌、胸头肌等是根据其起止点。但多数肌肉是结合数个特征而命名的，如指外侧伸肌、腕桡侧屈肌、股四头肌、腹外斜肌等。

5. 肌肉的辅助器官

肌肉的辅助器官包括筋膜、黏液囊、腱鞘、滑车和籽骨。

（1）筋膜　筋膜为覆盖在肌肉表面的结缔组织膜，又分为浅筋膜和深筋膜。

① 浅筋膜　位于皮下，又称皮下筋膜，由疏松结缔组织构成，覆盖于整个肌系的表面，各部厚薄不一。头及躯干等处的浅筋膜中含有皮肌。营养良好的浅筋膜内蓄积大量脂肪，形成皮下脂肪层。浅筋膜有连接、保护、贮存脂肪及参与维持体温等作用。

② 深筋膜　在浅筋膜的深层，由致密结缔组织构成。直接贴附于浅层肌群表面，并伸入肌肉之间，附着于骨上，形成肌间隔。深筋膜在某些部位（如前臂和小腿部等）形成包围肌或肌群的筋膜鞘，或者在关节附近形成环韧带以固定腱的位置，深筋膜还在多处与骨、腱或韧带相连，作为肌肉的起止点。总之，深筋膜成为整个肌系附着于骨骼上的支架，为肌肉的工作提供了有利条件。

（2）黏液囊　黏液囊是密闭的结缔组织囊。囊壁薄，内面衬有滑膜。囊内含有少量黏液，主要起减少摩擦的作用。黏液囊多位于肌、腱、韧带及皮肤等结构与骨的突起部之间，分别称为肌下、腱下、韧带下及皮下黏液囊。关节附近的黏液囊有的与关节腔相通，常称为滑膜囊。如图 2-16（a）。

（3）腱鞘　腱鞘呈管状，多位于腱通过活动范围较大的关节处，由黏液囊包裹于腱外而成。鞘壁的内（腱）层紧包于腱上，外（壁）层以其纤维膜附着于腱所通过的管壁上。内外两层通过腱系膜相连续，两层之间有少量滑液，可减少腱活动的摩擦。如图 2-16（b）。

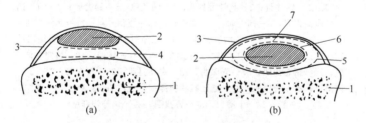

图 2-16　黏液囊和腱鞘构造模式图

（a）黏液囊；（b）腱鞘

1—骨；2—腱；3—纤维膜；4—滑膜囊；5—滑膜壁层；

6—滑膜脏层；7—腱系膜

（4）滑车和籽骨

① 滑车　为骨的滑车状突起，上有供腱通过的沟，表面覆有软骨，与腱之间常垫有黏液囊，以减少腱与骨之间的摩擦。

② 籽骨　为位于关节角的小骨，有改变肌肉作用力的方向及减少摩擦作用。

二、皮肌

皮肌为分布于浅筋膜中的薄层肌，大部分紧贴于皮肤的深层，仅有少部分附着于骨。皮肌并不覆盖全身。根据所在部位,将其分为躯干皮肌、颈皮肌和面皮肌。

(1)躯干皮肌 因部位不同其厚度不一样。肌纤维呈水平地与筋膜一起覆盖大部分胸部和腹部的表层。

(2)颈皮肌 并不发达。起于胸骨柄,向颈部侧方和前方伸延,并逐渐变薄,最终消失。

(3)面皮肌 位于颜面部,向前一直伸延至口角和唇部。

皮肌具有颤动皮肤作用,以驱除蚊蝇、抖掉灰尘和水滴等。

三、躯干肌

躯干肌包括脊柱肌、颈腹侧肌、胸壁肌和腹壁肌(图2-17、图2-18)。

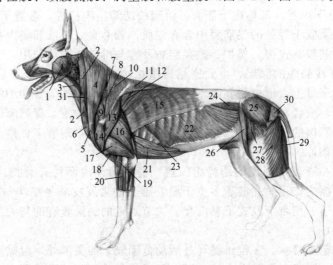

图 2-17 犬浅层肌肉

1—咬肌;2—锁枕肌;3—胸骨舌骨肌;4—锁颈肌;5—锁臂肌;6—胸骨柄;
7—颈腹侧锯肌;8—冈上肌;9—肩横肌;10—颈斜方肌;11—胸斜方肌;
12—冈下肌;13—三角肌的肩胛部;14—三角肌的肩峰部;15—背阔肌;
16—臂三头肌的长头;17—臂三头肌的外头;18—臂肌;19—腕桡侧伸
肌;20—指总伸肌;21—胸深肌;22—腹外斜肌;23—腹直肌;24—腹
内斜肌;25—臀中肌;26—缝匠肌颅侧部;27—阔筋膜张肌;28—股二
头肌;29—半腱肌;30—臀浅肌;31—颈外侧静脉

1. 脊柱肌

脊柱肌是支配脊柱活动的肌肉,根据其部位和神经支配,可分为脊柱背侧肌群和脊柱腹侧肌群。由于某些脊柱肌肉相互间的划分无实际临床意义,因此,对以下只对重要肌肉加以叙述。

(1)脊柱背侧肌群 脊柱背侧肌群很发达,位于脊柱的背外侧。包括背腰最长肌、夹肌、颈最长肌、头环最长肌、头半棘肌、背颈棘肌等,除这些肌肉外,还有分布于脊柱背侧的小块肌肉,如多裂肌、头背侧大直肌、头背侧小直肌、头前斜肌和头后斜肌等。

① 背腰最长肌 为全身最长大的肌肉,呈三棱形,表面覆盖一层强厚的筋膜。位于胸、腰椎棘突与横突和肋骨椎骨端所形成的夹角内。具有伸展背腰、协助呼吸、跳跃时提举躯干的前部和后部的功能。

② 髂肋肌 位于背腰最长肌的腹外侧,狭长而分节,由一系列向前下方的肌束组成。

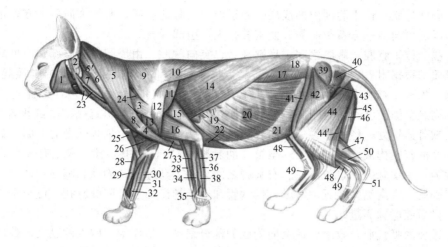

图 2-18　猫浅层肌肉（移去皮肌）

1—颈深括约肌；2—腮腺；3—肩胛横肌；4—左锁臂肌；5—锁颈肌；5′—锁乳肌；6—胸枕肌；7—胸乳肌；
8—锁骨的交切点；9—颈部的斜方肌；10—胸部的斜方肌；11—冈下肌；12—三角肌的肩胛部；13—三角肌
的肩峰部；14—背阔肌；15—臂三头肌的长头；16—臂三头肌的外头；17—腹内斜肌；18—胸腰筋
膜；19—胸腹侧锯肌；20—腹外侧锯肌；21—腹外侧肌腱；22—胸深肌；23—耳旁耳肌（腮腺肌）、
颈外侧静脉；24—冈上肌；25—右锁臂肌；26—胸浅肌；27—臂肌；28—桡臂肌；29—腕桡长伸肌
（左）；30—指浅屈肌；31—指深屈肌的桡侧部；32—腕桡侧屈肌；33—腕桡长伸肌（左）；34—指
总伸肌；35—第一长腹肌；36—腕尺伸肌；37，38—指外侧伸肌（37—第七指伸肌；38—第三、
九指伸肌）；39，40—臀中肌；41—缝匠肌；42—阔筋膜张肌；43—颅侧小腿外展肌（尾股肌）；
44—股三头肌的颅侧部；44′—股三头肌的尾侧部；45—半膜肌；46—半腱肌；47—腓肠肌；
48—胫骨颅侧肌；49—趾长伸肌；50—第一趾长屈肌；51—趾浅屈肌

作用为向后牵引肋骨，协助呼吸。髂肋肌与背腰最长肌之间有一较深的沟，称髂肋肌沟，沟内有针灸穴位。

③ 夹肌　为薄而阔的三角形，位于颈侧部的皮下，在鬐甲部与颈椎和头部之间。作用是两侧同时收缩可抬头颈，一侧收缩则偏头颈。

④ 头半棘肌　位于夹肌与项韧带之间，呈三角形，表面有 2～3 条斜行的腱划。

（2）脊柱腹侧肌群　该群仅位于颈部和腰部脊柱的腹侧。包括头长肌、颈长肌、腰小肌、腰大肌和腰方肌等。

① 头长肌　由许多长肌束组成。位于前部颈椎的腹外侧，向前一直伸至颅底部。起于第 3～6 颈椎横突，止于枕骨基底部。

② 颈长肌　位于颈椎椎体和前位胸椎椎体的腹侧。可分为颈、胸两部分。

③ 腰小肌　位于腰椎椎体的腹侧面的两侧，作用为屈腰和下降骨盆。

④ 腰大肌　位于腰小肌的外侧，较发达。作用是屈曲髋关节。

2. 颈腹侧肌

颈腹侧肌位于颈部腹侧皮下，包括胸头肌和胸骨甲状舌骨肌。

（1）胸头肌　胸头肌位于颈部腹侧皮下，臂头肌的下缘。具有屈或侧偏头颈的作用。胸头肌和臂头肌之间形成颈静脉沟。

（2）胸骨甲状舌骨肌　胸骨甲状舌骨肌呈扁平狭带状，位于气管腹侧，在颈的前半部位于皮下，后半部被胸头肌覆盖。作用为吞咽时向后牵引舌和喉，吸吮时固定舌骨，利于舌的后缩。

3. 胸壁肌（呼吸肌）

胸壁肌分布于胸腔的侧壁。包括肋间外肌、膈和肋间内肌。

（1）肋间外肌　位于肋间隙的浅层。起于前一肋骨的后缘，肌纤维向后下方，止于后一肋骨的前缘。可向前外方牵引肋骨，使胸腔扩大，引起吸气。

（2）膈　位于胸腔、腹腔之间，呈圆顶状，突向胸腔。由周围的肌质部和中央的腱质部组成。肌质部根据附着的部位，又分为腰部、肋部和胸骨部。腰部以强大的腱质起于3～4腰椎腹侧，构成左脚和右脚，其中右脚向腱质部呈放射状扩散，分别移行为腱质部的3个支；肋部周缘呈锯齿状，附着于胸侧壁的内面，其附着线呈一倾斜直线，由剑状软骨沿第8肋骨和肋软骨连接处，经过第9～13肋骨至腰部。胸骨部附着于剑状软骨的上面。腱质部由强韧而发亮的腱膜构成，突向胸腔（至第6肋骨胸骨端），称中心腱。膈上有3个孔，由上向下依次为：主动脉裂孔，位于左、右膈脚之间，供主动脉、奇静脉和胸导管通过；食管裂孔，位于膈肌右脚内侧，接近中心腱，供食管和迷走神经通过；腔静脉孔，位于中心腱顶的右背侧，供后腔静脉通过。

膈为重要的吸气肌，收缩时使突向胸腔的部分扁平，从而增大胸腔的纵径，致使胸腔扩大，引起吸气。

（3）肋间内肌　位于肋间外肌的深面，并向下伸延至肋软骨间隙内。起于后一肋骨的前缘，肌纤维斜向前下方，止于前一肋骨的后缘。可向后向内牵引肋，使胸腔缩小，引起呼气。

4. 腹壁肌

腹壁肌均为板状肌，构成腹腔的侧壁和底壁。前连肋骨，后连髋骨，上面附着于腰椎，下面左、右两侧的腹壁肌在腹底壁正中线上，以腱质相连，形成一条白线，称腹白线。腹壁肌共有四层，由外向内为腹外斜肌、腹内斜肌、腹直肌和腹横肌。

（1）腹外斜肌　腹外斜肌为腹壁肌的最外层，覆盖于腹壁的两侧和底部以及胸侧壁的一部分。起于肋骨的外侧面和腰背筋膜，肌纤维斜向后下方，在肋弓的后下方延续为宽大的腱膜，止于腹白线、耻前腱、髋结节、髂骨和股内侧筋膜。腱膜的外面与腹部筋膜紧密接触，内面与腹内斜肌腱膜的外层结合。自髋结节至耻前腱，腱膜强厚，称腹股沟韧带，在其前方腱膜上有一长约数厘米的裂孔，为腹股沟管皮下环。

（2）腹内斜肌　腹内斜肌位于腹外斜肌的深层，肌纤维斜向前下方。大部分起于髋结节，一部分起于腹外斜肌骨盆部腱的终止部位、腰背筋膜及腰椎横突末端，呈扇形向前下方扩展，在腹侧壁中部转为腱膜，止于最后肋骨的后缘、腹白线和耻前腱。腱膜的前下方分为内、外两层：外层厚，与腹外斜肌腱膜结合，形成腹直肌的外鞘；内层薄，与腹横肌的腱膜结合，形成腹直肌的内鞘。

（3）腹直肌　腹直肌呈宽而扁平的带状，位于腹底壁腹白线的两侧，被腹外、内斜肌和腹横肌所形成的外、内鞘所包裹。起于胸骨和肋软骨，肌纤维前后纵行，以强厚的耻骨前腱止于耻骨前缘。本肌前后狭窄，中间宽，表面有数个横行的腱划。

（4）腹横肌　腹横肌为腹壁肌的最内层，较薄，起于肋弓内面和腰椎横突，肌纤维上下行，以筋膜止于腹白线。其腱膜与腹内斜肌腱膜的内层结合。

（5）腹股沟管　腹股沟管位于腹底壁后部，耻骨前腱的两侧，为腹外斜肌和腹内斜肌之间的一个斜行裂隙。该管有内、外两口。内口通腹腔，称腹股沟管鞘环或深环，由腹内斜肌的后缘和腹股沟韧带围成；外口通皮下，称腹股沟管皮下环或浅环，为腹外斜肌后部腱膜上的卵圆裂孔。公犬的腹股沟管明显，是胎儿时期睾丸从腹腔下降到阴囊的通道，内有精索、总鞘膜、提睾肌和脉管、神经通过。母犬的腹股沟管仅供脉管、神经通过。

腹壁肌的作用是形成坚韧的腹壁，容纳、保护和支持腹腔脏器；当腹壁肌收缩时，可增大腹压，协助呼气、排粪、排尿和分娩等。

四、前肢肌

1. 前肢与躯干连接的肌肉（肩带肌）

前肢与躯干连接的肌肉，包括位于浅层的斜方肌、臂头肌、肩胛横突肌、背阔肌和胸浅肌及深层的菱形肌、腹侧锯肌和胸深肌。

（1）斜方肌　斜方肌呈三角形，肌质薄，位于第 2 颈椎至第 9 胸椎与肩胛冈之间。其作用是提举、摆动和固定肩胛骨。

（2）菱形肌　菱形肌位于斜方肌和肩胛软骨的深面。其作用是向前上方提举肩胛骨；当前肢不动时，可伸头颈。

（3）肩胛横突肌　肩胛横突肌呈薄带状，前部位于臂头肌的深层，后部位于颈斜方肌和臂头肌之间。有牵引肩胛骨向前和侧偏头颈的作用。

（4）臂头肌　臂头肌呈长带状，位于颈侧部皮下，其结构比较复杂，构成颈静脉沟的上界。主要作用是牵引肱骨向前，伸展肩关节，提举和侧偏头颈。

（5）背阔肌　背阔肌呈三角形，位于胸侧壁的上部皮下，肌纤维由后上方斜向前下方。主要作用是向后上方牵引肱骨，屈曲肩关节；当前肢踏地时，牵引躯干向前。

（6）腹侧锯肌　腹侧锯肌呈大扇形，下缘为锯齿状，位于颈、胸部的外侧面。主要作用为左右腹侧锯肌形成一弹性吊带，将躯干悬吊在两肢之间。前肢不动时，两侧腹侧锯肌同时收缩，可提举躯干；同时还有举头颈等作用。

（7）胸肌　胸肌位于胸底壁与肩臂部之间皮下。分为浅、深两层。浅层为胸浅肌，深层为胸深肌。

① 胸浅肌　较薄，分为前、后两部分。主要作用是内收前肢。

② 胸深肌　较发达，位于胸浅肌的深层，大部分被胸浅肌覆盖，亦分为前、后两部分。胸深肌可内收及后退前肢；当前肢前踏时，可牵引躯干向前。

2. 作用于肩关节的肌肉

（1）伸肌　冈上肌，位于冈上窝内。

（2）屈肌　包括三角肌、大圆肌和小圆肌。

① 三角肌　呈三角形，位于冈下肌的浅层，分为肩峰部和肩胛部。

② 大圆肌　呈长菱形，位于肩臂部内面，肩胛下肌的后缘。

③ 小圆肌　楔形小肌，位于三角肌内面、冈下肌的后缘。

（3）内收肌　包括肩胛下肌和喙臂肌。

① 肩胛下肌　位于肩胛下窝内，分为前、中、后三部分。

② 喙臂肌　呈扁而小的梭形，位于肩关节和肱骨的内侧上部。具有内收和屈曲肩关节的作用。

（4）外展肌　冈下肌，位于冈下窝内，部分表面被三角肌覆盖。

3. 作用于肘关节的肌肉

（1）伸肌　包括臂三头肌、前臂筋膜张肌和肘肌。

① 臂三头肌　呈三角形，位于肩胛骨后缘与肱骨形成的夹角内，是前肢最大的 1 块肌肉。主要分为三个头：长头最大，似三角形，同时具有屈曲肩关节的作用；外侧头较厚，呈长方形，位于长头的外下方；内侧头小；除此之外还有副头。后三个头仅作用于肘关节。

② 前臂筋膜张肌　狭长而薄，位于臂三头肌长头内侧和后缘。

（2）屈肌　包括臂二头肌和臂肌。

① 臂二头肌　呈纺锤形，位于肱骨的前面稍偏内侧，被臂头肌覆盖。除具有屈曲肘关节外，还具有伸展肩关节作用。

② 臂肌　位于肱骨的臂肌沟内。

4. 作用于腕关节的肌肉（前臂部肌）

除作用于腕关节，有的肌肉还作用于指关节。

（1）伸肌　包括腕桡侧伸肌和拇长外展肌。

① 腕桡侧伸肌　又称腕前伸肌，位于前臂部背侧皮下，为前臂部最大的肌肉。

② 拇长外展肌　又称腕斜伸肌，肌腱内含有小籽骨。

（2）屈肌　包括腕尺侧伸肌、腕尺侧屈肌和腕桡侧屈肌。

① 腕尺侧伸肌　又称腕外屈肌，位于前臂部后外侧皮下。

② 腕尺侧屈肌　又称腕后屈肌，位于前臂部后内侧皮下。

③ 腕桡侧屈肌　又称腕内屈肌，位于前臂部内侧的皮下。

5. 作用于指关节的肌肉（前臂及前脚部肌）

（1）伸肌　包括指总伸肌、第1、2指固有伸肌和指外侧伸肌。

① 指总伸肌　位于腕桡侧伸肌后方。

② 第1、2指固有伸肌　位于指总伸肌的深面，在掌部分为2支。

③ 指外侧伸肌　位于指总伸肌的后方，由紧密连接的2个肌腹组成，其内侧的肌腹为第3、4指固有伸肌；外侧的肌腹为第5指固有伸肌。

（2）屈肌　包括指浅屈肌、指深屈肌、掌长肌和骨间肌。

① 指浅屈肌　位于前臂部掌内侧的浅层。

② 指深屈肌　位于前臂部的后面，被腕关节的屈肌和指浅屈肌所包围。

③ 掌长肌　在前臂下1/3处起于指深屈肌，下端与指浅屈肌腱合并。

④ 骨间肌　由4个发达的肌腹组成。

五、后肢肌

后肢肌是作用于后肢各关节的肌肉。较前肢发达，是推动身体前进的主要动力。

1. 作用于髋关节的肌肉（臀股部肌）

（1）伸肌　包括臀浅肌、臀中肌、臀深肌、臀股二头肌、半腱肌、半膜肌和股方肌等。

① 臀浅肌　为覆盖臀中肌后部皮下的窄小肌，呈三角形。具有伸展髋关节的作用。

② 臀中肌　为臀肌中最大肌。对于髋关节具有强大的伸肌作用，同时还具有外旋作用。

③ 臀深肌　位于臀深肌深部的一块小肌。主要对髋关节有伸展作用，同时具外旋作用。

④ 臀股二头肌　位于臀股部的后外侧，是一块长而宽大的肌肉，分为椎骨头和坐骨头。该肌在与大转子间有肌下黏液囊。

⑤ 半腱肌　在臀股二头肌的后方，构成臀股部后缘，与臀股二头肌之间形成臀股二头肌沟，分为椎骨头和坐骨头。

⑥ 半膜肌　位于大腿的内侧，分为椎骨头和坐骨头。

⑦ 股方肌　短而厚，位于股二头肌深面。

（2）屈肌　屈肌位于髋关节角内，有阔筋膜张肌、髂腰肌、缝匠肌和耻骨肌等。

① 阔筋膜张肌　呈三角形，位于股部的前外侧皮下。

② 髂腰肌　位于腰椎和髂骨的腹侧面，由腰大肌和髂肌所组成。

③ 缝匠肌　由前、后两部分组成。

④ 耻骨肌　位于股骨近端表面呈纺锤形的窄而长的肌，位于股薄肌和缝匠肌之间。

（3）内收肌　内收肌群位于股骨的内侧，包括内收肌和股薄肌等。

① 股薄肌　薄而宽，位于股内侧皮下。

② 内收肌　位于股薄肌的深层，在耻骨肌和半腱肌之间。

（4）旋动肌　旋动肌为位于髋关节后方深层的小肌肉，包括闭孔外肌、闭孔内肌和孖肌。

① 闭孔外肌　呈扇形，该肌不仅有外旋大腿的作用，同时还具有内收作用。

② 闭孔内肌　也呈扇形，起于耻骨和坐骨的骨盆面，其扁腱经闭孔而止于股骨转子窝。

③ 孖肌　由两个肌腹融合而成，位于闭孔内肌下。

（5）股管　股管又称股三角，为股内侧上部肌肉之间的一个三角形空隙，上口大，下口小。此管前壁为缝匠肌，后壁为耻骨肌，外侧壁为髂腰肌和股内侧肌，内侧壁为股薄肌和股内筋膜。管内有股动脉、静脉和隐神经通过。

2. 作用于膝关节的肌肉（股部深层肌）

（1）伸肌　股四头肌大而厚，位于股骨的前面和两面，被阔筋膜张肌所覆盖。有4个头，分别称为股直肌、股内侧肌、股外侧肌和股中间肌。

（2）屈肌　腘肌呈三角形，位于膝关节后方、胫骨后面的上部。

3. 作用于跗关节的肌肉（小腿部肌）

（1）伸肌　腓肠肌位小腿部的后部，肌腹呈纺锤形，在臀股二头肌与半腱肌和半膜肌之间。

（2）屈肌　包括胫骨前肌和腓骨长肌。

① 胫骨前肌　位于小腿背侧的浅在肌肉。

② 腓骨长肌　位于趾长伸肌的后方。

4. 作用于趾关节的肌肉（小腿及后脚部肌）

（1）伸肌　包括趾长伸肌和趾外侧伸肌。

① 趾长伸肌　呈纺锤形，位于胫骨前肌与腓骨长肌之间。

② 趾外侧伸肌　被腓骨长肌和趾深屈肌所覆盖。

（2）屈肌　包括趾浅屈肌和趾深屈肌。

① 趾浅屈肌　起于股骨远端后面，肌腹被腓肠肌所覆盖，在小腿中部变为腱。

② 趾深屈肌　有拇长屈肌和趾长屈肌两个头。

除此之外，后肢肌还有骨间中肌、趾短伸肌等。

六、头部肌

头部肌包括咀嚼肌、面肌及舌骨肌。

1. 咀嚼肌

咀嚼肌是使下颌运动的强大的肌肉，均起于颅骨，止于下颌骨，可分为闭口肌和开口肌。

（1）闭口肌　包括咬肌、翼肌和颞肌。

① 咬肌　厚而隆凸，分为三层：浅层纤维向后下方，中层纤维垂直，深层纤维则伸向前下方。

② 翼肌　位于下颌支的内侧面，富有腱质。可分为翼内侧肌和翼外侧肌，但两者界线不十分清楚。

③ 颞肌　位于颞窝内，富有腱质。

（2）开口肌　开口肌不发达，位于颞下颌关节的后方，在枕骨和下颌骨之间，只有二腹肌。二腹肌位于翼肌的内侧，有前、后两个肌腹，中间是腱。

2. 面肌

面肌是位于口腔、鼻孔和眼裂周围的肌肉，可分为开张自然孔的张肌和关闭自然孔的环行肌。

（1）张肌　包括鼻唇提肌、上唇固有提肌、颧肌、犬齿肌等。

① 鼻唇提肌　很宽，与下眼睑降肌之间无明显界限。

② 上唇固有提肌　起于面部外侧面，向前背侧行走，与对侧肌形成共同腱，止于鼻孔间的上唇。

③ 颧肌　呈窄带状，起于盾状软骨，经咬肌表面和唇皮肌深面，止于口角。

④ 犬齿肌　位于上唇固有提肌腹侧，起于眶下孔附近，向前逐渐扩展，止于上唇，仅有少部分肌束分散至外侧鼻翼。

（2）环行肌　环行肌亦称括约肌，位于自然孔周围，可关闭自然孔。包括口轮匝肌、颊肌、眼轮匝肌等。

① 口轮匝肌　不发达，下唇部的肌束不明显；上唇部在中央分开，形成不完整的环。

② 颊肌　宽而薄，由两层方向不同的肌纤维交织而成。浅层肌纤维呈羽状，深层肌纤维纵行。

③ 眼轮匝肌　呈薄的环行，环绕于上、下眼睑内，位于皮肤和眼结膜之间。

3. 舌骨肌

舌骨肌是附着于舌骨的肌肉，它由许多的小肌组成，主要通过舌的运动参与吞咽动作。其中下颌舌骨肌和茎舌骨肌最为重要。

（1）下颌舌骨肌　较厚，位于下颌间隙皮下，左右二肌在下颌间隙正中纤维缝处相结合，形成一个悬吊器官以托舌，并构成口腔底的肌层。起于下颌支的内侧面，止于舌骨和正中纤维缝。其作用是吞咽时提举口腔底、舌和舌骨。

（2）茎舌骨肌　呈细长的扁菱形，位于茎舌骨后方、二腹肌的后内侧。起于茎舌骨，止于基舌骨的外侧端。可向后方牵引舌根和喉。

【复习思考题】

1. 骨分几类，各类骨的形态特点如何？
2. 试述骨的构造及全身骨划分。
3. 椎骨由哪几部分构成，各部椎骨有何主要形态特点？
4. 简述胸廓和骨盆的构成及形态特点。
5. 试述关节和关节辅助器官的结构。
6. 依次说出犬或猫的前、后肢关节的名称及运动形式。
7. 胸壁肌包括哪些肌肉，各位于何处，功能意义如何？
8. 腹壁肌肉分哪几层，各层位置关系及肌纤维走向如何？
9. 以犬和猫为例，指出其前、后肢的肌肉有哪些，各位于何处，有何作用？

【岗位技能实训】

项目一　犬、猫全身骨及骨连接的观察与辨认

【目的要求】

1. 掌握全身骨的组成及各骨的形态特征。
2. 掌握头、躯干及四肢主要关节的结构。

【实训材料】 犬、猫、全身骨骼标本和关节标本。

【方法步骤】

1. 头骨的组成及连接

(1) 辨认颅骨和面骨，观察鼻旁窦的位置；比较犬和猫头骨的主要结构特征。

(2) 观察颞下颌关节的组成及运动形式。

2. 躯干骨的组成及连接

(1) 观察颈椎、胸廓、腰椎、荐骨和尾椎的构造特点；观察肋和胸骨的形态构造；比较犬、猫躯干骨的数目和构造特点。

(2) 观察脊柱连接（椎间盘、韧带、寰枕关节和寰枢关节）；胸廓的连接（肋椎关节和肋胸关节）。

3. 四肢骨组成及连接

(1) 依次观察犬、猫前、后肢各骨的形态特点。

(2) 观察犬、猫前、后肢各关节的组成、构造特点及运动形式。

(3) 比较犬、猫前、后肢骨的形态特征及各关节的结构特点。

【技能考核】

1. 按要求依次找出犬、猫全身各部骨骼标本，能简单说明其结构特征。

2. 依次说出犬、猫各部关节组成和结构特征。

项目二 全身肌肉的观察与辨别

【目的要求】

1. 掌握胸壁肌、腹壁肌的层次和肌纤维方向。

2. 掌握前肢肌和后肢肌的分布和作用。

【实训材料】 犬或猫的前肢肌肉标本、后肢肌肉标本、全身肌肉标本和模型。

【方法步骤】

1. 头部肌

(1) 面部肌 观察鼻唇提肌、犬齿肌、下唇降肌、颊肌、口轮匝肌和眼轮匝肌。

(2) 咀嚼肌 观察咬肌、翼肌、颞肌和二腹肌。

2. 躯干肌

(1) 脊柱肌 观察背腰最长肌、髂肋肌、夹肌、头半棘肌、颈长肌和腰小肌。

(2) 颈腹侧肌 观察胸头肌、胸骨甲状舌骨肌、肩胛舌肌骨的形态、位置。

(3) 胸壁肌 主要有肋间外肌、肋间内肌和膈，联系机能观察其位置。

(4) 腹壁肌 观察腹外斜肌、腹内斜肌、腹直肌、腹横肌及腹股沟管结构。

3. 前肢肌

(1) 肩带肌 背侧组有斜方肌、菱形肌、背阔肌、臂头肌和肩胛横突肌，腹侧组有胸肌和腹侧锯肌。观察其形态、位置。

(2) 肩部肌 观察外侧组的冈上肌、冈下肌和三角肌，内侧组的肩胛下肌、大圆肌和喙臂肌。

(3) 臂部肌 伸肌组有前臂筋膜张肌和臂三头肌；屈肌组有臂二头肌和臂肌。观察其位置和作用。

(4) 前臂及前脚部肌 观察背外侧肌群的腕桡侧伸肌、腕斜伸肌、指总伸肌、指内伸侧肌和指外侧伸肌，掌侧肌群的腕外侧屈肌、腕尺屈侧肌、腕桡侧屈肌、指浅屈肌和指深屈肌的位置及作用。

4. 后肢肌

（1）髋部肌　观察臀浅肌、臀中肌、臀深肌、髂腰肌的形态、位置。

（2）股部肌　观察股前肌群（阔筋膜张肌、股四头肌）；股后肌群（臀股二头肌、半腱肌、半膜肌）和股内侧肌群（股薄肌、内收肌、缝匠肌）各肌的形态、位置和作用。

（3）小腿及后脚部肌　背外侧肌群包括腓骨第3肌、趾长伸肌、腓骨长肌、趾外侧伸肌和胫骨前肌；跖侧肌群有腓肠肌、趾浅屈肌和趾深屈肌。观察其位置和作用。

【技能考核】

1. 指出颈静脉沟、呼吸肌的位置和结构特征。

2. 熟练解释腹壁肌肉的组成和结构特征。

第三章 内脏器官

【学习目标】

1. 明确内脏的概念，认识内脏器官的结构特点，了解腹腔的分区。
2. 了解消化系统的组成及功能，掌握各消化器官的位置、形态及结构特点。
3. 了解呼吸系统的组成及功能，掌握各呼吸器官的位置、形态及结构特点。
4. 了解泌尿系统的组成，掌握犬、猫肾的位置、形态及结构特点。
5. 掌握雄性生殖器官的组成及各器官的功能。
6. 掌握睾丸、附睾和阴囊的位置与形态结构特征。
7. 掌握雌性生殖器官的组成及各器官的功能。
8. 掌握犬、猫卵巢和子宫的位置与形态结构特征。

【技能目标】

1. 能正确识别犬和猫各消化、呼吸、泌尿和生殖器官的位置、形态及结构。
2. 能正确识别犬和猫肠、肝、胰、肺、肾、睾丸和卵巢的组织结构。

内脏是指大部分位于胸腔、腹腔和骨盆腔内的脏器，包括消化、呼吸、泌尿和生殖四个系统。它们的一端或两端与外界相通。消化、呼吸和泌尿系统直接参与新陈代谢，以维持动物机体生命活动的正常进行。生殖系统的机能是繁殖后代，延续种族。广义的内脏还包括心、脾及内分泌腺。此外，因胸膜、腹膜与内脏密切相关，故也在本章中叙述。

第一节 概 述

一、内脏的一般形态和构造

内脏按其形态结构，可分为管状器官和实质性器官。

1. 管状器官

管状器官结构如图3-1，多呈管状或囊袋状，如胃、肠、膀胱和输卵管等。管壁一般由四层构成，由内向外为黏膜、黏膜下组织、肌层和外膜（或浆膜）。

（1）黏膜　构成管壁的内层，呈淡红色，柔软而湿润，富有伸展性，空虚状态时常形成皱褶，有的部位形成永久性褶或嵴状隆起。黏膜可分以下三层。

① 上皮　由不同的上皮细胞构成，位于表层的游离面，完成各个部位的不同功能，如保护、吸收或分泌等。

② 固有膜　又名固有层，由结缔组织构成，具有支持和固定上皮的作用。其中含有血管、淋巴管和神经。在有些管状器官的固有膜内，还有淋巴组织、淋巴小结和腺体等。

③ 黏膜肌层　由薄层平滑肌构成，位于黏膜固有膜和黏膜下组织之间。其收缩活动可促进黏膜的血液循环、上皮的吸收和腺体分泌物的排出。

黏膜内除有由杯状细胞构成的单细胞腺外，还有各种壁内腺，深入固有膜和黏膜下组织。有的腺体非常发达，延伸出壁外，形成壁外腺，如肝脏等。

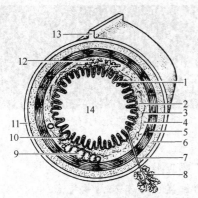

图 3-1 管状器官结构模式图

1—上皮；2—固有膜；3—黏膜肌层；4—黏膜下组织；5—内环行肌；6—外纵行肌；7—腺管；8—壁外腺；9—淋巴集结；10—淋巴孤结；11—浆膜；12—十二指肠腺；13—肠系膜；14—肠腔

（2）黏膜下组织　又称黏膜下层，由疏松结缔组织构成，有连接黏膜和肌层的作用。在富有伸展性的器官如胃、膀胱等处特别发达。此层含有较大的血管、淋巴管和神经丛。有些器官的黏膜下组织内含有腺体，如食管腺和十二指肠腺。

（3）肌层　主要由平滑肌构成，可分为内环层和外纵层，在两层之间有少许结缔组织和神经丛。当环行肌收缩时，可使管腔缩小；当纵行肌收缩时，可使管道缩短而管腔变大；两层肌纤维交替收缩时，可使内容物按一定的方向移动。在器官的入口和出口处环层肌增厚形成括约肌，起开闭作用。

（4）外膜　为管壁的最外层，在体腔外的管状器官，如颈部食管和直肠的末端，其表面为一层疏松结缔组织，称为外膜。但位于体腔内的管状器官由于外膜表面覆盖一层间皮细胞，故称为浆膜。浆膜能分泌浆液，有润滑作用，可减少器官运动时的摩擦。

2. 实质性器官

实质性器官为柔软的组织集团，无特定空腔，均由实质和被膜组成。实质由上皮组织或其他组织构成，是实现器官功能的主要部分。被膜由结缔组织构成，被覆于器官的表面，并向实质伸入将器官分隔成若干小叶。分布于实质的结缔组织称为间质，起联系和支架作用。许多实质性器官是由上皮组织构成的腺体，具有分泌功能，其导管开口于管状器官的管腔内。凡血管、神经、淋巴管、导管等出入实质性器官之处，常为一凹陷，特称此处为该器官的门，如肾门、肝门、肺门等。

二、体腔和浆膜腔

（一）体腔

体腔是容纳大部分内脏器官的腔隙，可分为胸腔、腹腔和骨盆腔。

1. 胸腔

胸腔由胸廓的骨骼、肌肉和皮肤围成，呈截顶的圆锥形，其锥顶向前，称为胸腔前口。前口由第 1 胸椎、第 1 对肋和胸骨柄组成。椎底向后，称为胸腔后口，呈倾斜的卵圆形，由最后胸椎、肋弓和胸骨的剑状突围成，由膈与腹腔分隔开。胸腔内有心、肺、气管、食管、大血管及淋巴管等，结构如图 3-2。

2. 腹腔

腹腔是体内最大的体腔，位于胸腔之后。背侧壁为腰椎、腰肌和膈脚等；侧壁和底壁为腹肌，侧壁还有假肋的肋骨下部和肋软骨及肋间肌；前壁为膈，凸向胸腔，所以腹腔的容积远比从体表所看到的大；后端与骨盆腔相通。腹腔容纳胃、肠、肝、胰等大部分消化器官，以及输尿管、卵巢、输卵管、子宫和大血管等。

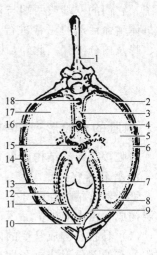

图 3-2 胸腔横断面
（示胸膜、胸膜腔）

1—胸椎；2—肋胸膜；3—纵隔；4—纵隔胸膜；5—左肺；6—肺胸膜；7—心包膜；8—胸膜腔；9—心包腔；10—胸骨心包韧带；11—心包浆膜脏层；12—心包浆膜壁层；13—心包纤维层；14—肋骨；15—气管；16—食管；17—右肺；18—主动脉

3. 骨盆腔

骨盆腔是体内最小的体腔，位于骨盆内，可视为腹腔向后的延续部分。背侧壁为荐椎和前3～4个尾椎；侧壁为髂骨和荐结节阔韧带；底壁为耻骨和坐骨。前口由荐骨岬、髂骨和耻骨前缘围成圆形骨性环，与腹腔为界，称界线。后口由尾椎、荐结节阔韧带后缘和坐骨弓围成。骨盆腔内有直肠、输尿管、膀胱。母犬还有子宫（后部）、阴道；公犬有输精管、尿生殖道和副性腺等。

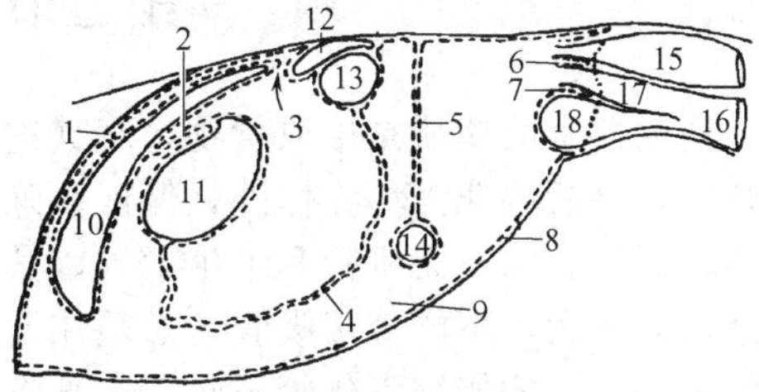

（二）浆膜腔

衬在体腔壁和折转包于内脏器官表面的薄膜，称浆膜。浆膜贴于体腔壁表面的部分为浆膜壁层，壁层从腔壁移行折转而覆盖于内脏器官表面，称为浆膜脏层。浆膜壁层和脏层之间的间隙叫做浆膜腔，腔内有浆膜分泌的少量浆液，起润滑作用。

图 3-3　腹膜和腹膜腔模式图

1—冠状韧带；2—小网膜；3—网膜囊孔；4—大网膜；
5—肠系膜；6—直肠生殖陷凹；7—膀胱生殖陷凹；
8—腹膜壁层；9—腹膜脏层；10—肝；11—胃；
12—脾；13—结肠；14—小肠；15—直肠；
16—阴门；17—阴道；18—膀胱

衬贴在胸腔的浆膜称胸膜，胸膜壁层和脏层之间形成的腔隙称为胸膜腔（图 3-2）。衬贴于腹腔和骨盆腔内的浆膜称腹膜，腹膜壁层和脏层之间的腔隙称为腹膜腔（图 3-3）。

三、腹腔分区

腹腔较大，为了便于确定各内脏器官的位置，可将腹腔用几个假想面划分为若干部分（图 3-4）。通过两侧最后肋骨后缘的最突出点和髋结节前端分别做两个横断面，将腹腔分为腹前部、腹中部和腹后部三部分。

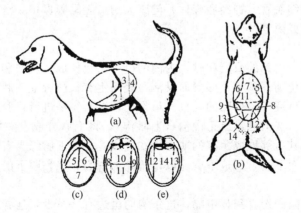

图 3-4　腹腔分区

（a）侧面；（b）腹面；（c）腹前部横断面；（d）腹中部横断面；（e）腹后部横断面

1，2—腹前部（季肋部和剑状软骨部）；3—腹中部；4—腹后部；5—左季肋部；
6—右季肋部；7—剑状软骨部；8—左髂部；9—右髂部；10—腰部；
11—脐部；12—左腹股沟部；13—右腹股沟部；14—耻骨部

腹前部又分为三部分，肋弓以下为剑状软骨部；肋弓以上为季肋部。后者以正中矢面再分为左、右季肋部。

腹中部通过两侧腰椎横突顶端的两个侧矢状面分为左、右腹外侧部或髂部和中间部。中间部的上半为肾部或腰部；下半为脐部。

腹后部最小，以腹中部的两侧矢状面向后延伸将腹后部分成左、右腹股沟部和中间的耻骨部。

第二节 消化器官

消化器官的功能是摄取食物，对其进行物理的、化学的以及微生物的消化作用，吸收营养物质，最后将残渣排除体外，保证新陈代谢的正常进行。食物中的营养成分包括蛋白质、脂肪、糖类、水、无机盐和维生素等，其中后三种物质可被消化管直接吸收，但前三种结构复杂，分子大，不能直接吸收，必须在消化管内消化分解成氨基酸、脂肪酸和单糖等结构简单的小分子，才能被消化管吸收。这种将食物分解为可吸收的简单物质的过程，称为消化。简单的营养物质通过消化管壁进入血液和淋巴的过程，称为吸收。

消化系包括消化管和消化腺两部分。消化管为食物通过的管道，包括口腔、咽、食管、胃、小肠、大肠和肛门。消化腺为分泌消化液的腺体，消化液中含有多种酶，在消化过程中起催化作用，包括壁内腺和壁外腺。壁内腺广泛分布于消化管的管壁内，如胃腺和肠腺。壁外腺位于消化管外，形成独立的器官，以腺管通入消化管腔内，如唾液腺、肝和胰。

一、口腔

口腔由唇、颊、硬腭、软腭、口腔底、舌、齿和齿龈及唾液腺组成，是消化管的起始部，具有采食、吸吮、咀嚼、尝味、吞咽、泌涎和攻击等功能。

口腔的前壁为唇；侧壁为颊；后壁为软腭；底部为下颌骨和舌。前端经口裂与外界相通，后端与咽相通。口腔可分为口腔前庭和固有口腔。口腔前庭指唇、颊和齿弓之间的空隙；固有口腔指齿弓以内的空隙，舌位于固有口腔内。

口腔内面衬有黏膜，呈粉红色，黑色犬种常有色素沉着，黏膜的唇缘处与皮肤相连。黏膜下组织有丰富的毛细血管、神经和腺体。健康犬的口腔黏膜保持一定的色彩和湿度。口腔黏膜是临床检查的重要内容。

1. 唇

唇由外面的皮肤、内部的肌层和腱、内面的口腔黏膜构成。皮肤和黏膜通常在唇缘处相互转移，但在有些部位则不整齐。唇薄而灵活，表面生有长的触毛。唇分为上唇和下唇，其游离缘共同围成较大口裂，是口腔的入口。口裂比较大，容易进行口腔内检查。上、下唇在左右两侧汇合成口角。在上唇形成正中沟（上唇沟），将上唇分成左右两半。下唇固着于犬齿之前的下颌骨上，其后部形成游离的薄锯齿状边缘，且在下唇缘具有钝形乳头。有些品种的犬上唇形成大皱褶而下垂，压迫下唇。以口角处为中心，在黏膜下的肌纤维束间散在地分布有唇腺。

猫上唇中线有一条深沟直到鼻中隔，这条沟的里边有一系带，连着上颌。在系带的两边不远处有许多大的乳头。

2. 颊

颊构成口腔的两侧壁，主要由颊肌构成，外覆皮肤，内衬黏膜。黏膜上有角质化圆锥形的颊乳头，尖端向后。在左右侧，与上颌第四臼齿相对处的口腔黏膜上有一乳头，它是腮腺管的开口处。颊腺发达，分为颊背侧腺和颊腹侧腺。颊背侧腺位于颧弓前端内侧，呈块状，又称颧骨腺；颊下腺位于下颌骨外侧。

猫的颊部薄，颊前庭较小，内表面有一些皱褶，有腮腺、白齿腺和眶下腺导管的开口。

3. 硬腭

硬腭构成固有口腔的顶壁，向后延续为软腭。由切齿骨、上颌骨、腭骨等的腭突构成骨性基础。硬腭平坦，黏膜厚而坚实。硬腭正中有一条纵行的腭缝，两侧为横行的腭褶。每个腭褶游离缘均有角质化乳头，呈锯齿状。黏膜在周缘与上唇齿龈黏膜相移行。黏膜下有丰富的静脉丛。在切齿后方有一明显的突起，称为切齿乳头，在乳头两旁的深沟中有切齿管开口，管的另一端向后上开口于鼻腔底壁。腭腺多分布于切齿乳头附近和硬腭后部。

猫硬腭上的黏膜有高起的横嵴7～8条，后边是凹的。在两条横嵴之间，有一行行的乳头。最前一条嵴前边在中线上有一乳头，乳头两边各有一条小管的开口，这是门齿管，它向后通过门齿孔，到鼻腔里的犁鼻器。

4. 软腭

软腭由肌肉和黏膜构成，是硬腭向后的延续，构成口腔的后壁。软腭后壁游离缘凹陷称为腭弓。软腭向两侧各有2条弓状黏膜褶，伸向后方到咽侧壁的称腭咽弓，伸向前方连于舌根侧缘的称腭舌弓。腭扁桃体呈纺锤形，位于口咽部侧壁的扁桃体窝内，被软腭形成的半月状褶所覆盖，幼犬和病理性肿胀时，向外突出。由软腭两侧腭舌弓及舌根共同围成的口与咽之间的狭窄通路，称为咽峡。

软腭口腔面的黏膜被覆复层扁平上皮，其下有腭腺，黏膜内分布有弥散淋巴组织和淋巴小结；咽腔面的黏膜上皮为假复层纤毛柱状上皮，在黏膜深层有分散的混合腺以及弥散淋巴组织和淋巴小结。软腭构成口咽的活瓣并参与吞咽活动。平时呼吸时，软腭垂向后下方达会厌处，上提时可用口腔呼吸。大部分短头犬的软腭相对较长，由于封盖喉口，而成为呼吸困难的原因。

5. 口腔底和舌

（1）口腔底　口腔底大部分为舌所占据，前部由下颌骨体部构成，表面被覆黏膜。此部的第1切齿部的后方有一对乳头，称为舌下阜。舌下阜为下颌腺管和单口舌下腺的开口部。在口腔底部，有颌舌骨肌，它起于下颌骨，而止于正中缝。该肌在吞咽开始阶段发挥重要作用。

（2）舌　舌位于口腔底，主要由骨骼肌构成，表面覆以黏膜，以肌肉附着于下颌骨和舌骨，当口闭合时占据口腔的绝大部分。舌运动灵活，参与采食、吸吮、协助咀嚼和吞咽食物、发声、发汗，并有感受味觉的功能。

舌可分为舌根、舌体和舌尖。舌根为腭舌弓以后附着于舌骨的部分，仅背部游离，背侧正中有一纵行的黏膜褶，向后伸至会厌软骨的基部，称为舌会厌褶；舌体位于两侧臼齿之间，附着于口腔底的下颌骨上，背面和侧面游离；舌尖是舌前端游离的部分，扁宽，活动性大，在饮液体时背侧面形成勺状凹陷。在舌尖和舌体交界的腹侧，有一条与口腔底相连的黏膜褶，称舌系带，在其深部正中有由结缔组织、肌组织和软骨组织构成杆状组织。舌尖腹侧有明显的舌下静脉，常用作静脉麻醉药的注射部位。

舌表面被覆黏膜，其上皮为复层扁平上皮，在舌背正中有纵行的舌正中沟，舌黏膜的表面形成许多高度角化的形态和大小不同的舌乳头。在舌的背面主要为丝状乳头，也有尖端向后的锥状乳头；菌状乳头分散于舌背面及侧面；叶状乳头（猫无）在腭舌弓附近舌外侧缘的浅沟上。轮廓乳头有4～6个（猫2～3个），位于舌体与根连接处的背面，向前呈V字形排列。丝状乳头和锥状乳头仅起机械作用，无味蕾。菌状乳头、叶状乳头和轮廓乳头的上皮中含有味蕾，为味觉感受器。

在舌根背侧和舌会厌褶两侧的黏膜内含有大量淋巴组织，构成舌扁桃体。此外，在舌黏膜内还有舌腺，分泌黏液，以许多小管开口于舌黏膜表面。

舌肌为骨骼肌，由固有肌和外来肌构成，参与舌的运动。舌固有肌由三种走向不同的横肌、纵肌和垂直肌相互交错组成，起止点均在舌内，收缩时改变舌的形状。舌外来肌起于舌周围各骨，止于舌内，并与舌固有肌交错，有茎突舌肌、舌骨舌肌和颏舌肌等，收缩时可改变舌的位置。

6. 齿

齿是体内最坚硬的器官，嵌于上、下颌骨和切齿骨的齿槽内，呈弓形排列，分别称为上齿弓和下齿弓。上齿弓较下齿弓宽。齿具有切断和咀嚼食物及攻击作用。

（1）齿式　齿按形态、位置和机能可分为切齿、犬齿和臼齿三种。切齿小，齿尖锋利，上、下切齿各为3对，紧密地嵌于切齿骨和下颌骨前部的切齿齿槽内，每侧由内向外分别叫门齿、中间齿和隅齿。恒切齿呈角柱状；犬齿特别发达，呈弯曲状的侧扁状，嵌埋于切齿骨和上颌骨共同构成的上犬齿齿槽和下颌齿骨的下切齿齿槽内，上犬齿大于下犬齿；臼齿位于齿弓的后部，嵌于臼齿齿槽内，与颊相对，故又称颊齿。可分为前臼齿和后臼齿，上颌各有前臼齿和后臼齿4对和2对，而下颌各有前臼齿和后臼齿4对和3对。齿在出生后逐个长出，除后臼齿外，其余齿到一定年龄时按一定顺序更换一次。更换前的齿为乳齿，更换后的齿为永久齿或恒齿。乳齿一般较小，颜色较白，磨损较快。

根据上、下齿弓每半侧各种齿的数目，可列出计算齿数的齿式，即

犬的恒齿式：$2\left(\dfrac{3\ \ 1\ \ 4\ \ 2}{3\ \ 1\ \ 4\ \ 3}\right)=42$

犬的乳齿式：$2\left(\dfrac{3\ \ 1\ \ 3\ \ 0}{3\ \ 1\ \ 3\ \ 0}\right)=28$

猫的恒齿式：$2\left(\dfrac{3\ \ 1\ \ 3\ \ 1}{3\ \ 1\ \ 2\ \ 1}\right)=30$

猫的乳齿式：$2\left(\dfrac{3\ \ 1\ \ 3\ \ 0}{3\ \ 1\ \ 2\ \ 0}\right)=26$

（2）齿的形态构造　每个齿可分为齿冠、齿颈和齿根三部分（图3-5）。齿冠为露出表面的部分；齿根为埋于齿槽部分，切齿和犬齿的齿根只有1个，臼齿有2～6个；齿颈略细，被齿龈所覆盖。

齿由齿质、釉质和黏合质构成。齿质是组成齿的主体，略呈黄色，含钙盐70％～80％；釉质在齿质的外面，包于齿冠，为体内最坚硬的组织，呈乳白色，含钙盐97％左右；黏合质又称齿骨质，包于齿根（短齿冠）或整个齿的外面（长冠齿），结构近似骨组织，含钙盐61％～70％。齿内有齿腔，开口于齿根末端的齿根尖孔，腔内藏有胚胎性结缔组织构成的齿髓，富含血管和神经，与齿的新陈代谢有关。齿髓与齿质交接处含成牙质细胞，有生长和营养齿质的作用。

（3）齿龈　齿龈为被覆齿槽缘和齿颈上的黏膜，是口腔黏膜的延续。齿龈无黏膜下组织，与齿根的骨膜紧密相连。齿龈随齿深入齿槽内，移行为齿槽骨膜。齿龈神经分布少而血管多，呈淡红色。

7. 唾液腺

唾液腺是指能分泌唾液的腺体，分大、小两类。小唾液腺包括已叙述的唇腺、颊腺、腭腺和舌腺等；大唾液腺有腮腺、下颌腺和舌下腺。唾液具有润湿食物，便于咀嚼、吞咽、清洁口腔和参与消化等作用。猫口腔内有5对唾腺的开口，这5对腺体就是腮腺、颌下腺、舌下腺、臼齿腺和眶下腺。犬的唾液腺如图3-6。

（1）腮腺　腮腺小，为混合腺，近似三角形，比较薄，呈淡红褐色。位于咬肌、寰椎翼和耳廓软骨之间，内侧为二腹肌、面神经等器官，腹侧为颌下腺，其前方与腮腺淋巴结

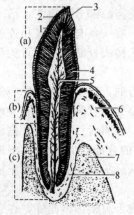

图3-5　齿的构造
（a）冠齿；（b）齿颈；（c）齿根
1—齿骨质；2—釉质；3—咀嚼面；
4—齿质；5—齿腔；6—齿龈；
7—下颌骨；8—齿周膜

和颞下颌关节相接。腮腺的表面被覆结缔组织被膜，并深入腺体内部将腺体分成许多小叶。分泌管在结缔组织间质形成大的集合管，最终形成腮腺管。腮腺管走向腮腺的前下方，并经过咬肌的表面，开口于上颌第4前臼齿相对的颊黏膜上的一个唾液乳头上。

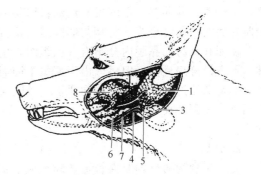

图 3-6 犬的唾液腺
1—腮腺；2—腮腺管；3—下颌腺；4—下
颌腺管；5—舌下腺的后部；6—舌下腺
的前部；7—单孔舌下腺；8—颧骨腺

猫腮腺是平的细而分叶的腺体，在外耳道腹侧，部分覆盖咬肌。腮腺管是由腺体前边近腹侧许多小管汇合而成的，向前被咬肌的筋膜掩盖，在咬肌前方转向内紧贴口腔黏膜下方，在口腔内呈现一条白色的嵴，开口在颊上，正对着最后一个前臼齿的牙尖。在腮腺管的沿途有时还有一个或几个小的副腮腺。

（2）颌下腺　颌下腺为混合腺，淡黄色，呈卵圆形。由于被覆有较完整的被膜而界限较清。位于下颌角附近，其前方邻接下颌淋巴结、舌下腺、咬肌和二腹肌，内侧为二腹肌、颈外动脉和咽内侧淋巴结，后侧与颈部肌肉相接。从颌下腺发出一条颌下腺管，向前延伸至舌系带附近，开口于舌下阜。

猫颌下腺近于豆状，外表平滑，分叶不甚明显。在腮腺的腹侧，咬肌的后缘，下颌骨角状突的后面。颌下腺管从腺体的内侧发出，经过二腹肌和下颌舌骨肌的腹侧面，继续向前紧贴口腔黏膜与下颌骨平行，最后在口腔底前端中线旁的乳头顶上开口。

（3）舌下腺　舌下腺为混合腺，可分为具有一条总导管的单口舌腺下腺和以许多小管开口的多口舌下腺。单口舌下腺位于二腹肌和翼内肌之间，经舌根的外侧至臼齿部。其导管沿着下颌腺导管行走，开口于口腔底的舌下阜上。当单口舌下腺导管受损时，常常发生黏膜下囊肿；多口舌下腺沿着颌下腺和单管舌下腺管延伸，其导管直接开口于口腔底黏膜上。

猫舌下腺是长圆锥形，在咬肌和二腹肌之间。舌下腺管从它的腹面发出，颌下腺管先在它背侧，后在它的内侧，最后开口于口腔底乳头顶的内侧。

（4）猫臼齿腺　在口轮匝肌和下唇黏膜之间，从咬肌的前缘，伸到第一前臼齿和犬齿之间。后端宽，前端成一尖端。有许多小管，经过颊，直接开口在口腔的黏膜表面。

（5）猫眶下腺　或叫做眶腺，位于眼眶底板的外侧，呈卵圆形，其腹端对着臼齿后的口腔黏膜。导管从腹端出来，在臼齿后开口在口腔内。

二、咽和食管

1. 咽

咽位于颅底下方，口腔和鼻腔的后方，喉和气管的前上方，为前宽后窄的漏斗形的肌性管道，其内腔称咽腔。咽可分为鼻咽部、口咽部和喉咽部三部分。鼻咽部位于鼻腔后方，软腭的腭咽弓的背侧，为鼻腔向后的直接延续，形成一个管状结构，其中有一对小丘状结构上，各有一个缝隙状的咽鼓管咽口，经咽鼓管通中耳鼓室。口咽部位于软腭和舌根之间，平坦而扁平，前端以咽狭与口腔相通，后方在会咽与喉咽部相接。喉咽部位于喉口的背侧，较短，向下经喉口通于喉和气管，向后以食管口通食管，向上则经软腭游离缘与舌根形成的咽内口与鼻咽部相通。

咽壁由黏膜、肌层和外膜构成。黏膜衬于咽腔内面，分为呼吸部和消化部。在腭咽弓以上为呼吸部，被覆假复层纤毛柱状上皮；腭咽弓以下的为消化部，覆以复层扁平上皮。咽黏膜内含有咽腺；咽壁的大部分由一系列的横纹肌所围成，包括收缩肌、扩张肌和短缩肌三群，与软腭肌共同参与吞咽反射活动；肌层的外面包有外膜，它是颊咽筋膜的延续，包围在咽肌外面的一层纤维膜，将咽与周围器官连接。

在咽和软腭的黏膜内分布有淋巴组织，由淋巴细胞和网状组织构成。大量淋巴组织构成淋巴器官，称扁桃体。扁桃体由于部位不同而有不同的名称。如腭扁桃体、咽扁桃体等。

咽是消化道和呼吸道的共同通道。呼吸时，空气通过鼻腔、咽、喉和气管进出肺脏。而吞咽时，软腭上提关闭鼻后孔，而会厌翻转盖住喉口，停止呼吸，此时，食团经咽进入食管。

2. 食管

食管是食物通过的肌性管道，起于喉咽部，连接咽和胃。食管可分为颈、胸、腹三段。颈段位于颈前 1/3 处的气管背侧与颈长肌之间，沿颈中部至胸腔前口处偏至气管左侧；胸段位于纵隔内，又转至气管背侧与颈长肌的胸部之间继续向后伸延，越过主动脉右侧和心脏的背侧，然后穿过膈的食管裂孔进入腹腔；腹段很短，以贲门连接于胃。

食管由黏膜、黏膜下层、肌层和外膜或浆膜构成。黏膜上皮为复层扁平上皮。平时黏膜集拢成若干纵褶，几乎将管腔闭塞。当食物通过时，管腔扩大，纵褶展平。黏膜内富有黏液腺。黏膜下组织发达。肌层主要为横纹肌，仅在贲门处为平滑肌。肌层通常为两层，相互间形成反向的螺旋形交错，向后逐渐移行至胃附近处，则变成外纵行和内环行的两层。外膜在颈段为疏松结缔组织，在胸、腹段为浆膜。

猫食管是一条直管，当空时背腹方向是平的，它从咽部通向胃。中度伸张时，管的直径是均匀的。它在气管的背方，穿过横膈膜进入胃中。它与横膈膜的附着是很疏松的，它可以上下移动。通过胸腔时在后纵隔内，主动脉的腹侧。其壁包括一层肌肉、一层黏膜下层和一层黏膜；其内面有许多纵褶。它没有浆膜层，其侧壁只与纵隔的一半相接触。

三、胃

胃位于腹腔内，是消化管在膈后方的膨大部，具有贮存食物、进行初步消化和推送食物进入十二指肠等作用。

1. 胃的形态和位置

犬胃在充满食物时呈梨状囊，而在空虚状态下胃体呈圆筒状。犬胃的容量小，但具有很强的扩张能力（可在 0.5～6L 之间变动）。胃的前端以贲门与食管相接，贲门比较宽大，因此易呕吐；后端以幽门与十二指肠相连，幽门窄小。从贲门到幽门，沿 2 个面相移行处形成 2 个缘：凸缘为胃大弯，其上附有大网膜，大网膜的一部分以胃脾韧带连接胃和脾脏；凹缘为胃小弯，以小网膜连接肝脏。在小弯的急转处为角切迹。从角切迹到贲门为胃体；贲门以上的膨大部分的为胃底，位于肝脏的背侧，并向贲门的左侧突出；贲门周围为贲门部；从角切迹到幽门为幽门部，它又分为幽门窦和较细的幽门管两部分。犬胃的位置见图 3-7。

胃通过胃底与膈和贲门与膈之间的胃膈韧带、胃小弯和肝脏之间小网膜以及胃大弯和脾脏之间大网膜与邻近器官连接，位置比较固定。胃的左端膨大，位于左季肋部，最高点可达第 11～12 肋骨椎骨端，幽门部在右季肋部，在胃内充满食物时，可从腹腔底壁触摸胃大弯。前面为壁面，主要与肝脏相贴；后面为脏面与肠、左肾脏、胰腺和大网膜等相邻。

猫胃呈梨形，位于腹腔的前部，几乎全部在体中线的左侧。

2. 胃的组织结构

胃由黏膜、黏膜下组织、肌层和浆膜构成。犬胃属于单室腺型胃，黏膜上皮为柱状上皮，全部有腺体。由于构造和功能不同，腺体分为三种，即胃底腺（固有胃腺）、贲门腺和幽门腺。贲门腺区较小，颜色为淡黄色；胃底腺区黏膜较厚，呈红褐色，占全胃黏膜面积的2/3；幽门腺区黏膜较薄，色苍白。其中贲门腺和幽门腺分泌单纯的黏液，而胃底腺分泌胃

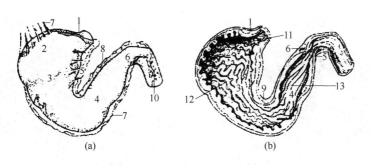

图 3-7　犬胃的位置（尾侧观）

(a) 表面；(b) 内面

1—贲门；2—胃底；3—胃体；4~6—幽门部（4—幽门窦；5—幽门管；
6—幽门）；7—胃脾韧带；8—小网膜；9—角切迹；10—大、小网膜的
结合部；11—贲门腺区；12—胃底腺区；13—幽门腺区

的消化酶和胃酸；黏膜下组织较薄；肌层形成不完整的三层，在缺损的部位由其他层肌肉填补，最外层为纵行肌层，是食管外纵肌层的延续，在胃大弯和胃小弯肌纤维集中分布，而在幽门处呈辐射分布；中层为环行肌，在贲门处形成不发达的贲门括约肌，由胃体向胃底呈辐射状分布，到下方重新形成环行分布，并在幽门部的小弯处增厚向管腔内突出，形成幽门圆枕，并在幽门管处形成幽门括约肌；最内层为斜行肌，主要分布于贲门和胃小弯处；胃的表层除胃膈韧带和在大、小弯处分别与大、小网膜相连外，均为浆膜覆盖。

3. 大网膜和小网膜

（1）大网膜　大网膜很发达，由浅层和深层构成扁平囊状，介于肠和腹腔底之间。因此，一般开腹时仅能看到肝脏、脾脏和部分膀胱。浅层起于胃大弯，沿腹底壁延伸至膀胱，然后向背侧旋转变成深层。深层起于食管裂孔至左膈肌脚之间，并向胰腺左叶的背侧延伸，右侧延伸至网膜孔。浅层和深层分别在胃大弯的左侧和十二指肠的周围接合。大网膜上含有大量的脂肪，肥胖的犬几乎连成一层。

（2）小网膜　小网膜连接胃小弯和肝脏之间，向右侧与十二指肠系膜相连。

四、肠

1. 肠的形态和位置

犬、猫的肠道位置如图 3-8~图 3-11。

（1）小肠　小肠比较短，为体长的 3~4 倍（猫为 3 倍）。前端起于胃的幽门，后端止于盲肠，可分为十二指肠空肠和回肠三部分。

① 十二指肠　十二指肠的长平均仅有 25cm（猫 14~16cm），以短的十二指肠系膜连于腹腔的背侧壁，位置比较固定。可分为十二指肠前部、十二指肠下行部、十二指肠后曲和十二指肠上行部。前部起于幽门，在肝的脏面沿背侧，然后向右侧的第 9 肋间隙处转为下行部；下行部越过肝门，沿腹腔的右侧壁延伸至第 4~6 腰椎间向左侧折转，移行为十二指肠后曲；上行部起于十二指肠后曲，沿着左侧下行结肠与肠系膜根部的正中线附近向前延伸，在肠系膜根的前方或腹侧移行为空肠。

② 空肠　空肠形成许多肠襻，以长的肠系膜固定于腰下，大部分位于腹腔底部。前方接胃和肝脏，后侧接膀胱。背侧面与十二指肠下行部、左肾和腰下部的肌肉相接，腹侧隔着大网膜与腹底壁相接触。由于肠系膜比较长，因此，空肠可随呼吸及其他活动而发生位置变化，在外科手术时，可将空肠短时间内牵引至体外。

③ 回肠　回肠为小肠的末端，由腹腔的左后部伸向右前方，开口于盲肠和结肠的交接

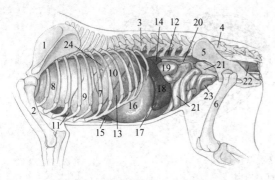

图 3-8　犬内脏位置（左侧观）

1—肩胛骨；2—肋骨；3—第 1 腰椎；4—荐骨；5—髋
关节；6—股骨；7—第 7 肋；8—左肺颅侧叶的颅侧部；
9—左肺颅侧叶的尾侧部；10—左肺的尾侧叶；11—心；
12—腰肌；13—膈的肋部；14—左肾；15—肝；16—胃；
17—大网膜；18—脾；19—降结肠；20—左子宫角；
21—空肠；22—直肠；23—膀胱；24—膈顶

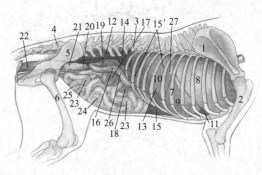

图 3-9　犬内脏位置（右侧观）

1—肩胛骨；2—肋骨；3—第 1 腰椎；4—荐骨；5—髋
关节；6—股骨；7—第 7 肋；8—右肺颅侧叶的颅侧部；
9—右肺的中叶；10—右肺的尾侧叶；11—心；12—腰
肌；13—膈的肋部；14—右肾；15—肝；15′—肝的
外形；16—十二指肠；17—盲肠；18—升结肠；19—右
输卵管；20—降结肠；21—子宫；22—直肠；23—空
肠；24—空肠系膜；25—膀胱；26—胰；27—膈顶

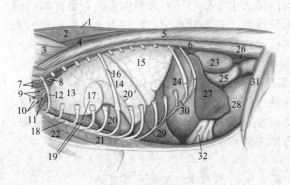

图 3-10　猫内脏左侧观（膈、网膜和系膜移去）

1—斜方肌（颈和胸）；2—颈菱形肌和胸菱形肌；3—颈棘
和头棘肌；4—棘肌和半棘肌、胸肌；5—胸、腰最长
肌；6—胸、腰髂肋肌；7—臂丛、颈长肌；8—颈、胸
神经节；9—颈总动脉、食管；10—左侧颈静脉；11—腋
动脉和静脉；12—第一肋；13—右侧肺颅侧叶颅侧部；
14—左侧肺颅侧叶尾侧叶；15—尾侧叶；16—第六肋；
17—胸腺；18—胸骨；19—胸内动脉和静脉；20—心；
20′—心的外行、投影；21—胸深肌；22—胸浅肌；
23—左肾；24—胃；25—降结肠；26—左侧输尿管；
27—脾；28—膀胱；29—肝；30—膈线的止点；
31—缝匠肌；32—空肠

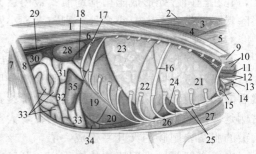

图 3-11　猫内脏右侧观（心包、膈、网膜和系膜移去）

1—腰最长肌、胸最长肌；2—斜方肌（颈和胸部）；3—胸
菱形肌和颈菱形肌；4—棘肌、半棘肌、胸肌；5—颈棘
头棘肌；6—腰髂肋肌、胸髂肋肌；7—阔筋膜张肌；8—缝
匠肌；9—颈腹侧锯肌；10—臂丛、肩胛内肌；11—颈长
肌；12—食管、气管；13—迷走神经和交感干；14—右侧
颈静脉、颈总动脉；15—腋动脉和静脉；16—第六肋；
17—第十三肋；18—肝的尾侧突；19—肝的右侧叶；
20—肝的右侧叶；21—右侧肺的颅侧叶；22—右侧
肺的中叶；23—右侧肺的尾侧叶；24—心；25—胸
腺、胸骨；26—胸深肌；27—胸浅肌；28—右侧肾；
29—右侧输尿管；30—降结肠；31—十二指肠；
32—回肠；33—空肠；34—胃；35—盲肠

处。在没有内容物的情况下，常被其他脏器挤压而变形（图 3-12）。

（2）大肠　犬的大肠与小肠相比相对短，长 60～75cm，管径较细，几乎与小肠近似，无肠带和肠袋，分为盲肠、结肠和直肠。

①盲肠　盲肠小而呈螺旋状。起于回肠和结肠的结合部，终止于盲端。虽然与回肠不直接连接，但是为了便于讲解，常将盲肠作为大肠的起始部。盲肠位于体中线与右髂部之

间，在十二指肠和胰的腹侧，盲端尖向后，以系膜与回肠相连。以回肠与结肠相连接处附近的环状肌纤维环围成的开口部（盲肠括约肌）开口于结肠内（图 3-13）。

猫结肠前端的盲囊是盲肠，盲肠有一个锥形的突出，是阑尾的遗迹。在盲肠里边底部有一堆孤立的淋巴腺，组成集合淋巴结。

② 结肠　结肠表面平滑，无独特的结构，以短的结肠系膜连接于腰下部，自回盲口起始，沿十二指肠内侧前行，称为右侧结肠（升结肠），至胃的幽门部和其后部的小肠襻与前肠系膜动脉之间弯向左侧，称为横结肠；再弯向后方，沿左肾腹内侧后行，称为左侧结肠（降结肠），于骨盆前口斜向体中线，移行为直肠。

猫结肠长约 23cm，直径相当回肠的 3 倍。结肠后端接着直肠，中间也没有明显的分界。结肠后端接着直肠，中间也没有明显的分界。

③ 直肠　直肠是结肠的延续，它与结肠间没有严格的界限，位于骨盆腔内的生殖器、膀胱和尿道的背侧。直肠的后部有壶腹状宽大部，向后移行为肛管。

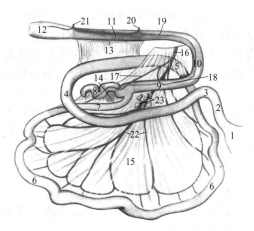

图 3-12　犬肠道右侧观图形（模型）

1—胃；2—十二指肠颅侧部；3—颅侧十二指肠；4—尾侧十二指肠；5—十二指肠空肠曲；6—空肠；7—回肠；8—盲肠；9—升结肠；10—横结肠；11—降结肠；12—盲肠；13—十二指肠结肠皱襞；14—回肠皱襞；15—空肠系膜；16—颅侧肠系膜动脉；17—回肠动脉；18—右结肠动脉；19—左结肠动脉；20—尾侧肠系膜动脉；21—尾侧直肠动脉；22—空肠动脉；23—空肠淋巴结

猫直肠长约 5cm，紧贴背体壁的中线，有短的直肠系膜维系着。

2. 肠的组织结构

（1）小肠的组织结构　小肠壁由黏膜、黏膜下组织、肌层和浆膜构成。黏膜形成环形褶和约为 1mm 长的肠绒毛，以增加与食物接触的面积。黏膜上皮为单层柱状上皮，在固有膜内分布有小肠腺。小肠腺开口于肠绒毛基部之间。肠黏膜富有淋巴孤结和淋巴集结，在平整的黏膜表面可见微隆起淋巴孤结，该处缺乏肠绒毛。在离幽门 2～3cm 的十二指肠黏膜上具有十二指肠乳头，它是胆管和胰管的开口处（分别开口）。在离十二指肠乳头的不远处有副胰管的开口部。黏膜下组织为疏松结缔组织。肌层由较厚的内环和较薄的外纵两层平滑肌组成。浆膜被覆肠管表面，并延伸形成系膜等。

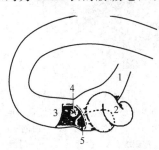

图 3-13　犬的回肠、结肠与盲肠的结合部

1—回肠；2—盲肠；3—升结肠；4—回盲口；5—盲结口

（2）大肠的组织结构　大肠壁的构造与小肠壁基本相似，也由黏膜、黏膜下组织、肌层和浆膜（或外膜）构成。黏膜表面光滑，无绒毛。在固有膜内有排列整齐的大肠腺。肠内面不形成特殊的皱褶，但是由于有许多散在的淋巴小结，特别是在直肠，具有明显的小结节状隆起。肌层为内环、外纵两层平滑肌。直肠肌层较厚，背侧外纵肌形成较粗的肌束，从直肠背侧向后上方止于前位的尾椎腹侧面。母犬的腹侧外纵肌向下汇入阴道前庭和阴唇，而公犬则汇入尿道。浆膜被覆在盲肠、结肠和直肠前部的最外层，之后在直肠后部浆膜变短，其侧部有连接骨盆腔侧壁的系膜，在腹侧则浆膜折转为尿生殖道的浆膜，后部则转变为腹膜外器官，在雌性与阴道、在雄性与尿道通过结缔组织相连接。

3. 肛门

肛门为肛管的后口。肛管是短的连接肠和体外的通路。其内腔狭窄，黏膜形成纵行皱褶。肛门是消化管的末端开口，位于尾根下方，平时不突出于体表。内面被覆黏膜，外面被覆皮肤。在肛门内外黏膜和皮肤上，含有许多的腺体，并在直肠与肛门交接处的两侧下方有肉食动物所特有的肛门窦，窦内含有脂肪样分泌物。肌肉由内向外分别为肛门内括约肌和肛门外括约肌。肛门内括约肌是由直肠环行肌所形成；肛门外括约肌为内括约肌周围的环行横纹肌，部分肌纤维走向背侧的尾椎筋膜和腹侧的会阴筋膜。在肛管的两侧还有起始于荐结节阔韧带或坐骨棘的肛提肌，向后伸入肛门外括约肌的深部。

猫在肛门的两边有两个大的分泌囊叫做肛腺，直径约 1cm，腺管开口于肛门。

五、肝

1. 肝的形态和位置

肝是体内最大的腺体，具有分解、合成、贮存营养和解毒以及分泌胆汁等作用，在胎儿期也是造血器官。

犬的肝脏发达，占体重的 3%～5%，略呈四边形，质地实而脆，具有一定的弹性。随着年龄的增加呈现萎缩。通常呈红褐色，新鲜的肝脏软而脆。以腹侧的许多切迹分成许多叶，即左外叶、左内叶、右内叶和右外叶，在肝门的下方，胆囊与圆韧带之间有方叶，在肝门上方有尾叶。尾叶分为左侧的乳头突及右侧的尾状突。

肝位于季肋部，偏于右侧。壁面平滑而隆凸，与膈相贴；脏面与胃、肠、右肾等相邻，形成许多特殊的痕迹，如尾叶上的肾压迹、左外叶上的胃压迹及十二指肠压迹等。在肝的背侧缘有后腔静脉穿行并部分埋于肝的实质内，由许多肝静脉直接进入后腔静脉。犬肝脏位置如图 3-14、图 3-15 所示。

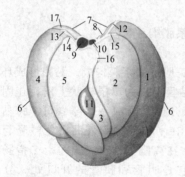
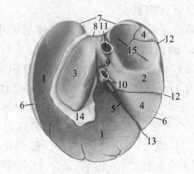

图 3-14　犬肝的部位（膈面观）

1—左外侧叶；2—左内侧叶；3—方叶；4—右外侧叶；5—右内侧叶；6—腹侧缘；7—背侧缘；8—食管压迹；9—后腔静脉；10—肝静脉；11—胆囊；12—左三角韧带；13—右三角韧带；14—右冠状韧带；15—左冠状韧带；16—圆和镰状韧带；17—尾侧突

图 3-15　犬肝的部位（脏面观）

1—左外侧叶（与胃压迹）；2，3—尾侧叶（2—尾侧突；3—乳头突）；4—右外侧叶；5—右内侧叶；6—腹侧缘；7—背侧缘；8—食管压迹；9—门静脉、肝动脉；10—胆囊、胆总管；11—后腔静脉；12，13—叶间切迹；14—小网膜（肝胃和肝十二指肠韧带）；15—肾压迹

肝门位于脏面的中部，门静脉、肝动脉、淋巴管、神经以及肝管由此进出肝的实质。除肝脏的肝门部、胆囊窝、腹膜的折转部及肝的膈面背内侧的三角形的裸区等小范围之外，其他均被覆有浆膜。在肝脏的左外叶背侧缘以较小的左三角韧带连接于左腹壁的背侧。在肝右外叶的背侧缘以右三角韧带连于右腹壁的背外侧。冠状韧带是右三角韧带在肝壁面的延续，并最终延伸到左三角韧带，将肝和膈相连，它可分为左、右冠状韧带。圆韧带为脐静脉的遗迹，成年后退化消失。镰状韧带是很薄的浆膜褶，从圆韧带切迹沿肝的膈面延伸至肝背侧缘的食管压迹，将肝连于膈。

　　猫肝分为左右两叶，左叶分为左内叶和左外叶，右叶分为右内叶、右外叶和尾叶（图3-16）。

　　胆囊具有贮藏胆汁和浓缩胆汁的作用。位于方叶与右内叶之间的胆囊窝内，比较细长，大部分紧贴于胆囊窝内，而部分游离至肝的腹缘。肝管出肝门与胆囊管汇合成胆总管，开口于距幽门2～3cm的十二指肠乳头上。

　　猫胆囊呈梨形，藏在肝右内叶后面的裂缝中。

2. 肝的组织结构

　　肝的表面大部分被覆一层浆膜，其深面由富含弹性纤维的结缔组织构成的纤维囊，纤维囊结缔组织随血管、神经、淋巴管和肝管等出入肝实质内，构成肝的支架，并将肝分隔成许多肝小叶（图3-17）。

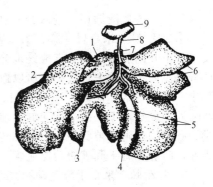

图 3-16　猫肝脏脏面
1—尾叶；2—左外叶；3—左内叶；4—胆囊；5—右内叶；6—右外叶；7—门静脉；8—胆总管；9—十二指肠

　　（1）肝小叶　肝小叶为肝的基本单位，呈不规则的多面棱柱状体。每个肝小叶的中央沿长轴都贯穿着一条中央静脉。肝细胞以中央静脉为轴心呈放射状排列，切片上则呈索状，称为肝细胞索，而实际上是些肝细胞呈单行排列构成的板状结构，又称肝板。肝板互相吻合连接成网，网眼内为窦状隙。窦状隙极不规则，并通过肝板上的孔彼此沟通。

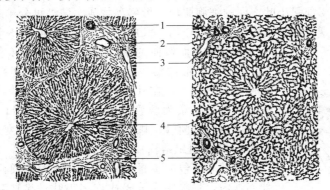

图 3-17　肝低倍图
1—小叶间胆管；2—小叶间动脉；3—小叶间静脉；4—中央静脉；5—门管区

　　① 肝细胞　呈多面形，胞体较大，界限清楚。胞核圆而大，位于细胞中央（常有双核细胞），核膜清楚。

　　② 窦状隙　为肝小叶内血液通过的管道（即扩大的毛细血管或血窦），位于肝板之间。窦壁由扁平的内皮细胞构成，核呈扁圆形，突入窦腔内。此外，在窦腔内还有许多体积较大、形状不规则的星形细胞，以突起与窦壁相连，称为枯否细胞，这种细胞是体内巨噬细胞系统的组成部分。

　　③ 胆小管　直径$0.5～1.0\mu m$，由相邻肝细胞的细胞膜围成。胆小管位于肝板内，并互相通连成网，从肝小叶中央向周边部行走，胆小管在肝小叶边缘与小叶内胆管连接。

　　（2）门管区　肝门进出肝的3个主要管道（门静脉、肝动脉和肝管）以结缔组织包裹，总称为肝门管。3个管道在肝内分支，并在小叶间结缔组织内相伴而行，分别称为小叶间静脉、小叶间动脉和小叶间胆管。在门管区内还有淋巴管神经伴行。

　　（3）肝的排泄管　肝细胞分泌的胆汁排入胆小管内。在肝小叶边缘，胆小管汇合成短小的小叶内胆管。小叶内胆管穿出肝小叶，汇入小叶间胆管。小叶间胆管向肝门汇集，最后形成肝管出肝与胆囊管汇合成胆管后，再通入十二指肠内。

（4）肝的血液循环　进入肝的血管有门静脉和肝动脉。

① 门静脉　来自胃、脾、肠、胰的血液，汇合成门静脉，经肝门入肝，在肝小叶间分支形成小叶间静脉，再分支成终末分支开口于窦状隙，然后血液流向小叶中心的中央静脉。门静脉血由于主要来自胃肠，所以血液内既含有经消化吸收来的营养物质，又含消化吸收过程中产生的毒素、代谢产物及细菌、异物等有害物质，其中，营养物质在窦状隙处可被吸收、贮存或经加工、改造后再排入血液中，运到机体各处，供机体利用；而代谢产物、有毒、有害物质则可被肝细胞结合或转化为无毒、无害物质，细菌、异物可被枯否细胞吞噬。因此，门静脉属于肝脏的功能血管。

② 肝动脉　来自于腹主动脉。经肝门入肝后，在肝小叶间分支形成小叶间动脉，并伴随小叶间静脉分支后，进入窦状隙和门静脉血混合。部分分支还可到被膜和小叶间结缔组织等处。这支血管由于是来自主动脉，含有丰富的氧气和营养物质，可供肝细胞物质代谢使用，所以是肝脏的营养血管。

六、胰

1. 胰的形态和位置

胰为重要的消化腺体，具有外分泌部和内分泌部。外分泌部占腺体的大部分，属于消化腺，主要分泌分解蛋白质、糖类和脂肪的酶类。其分泌的消化液由胰管排入十二指肠。内分泌部是散在于外分泌部腺小叶之间的细胞团块，即胰岛构成。胰岛可分泌胰岛素、胰高血糖素和生长激素抑制素，对于糖代谢起重要作用。犬的胰腺形态位置如图3-18。

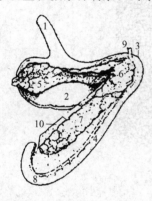

图3-18　犬的胰腺（尾侧观）
1—食管；2—胃；3—十二指肠前曲；4—十二指肠下行部；5—胰腺左叶；6—胰腺体部；7—胰腺右叶；8—十二指肠后曲；9—总胆管；10—十二指肠系膜

胰呈窄长而弯曲的带状，可分为体部和左、右两叶，粉红色，呈"V"形的沿胃和十二指肠分布，即右叶沿十二指肠向后伸至右肾后方；左叶经胃的脏面向左后伸达左肾前端。排泄管有2条，一条为胰管，与胆总管一起开口于十二指肠乳头；而另一条为副胰管，排泄管开口于胰管开口处的稍后方。

2. 胰的组织结构

胰的表面包有少量结缔组织，因而被膜比较薄。结缔组织伸入腺内，将腺实质分隔成许多小叶。胰具有外分泌和内分泌两种功能，所以胰的实质也分外分泌部和内分泌部。

（1）外分泌部　属消化腺，分腺泡和导管两部分，占腺体的绝大部分。腺泡呈球状或管状，腺腔很小，均由浆液性腺细胞组成。细胞合成的分泌物，在细胞顶端排入腺腔内。再由各级导管（闰管、小叶内导管、小叶间导管、叶间导管和总导管）把分泌物排出胰脏。腺泡分泌液称胰液，经胰管注入十二指肠。

（2）内分泌部　内分泌部位于外分泌部的腺泡之间，由大小不等的细胞群组成，形似小岛，故名胰岛。胰岛细胞呈不规则索状排列，且互相吻合成网，网眼内有丰富的毛细血管和血窦。胰岛细胞分泌胰岛素和胰高血糖素，经毛细血管进入血液，有调节血糖代谢的作用。

第三节　呼吸器官

动物机体在新陈代谢过程中，不断从外界吸入氧气，并呼出在代谢过程产生的二氧化碳，这种气体交换过程称呼吸。呼吸包括外呼吸、气体运输和内呼吸三个过程。外呼吸（肺呼吸）是指气体在肺内的肺泡与毛细血管间进行交换的过程；气体运输是进入血液的氧气或二氧化碳与红细胞结合，被运送到全身组织细胞或肺的过程；内呼吸（组织呼吸）是指气体在血液与组织细胞间进行交换的过程。由此看出，呼吸活动是在呼吸系与心血管系的密切协作下完成的。

呼吸系统由鼻、咽、喉、气管、主支气管和肺等器官组成。其中鼻、咽、喉、气管和主支气管是气体进出肺的通道，称呼吸道，其壁是由骨或软骨形成的支架结构，使管腔处于开张状态，以利于气体畅通。肺由肺泡及肺内各级支气管组成，是容纳气体和进行气体交换的场所。胸膜和胸膜腔等是呼吸系的辅助装置。

一、鼻

鼻位于面部的中央，既是呼吸器官，又是嗅觉器官，而且对于发声有辅助作用。鼻可分为外鼻、鼻腔和鼻旁窦。

1. 外鼻

外鼻较平坦，与周围器官分界不明显，通常将其后部称鼻根，前端为鼻尖，二者之间的部分为鼻背和鼻侧部。鼻尖的两侧有一对鼻孔。鼻孔为鼻腔的入口，是由内侧鼻翼和外侧鼻翼围成的皮肤褶。犬的鼻孔呈"，"形。外侧鼻翼凹并在外下缘有缺口，内侧鼻翼凹而坚实。鼻翼中含有软骨，构成鼻孔的支架。鼻中隔软骨从鼻腔延伸到鼻尖，分隔鼻孔。特化的外皮形成所谓的鼻镜。鼻镜以其正中的前沟即上唇沟分为左、右两个部分。鼻镜始终保持湿润状态，它是外侧鼻腺为主的鼻黏膜中的腺体分泌浆液所致。

2. 鼻腔

鼻腔呈长筒状，由鼻骨、额骨、切齿骨、上颌骨、腭骨、犁骨和鼻甲骨以及鼻软骨等构成的支架，内面衬有黏膜。鼻腔正中有鼻中隔将鼻腔分为左、右互不相通的两半。每侧鼻腔前经鼻孔与外界相通，后经鼻后孔与咽相通。鼻腔可分为鼻前庭和固有鼻腔两部分。

① 鼻前庭　位于鼻孔与固有鼻腔之间，是鼻腔前部衬有皮肤的部分，其皮肤与固有鼻腔的黏膜界限清楚。鼻前庭部组织比较坚硬，在内侧壁的深部有鼻泪管的开口。此外，鼻前庭有分泌浆液的鼻外侧腺分泌管口。

② 固有鼻腔　是鼻腔的主要部分，位于鼻前庭之后，由骨性鼻腔覆以黏膜构成。左、右侧鼻腔间有鼻中隔相隔。鼻中隔大部分为软骨构成，但后部为骨性的筛骨垂直板。鼻中隔大部分与硬腭相接，但是在后部由于与硬腭分离。所以，两个鼻咽道形成一个总的鼻咽道。每侧鼻腔由上鼻甲、下鼻甲和筛鼻甲将鼻腔分为若干鼻道。上鼻道位于鼻腔顶壁与上鼻甲之间，向后直至额骨内板与筛骨筛板连接处，通于嗅部；中鼻道较短，是上鼻甲与下鼻甲之间的裂隙，其后部被筛鼻甲分为上、下两部，下部合并于呼吸部；下鼻道最宽，位于下鼻甲与鼻腔底壁之间，为气体的主要通道；总鼻道是指上、下鼻甲和鼻中隔之间的裂隙，与上、中和下鼻道相通。两侧下鼻道和总鼻道形成很短的鼻咽道，从下鼻道后端通于鼻后孔。

鼻黏膜为衬于固有鼻腔内表面及被覆于鼻甲表面的黏膜，分为呼吸部和嗅部。呼吸部为上、下鼻甲所在的部位，是空气出入的通道。黏膜呈粉红色，黏膜深层含有丰富的静脉丛，黏膜内还有腺体。这种结构对于吸入的空气有增加温度和湿度及净化作用。嗅部位于筛迷路后部及其附近的上鼻甲和鼻中隔等处。黏膜呈黄褐色，内有嗅神经细胞、神经末梢及嗅腺，具有感受嗅觉的作用。

3. 鼻旁窦

参见头骨。

二、咽、喉、气管和主支气管

（一）咽

参见消化器官。

（二）喉

喉位于下颌间隙及其后部，头颈交界处的腹侧，前端与咽相通，后端与气管相接，背侧为咽和食管入口，腹侧为胸骨舌骨肌。喉既是气体出入肺的通道，具有防止食物和水分进入气管的作用，同时也是发音器官。喉由喉软骨、喉肌和喉黏膜构成。

1. 喉软骨

喉软骨共有 4 种 5 块，即不成对的会厌软骨、甲状软骨、环状软骨和成对的勺状软骨。

（1）会厌软骨　由弹性软骨构成，由小的柄部和大的叶状部构成。会厌软骨位于喉的最前部，其柄部埋于舌根、基舌骨与甲状软骨之间，并借弹性纤维与甲状软骨体相连。在静止时，叶状部置于软腭的后上部，而在吞咽时，向后方倾斜封闭喉口。

（2）甲状软骨　是喉软骨中最大的一块。主要由透明软骨构成，位于会厌软骨和环状软骨之间，构成喉腔侧壁和底壁的大部。由左右侧的甲状软骨板组成，其软骨板在腹侧联合成甲状软骨体。板的背侧缘向前后方突出，分别形成前角和后角，前角与板的前缘形成深的甲状软骨切迹，并以结缔组织围成甲状孔，供神经通过；后角向后突出，与环状软骨构成关节。板的外侧面有一较明显的低嵴，称斜线，为肌肉附着处。软骨体的腹侧面形成喉结，可在活体触摸到。

（3）环状软骨　位于甲状软骨之后，主要由透明软骨构成，呈环形，由环状软骨板和环状软骨弓组成。环状软骨板位于背侧，比较窄，构成喉腔背侧壁，其背侧有一正中嵴，在前缘有与勺状软骨成关节的 2 个关节面。环状软骨弓较宽大，位于腹侧，构成喉腔后部的腹侧壁和外侧壁。环状软骨前缘与甲状软骨之间形成韧带连接，后缘借结缔组织膜与气管相连。

（4）勺状软骨　有一对，位于环状软骨的前缘两侧，部分在甲状软骨的内侧面，构成喉腔背侧壁的前部。勺状软骨形态不规则，形似角锥形。可分为底和尖两部分。勺状软骨底有关节面，与环状软骨形成关节，其外侧有肌突，供肌肉附着，腹侧则形成声带突，是声带和声带肌附着处。勺状软骨尖又称小角突，弯向背内侧，表面包有黏膜。勺状软骨的背侧面和外侧面被一嵴分开，背侧面凹，由勺横肌填充；外侧面小，为甲勺肌和环勺肌附着。

喉软骨彼此借关节、韧带连接围成喉腔。喉腔内面衬有黏膜、外面有喉肌附着处。

2. 喉肌

喉肌包括与咽、舌、舌骨、胸骨等相连接的外来喉肌外，还有喉软骨间相互连接的固有喉肌。喉肌均为骨骼肌。

（1）喉固有肌　有环勺背侧肌、环甲肌、环勺侧肌、甲勺肌和勺横肌等，均起止于喉软骨，可使喉腔扩大或缩小。

（2）喉外来肌　包括甲状舌骨肌、舌骨会厌肌和胸骨甲状肌等。可牵动喉前后移动。

3. 喉腔

喉腔是衬于喉软骨内面的黏膜所围成的腔隙，前方借喉口通咽，后方与气管相通。

喉口是由前方的会厌软骨、勺状软骨以及勺状会厌褶共同围成，以会厌软骨和勺状软骨的小角突为支架。喉腔中部的侧壁上，有一对黏膜褶，称为声褶，内有声韧带和声带肌，共同构成声带。声带连于勺状软骨的声带突与甲状软骨体之间，是发声器官。声门是两声带之间的裂隙，由两侧的勺状软骨底和声褶形成，是喉腔最狭窄的部分。可分为上部较宽的软骨间部和下部窄的膜间部。喉腔的喉口与声门裂之间的部分，称为喉前庭。在喉前庭的侧壁上有一褶，称为室褶，室褶与声带褶之间形成喉侧室。

4. 喉黏膜

喉前庭黏膜上皮为复层扁平上皮，表面光滑而柔软。声门裂以后的部分称为声门下腔，又叫喉后腔，主要位于环状软骨内，黏膜上皮为假复层纤毛柱状上皮。喉黏膜内含有丰富的腺体和淋巴组织。

（三）气管和支气管

气管和支气管是连接喉与肺之间的管道，由于两者具有相似的结构，且形成树状结构，通常一起称为气管支气管树。

1. 气管

（1）气管的形态和位置　气管是由多个呈环形的透明软骨环作支架，以环韧带连接40~50个软骨环构成的长圆筒状管道。起于喉，按部位分为颈段和胸段。颈段位于颈椎的腹侧，从第2颈椎处沿颈部腹侧的中线向后延伸到胸腔前口。其前部背侧接食管；后部背侧与颈长肌相邻，腹侧与胸骨甲状舌骨肌及胸头肌接触。胸段从胸前口进入胸腔，行于纵隔的前部和中部内，在心脏的上方，第5肋骨中部相对处分支成左、右主支气管进入左肺和右肺。

（2）气管的结构　气管由内向外分为黏膜、黏膜下组织和外膜三层。

① 黏膜　由黏膜上皮和固有膜构成。上皮为假复层纤毛柱状上皮，其纤毛向喉的方向摆动，能将附在黏膜上的尘埃、过剩的黏液等向体外排除。

② 黏膜下组织　由疏松结缔组织构成，内含气管腺，可分泌黏液。

③ 外膜　结缔组织膜，外膜的外表面由气管软骨和致密结缔组织构成，气管软骨呈环状弯曲的多数软骨片构成，环的背侧有缺口，通过环外的气管肌和结缔组织填充。气管软骨与相邻的气管软骨之间以弹性纤维板相互连接。

2. 主支气管

主支气管是肺门与气管之间的分叉管道，由气管的分支形成，分为左、右两支。主支气管在进入肺前分为数支。左主支气管分2支进入前部和后部；右主支气管分3支分别进入前叶的前部、后部和副叶。后叶支气管是由前叶后部支气管入肺后形成。

主支气管也是由黏膜、黏膜下层和外膜构成。

三、肺

1. 肺的形态和位置

肺位于胸腔内，在纵隔两侧，左右各一，右侧比左侧大25%。健康犬的肺呈粉红色，质轻而柔软，富有弹性，放入水中时浮于水而不下沉。

左、右肺均呈半圆锥体，肺尖向前，位于胸腔前口处，肺底向后，与膈相接。与胸腔侧壁接触的隆凸面为肋面，在肋面上有肋骨压迹。与膈相接触的凹面又称膈面。内侧面较平，分为两部：上部为脊柱部，与胸椎椎体相对；下部为纵隔部，与纵隔相对，并有心压迹以及食管和大血管的压迹。在心压迹的背侧有肺门，为主支气管、肺动脉、肺静脉和神经等出入处，这些结构以结缔组织相连而构成肺根，是肺的固着部，部分肺根结缔组织延伸至膈。背侧缘钝而圆，位于肋椎沟中。腹侧缘薄而锐，位于胸外侧壁和胸纵隔间的沟内。底缘位于胸外侧壁与膈之间。腹侧缘有心切迹，左肺心切迹较大，与第3~5肋软骨间隙相对应，在该处心包直接与胸壁相接触。右肺心切迹较小，位于第4~5肋软骨间隙。如图3-19、图3-20所示。

右肺以深的切迹分为前叶、后叶和副叶，而左肺分为前叶和后叶（图3-21）。左肺内的心压迹较浅，而右肺的心压迹较深。前叶的前部和后部之间有较小的心切迹。左肺覆盖心脏的左侧面，而右肺的前叶和后叶之间的有较大的心切迹，相当于第四肋间隙的腹侧端，它是进行右心穿刺的最佳部位。副叶呈不正圆锥形，基底贴膈，尖端向肺根，外侧面有一深沟，容纳后腔静脉及右膈神经。肺底缘呈弧形，反映在体表上为从第12肋骨上端至第5肋骨下

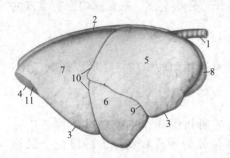

图 3-19　犬肺右侧观（来自干制标本）
1—气管；2—钝缘；3，4—锐缘（3—腹
侧缘；4—底缘）；5～7—肋面（5—右肺
的颅侧叶；6—右肺的中叶；7—尾侧叶）；
8—左肺的前叶的颅侧部；9—颅侧叶
间沟；10—尾侧叶间沟；11—膈面

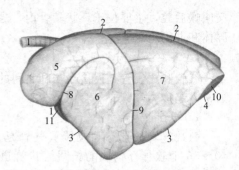

图 3-20　犬肺左侧观（来自干制标本）
1—气管；2—钝缘；3，4—锐缘（3—腹
侧缘；4—底缘）；5～7—肋面（5—左肺的颅
侧部；6—左肺的前叶的尾侧部；7—左肺的
尾侧叶）；8—左肺前叶的叶间沟；9—尾侧叶
间沟；10—膈面；11—心切迹

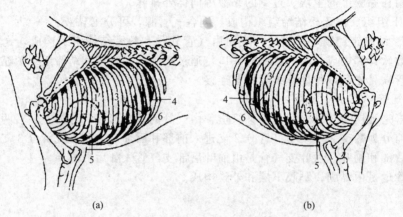

(a)　　　　　　　　　　　(b)

图 3-21　犬肺的体表投影图
(a) 左侧观；(b) 右侧观（虚线表示心脏的轮廓）
1—前叶；1'—左前叶后部；2—中叶；3—后叶；4—膈；5—心；6—肋膈窦（箭头所示）

端，凸向后下方。

　　猫的右肺略大，分为 4 叶，即 2 个尖叶、1 个心叶和 1 个大而扁平的膈叶。尖叶和心叶只是部分的分开。左肺分 3 叶，即尖叶、心叶和膈叶（图 3-22）。

　　2. 肺的组织结构

　　肺由肺胸膜和肺实质所构成。

　　（1）肺胸膜　肺胸膜是被覆于肺表面的一层浆膜，由间皮及其深部的结缔组织构成，内含有弹性纤维、血管、淋巴管、神经及平滑肌纤维。结缔组织通过肺门伸入实质内，将肺实质分为许多小叶。肺小叶间结缔组织较少，肺小叶分界不明显。

　　（2）肺的实质　肺的实质由肺内导管部和呼吸部构成。

　　① 肺内导管部　左右主支气管在心脏的上方进行分支，然后经过肺门进入肺，并分出走向前叶的支气管。在肺内经过反复分支后，由小支气管移行为细支气管。肺内的支气管分支，呈树状，称为支气管树。支气管分支可达数级，最后连于肺泡。

　　② 呼吸部　包括呼吸性细支气管、肺泡管、肺泡囊和肺泡，在这些部位进行血液与外界间的气体交换。

四、肺的血管、淋巴管和神经

1. 血管

根据其功能和来源的不同，可将肺的血管分为两类：一类为完成气体交换的肺动脉和肺静脉；另一类为营养肺的支气管动脉和支气管静脉。

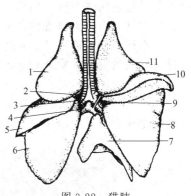

图 3-22　猫肺

1—左肺尖叶；2—肺动脉；3—支气管；4—肺静脉；5—左肺心叶；6—左肺膈叶；7—副叶；8—右肺膈叶；9—右肺动脉；10—右肺心叶；11—右肺尖叶

肺动脉进入肺后与支气管伴行，并随支气管的分支而分支，最后形成毛细血管网包绕着肺泡。毛细血管网再汇集成肺静脉，肺静脉经反复汇集，构成大的肺静脉经肺门出肺入左心房。支气管动脉从胸主动脉直接发出，在气管的分叉处分为两支进入左、右两肺。支气管动脉的血液最后通过肺泡和毛细血管网注入肺静脉。

2. 淋巴管

肺的淋巴直接或者经由肺实质内的附着于支气管树上的小淋巴结，再流入气管支气管淋巴结及纵隔淋巴结。

3. 神经

肺的神经主要是交感神经和副交感神经，伴随血管和支气管的分支而分布。

五、胸膜和纵隔

1. 胸膜和胸膜腔

胸膜为覆盖在肺表面、胸壁内面、纵隔侧面及膈前面的浆膜。胸膜被覆于肺表面的部分称脏胸膜，即胸膜脏层。被覆于胸壁内面、膈前面及纵隔侧面的部分称壁胸膜，即胸膜壁层。胸膜脏层和壁层在肺根处互相返折延续，在两肺周围分别形成 2 个互不相通的腔隙，称胸膜腔，腔内呈负压，含有少量浆液，称胸膜液，有润滑胸膜，减少胸膜脏层和壁层之间摩擦的作用。

（1）肺胸膜　肺胸膜除被覆于肺的表面外，其结缔组织还伸入肺实质中，构成肺小叶的支架。肺胸膜在肺门之后从肺移行至纵隔，并进一步移行为肋胸膜和膈胸膜。

（2）胸膜壁层　胸膜壁层按部位可分为肋胸膜、膈胸膜、纵隔胸膜和胸膜顶。肋胸膜以结缔组织附着在胸内筋膜内侧，易剥离；膈胸膜覆盖在膈的前面，并与之紧密相贴，不易剥离；纵隔胸膜被覆于纵隔两侧，在肺根腹侧同心包附着的部分称为心包胸膜；胸膜顶即为胸膜壁层在胸腔前口的两侧形成的胸膜盲囊。

（3）胸膜隐窝　每侧胸膜腔在胸膜折转处形成一些间隙，称为胸膜隐窝，又称胸膜窦，胸膜折转的线是胸膜腔界线。

2. 纵隔

纵隔位于胸腔中部，是两侧纵隔胸膜之间的脏器和结缔组织的总称。纵隔的腹侧为胸骨，背侧为脊柱胸段；前方是胸腔前口，后方是膈。纵隔中部宽，两端较窄，呈纺锤形。由于右肺较大，心脏偏左，纵隔显著左移。纵隔在心脏所在的部位称中纵隔。心脏上方的为背纵隔，心脏前方的为前纵隔，心脏后方的为后纵隔。

第四节　泌尿器官

动物机体在新陈代谢过程中，不断产生各种代谢产物（如尿、尿酸）、多余的水分和无机盐类等，这些代谢产物一小部分是通过肺（呼气）、皮肤（汗液）和肠道（粪便）排出体外，而绝大部分则是由脉管输送至泌尿系形成尿而排出体外。

泌尿系统由肾、输尿管、膀胱和尿道组成。肾是生成尿液的器官，而输尿管、膀胱和尿道是排出尿液的管道，常合称尿路。肾不仅是生成尿液，而且是调节和保持体内电解质平衡、保证机体内环境相对恒定的主要器官。肾还具有内分泌功能，可分泌多种生物活性物质，对机体的某些生理机能起调节作用。泌尿系在发生和形态上与生殖系有密切的联系，因此合称为泌尿生殖系（图 3-23、图 3-24）本节重点讲述肾的相关知识。

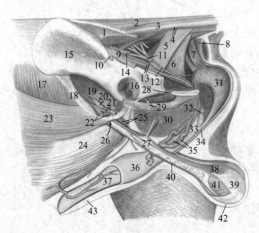
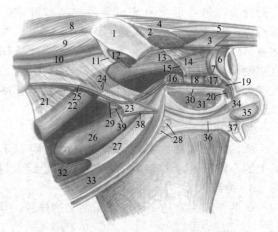

图 3-23　公犬泌尿生殖器官位置图（左侧观）

1—臀浅肌；2—背外侧荐尾肌；3—尾横突间肌；4—尾外侧动脉和静脉；5—尾肌（外侧）；6—肛提肌；7—肛外侧括约肌（前部）；8—肛外侧括约肌（后部）；9—坐骨神经；10—臀前神经；11—股后皮神经；12—闭孔神经；13—阴部内动脉和静脉；14—臀后肌；15—髂骨翼；16—髋臼；17—腹内斜肌；18—腹股沟韧带；19—髂腰肌；20—股神经；21—股深动脉和静脉；22—股动脉和静脉；23—腹外斜肌（外部）；24—腹外斜肌（内部）；25—阴部外动脉和静脉；26—腹股沟管；27—精索；28—闭孔内肌；29—闭孔神经；30—内收和股薄肌；31—球海绵体肌；32—坐骨海绵体肌；33—阴茎体；34—阴茎缩肌；35—阴茎背侧动脉、静脉和神经；36—龟头球；37—前列腺；38—提睾肌；39—鞘膜和精索的筋膜；40—输精管；41—睾丸；42—阴囊；43—包皮

图 3-24　公猫泌尿生殖器官位置图（左侧观）

1—髂骨翼；2—臀浅肌；3—尾肌；4—背外侧荐尾肌；5—尾横突间肌；6—肛外侧括约肌；7—阴茎缩肌；8—腰最长肌；9—髂内腰肌；10—腹内斜肌；11—腹股沟韧带；12—髂腰肌；13—直肠尾肌；14—直肠壶腹；15—腹膜的缘；16—前列腺；17—尿道球腺；18—尿道肌；19—球海绵体肌；20—坐骨海绵体肌；21—降结肠系膜；22—降结肠；23—膀胱外侧韧带；24—睾丸动脉和静脉；25—左侧输尿管；26—膀胱；27—膀胱中韧带；28—阴囊淋巴结；29—右侧输尿管；30—髋骨联合面；31—内收和股薄肌；32—右腹直肌；33—左腹直肌；34—左提睾肌；35—睾丸；36—鞘膜和精索的筋膜（左）；37—阴茎体；38—左侧输精管；39—右侧输精管

一、肾的位置和形态特点

肾为成对的实质性器官，位于腰椎横突的腹侧，在主动脉和后腔静脉两侧的腹膜外，呈蚕豆形，表面光滑，新鲜时为红褐色，占体重的 0.5%～0.6%。肾的外面包裹有脂肪囊，其发育程度与犬的品系和营养状况有关。

肾的内侧缘有一凹陷，称为肾门，是肾动脉、肾静脉、输尿管、神经和淋巴管出入之处。肾门向肾内深陷的空隙，称肾窦，窦内有肾盂、肾盏以及血管、神经、淋巴管、脂肪等。右肾位于第 1～3 腰椎横突的腹侧，前端位于肝尾叶的肾压迹内，内侧为右肾上腺和后腔静脉，外侧与最后肋骨和腹壁相接，而腹侧则与肝脏和胰腺相接；左肾的位置常受到胃充盈程度的影响，当胃内空虚时，位于第 2～4 腰椎的腹侧，若胃内食物充满，则约向后移，其前端约与右肾后端相对应，并与脾脏相接或与扩张的胃相邻，内侧与左肾上腺和主动脉相邻，而外侧与腹壁相接，腹侧则与降结肠相邻。

猫右肾位于第2与第3腰椎之间，左肾位于第3与第4腰椎之间。

二、肾的一般构造

犬、猫的肾为光滑单乳头肾，由被膜和实质构成。

1. 被膜

被膜由致密结缔组织构成。肾表面由内向外，有三层被膜包裹。内层是薄而坚韧的纤维囊，在正常情况下易从肾表面剥离；中层为脂肪囊，位于纤维囊的外面；外层为肾筋膜，由腹膜外结缔组织发育而来。从肾筋膜深面发出很多小束，穿过脂肪囊连至纤维囊，对肾起固定作用。

2. 实质

肾实质由若干肾叶组成。在肾切面上，肾叶可分为外周的皮质和深部的髓质。肾皮质富有血管，新鲜时呈棕红色，主要由肾小体和肾小管构成。皮质深入髓质的相邻两肾叶间，向内嵌入肾锥体周围形成肾柱。肾髓质色较淡，具有放射状条纹，由若干肾锥体构成。肾锥体呈圆锥形，锥底朝向皮质，与皮质相接处形成暗红色的中间带。锥尖钝圆，伸入肾窦，称肾乳头。肾髓质由髓襻、集合小管、乳头管和血管构成，呈放射状条纹，伸入皮质的形成髓放线。皮质分为若干皮质小叶，皮质小叶的中央为髓放线，周围是肾小体和肾曲小管构成的纤曲部，也称皮质迷路。

肾实质主要由许多泌尿小管、丰富的毛细血管及管间结缔组织构成。泌尿小管由肾单位和肾小管两部分构成。

三、肾的组织结构

肾叶由肾小体、肾小管、集合小管和血管构成。

1. 肾单位

肾单位是肾的结构与功能单位，包括肾小体和肾小管，肾小体由肾小囊与肾小球构成。肾小管近端连接肾小囊，远端连接集合小管，分为近曲小管、近直小管、细段、远直小管和远曲小管；其中近、远直小管和细段在髓质内形成"U"形髓襻。

（1）肾小体 呈球形，直径120~200μm，近髓质部的肾小体较大。肾小体的血管出入处称血管极，血管极的对侧为尿极，是肾小囊连接近曲小管之处（图3-25）。

① 肾小球 由一团毛细血管组成又称血管球。入球小动脉由血管极进入肾小囊后分成数支，每支又继续分出许多襻状的毛细血管，形成毛细血管小叶，即血管球；各小叶的毛细血管再汇合成出球小动脉，离开肾小囊。血管球毛细血管内皮有直径约50~100nm的窗孔，呈筛状，窗孔无隔膜，有利于滤过，但能阻止血液中的血细胞及大分子物质通过。

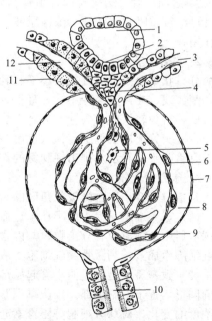

图3-25 肾小体与球旁复合体立体模式图
1—远曲小管；2—致密斑；3—出球小动脉；
4—球外系膜细胞；5—球内系膜细胞；
6—足细胞；7—肾小囊壁层；8—肾
小囊腔；9—毛细血管襻；10—近
曲小管；11—球旁细胞；
12—入球小动脉

② 肾小囊　是由近曲小管的起始端膨大凹陷形成的双层杯状囊，囊壁分壁层和脏层，壁层由单层扁平上皮构成，脏层为一层具有突起的足细胞。足细胞从胞体伸出一些大突起，大突起又分出许多指状的小突起，紧贴在毛细血管基膜外面，小突起之间有裂隙，并覆以裂隙膜。肾小囊内外两层之间的腔隙为肾小囊腔，内含由血管球滤出的原尿。

毛细血管内的物质滤入肾小囊腔必须经过三层结构：有孔的内皮细胞、基膜和足细胞小突起之间的裂隙膜，这3层结构总称滤过屏障。

（2）肾小管　为上皮性小管，参与尿液生成。

① 近曲小管　是肾小管中最粗、最长的一段，管腔不规则，管壁上皮细胞呈锥形，细胞界限不清，核圆形，靠近基底，细胞游离面有刷状缘，基部有纵纹；电镜下可见刷状缘，为细长而密集的微绒毛；纵纹为基部细胞膜向细胞质内凹而成的质膜内褶，周围有较多的线粒体。细胞侧面有侧突，在细胞基部相邻细胞的侧突交错镶嵌。这些结构大大地增加了细胞的表面积，与近曲小管的重吸收功能有关，原尿中99%的水、钠、钾和全部葡萄糖均在此处被重吸收。

② 近直小管　由皮质经髓放线向髓质直行，其结构与曲部基本相同，但上皮较矮，微绒毛与质膜内褶均不如曲部明显。

③ 细段　位于髓质内，管径小，由单层扁平上皮细胞构成，电镜下细胞的游离面仅见稀疏的微绒毛。细胞有许多侧突与相邻细胞的侧突交错嵌合。细段的管壁薄，有利于水和离子透过。

④ 远直小管　由髓质经髓放线重返皮质，管壁为单层立方上皮，细胞界线较清楚，核圆形，位于细胞中央或近腔面，游离面无刷状缘，基部纵纹明显。主要功能是重吸收钠。

⑤ 远曲小管　结构与远直小管相同，数量比近曲小管少，管腔较大，细胞淡染。远曲小管可继续重吸收水和钠，浓缩尿液，并向管腔分泌钾、氢和氨，对维持血液酸碱平衡有重要作用。

2. 集合小管系

分弓状集合小管、直集合小管和乳头管三段。弓状集合小管接远曲小管的末端，呈弓状进入髓放线，连接直集合小管。直集合小管由皮质向髓质下行，与其他直集合管汇合，在肾乳头处移行为较大的乳头管。集合小管为单层立方上皮，细胞界限清晰，胞质浅染，核圆，居中。乳头管上皮由单层高柱状过渡为复层柱状上皮，近肾盏开口处转为变移上皮。集合小管也有重吸收钠和水及排出钾和氢的作用。

3. 球旁复合体

是指位于肾小体血管极三角区的球旁细胞、致密斑和极垫细胞三种结构。

（1）球旁细胞　为入球小动脉近血管极处的管壁的平滑肌转变为上皮样细胞，呈立方状核圆形居中；胞质内有分泌颗粒，内含肾素，可促使血管收缩血压升高，球旁细胞还能分泌促红细胞生成素，刺激骨髓红细胞生成。

（2）致密斑　是由远曲小管起始部靠近血管极侧的上皮细胞转变而成；细胞呈高柱状，核椭圆形，近于细胞顶部。细胞排列紧密成椭圆形斑。致密斑可感受远曲小管内滤液的钠离子浓度的变化，对球旁细胞分泌肾素起调节作用。

（3）极垫细胞　又称球外系膜细胞；分布于入球和出球小动脉与致密斑之间的三角区内；细胞较小，具有小突起，染色较浅；其功能不清楚。

4. 肾的血液循环

肾的血管供应极为丰富，约占心输出量的1/4，大型犬每天流经肾脏的血液量为1000～2000L。肾动脉由腹主动脉分出，经肾门入肾后，即分成数支，在肾叶间延伸称为叶间动脉，叶间动脉在皮质与髓质交界处呈弓形弯曲称为弓形动脉。由弓形动脉发出小叶间动脉，在皮质内小叶间动脉发出许多小的入球小动脉。入球小动脉进入肾小体形成血管球，后再汇成出球小动脉离开肾球囊，再分支形成毛细血管网，围绕在肾小管的周围。此外还分出直小动脉进入髓质。静脉与同名动脉伴行，最后汇合成肾静脉由肾门出肾。

四、输尿管、膀胱和尿道

1. 输尿管

输尿管左、右各一，是细长的肌性管道，起于肾盂，经肾门出肾。沿着腰大肌和腰小肌的腹侧，偏离正中矢面外侧1～2cm向后延伸，并接近主动脉和后腔静脉。输尿管在向后延伸过程中，位于主动脉和后腔静脉腹侧并横穿主动脉和后腔静脉的分支。在骨盆腔内，母犬的输尿管位于子宫阔韧带的背侧部；公犬的左、右侧输尿管在骨盆腔内位于尿生殖褶中，与输精管交叉，先后到达膀胱颈的背侧，在膀胱壁内斜行3～5cm后，开口于膀胱内壁。

输尿管壁由黏膜、肌层和外膜构成。黏膜形成很多纵行皱褶；肌层收缩可产生蠕动使尿液流向膀胱；外膜为结缔组织。

2. 膀胱

（1）膀胱的形态和位置　膀胱是贮存尿液的器官，充满时呈梨状囊。前端钝圆为膀胱顶，突向腹腔；后端逐渐变细称膀胱颈，与尿道相连；膀胱顶和颈之间为膀胱体。除膀胱颈突入骨盆腔内外，大部分膀胱位于腹腔内，但由于不被大网膜覆盖，因此，取出部分脏器后很容易显露。膀胱的位置由于贮存尿液量的不同，其大小、形状和位置亦有变化。膀胱空虚时，约有拳头大，靠近骨盆腔，而尿液充满时，呈长的卵圆形，膀胱顶甚至可达到脐部。公犬的膀胱位于直肠、生殖褶及前列腺的腹侧，母犬的膀胱位于子宫的后部及阴道的腹侧。

胎儿时期，膀胱主要位于腹腔，呈细长的囊状，其顶端伸达脐孔，并经此孔与尿囊相连，以后逐渐缩入盆腔内。

（2）膀胱的构造　膀胱壁由黏膜、肌层和浆膜构成。壁的厚度随尿液的充盈程度变化较大，当膀胱空虚时，黏膜形成许多皱褶，在近膀胱颈部的背侧壁上，两侧输尿管之间有一个三角形区域，黏膜平滑无皱褶，称为膀胱三角；肌层由内纵、中环和外纵三层平滑肌构成。中环肌层较厚，并在膀胱颈部形成膀胱括约肌；浆膜为膀胱的最外层，被覆于膀胱顶和膀胱体部，而膀胱颈部的表面为结缔组织外膜。见图3-26。

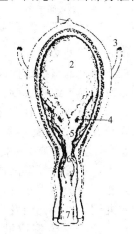

图3-26　膀胱（内面背侧）
1—尿膜遗迹；2—膀胱；3—输尿管；4—输尿管口；5—膀胱三角；6—尿道嵴；7—尿道

膀胱表面的浆膜从膀胱体折转到邻近的器官和盆腔壁上，形成一些浆膜褶。膀胱背侧的浆膜，母犬折转到子宫上，公犬折转到生殖褶上。膀胱腹侧的浆膜褶沿正中矢面与盆腔底壁相连，形成膀胱正中韧带。膀胱两侧壁的浆膜褶与盆腔侧壁相连，形成膀胱侧韧带。在膀胱侧韧带的游离缘有一索状物，是胎儿时期动脉的遗迹，又称膀胱圆韧带。

3. 尿道

尿道是尿液排出的肌性管道。尿道内口起于膀胱颈，以尿道外口通于体外。

公犬的尿道很长，兼有排精作用，位于盆腔内的部分称为尿生殖道盆部，而经坐骨弓转到阴茎腹侧的部分称为尿生殖道阴茎部。

母犬的尿道比较短，为10～12cm，起于骨盆前口附近的膀胱颈的尿道内口，在阴道腹侧沿盆腔底壁向后延伸，以尿道外口开口于延伸至阴道前庭的小结节上，在其侧面有小丘状突起结构。

第五节 生殖器官

宠物的生殖器官包括雄性生殖器官和雌性生殖器官，主要功能是产生生殖细胞（精子或卵子），繁殖新个体，使种族得以延续。此外还能分泌性激素，影响生殖器官的生理活动，并对维持动物第二性征具有重要作用。

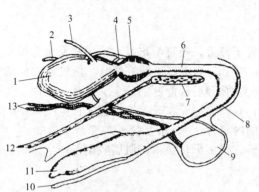

图 3-27 雄犬的生殖器官模式图

1—膀胱；2—膀胱壁；3—输尿管；4—输精管；
5—前列腺；6—尿生殖道骨盆部；7—耻骨；
8—尿生殖道阴茎部；9—睾丸；10—包皮；
11—阴茎；12—腹壁；13—精索

一、雄性生殖器官

雄犬和雄猫的生殖器官如图 3-27、图 3-28 所示。

1. 睾丸

（1）睾丸的形态和位置　睾丸是产生精子和雄性激素的器官，位于阴囊内，左右各一。犬的睾丸较小，呈白色卵圆形，其长轴呈水平。与阴囊外侧壁的接触面稍隆凸，称外侧面；与其对应的一侧为内侧面，较平坦，同阴囊中隔相贴；背侧缘称附睾缘，附着有附睾；腹侧缘为游离缘。前端有血管和神经出入为睾丸头。

（2）睾丸的组织结构（图 3-29）　睾丸表面光滑，大部分覆以浆膜，即固有鞘膜，其深层为致密结缔组织构成的白膜。白膜从睾丸头端呈索状深入睾丸内，沿睾丸长轴向尾端延伸，形成睾丸纵隔。从睾丸纵隔分出许多睾丸小隔，将睾丸实质分成许多睾丸小叶，每一小叶内含有 2～3 条盘曲的精曲小管。精子由精曲小管产生，小管之间有间质细胞，能分泌雄性激素。精曲小管互相汇合成精直小管，并进入睾丸纵隔内，互相吻合形成睾丸网。由睾丸网发出睾丸输出小管。白膜下的小动脉发出小支，深入实质沿睾丸小隔到纵隔，再返折入小叶。血管的这种分布特点可缓解动脉搏动对精曲小管精子生成的影响。

2. 附睾

附睾是贮存精子和促进精子成熟的场所。附睾较大，紧贴于睾丸的背外侧面，前下方为附睾头，后下方为附睾尾，中部为附睾体，常与睾丸之间有部分分离。附睾头由睾丸输出小管弯曲盘绕而成。输出小管最终汇集成一条盘曲的附睾管。附睾管构成附睾体和附睾尾，管的末端急转向上，移行为输精管。

附睾尾以睾丸固有韧带与睾丸尾端相连接，借阴囊韧带与鞘膜壁层相连。鞘膜脏层从睾丸延续包于附睾上，移行处称为附睾系膜；在附睾体和睾丸之间形成浆膜隐窝，称睾丸囊，亦称附睾窦。

去势时切开阴囊后，须切断阴囊韧带、睾丸系膜及精

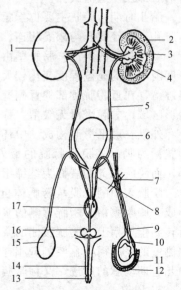

图 3-28 雄猫泌尿生殖器官模式图

1—肾；2—皮质；3—髓质；4—肾盂；
5—输尿管；6—膀胱；7—腹股沟管；
8—输精管；9—精索；10—附睾；
11—鞘膜；12—阴囊皮肤；13—阴茎；14—尿道；15—睾丸；16—尿道球腺；17—前列腺

索后才能摘除睾丸和附睾。

在胚胎时期，睾丸和附睾均在腹腔内，位于肾脏附近。出生前后，二者一起经腹股沟管下降到阴囊，此过程称睾丸下降。如有一侧或双侧睾丸未降到阴囊内，称单睾或隐睾。

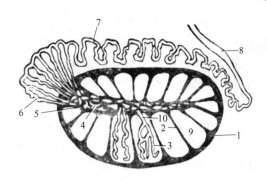

图 3-29　睾丸和附睾结构模式图

1—白膜；2—睾丸间隔；3—曲细精管；4—睾丸网；5—睾丸纵隔；6—输出管；7—附睾管；8—输精管；9—睾丸小叶；10—直细精管

3. 输精管

输精管是附睾管的延续，为运送精子的管道，管壁厚而硬，呈圆索状。由附睾尾进入精索后缘内侧的输精管褶中，经腹股沟管上行进入腹腔，随即向后上方进入盆腔，与输尿管交叉，并与输尿管一起进入膀胱背侧的浆膜褶内，即生殖褶，又称尿生殖褶。两条输精管在此褶中平行，在穿过前列腺之前，由于壁内的腺体而形成不明显的壶腹，最后穿过尿道壁，末端开口于精阜。

4. 精索

精索是包有睾丸血管、淋巴管、神经和提睾内肌以及输精管的浆膜褶，呈扁圆锥形，比较短。其基部附着于睾丸和附睾，在鞘膜管内经阴茎两旁入腹股沟管向腹腔行走，上端达鞘膜管内口。精索从睾丸到腹股沟管内环的长度约为数厘米。包裹睾丸血管和神经的鞘膜脏层在精索后缘折转，覆盖于提睾内肌表面形成精索系膜。在此鞘膜脏层还单独折转于输精管上并形成狭长的浆膜褶，称输精管系膜，最后借精索系膜在提睾肌内侧又折转，包裹整个睾丸血管、神经、提睾内肌、输精管及其精索、输精管系膜，形成鞘膜壁层。壁层和脏层之间形成短的鞘膜管，与阴囊的鞘膜腔和腹膜腔相通。

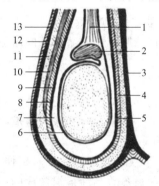

图 3-30　阴囊结构模式图

1—精索；2—附睾；3—阴囊中隔；4—总鞘膜纤维层；5—总鞘膜；6—固有鞘膜；7—鞘膜腔；8—总鞘膜；9—总鞘膜纤维层；10—睾外提肌；11—筋膜；12—肉膜；13—皮肤

精索内的睾丸动脉长而盘曲，伴行静脉细而密，形成精索的蔓丛，它们构成精索的大部分，具有延缓血流和降低血液温度的作用。

5. 阴囊

阴囊位于会阴与腹股沟管之间，略呈半球形的皮肤囊，容纳睾丸、附睾及部分精索。上部紧贴于会阴下部，下面游离称囊底。结构如图 3-30。

猫阴囊位于肛门的腹侧，阴囊缝很明显。

阴囊壁的结构与腹壁相似，由外向内依次为阴囊皮肤、肉膜、阴囊外筋膜、提睾肌和鞘膜。

（1）皮肤　较薄，被覆稀而短的毛，从后部可见明显的睾丸隆起。腹侧可见阴囊缝，深面为阴囊中隔。

（2）肉膜　紧贴皮下，较薄，相当于腹壁的浅筋膜，含有弹性纤维和平滑肌纤维的结缔组织。肉膜沿阴囊的正中矢面形成阴囊中隔，将阴囊分成左右互不相通的 2 个腔。由于阴囊皮肤和肉膜比较薄。因此，很容易触摸到附睾、输精管和精索。

（3）阴囊筋膜　不发达，位于肉膜深面，由腹壁深筋膜和腹外斜肌腱膜延伸而来，借疏松结缔组织将肉膜和总鞘膜以及夹于二者间的提睾肌连接起来。此筋膜在附睾尾与肉膜紧密连接并增厚形成阴囊韧带。

（4）提睾肌　又称提睾外肌，不发达，肌肉外面包有薄的筋膜。

（5）鞘膜　由总鞘膜和固有鞘膜组成。总鞘膜由精索内筋膜与鞘膜壁层紧密相连形成，精索内筋膜由腹横筋膜延续而来，较致密坚韧，贴在鞘膜壁层的外面；鞘膜壁层是腹膜内壁。鞘膜壁层经精索和睾丸的系膜缘折转包裹在精索和睾丸及附睾的表面，成为鞘膜脏层，又称为固有鞘膜。

鞘膜壁层和脏层之间的腔隙称鞘膜腔，内含有少量浆液，鞘膜腔上段细窄，称为鞘膜管。鞘膜管短而上端狭窄，甚至闭锁，以鞘膜管口或鞘环与腹膜腔相通。

在生理状况下，阴囊内的温度低于体腔内的温度，有利于睾丸精子生成。阴囊内肉膜和提睾肌通过收缩和舒张调节阴囊壁的厚度，调节精子生成的最佳温度。

6. 尿生殖道

公犬的尿道兼有排精作用，故称尿生殖道。可分为盆部和阴茎部（海绵体部）。盆部位于盆腔底壁上，起自膀胱颈，在直肠和骨盆联合之间向后行，至骨盆后缘绕过坐骨弓，移行为阴茎部。在坐骨弓处变窄，称尿道峡。阴茎部沿阴茎腹侧的尿道沟，向前延伸到阴茎头末端，以尿道外口通向体外。

尿生殖道管壁包括黏膜、海绵体层、肌层和外膜。黏膜有许多皱褶，盆部始端背侧壁的黏膜上形成一个尿道嵴，该处有窄小的输精管的开口部和许多由前列腺小管开口的精阜；骨盆腔内尿道海绵体肌薄，构成包裹尿道的薄鞘；尿道盆部的肌层为横纹肌。尿生殖道在盆部比较宽大，但出盆部后重新变窄小。

7. 副性腺

（1）犬的副性腺　犬的副性腺仅有前列腺，而无精囊腺和尿道球腺。前列腺很发达，组织坚实，呈淡黄色球形体，环绕在整个膀胱颈和尿生殖道的起始部，以多条输出管开口于尿生殖道盆部。副性腺的分泌物有稀释精子、营养精子以及改善阴道环境等作用，有利于精子的生存和运动。

（2）猫的副性腺　猫仅有前列腺和尿道球腺两种副性腺。前列腺呈双叶状结构，位于尿生殖道背侧面，与输精管相通，有几个小孔开口于尿生殖道。尿道球腺位于阴茎基部的尿道两侧，开口于尿道。

8. 阴茎

阴茎为公犬的交配器官，平时细小，隐藏于包皮内，交配时勃起、伸长并变得粗硬。阴茎起自坐骨弓，经左右股部之间向前延伸到脐部后方。由阴茎海绵体、阴茎骨和尿生殖道阴茎部构成。

（1）阴茎海绵体　两个细的阴茎脚构成阴茎根，阴茎脚从坐骨弓的附着部呈弓形延伸，结合后形成一个阴茎体。近端的阴茎体由阴茎海绵体构成，其外周被覆着结缔组织构成的白膜，白膜伸入内部形成中隔。此外，白膜的结缔组织呈放射状伸入阴茎海绵体形成小梁，在小梁及其分支间的腔隙，称为海绵腔，腔壁衬以内皮与血管直接相通。当充血时，阴茎膨大变硬而勃起，故海绵体亦称勃起组织。

（2）阴茎骨　位于阴茎中下部的内部，构成阴茎的芯，阴茎海绵体的远端与阴茎骨相接。阴茎骨的腹侧有沟，容纳由海绵体包裹的尿生殖道。阴茎骨延伸至阴茎的末端后弯曲，形成纤维软骨性突起。

（3）尿生殖道阴茎部　为尿生殖道盆部的直接延续，由坐骨弓处伸入阴茎体腹侧的尿生殖道沟内，并沿阴茎体腹侧前行。尿生殖道周围的海绵体组织扩张，形成龟头。龟头非常长，可分为近端的扩张部（龟头球）和远端的筒状部（龟头长部）。在龟头长部的顶端有尿道外口。

猫阴茎平时向后，排尿也向后，配种时阴茎向前。阴茎远端有角质化乳头。

9. 包皮

为完整的皮肤套，包围龟头。包皮外层是皮肤，内层薄，呈粉红色，其脏层与龟头紧密结合。包皮中分布有散在的淋巴小结和小的包皮腺。

10. 性成熟及射出精液

一般认为，公犬出生后第 3 天才开始发生睾丸下降，而且需要 2 天时间。而最终在阴囊内固定位置则需要 4～5 周时间，在此期间，精细管发生很大的变化。精子的发生约在出生后 6 个月开始。

交配时排出的精液可分为两段，其中第一段精液为开始射出的高浓度精子部分，而第二段为续于第一段的主要以前列腺分泌物为主的低精子浓度部分。研究表明，仅靠第一阶段的短暂的交配，就可以怀孕。

二、雌性生殖器官

雌犬生殖器官见图 3-31。

（一）卵巢

卵巢有一对，是产生卵细胞的器官，同时能分泌雌性激素，以促进其生殖器官及乳腺的发育。

1. 卵巢的形态和位置

（1）犬的卵巢　卵巢以较厚的卵巢系膜悬吊于最后肋骨的内侧面，靠近肾的后端，有时其前端与肾相接。由于左肾比右肾靠后，因此左卵巢比右卵巢相应地靠后。卵巢呈硬而扁平的椭圆形，表面粗糙，在发情期形状不规则，且可见比较大的卵泡。卵巢被大量的脂肪包裹，因此不易观察。卵巢的大小与犬种及个体有关，如比格犬卵巢的大小约为 15mm×10mm×6mm。每侧卵巢的前端为输卵管端，后端为子宫端，两缘为游离缘和卵巢系膜缘。在卵巢系膜缘有血管和神经从卵巢系膜进入卵巢内，此处称为卵巢门。卵巢的子宫端借卵巢固有韧带与子宫角相连；输卵管端有浆膜延伸至子宫，并包着输卵管，称输卵管系膜。在输卵管系膜与卵巢固有韧带之间，形成 1 个卵巢囊。卵巢囊的开口呈缝隙状，靠近内侧壁，随发情周期的变化而开闭。

（2）猫的卵巢　猫的卵巢位于腹腔，长约 1cm，宽 0.5cm。表面有突出的白色小囊。

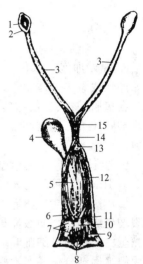

图 3-31　雌犬生殖器官

1—卵巢；2—卵巢囊；3—子宫角；4—膀胱；5—尿道；6—阴瓣；7—左前庭小腺开口；8—阴蒂；9—右前庭小腺开口；10—阴道前庭；11—尿道外口；12—阴道；13—子宫颈阴道部；14—子宫颈；15—子宫体

2. 卵巢的组织结构

卵巢由外面的被膜以及被膜下的实质构成，卵巢的实质包括浅层的皮质和深层的髓质。

（1）被膜　卵巢表面除卵巢系膜附着的部分外，均覆盖着一层生殖上皮，具有繁殖能力，是卵细胞和卵泡细胞的来源。在生殖上皮的深面是一层由致密结缔组织构成的卵巢白膜。

（2）皮质　皮质在外、髓质在内。皮质内分布着发育各阶段的卵泡、黄体及填充其间的基质。基质由较致密的结缔组织构成，内含大量的网状纤维和少量弹性纤维。还有较多的梭形结缔组织细胞。基质的结缔组织参与形成卵泡膜和间质腺。见图 3-32。

① 卵泡　卵巢皮质内的卵泡由中央的卵母细胞和包在它周围的卵泡细胞组成。根据发育程度不同，将卵泡分为原始卵泡、生长卵泡和成熟卵泡。有的卵泡在发育过程中退化称闭锁卵泡。

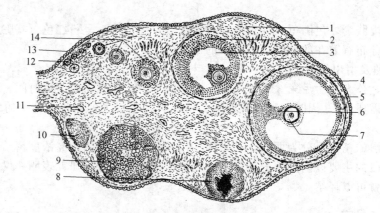

图 3-32　卵巢结构模式图

1—基质；2—次级卵泡；3—卵泡腔；4—成熟卵泡；5—颗粒层；6—卵丘；
7—卵母细胞；8—血体；9—黄体；10—白体；11—血管；12—原始卵泡；
13—生殖上皮；14—初级卵泡

a. 原始卵泡　多位于皮质浅部，猪和反刍兽的散在分布，肉食兽犬、猫的聚集成群。原始卵泡数量多，体积小，中央有一个初级卵母细胞，周围是一层扁平或立方状的卵泡细胞。在多胎动物（猪、肉食兽等），有时可见一个原始卵泡内有 2～6 个初级卵母细胞。初级卵母细胞较大，胞核圆形，呈空泡状，核仁明显，胞质内除一般的细胞器外、还含有卵黄颗粒。

b. 生长卵泡　原始卵泡在垂体分泌的卵泡刺激素的作用下开始生长发育，它的结构和大小差别很大，可分为初级卵泡和次级卵泡。

（a）初级卵泡　卵泡内的初级卵母细胞逐渐增大，卵泡细胞从扁平变为立方状，并迅速分裂增殖成多层。初级卵母细胞表面出现一层嗜酸性和折光性强的膜，称透明带。透明带富含糖蛋白，由卵母细胞和卵泡细胞共同分泌而成。当初级卵泡体积增大时，围绕卵泡的结缔组织细胞逐渐分化成卵泡膜。

（b）次级卵泡　当卵泡不断增大时，卵泡细胞之间出现一些含液体的小腔隙，腔隙逐渐融合成大的卵泡腔；腔内充满卵泡液。随着卵泡腔的扩大和卵泡液的增多，初级卵母细胞及其周围的卵泡细胞被挤到卵泡腔的一侧，形成一个突入腔内的隆起，称卵丘。紧靠透明带的一层卵泡细胞体积增大，变成高柱状，并呈放射状排列，称放射冠。卵泡腔周围的卵泡细胞紧密排裂成数层，称颗粒层。卵泡周围的梭形结缔组织细胞也进一步增生分化，形成卵泡膜。卵泡膜分为内、外两层；内膜层为细胞性膜，含较多的毛细血管，细胞呈多边形或梭形，可分泌雌激素，外膜层为结缔组织性膜，纤维较多，毛细血管少，与周围的结缔组织无明显界线。

c. 成熟卵泡　是卵泡发育的最后阶段，体积剧增，随着卵泡腔不断增大和卵泡液增多，颗粒层相对变薄，卵泡突出于卵巢表面。卵泡膜内外两层分界更清，内膜的细胞继续分泌雌激素。

② 排卵　发生在动物发情后数日，此时卵泡内的卵泡液剧增，卵泡更突出于卵巢表面；此处卵巢白膜和生殖上皮变薄，最后破裂，次级卵母细胞连同透明带、放射冠、卵泡液一起排出。排卵时由于毛细血管损伤，血液进入卵泡腔，形成血体。

③ 闭锁卵泡　卵巢内绝大多数的卵泡都不能发育成熟，而在不同发育阶段退化。退化的卵泡称闭锁卵泡。

④ 黄体　排卵后，残留在卵泡内的颗粒层细胞和卵泡内膜细胞随同血管一起向卵泡腔

内塌陷，在垂体促黄体生成素的作用下增殖分化为富有血管的细胞团索，称黄体。颗粒层细胞分化成粒性黄体细胞，卵泡内膜细胞分化成膜性黄体细胞。前着主要分泌孕酮；后者主要分泌雌激素。

黄体的发育取决于排出的卵细胞是否受精；如果受精，则黄体继续发育，并维持到妊娠后期，称妊娠黄体，或真黄体；如果未受精，则黄体逐渐退化，称发情黄体或假黄体。无论妊娠黄体或发情黄体，完成功能后都自行退化，退化的黄体被结缔组织代替，称白体。

（3）髓质　髓质由疏松结缔组织构成，其中含有丰富的血管、神经、淋巴管和平滑肌纤维。这些血管、神经经卵巢系膜进入卵巢，该处称为卵巢门。

（二）输卵管

输卵管是位于卵巢和子宫角之间的一对弯曲管道，长5～8cm，是输送卵子和卵子进行受精的场所。

输卵管的前端扩大成漏斗状，称为输卵管漏斗，漏斗的边缘有许多不规则的皱褶，呈伞状，称输卵管伞，其颜色稍暗。漏斗中央的深处有一口，为输卵管腹腔口，与腹膜腔相通，卵子由此进入输卵管。输卵管的腹腔口较大，然后逐渐变细而弯曲，延伸于卵巢囊壁的输卵管系膜内，最终连于子宫角。

输卵管管壁由黏膜、肌层和浆膜构成。黏膜形成纵的输卵管褶，其上皮具有纤毛；肌层主要是环行平滑肌；浆膜包裹在输卵管的外面。

（三）子宫

1. 子宫的形态和位置

犬的子宫属于双角子宫，以子宫阔韧带附着于盆腔前部的侧壁上。子宫的大部分位于腹腔内，仅有部分子宫体和子宫颈位于骨盆腔内。子宫的背侧靠近直肠，腹侧为小肠和膀胱。在妊娠时，根据妊娠期的不同，子宫的位置有显著变化。子宫分为子宫角、子宫体和子宫颈三部分。

（1）子宫角　左右各一，细长，全长约为12cm。两子宫角后端合并移行为子宫体。整个子宫角位于腹腔内，其背侧与小肠相接。

（2）子宫体　呈细的圆筒状，较短，仅有2～3cm。由于子宫角后端的结合部形成中隔（子宫帆），因此，实际上更短。

（3）子宫颈　是子宫体向后的延续部分，长仅为1cm左右。子宫颈壁肥厚。子宫颈外口突出于阴道内，其后部的背侧为阴道背侧褶。

2. 子宫的组织结构

子宫壁由黏膜、肌层和浆膜构成。

（1）黏膜　又称子宫内膜，在怀孕期间增厚，形成环行的胎盘，膜内含有丰富的子宫腺，其分泌物对早期胚胎有营养作用。

（2）肌层　又称子宫肌，由两层平滑肌构成，内层为较厚的环肌，外层为较薄的纵肌。在两肌层间有发达的血管层，内含丰富的血管和神经。肌层在怀孕时增生，在分娩过程中，肌层的收缩起着重要作用。子宫颈的环肌特别发达，形成开闭子宫颈的括约肌，发情和分娩时开张。

（3）浆膜　又称子宫外膜，被覆于子宫的表面。在子宫角的背侧和子宫体两侧形成的浆膜褶，称子宫阔韧带或子宫系膜，含有大量的脂肪，两端短而中间宽，前连卵巢系膜，将子宫悬吊于盆腔前部的侧壁上，支持子宫并使之有可能在腹腔内移动。怀孕时子宫阔韧带也随着子宫增大而加长变厚。子宫阔韧带内有走向卵巢和子宫的血管，这些动脉在怀孕时增粗。

3. 子宫的血管分布

子宫的动脉分布主要为来自卵巢动脉、子宫动脉和阴道动脉的分支。这些血管在子宫的前端离子宫较近，并伸延至子宫阔韧带中部。在切除大部分子宫时，应结扎靠近子宫颈的子宫动脉。子宫的血液主要通过卵巢静脉中的子宫支回收。

（四）阴道

阴道是母犬的交配器官，同时也是分娩的产道。阴道长约 12cm，在盆腔内呈水平延伸，背侧为直肠，腹侧为膀胱和尿道，前接子宫，后连阴道前庭。阴道的前部被覆有腹膜，后部为结缔组织的外膜，中层为肌层，由平滑肌和弹性纤维构成，内层为黏膜，呈粉红色，较厚，没有腺体，除子宫颈短突起后方的背侧褶外，黏膜在阴道腔内形成许多不规则的黏膜褶，使非扩张状态的阴道闭合，该黏膜褶一直延伸至阴道前庭的结合部。

（五）尿生殖前庭

阴道前庭是交配器官和产道，也是排尿必经之路，又称为尿生殖前庭。它前接阴道，后连阴门。由于阴道向后下方倾斜，因此，在使用阴道窥镜或其他器械时，应根据这个结构特点进行操作，即在越过坐骨弓之前，应向前上方，过坐骨弓后，再向水平方向插入。在做这种检查时，由于背侧褶和侧壁与底壁的皱褶，往往误认为是子宫颈。阴道前庭的黏膜常形成纵褶，呈淡红色到黄褐色，在与阴道交界处的腹侧有尿道外口，在其开口部有与其结合的小结节和侧面小突起，在尿道外口开口部的后方有前庭小腺，缺乏前庭大腺。此外，阴道前庭后部腹侧有发达的阴蒂，位于深凹的阴蒂窝内。

（六）阴门

阴门又称外阴，为雌性宠物的外生殖器，位于肛门下方，以短的会阴与肛门隔开。阴门由肥厚的左、右阴唇构成，在背侧形成圆形连合，腹侧则互相连合成尖锐状。在两阴唇间的裂隙，称为阴门裂。阴蒂窝内阴蒂可分为阴蒂脚、阴蒂体和龟头。阴蒂脚和阴蒂体由能够勃起的组织构成，而龟头则由含有脂肪组织的纤维结缔组织构成，并常有阴蒂骨存在。

（七）生殖机能的变化

雌犬的初情期为出生后的第 6～9 个月。一般认为发情在春、秋两个季节发生，一年共发情 2 次。即使这样，一年中的大半时间为休情期。

在休情期，生殖器的活动并不活跃。在发情期到来时，出现急剧的 1 周以上的发情前期，卵泡整齐的开始发育。此时子宫变长变厚，子宫内膜增生，所有的生殖道出现充血现象，增厚的阴唇充血变红，并排出来自子宫黏膜的血液样浆液性分泌物。发情期持续约 1 周的时间，在此期间，仍保持子宫内膜的肥厚和充血，但是阴道分泌物中血样成分逐渐减少。发情期和发情后期没有明显的界限。由于母犬即使没有受精妊娠，同样会在一定时期（2～8周内）呈现伪妊娠，即表现为与妊娠犬相同的生理行为。子宫颈在发情前期和后期处于紧闭状态。

约在排卵后的第 6 天，卵子进入子宫。如果卵子已受精，10 天后则在适当的部位着床。在妊娠初期，首先发生卵黄囊与子宫接合，并变化为绒毛膜尿膜胎盘。进而形成包围大部分胎儿的带状绒毛膜，其绒毛侵入子宫内膜，最终形成完整的带状胎盘。

犬的妊娠期为平均 63 天。胎儿产出后，各胎儿与胎盘相连，它通过母犬用牙齿咬断而分离。

【复习思考题】

1. 腹腔是如何划分的？
2. 以犬或猫为例，简述其主要消化器官在体表的位置。
3. 管状器官的一般形态构造为何？小肠与大肠的组织构造有何不同？
4. 简述肺的形态、位置、分叶和结构特点。
5. 肺脏的一般组织结构如何？肺的呼吸部可分哪几段，各段的组织结构特点如何？
6. 肺泡壁由几种细胞构成？为什么说肺泡的结构有利于气体交换？
7. 泌尿系统的组成及其功能是什么？
8. 什么叫肾单位，可分哪几部分？各段结构有哪些特征？
9. 肾小球旁复合体包括几部分？各有什么作用？
10. 雄性生殖器官的组成及功能如何？
11. 阴囊的结构如何？雄性去势在何处切口？应切断哪些结构？
12. 雌性生殖器官的组成及功能如何？
13. 子宫的结构有何特点？母犬各期卵巢的形状位置如何？

【岗位技能实训】

项目一　犬、猫消化器官形态、结构和位置的识别

【目的要求】
1. 掌握犬、猫口腔、咽的结构和食管的路径。
2. 掌握犬、猫胃、小肠、大肠、肝和胰的形态、结构和位置关系。
3. 掌握犬、猫消化器官的结构特点。
【实训材料】 头部正中矢面标本；内脏器官模型及离体标本；整体标本及模型。
【方法步骤】
1. 口腔、咽和食管
(1) 口腔　观察唇、颊、齿、舌、硬腭、软腭、唾液腺。
(2) 咽　区分鼻咽部、口咽部和喉咽部，识别咽的7个开口及与周围器官的关系。
(3) 食管　在标本上观察食管颈段、胸段和腹段的位置及与气管的位置关系。
2. 胃　观察犬、猫胃的形态和位置；胃黏膜无腺区、腺区（贲门腺区、胃底腺区和幽门腺区）的区分和形态特点。
3. 肠
(1) 小肠　观察十二指肠、空肠和回肠的形态、位置和分界。
(2) 大肠　观察盲肠、结肠和直肠的形态、位置。
4. 肝和胰
(1) 肝　观察肝的形态、位置和分叶；胆囊的位置及胆管或肝管的开口。
(2) 胰　观察胰的形态、位置及导管的开口。
【技能考核】 描述消化器官的形态、结构和位置关系，并在体表进行定位。

项目二　犬、猫小肠和肝组织结构的识别

【目的要求】
1. 掌握犬、猫小肠的组织结构。

2. 掌握犬、猫肝的组织结构。

【实训材料】 犬或猫肝切片、十二指肠切片。

【方法步骤】

1. 小肠 十二指肠切片，HE 染色。

（1）肉眼观察 管腔内壁黏膜形成数个皱襞。

（2）低倍镜观察 区分肠壁的 4 层结构，注意黏膜层的皱襞、绒毛和肠腺等结构。

（3）高倍镜观察 观察肠壁各层微细结构。

① 黏膜层 小肠黏膜向管腔内伸出许多指状突起即绒毛。绒毛外面被覆一层单层柱状细胞，柱状细胞之间的杯状细胞呈空泡状，上皮游离缘有呈带状的染成红色的纹状缘。绒毛中轴为固有层，中央有一乳糜管。固有层内有小肠腺，开口于绒毛之间，肠腺细胞主要是柱状细胞和杯状细胞，还有散在其间的内分泌细胞（银染可见）。黏膜肌层很薄，有内环、外纵的平滑肌构成。

② 黏膜下层 为疏松结缔组织，内有较大的血管和淋巴管。

③ 肌层 内层环行肌较厚，外层纵行肌较薄，两层间有结缔组织和肌间神经丛。

④ 浆膜 为薄层结缔组织，外覆有间皮。

2. 肝脏 肝切片，HE 染色。

（1）肉眼观察 肝脏切片着紫红色，内有许多呈多角性的肝小叶。

（2）低倍镜观察 肝的被膜；断面呈多角性的肝小叶；门管区内的小叶间动脉、小叶间静脉和小叶间胆管。

（3）高倍镜观察 观察肝小叶和门管区的微细结构。

① 肝小叶 中央静脉主要由内皮围成，位于小叶中央。肝细胞索由小叶中央向四周呈放射状排列。肝细胞呈多边形，核圆形，可见双核。肝血窦在肝细胞索间，窦壁由内皮细胞围成。可见胞体较大的库普弗细胞。

② 门管区 a. 小叶间动脉管壁厚、管腔小，内皮外有数层平滑肌纤维。b. 小叶间静脉管壁薄、管腔大而不规则，内皮外有少量结缔组织。c. 小叶间胆管管腔圆，管壁由单层立方上皮组成。

【技能考核】

1. 指出低倍镜下的部分肠壁结构。

2. 在低倍镜下指出一个肝小叶及门管区的结构。

项目三 犬、猫呼吸器官形态、结构和位置的识别

【目的要求】

1. 掌握呼吸系统各器官的形态、结构和位置关系。

2. 熟悉胸膜、胸膜腔和纵隔的构造。

【实训材料】 犬、猫头部正中矢面标本，鼻腔横断面标本，喉、气管、肺离体标本，整体标本及模型。

【方法步骤】

1. 鼻 观察鼻孔、鼻前庭、鼻中隔、鼻甲骨、鼻道，注意各鼻道的通路。

2. 喉 观察喉软骨（会厌软骨、甲状软骨、环状软骨、勺状软骨），喉腔、声带和喉肌。

3. 气管和主支气管 观察气管的走向、气管环的结构，左、右主支气管和右尖叶支气管的形态特点。

4. 肺 观察肺的 3 个面（肋面、隔面、纵隔面）和 3 个缘（背侧缘、底缘、腹侧缘），

注意心压迹、心切迹和肺门，比较观察犬、猫肺的分叶。

5. 胸膜和纵隔　观察胸膜脏层（肺胸膜）和胸膜壁层（肋胸膜、纵隔胸膜、膈胸膜）；胸膜腔；心纵隔、心前纵隔和心后纵隔。

【技能考核】　描述呼吸系统各器官的形态、结构和位置关系，并在体表进行定位。

项目四　犬、猫气管和肺的组织结构的识别

【目的要求】

1. 掌握犬、猫气管的组织结构。

2. 掌握犬、猫肺的组织结构。

【实训材料】　犬、猫气管切片，肺切片。

【方法步骤】

1. 气管　气管切片，HE 染色。

（1）肉眼观察　标本呈环形，中央是管腔，周围紫红色的是管壁。

（2）低倍镜观察　区分黏膜、黏膜下层和外膜。

（3）高倍镜观察　黏膜上皮为假复层纤毛柱状上皮，细胞间夹有杯状细胞，柱状上皮细胞游离面有纤毛。固有层含有大量弹性纤维及胶原纤维。黏膜下层内含丰富的气管腺及血管。外膜由透明软骨及结缔组织构成。

2. 肺　肺切片，HE 染色。

（1）肉眼观察　切片呈海绵状，染成粉红色，可见大小不等的管腔和小泡状结构。

（2）低倍镜观察　被膜为浆膜，实质由无数肺泡和散在其间的支气管组成。

（3）高倍镜观察　肺导气部和呼吸部结构。

① 小支气管　管腔较大，皱襞明显，管壁有小的软骨片。上皮为假复层纤毛柱状上皮，有杯状细胞。固有膜内有分散的平滑肌纤维束及少量气管腺和较大的血管断面。

② 细支气管　管腔较小，黏膜有小皱襞，上皮为单层柱状纤毛上皮，上皮外有少量结缔组织和完整的环行平滑肌纤维，腺体和软骨均已消失。

③ 终末细支气管　黏膜上皮接近为单皮立方上皮，上皮外有薄层平滑肌。

④ 呼吸性细支气管　黏膜上皮为单层立方上皮，管壁上有散在的肺泡，上皮外平滑肌很薄。

⑤ 肺泡管　肺泡管没有固有管壁，是肺泡共同开口的通道，开口处有平滑肌断面。

⑥ 肺泡　呈半球形或泡状，肺泡隔内含丰富毛细血管及少量结缔组织。肺泡壁由单层扁平上皮细胞和立方分泌细胞组成。在肺泡腔内可见具有吞噬能力的尘细胞。

【技能考核】

1. 说出低倍镜下小支气管的结构。

2. 在高倍镜下描述肺细支气管以下各部的结构。

项目五　犬、猫泌尿器官形态、位置和结构的识别

【目的要求】

1. 掌握犬、猫肾的形态、位置和结构。

2. 熟悉犬、猫输尿管的路径和膀胱与周围器官的位置关系。

【实训材料】　犬、猫肾、输尿管、膀胱、尿道离体标本；肾铸型标本；显示泌尿器官位置的整体标本。

【方法步骤】

1. 肾

① 观察肾脂肪囊、肾门、肾窦、皮质、髓质、髓放线、肾锥体、肾窦、肾乳头、肾盂、肾盏。比较犬、猫肾的形态与内部结构。

② 在肾的铸型标本上观察肾动脉、肾静脉的分布和肾盏（肾盂）的形态。

2. 输尿管 观察输尿管的走向、位置及其在膀胱上的开口。

3. 膀胱 观察膀胱的形态（顶、体、颈）、位置和固定以及与雌、雄性尿道的关系联系。

4. 尿道 公犬尿道起自膀胱颈内口，止于精阜，向后延续为尿生殖道。母犬尿道止于前庭。

【技能考核】 描述泌尿系统各器官的形态、结构和位置关系，并在体表进行定位。

项目六 犬、猫肾组织结构的识别

【目的要求】 掌握犬、猫肾的组织结构。

【实训材料】 犬、猫肾纵切片。

【方法步骤】 肾纵切片，HE 染色。

（1）肉眼观察 标本深紫红色的部分是皮质，淡红色的部分是髓质。

（2）低倍镜观察 被膜为致密结缔组织；皮质可见许多肾小体及近曲和远曲小管的断面；髓质可见各种管状结构断面，髓放线由集合管及髓襻降支、升支组成。

（3）高倍镜观察

① 皮质结构 主要由肾小体和大量的肾小管切面构成。

a. 肾小体 由肾小球和肾小囊组成。肾小球是一团盘曲的毛细血管网，肾小囊包在肾小球外面，分为壁层和脏层。壁层为单层扁平上皮。脏层的足细胞紧贴血管球，脏层和壁层之间的腔隙为囊腔。

b. 近曲小管（近端小管曲部） 管腔狭小而不规则。上皮细胞呈锥形，细胞界限不明显。胞质嗜酸性，核位于基部。细胞游离面有刷状缘，基底部有纵纹。

c. 远曲小管（远端小管曲部） 切面数量较少。管壁为单层立方上皮，核位于细胞中央，细胞界限较清晰，染色较近曲小管浅，管腔大而明显。

② 髓质结构 由近端小管直部、细段、远端小管直部和集合管等构成。

a. 近直小管（近端小管直部） 管壁结构与近曲小管相似，只是上皮细胞略低。

b. 远直小管（远端小管直部） 结构与远曲小管相似，但管腔较小。

c. 细段 管径细，管壁为单层扁平上皮，胞质着色淡，核突向管腔。

d. 集合管 管腔较大，上皮细胞由立方形转变为高柱状，细胞分界清楚，胞质透明。

【技能考核】

1. 描述出高倍镜下部分肾皮质结构。

2. 描述出低倍镜下部分肾髓质结构。

项目七 犬、猫生殖器官结构的识别

【目的要求】 掌握犬、猫雄性、雌性生殖器官的形态、构造及相互位置关系。

【实训材料】 犬、猫雄性、雌性生殖器官的离体标本；显示生殖器官位置关系的整体标本。

【方法步骤】

1. 雄性生殖器官

（1）睾丸和附睾 观察睾丸和附睾的形态，在纵切面标本上观察其构造。

（2）输精管和精索 观察精索的组成及输精管的路径和起止点。

（3）副性腺　观察精囊腺、前列腺和尿道球腺的位置及开口。

（4）尿生殖道　观察其分部和位置。

（5）阴囊　观察阴囊各层构造及其与睾丸、附睾的关系。

（6）阴茎和包皮　观察比较犬、猫阴茎和包皮的形态、结构特点。

2. 雌性生殖器官

（1）卵巢　观察形态、位置。

（2）输卵管　观察形态、结构及与邻近器官的位置关系。

（3）子宫　观察形态、位置和黏膜结构。比较犬、猫子宫形态构造特点。

（4）阴道、尿生殖前庭和阴门　观察其形态和结构。

【技能考核】　描述生殖器官的形态、结构和位置关系，并在体表进行定位。

项目八　犬、猫睾丸和卵巢组织结构的识别

【目的要求】

1. 掌握犬、猫睾丸的组织结构。

2. 掌握犬、猫卵巢的组织结构。

【实训材料】　犬、猫睾丸切片、卵巢切片。

1. 睾丸　睾丸切片，HE 染色。

（1）肉眼观察　标本呈紫红色，一侧深染的线状结构是白膜。

（2）低倍镜观察　分辨睾丸被膜和实质。实质内可见曲精小管断面及间质细胞。

（3）高倍镜观察

① 被膜　睾丸表面覆以浆膜和致密结缔组织的白膜。

② 曲精小管　从基膜至管腔可依次看到各级精细胞和支持细胞。

a. 精原细胞　排列在基膜上，胞体较小，圆形，胞质粉红色。

b. 初级精母细胞　位于精原细胞内侧，体积大，呈圆形，核内有密集成团的染色体。

c. 次级精母细胞　位于初级精母细胞的内侧，胞体较前者小，分裂快，不易找到。

d. 精子细胞　靠近管腔，体积小，核圆形，染色深，数量较多。

e. 支持细胞　数目少，基底面位于基膜上，游离缘伸入管腔，形状不规则，多呈锥状，体积大。核呈椭圆形或三角形，染色较浅，可见到核仁。细胞游离缘常附有精子。

③ 间质细胞　分布在曲细精管之间的结缔组织中，细胞多呈多边形或椭圆形，胞体大，核圆形，染色较浅。间质细胞常成群分布。

2. 卵巢　卵巢切片，HE 染色。

（1）肉眼观察　卵巢切面为椭圆形，周围染色稍深的为皮质，中央染色稍浅的为髓质。

（2）低倍镜观察　卵巢表面覆以立方形或扁平形的生殖上皮，其深面为致密结缔组织构成的白膜。皮质内有不同发育程度的卵泡和黄体，髓质含有较大的血管断面及平滑肌。

（3）高倍镜观察　观察皮质中不同发育阶段的卵泡。

① 原始卵泡　密布在白膜下，数量多，卵泡体积小。原始卵泡中央是一个圆形的初级卵母细胞，核圆形，周围有一层扁平的卵泡细胞环绕。

② 初级卵泡　体积增大，周围的卵泡细胞变为单层立方、柱状或增生至多层。在卵泡细胞外周有一层染成红色的透明带。卵泡周围的结缔组织细胞形成一层卵泡膜。

③ 次级卵泡　卵泡细胞增加至 6～12 层，可见一个较大的卵泡腔，腔内充满卵泡液，初级卵母细胞和其周围的卵泡细胞被挤到卵泡的一侧，形成卵丘。卵泡膜明显地分为内、外两层，内层含较多的细胞和血管，外层纤维成分多。

④ 成熟卵泡　卵泡更大，接近卵巢表面，附着在卵母细胞和透明带外周的一层高柱状

卵泡细胞，呈放射状排列，形成放射冠。

⑤ 闭锁卵泡　可见卵母细胞萎缩或消失，透明带皱缩并与周围的卵泡细胞分离，卵泡壁的卵泡细胞离散，卵泡壁塌陷等。

⑥ 黄体　为圆形的细胞团，含两种细胞。一种是体积较大，染色较浅的多边形细胞，即粒性黄体细胞。另一种是在体积较小，染色较深的称膜性黄体细胞。

【技能考核】

1. 正确识别出高倍镜下睾丸曲精小管及其间质结构。
2. 正确识别出低倍镜下卵巢次级卵泡的结构。

第四章 循环系统

【学习目标】
1. 掌握犬、猫心脏的形态、位置和结构。
2. 熟悉体循环、肺循环的循环途径。
3. 掌握犬、猫全身主要血管的分布。
4. 掌握犬、猫常检淋巴结及脾的形态、位置和结构。

【技能目标】
1. 能在犬、猫心离体标本上识别心脏各部结构。
2. 能在犬、猫活体标本上指出心脏的体表投影位置、常用静脉注射和脉搏检查部位。
3. 能在犬、猫活体标本上识别常检淋巴结的位置。
4. 能在显微镜下识别淋巴结和脾的组织结构。

循环系又称脉管系，是体内封闭的管道系统。由于管道内所含体液不同，可分为心血管系统和淋巴系统两部分。心血管系统内所含的血液，在心脏和血管搏动的推动下，终生不停地在周身循环流动。淋巴系统可视为心血管系统的辅助部分，它和心血管不同，为单程向心回流的管道，内含淋巴，最后汇入心血管系统。

循环系的主要功能是运输，一方面把从消化系统吸收来的营养物质和肺吸进的氧运送到全身各部组织、细胞，供其生理活动的需要；另一方面又把组织、细胞产生的代谢产物，如二氧化碳和尿素等，运送到肺、肾和皮肤排出体外。体内各种内分泌腺和组织所产生的激素也通过血液运送到全身，对机体的生长、发育起着调节作用。血液循环在调节体温上也起着相当大的作用，将肌肉和内脏等所产生的热运送到皮肤发散。脉管系还是体内重要的防卫系统。存在于血液和淋巴组织内的一些细胞和抗体，能吞噬、杀伤、灭活侵入体内的细菌和病毒，并能中和其所产生的毒素。

第一节　心血管系统

一、心血管系统简介

1. 心血管系统的组成

心血管系统由心脏、动脉、毛细血管和静脉组成，内有流动的血液。图 4-1 所示为犬的血液循环系统组成。心脏是推动血液循环的动力器官，在神经和体液的调节下，通过有节律的收缩和舒张，使血液在心血管系统内不停地循环流动。动脉是输送血液到全身各部的血管，起自心室，沿途不断分支，越分越细，最后移行为毛细血管。毛细血管是连于小动脉和小静脉之间的微细血管，也是血液与周围组织进行物质交换的场所。静脉是收集血液回心的血管，起于毛细血管，在回流心脏途中逐渐汇合增粗，最后注入心房。

2. 血液循环途径

由于心室、心房的交替收缩和舒张，使血液在心血管系统中按一定方向循环不止。血液

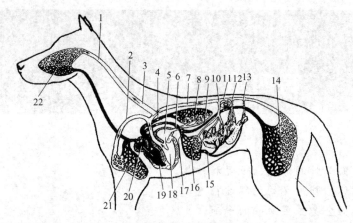

图 4-1 犬血液循环系统组成图

1—颈总动脉；2—左锁骨下动脉；3—臂头动脉；4—肺动脉；5—左心房；6—肺静脉；7—胸主动脉；
8—肺毛细血管膜；9—后腔静脉；10—腹腔动脉；11—腹主动脉；12—肠系膜前动脉；13—肠系
膜后动脉；14—骨盆部和后肢的毛细血管；15—门静脉；16—肝毛细血管；17—肝静脉；
18—左心室；19—右心室；20—右心房；21—前肢毛细血管；22—头颈部毛细血管

由心室流入动脉、毛细血管，然后经静脉返回心房，这一循环过程称为血液循环。根据循环途径和功能的不同，可将血液循环分为体循环和肺循环。这两个循环是整个血液循环中不可分割的两部分，它们通过心脏互相连续，循环往复，共同完成机体的运输功能。

（1）体循环　血液从左心室输出，经主动脉及其分支到全身各部的毛细血管，再经各级静脉汇入前、后静脉，最后回流到右心室，这一循环途径称为体循环或大循环。体循环流经范围广，路程长，将富含氧和营养物质的动脉血运送到全身各部组织，同时带走组织在新陈代谢过程中产生的二氧化碳和代谢产物。

（2）肺循环　血液从右心室输出，经肺动脉及其在左、右肺内的各级分支，至肺泡壁毛细血管，然后经肺静脉流回左心房，这一循环途径称肺循环或小循环。肺循环路程短，将血液中的二氧化碳经肺泡排出体外，并摄入氧气，使静脉血转变成动脉血。

二、心脏

1. 心脏的位置和和形态

心脏为中空的肌质器官，外被心包包围，位于胸腔纵隔内，夹在左、右两肺之间，略偏向左侧。心脏的上部宽大称为心基，位置较固定，有大血管进出；下部小而游离，称为心尖；前缘呈凸向前下方的弧形，后缘短而直。心脏表面靠近心基处有一环形的冠状沟，将心脏分为上部的心房和下部的心室。由冠状沟向左下方和右下方分别伸出左、右纵沟，将心脏分为左、右心室，前部为右心室，后部为左心室。在冠状沟和左、右纵沟内有营养心脏的血管，并有脂肪组织填充。犬心脏的位置与形态如图 4-2、图 4-3。

犬心脏大致呈倒圆锥形，约占犬体重的 0.7%，但因犬品种不同而变化范围很大。猫的心脏呈梨形。

犬心脏位于胸腔纵隔内，第 3～6 肋间隙之间，略偏左，并微向前倾。心基位于第 4 肋骨的中央，肩峰和最后肋骨腹侧段的连线上；心尖在第 6 胸骨片的偏左侧。猫心脏位于第 4 或第 5～8 肋骨之间，其心尖部稍向左偏，并接触膈。

2. 心腔的构造

心腔内以纵走的房间隔和室间隔分为左、右两半。每半又分为上部的心房和下部心室，所以心腔共有右心房、右心室、左心房和左心室四个腔。同侧的心房和心室经房室口相通（图 4-4）。

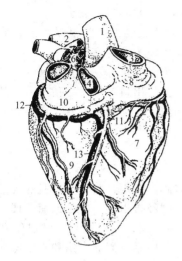

图 4-2 犬的心脏（右侧观）

1—主动脉；2—肺动脉；3—前腔静脉；4—后腔静脉；
5—心静脉；6—肺静脉；7—右心室；8—右心房；
9—左心室；10—左心房；11—心中静脉；
12—右冠状动脉回旋支；13—冠状
动脉的右纵沟支

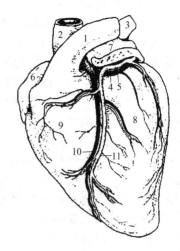

图 4-3 犬的心脏（左侧观）

1—肺动脉；2—主动脉；3—肺静脉；4—左冠状
动脉的回旋支；5—心大静脉；6—右心耳；
7—左心耳；8—左心室；9—右心室；
10—左冠状动脉的左纵沟支；
11—心大静脉的左纵沟支

（1）右心房 构成心基的右前部和右心室的前背侧，壁薄而腔大，由右心耳和静脉窦组成。右心耳为一圆锥形盲囊，尖端向左向后至肺动脉前方，内壁有许多方向不同的肉嵴，称为梳状肌。在梳状肌之间的陷凹，还有几个散在的心小静脉的开口。静脉窦为前、后腔静脉的开口与右房室口间的空腔，接受全身（除肺静脉外）的静脉血。在右心房的背侧壁和后壁分别有前、后腔静脉的开口，两口之间的背侧壁有发达的肉柱称为静脉间嵴，有分流前、后腔静脉血，避免相互冲击的作用。后腔静脉口的腹侧有冠状窦，为心大静脉、心中静脉入口处，接受来自心脏壁的冠状静脉的血液，窦口常有瓣膜（冠状窦瓣），可防止血液倒流。在后腔静脉口附近的房间隔上，有浅深不一的凹窝，称卵圆窝，为胚胎时期卵圆孔的遗迹。右心房的下方有一房室口，通右心室。

（2）右心室 位于心的右前部，右心房的腹侧，室壁较薄，室腔略呈半月形，顶端不达心尖。其上方有两个口：前口较小，为肺动脉干口；后口较大，为右房室口。

右房室口为右心室的入口，以致密结缔组织构成的纤维环为支架围成，环缘有附着两个大瓣，称右房室瓣（三尖瓣），瓣膜的游离缘下垂入心室，并有数条纤细的结缔组织腱索，连接到心室壁的乳头肌。乳头肌有三个，为心室壁上突出的圆锥状肌柱，每片瓣膜的腱索分别连接两个相邻的乳头肌上。当心室收缩时，室内压升高，血液冲击瓣膜互相合拢而关闭右房室口；由于腱索和乳头肌的牵引，可防止瓣膜向心房翻转和血液倒流。

肺动脉干口位于右心室的左上方，也由纤维环围成，环缘附着 3 个半月形的瓣膜，称为半月瓣（或称肺动脉瓣）。每个瓣膜均呈袋状，袋口朝向肺动脉。当心室舒张时，室内压降低，血液注入半月瓣的袋腔使瓣膜互相靠拢，从而关闭肺干口，以防止血液逆流入心室。肺动脉的开口在第 4 肋骨的水平位置。靠近肺动脉干口处的右心室部分称动脉圆锥。在右心室内干，有连于心室侧壁与室间隔的隔缘肉柱（又称心横肌），有防止心室过度扩张的作用。心横肌内有心传导系统房室束分支通过。

（3）左心房 位于心基的左后部，左心室的背侧，其构造与右心房相似。犬左心房背侧壁的后侧及右侧一般有 6～8 个肺静脉入口，猫的肺静脉分 3 组进入左心房的背面。左心耳也为锥形盲囊，腔内亦有梳状肌。左心房经腹侧的左房室口与左心室相通。

（4）左心室　位于左心房的腹侧，构成心室的左后部及心尖，室壁很厚，室腔伸达心尖。其上方也有两个口：前口较小，为主动脉口；后口较大，为左房室口。

左房室口为左心室的入口，也有纤维环，环缘上有2个大瓣，称左房室瓣膜（二尖瓣），其结构和作用与右房室口上的瓣膜相同。主动脉口为左心室的出口，位于心基中部，其纤维环上附着3个半月瓣，结构和作用与肺动脉口的半月瓣相同。主动脉干的开口在第5肋骨部的水平。左心室也有隔缘肉柱。

3. 心壁的构造

心壁由心外膜、心肌和心内膜构成。

（1）心外膜　心外膜为覆盖心表面的浆膜，即心包浆膜的脏层，紧贴于心肌的表面，光滑、湿润，由间皮及薄层结缔组织构成，血管、淋巴管和神经等沿心外膜的深面延伸。

（2）心肌　心肌主要由心肌细胞组成，是心壁最厚的一层，内有血管、淋巴管和神经等。心肌被房室口纤维环分隔成心房肌和心室肌两个独立的肌系。因此心房和心室可在不同时间内收缩和舒张。心房肌薄，分为内外两层：外层包于两个心房的浅层；内层为各心房所固有。心室肌厚，左心室的心肌最厚，肌细胞呈螺旋状排列，均可分内纵行、中环形、内斜行三层。

（3）心内膜　心内膜为紧贴心肌内表面的光滑薄膜，与大血管的内膜相延续，其深面有血管、淋巴管、神经核心传导纤维等。心内膜在房室口和动脉口折叠形成房室瓣、肺动脉瓣和主动脉瓣，瓣膜表面覆盖内皮细胞，内部为致密结缔组织。瓣膜的结缔组织与纤维环及腱索相连续。

4. 心脏的血管

心脏本身的血液循环，称为冠状循环，包括冠状动脉、毛细血管和心静脉。

（1）冠状动脉　冠状动脉有左、右两条，分别从主动脉根部发出。左冠状动脉起自主动脉根部的左侧，经肺动脉和左心耳之间进入冠状沟，立即分为两支，一支沿冠状沟向后伸延，另一支沿左纵沟伸达心尖；右冠状动脉起自主动脉根部，向前进入冠状沟，沿冠状沟向右、向后伸至右纵沟，其下行支向下伸至心尖，旋支继续沿冠状沟向后伸延。冠状动脉分支分布于心房和心室，在心肌内形成丰富的毛细血管网。

（2）心静脉　心静脉分为心大静脉、心中静脉和心小静脉。心大静脉和心中静脉伴随左、右冠状动脉分布，最后注入右心房的冠状窦；心小静脉分成数支，在冠状沟附近直接开口于右心房。

5. 心脏的传导系统

心脏的传导系统是由特殊的心肌细胞所组成，能自发性地产生和传导兴奋，从而使心肌进行有规律的收缩和舒张。心脏的传导系统包括窦房结、房室结、房室束和浦肯野纤维（图4-4）。窦房结为心的起搏点，位于前腔静脉与右心耳之间的心外膜下，除分支到心房肌外，还分出数支结间束与房室结相连；房室结位于房间隔右心房面的心内膜下，在冠状窦口的前下方与心房肌和房室束相连。房室束是房室结向下的直接延续，穿过纤维环至室间隔上部，向下分为左、右两支，分别沿室间隔的两侧心内膜下伸延并分支，有的分支通过隔缘肉柱分布于心室侧壁。许多细小分支最后在心内膜下交织成网，即浦肯野纤维网，与心室肌相连。一般认为窦房结的兴奋性最高，能自动产生节

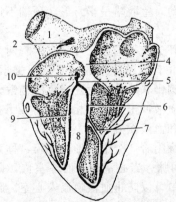

图4-4　心的传导系统示意图

1—前腔静脉；2—窦房结；3—后腔静脉；
4—房中隔；5—房室束；6—房室束的
左脚；7—心横肌；8—室中隔；9—房
室束的右脚；10—房室结

律性的兴奋，传至心房肌，使心房收缩；同时经心房肌传至房室结，再经房室束及浦肯野纤维传至心室肌，使心室收缩。在病理情况下，如心传导系发生异常兴奋点或传导阻断，就会出现心律失常。

6. 心包

心包为包在心外的锥形纤维浆膜囊，分为纤维层和浆膜层。纤维层又称纤维性心包，为心包的外层，薄而坚韧，背侧附着于心基的大血管，腹侧以胸骨心包韧带与胸骨后部相连。浆膜层又称浆膜性心包，为心包的内层，分壁层和脏层。壁层紧贴于纤维层内面，沿心大血管转折为脏层。脏层贴于心肌外表面，构成心外膜。壁层与脏层之间的腔隙称心包腔，内有少量清亮、淡黄色的心包液。当心包发炎时，心包液变浑浊。心包有维持心的位置及减少心与相邻器官摩擦的功能。心包位于纵隔内，被覆在心包外的纵隔胸膜称为心包胸膜。犬的心包与胸壁密切接触的区域大部分在胸廓壁的腹侧，略呈三角形。其前缘位于右侧第4肋软骨，并经过正中面延展至第3肋软骨间隙，接近肋软骨关节部。其右缘自第4肋骨的胸骨端，延伸至第8肋软骨的胸骨关节。左缘开始于前缘的左端，经第4肋骨的软骨部，距软骨肋关节约2.25cm至5、6软骨肋关节处。

三、血管

（一）血管的种类和构造

1. 血管的种类

血管是血液流通的管道，根据结构和机能的不同，分为动脉、静脉和毛细血管。

（1）动脉　起于心室，输送血液到肺和全身各部，沿途反复分支，最终移行为毛细血管。动脉离心脏越近则管径越粗，管壁也较厚，弹性纤维也越多，弹性也越大，对维持血压、保持血流连续性有重要意义；离心脏越远，弹性纤维则逐渐减少，而平滑肌纤维相对增多。平滑肌舒缩可改变管径大小，以调节局部血流量和血流阻力。根据动脉管径的大小和管壁的厚薄，可分为大、中、小三种动脉，三者相互移行，无明显的界线。

（2）静脉　是将血液回流至心脏的血管，起自毛细血管，沿途逐渐汇合成小、中、大静脉。最后同心房相连。

（3）毛细血管　是动脉和静脉之间的微细血管，几乎遍布全身各处，短而细，具有较大的通透性，是血液与周围组织进行物质交换的主要场所。

2. 血管的构造

（1）动脉　管壁厚而富有弹性，均由内、中、外三层膜构成：内膜最薄，表面衬以光滑的内皮，有利于血液流动；中膜较厚，大动脉的中膜主要由弹性纤维构成，具有弹性和收缩性，小动脉的中膜主要由平滑肌组成；外膜较中膜薄，由结缔组织构成。

（2）静脉　管壁也由内、中、外三层膜构成，与相应的动脉比较，特点为管径较大，管壁薄，三层膜的分界不明显，中膜因弹性纤维和平滑肌少而变薄，外膜相对较厚。多数静脉，特别是四肢的静脉管内，由内膜形成成对的半月形瓣膜，其游离缘朝向心脏，以防止血液倒流。

（3）毛细血管　短而细，平均长 $0.5\sim1mm$，最长的不超过 $2mm$；直径为 $5\sim20\mu m$，平均约 $8\mu m$，管壁极薄，厚 $0.1\sim0.5\mu m$。毛细血管壁结构简单，主要由一层内皮细胞和基膜构成。窦状隙是一种特殊的毛细血管，分布于肝、腺、骨髓和一些内分泌腺。其特点是腔大、不规则，能容纳较多的血液，血流缓慢。窦壁结构因器官而异，多数内分泌腺的窦状隙内皮有孔，并有连续的基膜。而肝的窦状隙内皮则不连续，细胞之间有较大的缝隙，基膜不完整或没有基膜，所以通透性更高，更有利于物质交换。

（二）肺循环的血管

肺循环的动脉主干为肺动脉干，静脉为肺静脉。

1. 肺动脉干

肺动脉干是一条短而粗的动脉干，起于右心室，在升主动脉的左侧向后上方斜行，至主动脉弓后方分为左、右肺动脉，分别与同侧支气管一起经肺门入肺。肺动脉在肺内随支气管反复分支，最后形成毛细血管网，包绕在肺泡外周，为气体交换的场所。

2. 肺静脉

肺静脉由肺内毛细血管网汇合而成，与肺动脉和支气管伴行，由肺门出肺，最后汇合成数支（犬的肺静脉一般分为 6 支；猫的肺静脉分 3 组进入左心房，每组由 2～3 条静脉组成），由肺门出肺后注入左心房。

（三）体循环的血管

体循环的血管也包括动脉、毛细血管和静脉。

1. 体循环的动脉

主动脉为体循环动脉的主干，分为主动脉弓、胸主动脉和腹主动脉。主动脉弓起于左心室的主动脉口，呈弓状向后上方延伸至第 6 胸椎腹侧；然后沿胸椎腹侧向后延续至膈，此段称胸主动脉，穿过膈的主动脉裂孔进入腹腔后，延伸为腹主动脉。体循环的动脉根据分布部位可分为主动脉弓、头颈部动脉、前肢动脉、胸主动脉、腹主动脉、骨盆部动脉和荐尾部动脉及后肢动脉七部分。

（1）主动脉弓　为主动脉的第一段，主要分支包括左、右冠状动脉，臂头动脉干及左锁骨下动脉。

① 左、右冠状动脉　主要分布到心脏。左冠状动脉由主动脉的根部的左后方分出，而右冠状动脉则从根部的前方分出。

② 臂头动脉干　为分布于胸廓前部、头颈和右前肢的动脉总干。出心包后沿气管腹侧向前延伸。

③ 左锁骨下动脉　向前行于食管的左侧面，并形成一浅弓，然后绕过第 1 肋骨出胸腔，进入左前肢，移行为前肢的腋动脉。锁骨下动脉是供应前肢和颈胸部血液的动脉。锁骨下动脉在胸腔内的分支有椎动脉、肋颈动脉、胸廓内动脉和颈浅动脉。

（2）头颈部动脉　由臂头动脉干分出的双颈动脉干是头颈部的动脉主干。双颈动脉干在胸腔前口附分为左、右颈总动脉，在颈静脉沟的深部与迷走交感神经干一起，分别沿食管和气管的外侧向前延伸，在分出分布于甲状腺的分支和颈内动脉后，移行为颈外动脉。

① 颈内动脉　迂曲前行，经颅底鼓枕裂到达颅腔，在垂体旁分成前后两支，与对侧的颈内动脉分支共同形成脑腹侧面的动脉环。此外，其后支还与脑底动脉的终末支相连，一起分布于脑。

② 颈外动脉　为颈总动脉的直接延续，向前上方伸至颞下颌关节腹侧，在分出枕动脉、喉前动脉、舌动脉、面动脉、耳后动脉、颞浅动脉后，延伸为上颌动脉，主要分布于上、下颌的骨、牙齿、皮肤、眼球、泪腺、鼻腔黏膜，硬腭和软腭等头部大部分器官组织上。

（3）前肢动脉　主干由锁骨下动脉延续而来，沿前肢的内侧延伸，由近端至远端依次为腋动脉、臂动脉和正中动脉（图 4-5）。

① 腋动脉　为锁骨下动脉的直接延续，位于肩关节内侧，其主要侧支有：胸廓外动脉、肩胛上动脉、肩胛下动脉和旋肱骨动脉。

② 臂动脉　为腋动脉的直接延续，在臂内侧沿臂二头肌的后缘下行，经肘关节内侧至前臂近端，延续为正中动脉。其主要侧支为臂深动脉、尺侧副动脉、臂浅动脉、肘横动脉、骨间总动脉和前臂深动脉。

③ 正中动脉 为臂动脉分出骨间总动脉后的直接延续，位于前臂正中沟内，与同名静脉、神经一起下行，在前臂中部分出桡动脉之后，主干穿过腕管至掌部，与骨间总动脉的分支再次相连，形成掌心深动脉弓。桡动脉由正中动脉在桡骨的中部附近分出，沿桡骨内侧缘向下行，在前臂下部分出腕背侧支参与形成腕背侧动脉网，主干沿腕内侧下行至掌近端，参与形成掌心深动脉弓。

（4）胸主动脉 为主动脉弓向后的延续，位于胸椎腹侧稍偏左。其主要分支有肋间背侧动脉和支气管食管动脉。

① 肋间背侧动脉 除前 3～4 对由肋颈动脉分出外，其余均由胸主动脉分出。每一肋间背侧动脉沿椎体的外侧面向上延伸至相应肋间隙上端，分出背侧支和腹侧支。背侧支分出肌支和脊髓支，分支分布于脊柱背侧的肌肉、皮肤、脊髓和椎骨；腹侧支与同名静脉、神经一起沿相应肋骨后，末端与胸廓内动脉的肋间腹侧支吻合，分布于肋间肌、肋骨、胸膜和躯体外侧的皮肤。

② 支气管食管动脉 分为支气管支和食管支，通常分别起于胸主动脉的起始部，有时以一总干起于胸主动脉，称为支气管食管动脉。支气管支是肺的营养动脉，在气管分叉处分为左右支，分别进入左右肺，分布于肺组织。食管支分出前后两支分布于食管和纵隔等。

（5）腹主动脉 由胸主动脉延续而成，沿腰椎腹侧后行，在第 5～6 腰椎腹侧分出左、右髂外动脉和左、右髂内动脉后，向后移行为细小的荐中动脉。其分支可分为壁支和脏支。壁支为成对的腰动脉，分布于腰部的肌肉、皮肤和脊髓等处；脏支主要分布于腹腔脏器，由前向后依次为腹腔动脉、肠系膜前动脉、肾动脉、睾丸动脉或卵巢动脉和肠系膜后动脉等。

① 腰动脉 有 7 对，前 6 对起自腹主动脉，后 1 对起自髂内动脉。每一腰动脉分为背侧支和腹侧支。背侧支分布于腰椎背侧的肌肉、皮肤和脊髓，腹侧支沿相应的腰椎横突后缘向外延伸，分布于软腹壁的肌肉和皮肤。

② 腹腔动脉 在膈的主动脉裂孔处后方，起于腹主动脉，向前下方延伸，并分为肝动脉、脾动脉和胃左动脉，主要分布与脾、胃、肝、胰及十二指肠前部等器官。

③ 肠系膜前动脉 在腹腔动脉起始处后方起于腹主动脉，有时与腹腔动脉同起于一短干。主要分布于小肠、盲肠、结肠等器官（图 4-6）。

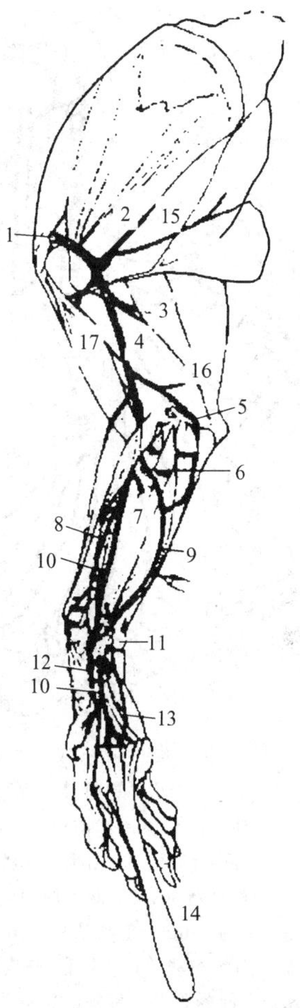

④ 肾动脉 约在第 2 腰椎腹侧由腹主动脉分出，短而粗，左右各一，至肾门附近分出数支后入肾，主要分布于肾、肾上腺、肾淋巴结和输尿管等。

⑤ 睾丸动脉或卵巢动脉 在肠系膜后动脉附近起于腹主动脉，左右各一。睾丸动脉细而长，走向腹股沟管，参与形成精索，分布于睾丸和附睾；卵巢动脉短而粗，在子宫阔韧带内向后延伸，在分出输卵管支和子宫支后，经卵巢系膜进入卵巢，分布于卵巢、输卵管和子宫角。

⑥ 肠系膜后动脉 在第 4～5 腰椎腹侧起于腹主动脉，较细，主要分布于结肠后段和直肠前段（图 4-6）。

图 4-5 犬右前肢的主要动脉（内侧观）

1—腋动脉；2—胸廓外动脉；3—臂深动脉；4—臂动脉；5—尺侧副动脉；6—骨间总动脉；7—前臂深动脉；8—桡骨动脉；9—尺动脉；10—正中动脉；11—副腕骨；12—掌心深动脉弓；13—掌心浅动脉弓；14—切断的指浅屈肌；15—大圆肌；16—臂三头肌；17—臂二头肌

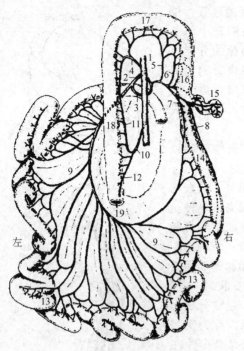

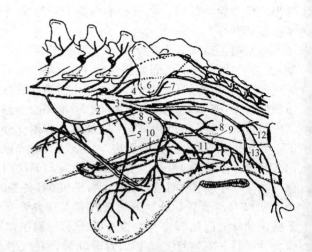

图 4-6　犬的肠系膜前动脉和肠系膜
后动脉的分支（背侧观）

1—主动脉；2—肠系膜前动脉；3—回盲结肠动脉；
4—结肠中动脉；5—结肠右动脉；6—回盲结肠
动脉的回肠支；7—肠系膜回肠支；8—对侧肠
系膜回肠支；9—空肠动脉；10—肠系膜后动脉；
11—结肠左动脉；12—直肠前动脉；13—空肠
14—回肠；15—盲肠；16—升结肠；17—横
结肠；18—降结肠；19—直肠

图 4-7　犬的骨盆动脉（左外侧观）

1—腹主动脉；2—髂外动脉；3—髂内动脉；
4—荐中动脉；5—脐动脉；6—臀后动脉；
7—臀前动脉；8—阴部内动脉；9—阴
道动脉；10—子宫动脉；11—尿道
动脉；12—腹侧会阴动脉；
13—阴蒂动脉

（6）骨盆部和荐尾部的动脉（图 4-7）

① 髂内动脉　为分布于骨盆部的动脉主干，沿荐骨腹侧和荐结节阔韧带的内面向后延伸，在分出脐动脉后，主干分为臀后动脉和阴部内动脉，主要分布于骨盆腔器官和荐臀部的肌肉皮肤。

② 荐中动脉　为腹主动脉的最终延续，沿荐腹侧正中线向后伸延，在发出一些分支到荐后部和尾根部肌肉皮肤后，主干延续为尾中动脉。

（7）后肢动脉　由腹主动脉分出的髂外动脉是后肢动脉的主干，由近端至远端依次为髂外动脉、股动脉、腘动脉和胫前动脉等。犬右后肢主要动脉如图 4-8 所示。

① 髂外动脉　约在第 5 腰椎腹侧由腹主动脉向左右侧分出，沿盆腔前口侧缘向后下方延伸，至耻骨前缘延续为股动脉。髂外动脉分支主要有股深动脉和腹壁阴部动脉干。

② 股动脉　髂外动脉在离开腹腔后在股部延续为股动脉，沿股管下行至膝关节后方，至腓肠肌两头之间延续为腘动脉。股动脉沿途分出许多的分支，其中最重要的分支为隐动脉。隐动脉较粗大，约在股内侧中部起于股动脉，沿后肢内侧皮下向下延伸，在小腿内侧中部分为背侧支和跖侧支，其分支分布于趾部末端。

③ 腘动脉　沿腓肠肌两头之间和腘肌深部下行，于小腿部近端分出胫后动脉后，移行为胫前动脉，主要分布于膝关节和胫骨后面的肌肉。

④ 胫前动脉　穿过小腿骨间隙，与腓深神经一起，沿胫骨背外侧下行，分支分布于小

腿部和后脚部背外侧的肌肉皮肤。

2. 体循环的静脉

体循环的静脉汇集成前腔静脉、后腔静脉、奇静脉和心静脉四个静脉系（图4-9）。

（1）**前腔静脉**　前腔静脉为收集头颈部、前肢和前部胸壁血液回流入右心房的静脉干，在胸腔前口处由左、右颈外静脉和左、右锁骨下动脉汇合而成。前腔静脉在纵隔内沿气管和臂头动脉干的腹侧向后延伸，沿途接受与胸廓内动脉和肋颈动脉等同名静脉后，最后开口于右心房。

① 头颈部静脉　有两对颈静脉，即深部的颈内静脉和浅表的颈外静脉。颈内静脉为由甲状腺静脉、枕静脉和颈外动脉伴行静脉汇集而成的细小静脉，与颈总动脉、迷走交感神经干伴行，沿食管（左侧）或气管（右侧）的背外缘向后延伸，分别注入左、右颈外静脉。颈外静脉由舌面静脉和上颌静脉汇集而成，为头颈部粗大的静脉干。颈外静脉的属支有舌面静脉、上颌静脉、颈浅静脉和头静脉等。颈外静脉位于颈静脉沟内，因其直接位于皮下而易于触及，并且在颈前部颈外静脉与颈总动脉之间有肩胛舌骨肌相隔，是临床上采血、放血、输液的重要部位。

② 锁骨下静脉　前肢上部的大部分静脉与同名动脉相伴行，汇集相应区域的血液，最终汇合成锁骨下静脉。而在前肢下部皮下，有不与动脉伴行的一些浅静脉，与深静脉之间形成大量的吻合支。在图4-10中，桡侧皮静脉（又名头静脉）是犬临床上进行静脉采血或注射的常用部位，因此具有重要的临床意义。桡侧皮静脉腕部掌内侧形成后，在掌部下内缘处接受桡侧副皮静脉，沿掌背侧伸延，在肘关节内侧与正中静脉发生吻合后，移行为头静脉。头静脉行走于胸头肌和臂头肌之间形成的胸外侧沟，在颈后部进入颈外静脉。

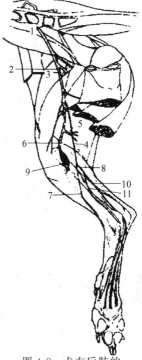

图 4-8　犬右后肢的
主要动脉（内侧观）
1—髂外动脉；2—股深动脉；
3—股动脉；4—隐动脉；
5—股后动脉；6—腘动脉；
7—隐动脉的背侧支；
8—隐动脉的跖侧支；
9—胫前动脉；10—足
底外侧动脉；11—足
底内侧动脉

（2）**后腔静脉**　后腔静脉是收集腹部、骨盆部、尾部及后肢血液入右心房的静脉干，由髂内静脉和髂外静脉汇合后，在腹腔背侧形成的静脉主干。后腔静脉沿腹主动脉右侧前行，经肝壁面并穿过膈上的腔静脉裂孔后进入胸腔，再经右肺副叶和后叶之间向前开口于右心房。后腔静脉在向前延伸途中接受腰静脉、睾丸静脉或卵巢静脉、肾静脉和肝静脉。

① 髂内静脉　为骨盆部和尾部静脉的主干，与同名动脉伴行。其分支与动脉的分支伴行。

② 髂外静脉　为后肢静脉的主干。后肢静脉也分伴随动脉的深静脉和位于皮下的浅静脉，两者之间有吻合支。浅静脉主要有内侧隐静脉和外侧隐静脉，其中的外侧隐静脉也可用作犬临床上静脉采血或注射的部位（图4-11）。

③ 肝静脉　有3～4支，在肝壁面的腔静脉沟中，直接注入后腔静脉。肝静脉由窦状隙、中央静脉、小叶下静脉依次汇集而成。胃、脾、胰、小肠和大肠（除直肠后段）的静脉血汇集成一短静脉干，称为门静脉（图4-12），由肝门入肝。其属支有胃十二指肠静脉、脾静脉、肠系膜前静脉和肠系膜后静脉等。门静脉与肝动脉一起经肝门入肝。两者在肝小叶间分支分别称为小叶间动脉、静脉，均开口于肝小叶的窦状隙。窦状隙的血液汇流入中央静脉，中央静脉汇合成小叶下静脉，最后汇集成数支肝静脉注入后腔静脉。

（3）**奇静脉**　为胸壁静脉的主干，起自右侧第1腰椎腹侧，由腰大肌、腰小肌和膈脚肌的小静脉汇合而成，沿胸主动右侧前行，横过食管气管右侧，注入前腔静脉或右心房。

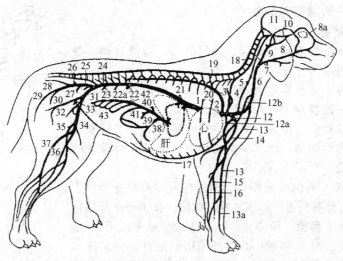

图 4-9 犬的静脉系

1—后腔静脉；2—前腔静脉；3—奇静脉；4—椎静脉；5—颈内静脉；6—颈外静脉；7—舌面静脉；8—面静脉；
8a—眼角静脉；9—颌内静脉；10—颞浅静脉；11—背侧矢状静脉；12—锁骨下静脉；12a—腋臂静脉；
12b—肩胛臂静脉；13—头静脉；13a—副头静脉；14—臂静脉；15—桡骨静脉；16—尺骨静脉；17—胸内静脉；
18—椎骨静脉丛；19—椎骨间静脉；20—肋间静脉；21—肝静脉；22—肾静脉；22a—睾丸或卵巢静脉；
23—旋髂深静脉；24—髂总静脉；25—右髂内静脉；26—荐中静脉；27—前列腺或阴道静脉；28—尾
外侧静脉；29—臀后静脉；30—阴部内静脉；31—右髂外静脉；32—股深静脉；33—阴部腹壁静脉；
34—股静脉；35—内侧隐静脉；36—颈前静脉；37—外侧隐静脉；38—门静脉；39—胃十二
指肠静脉；40—脾静脉；41—肠系膜后静脉；42—肠系膜前静脉；43—空肠静脉

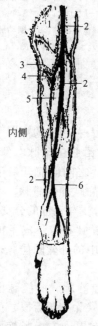

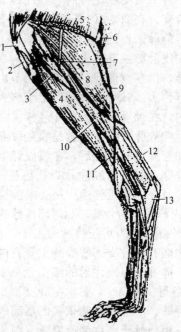

图 4-10 犬左前肢浅
静脉（背侧观）

1—臂头肌；2—桡侧皮静脉
（头静脉）；3—正中皮静
脉；4—臂静脉；5—腕桡
侧伸肌；6—桡侧副皮静脉
（头副静脉）；7—腕部

图 4-11 犬左后肢浅静脉（外侧观）

1—髌骨；2—膝直韧带；3—腓骨长肌；
4—胫骨前肌；5—臀股二头肌；6—腘
淋巴结；7—腓总神经；8—腓肠肌的
外侧头；9—外侧隐静脉；10—趾深
屈肌；11—腓浅屈肌；12—跟腱；
13—跟骨

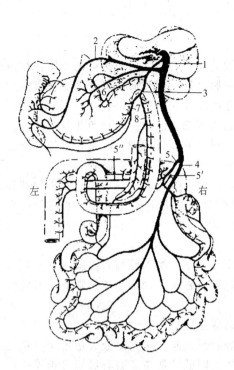

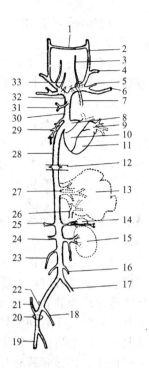

图 4-12　门静脉形成半模式图

1—门静脉；2—脾静脉；3—胃
十二指肠静脉；4—肠系膜前静脉；
5，5′—回结肠静脉；5″—结肠
中静脉；6—胃左静脉；7—胃右
大网膜静脉；8—胰十二指肠静脉

图 4-13　猫的静脉系

1—颈横静脉；2—颈外静脉；3—颈内静脉；4—头静脉；
5—肩胛下静脉；6—腋静脉；7—胸导管；8—右心房；
9—左心房；10—右心室；11—左心室；12—横膈；13—肝；
14—肾上腺；15—肾；16—髂腰静脉；17—髂总静脉；18—髂
内静脉；19—股静脉；20—股环；21—腹壁静脉；22—髂外静脉；
23—生殖腺静脉；24—肾静脉；25—甲状腺静脉；26—肝门静脉；
27—肝静脉；28—后腔静脉；29—奇静脉；30—前腔静脉；
31—乳腺内静脉；32—臂头静脉；33—甲状腺下静脉

　　(4) 心静脉　属支有心大静脉、心中静脉和心小静脉（参见心的血管）。

　　(5) 猫静脉系　猫的静脉系见图 4-13。

四、胎儿血液循环

　　胎儿在母体子宫内发育，所需要的营养物质和氧全部由母体供给，代谢产物也经母体排出。因此，胎儿的心血管系就有与之相适应的一些特点。

　　1. 胎儿心脏和血管的结构特点

　　(1) 卵圆孔　为胎儿心脏房间隔上的一自然裂孔，沟通左、右心房。当右心房的血压高于左心房时，血液便从右心房流向左心房。孔的左侧有瓣膜，保证血液只能从右心房流向左心房。

　　(2) 动脉导管　胎儿主动脉和肺动脉干之间以一动脉导管连通，因此右心室入肺动脉干的大部分血液经此流入主动脉，仅有少量进入肺内。

　　(3) 脐动脉和脐静脉　胎盘是胎儿与母体进行物质交换的特有器官，以脐带和胎儿相连。脐带内有两条脐动脉和两条脐静脉。脐动脉由胎儿髂内动脉分出，沿膀胱侧韧带至膀胱顶，再沿腹底壁前行至脐孔，经脐带至胎盘，在此分支形成毛细血管网，依靠渗透和扩散作用与母体子宫的毛细管网进行物质交换。胎盘上的毛细血管汇集成两条脐静脉，经脐带由脐孔进入胎儿腹腔后合为一支，再沿腹腔底壁前行，经肝门入肝。此外，脐静脉在进入肝脏前，还分出一条与后腔静脉直接相连。

2. 血液循环途径

脐静脉将胎盘内富含营养物质和氧的动脉血引入胎儿体内，一部分血经肝门入肝，在血窦内与来自门静脉的血液混合，再经肝静脉注入后腔静脉；另一部分血液经静脉导管直接注入后腔静脉，与胎儿自身的静脉血混合。后腔静脉的血液注入右心房后，大部分经卵圆孔到左心房，再经左心室到主动脉及其分支，其中大部分到头颈部和前肢。来自胎儿身体前半部的静脉血，经前腔静脉入右心房，与来自后腔静脉的少量血液混合后到右心室，再经肺动脉干的绝大部分血液经动脉导管流入主动脉，进入身体的后半部，并经脐动脉到胎盘。

综上所述，胎儿体内循环的血液大部分是混合血，但混合的程度不同。到肝及头颈部和前肢的血液，含氧和营养物质较多，以适应肝的功能活动和头部生长发育较快的需要；到肺、躯干和后肢的血液，含氧和营养物质较少。

3. 胎儿出生后的变化

（1）脐动脉和脐静脉退化　由于脐带切断，胎盘循环终止。脐动脉与脐静脉肌系的痉挛性收缩足以使其闭合，脐动脉（脐至膀胱顶一段）退化形成膀胱圆韧带，脐静脉退化形成肝圆韧带，静脉导管退化成为静脉导管索。

（2）动脉导管闭锁　出生后动脉导管收缩闭合，形成动脉韧带。

（3）卵圆孔封闭　出生后由于肺发挥作用，由肺静脉流入左心房的血液大量增加，左心房压力增高，同时由于肺扩张和脐静脉闭合，右心房压力降低，使左、右心房压力相等；左心房压力增高，压迫卵圆孔瓣膜紧贴房中隔，从而闭合、封闭形成卵圆窝。于是形成成体的血液循环（体循环和肺循环）路径。

第二节　淋 巴 系 统

淋巴系统包括淋巴管道、淋巴组织和淋巴器官。

淋巴管道始于组织间隙，管道内含有淋巴，最终汇入静脉。因此，可看做是心血管系的辅助结构。淋巴组织是含有大量淋巴细胞的网状组织，包括弥散淋巴组织和淋巴小结；淋巴小结又分为集合淋巴小结和孤立淋巴小结；主要分布在消化道和呼吸道的黏膜层和黏膜下层。淋巴器官大多由淋巴组织构成，外包有被膜，包括淋巴结、脾、胸腺、扁桃体等。淋巴组织和淋巴器官都能产生淋巴细胞，通过淋巴管道或血管进入血液循环，参与机体的免疫活动，因而淋巴系统是机体的主要防御系统。

一、淋巴管道

淋巴管道是淋巴回流的管道系统，多与静脉系伴行，包括毛细淋巴管、淋巴管、淋巴干和淋巴导管。

1. 毛细淋巴管

毛细淋巴管以稍膨大的盲端起始于组织间隙，彼此吻合成网，除无血管结构（上皮、角膜、晶状体、软骨等）、脑、脊髓、骨髓等处无分布外，广泛分布于全身。毛细淋巴管与毛细血管彼此相邻，但不相通，其形态结构与毛细血管相似，均由单层内皮细胞构成。毛细淋巴管较粗，管径粗细不一，内皮细胞呈覆瓦状，细胞间有小的间隙，具有类似瓣膜的结构，这种结构一方面可保证毛细淋巴管比毛细血管具有更大的通透性，一些不易经毛细血管透过的大分子物质，如蛋白质、细菌、异物等，易于进入毛细淋巴管内；另一方面只允许体液进入毛细淋巴管，而不能外流。小肠壁的毛细淋巴管还能吸收脂肪，其淋巴呈乳白色，故称乳糜管。

2. 淋巴管

淋巴管由毛细淋巴管汇集而成。淋巴管的形态结构与静脉类似，但管腔较小，数目较多，彼此吻合较静脉更广泛；管壁较薄，瓣膜更多，其游离缘向心排列，有防止淋巴逆流的作用；管径粗细不均，常呈串珠状。在淋巴管的路径上常有一个或数个淋巴结，进入淋巴结的淋巴管称为淋巴输入管，离开淋巴结的称为淋巴输出管，通常淋巴输入管的数目较多。淋巴管按其所在的位置可分为浅、深淋巴管，两者以深筋膜为界。浅淋巴管汇集皮肤、皮下组织的淋巴，多注入浅淋巴结内；深淋巴管汇集肌肉、骨骼和内脏器官等的淋巴，多伴随血管神经束走行。浅、深淋巴管之间有小支吻合。

3. 淋巴干

全身的浅、深淋巴管经过局部淋巴结后，主要汇集成 5 条较大的淋巴干，即左、右气管淋巴干，左、右腰淋巴干和单一的内脏淋巴干。

（1）气管淋巴干 有 2 条，位于气管腹侧，起于咽后内侧淋巴结，分别伴随左、右颈总动脉沿气管的腹内侧向后延伸，收集头颈部、肩胛部和前肢的淋巴。左气管淋巴干注入胸导管，右气管淋巴干注入右淋巴导管或前腔静脉或右颈外静脉。

（2）腰淋巴干 有 2 条，起于髂内侧淋巴结，分别沿腹主动脉和后腔静脉向前延伸，注入乳糜池。腰淋巴干汇集骨盆壁、骨盆腔器官、后肢及部分腹壁的淋巴。

（3）内脏淋巴干 1 条，很短，由肠淋巴干和腹腔淋巴干形成，注入乳糜池。肠淋巴汇集空肠、回肠、盲肠和大部分结肠的淋巴。腹腔淋巴干汇集胃、脾、肝、胰和十二指肠的淋巴。有时这两个淋巴干不汇合，分别单独注入乳糜池。

4. 淋巴导管

淋巴导管为机体最大的淋巴集合管，由淋巴干汇集而成，有 2 条，即右淋巴导管和胸导管。

（1）右淋巴导管 为右淋巴导管的延续，较短。位于胸腔入口附近，汇集右侧头颈部、肩带部、前肢及胸壁和胸腔器官右侧半的淋巴，末端注入前腔静脉，

（2）胸导管 为全身最大的淋巴管道，汇集除右淋巴导管以外的全身淋巴。它始于乳糜池，穿过膈的主动脉裂孔至胸腔，沿胸主动脉的右上方向前延伸，然后越过食管和气管的左侧面向下走行，于胸腔入口处注入前腔静脉。乳糜池为胸导管膨大的起始部，呈梭形，位于最后胸椎和前 3 个腰椎的腹侧，在腹主动脉和膈右脚之间，由左、右腰淋巴干和内脏淋巴干汇合而成。

二、淋巴组织

淋巴组织是富含淋巴细胞的网状组织，根据其形态主要分为弥散淋巴组织和密集淋巴组织。

1. 弥散淋巴组织

弥散淋巴组织没有特定的外形结构，淋巴细胞分布稀疏，与周围组织无明显界限，常分布于消化管、呼吸道和泌尿生殖道的黏膜上皮下以及淋巴结副皮质区和脾白髓动脉周围淋巴鞘等处，以抵御外来细菌或异物的入侵。

2. 密集淋巴组织

密集淋巴组织即淋巴小结，淋巴细胞分布密集，呈圆形或卵圆形，边界清楚，又称淋巴滤泡。分布于淋巴结皮质部，脾白髓及消化道和呼吸道等处的黏膜。其中单独存在的称为淋巴孤结，聚集成团的称为淋巴集结。

三、淋巴器官

淋巴器官是以淋巴组织为主要成分构成的器官。根据发生和功能的不同，可分为中枢淋

巴器官和周围淋巴器官两类。中枢淋巴器官又称初级淋巴器官，包括骨髓和胸腺，为淋巴细胞发生、分化和成熟的场所；周围淋巴器官又称次级淋巴器官，包括淋巴结、脾和扁桃体等器官，为 T 淋巴细胞和 B 淋巴细胞定居并进行免疫应答的场所。

1. 胸腺

（1）胸腺的形态和位置　胸腺分为左右两叶，呈粉红色，质地柔软，位于胸腔纵隔前部腹侧，从胸腔前口至心包，略偏左。犬胸腺在出生后第 6～9 周龄完全发育，约 4 月龄开始萎缩，并逐渐被脂肪组织所代替，但终身不完全萎缩。

（2）胸腺的组织结构　胸腺表面覆有一层结缔组织构成的被膜，被膜伸入胸腺实质把胸腺分成许多不完全分隔的小叶。小叶周边为皮质，深部为髓质。皮质不完全包围髓质，相邻小叶髓质彼此衔接。皮质主要由胸腺上皮细胞和密集的胸腺细胞及少量巨噬细胞构成。胸腺上皮细胞主要有扁平上皮细胞和星形上皮细胞两种。扁平上皮细胞分布于被膜下和小叶间隔旁，能分布胸腺素和胸腺生成素；星形上皮细胞有较多突起，能诱导胸腺细胞发育分化。胸腺细胞主要分布于皮质内，从皮质浅层向深层是淋巴干细胞迁移为 T 细胞的过程，大部分胸腺细胞在分化过程中将凋亡，并被巨噬细胞吞噬，仅有小部分分化成熟的 T 细胞经血液转移到周围淋巴器官和淋巴组织。髓质细胞排列较疏松，含有大量胸腺上皮细胞和少量 T 细胞、巨噬细胞。

2. 淋巴结

淋巴结位于淋巴管路径上，多位于凹窝或隐蔽处，如腋窝、关节屈侧、内脏器官的门部或大血管附件。为大小不一的圆形或椭圆形小体，常成群分布。淋巴结在活体呈微红色或微红褐色，在尸体略呈黄灰白色。淋巴结一侧隆凸，有数条输入淋巴管注入；另一侧凹陷，是输出淋巴管、神经和血管出入的地方，称为淋巴结门。

（1）淋巴结的组织结构　淋巴结分为被膜和实质两部分。

① 被膜　为覆盖在淋巴结表面的结缔组织薄膜，含有少量的弹性纤维。被膜伸入实质内形成许多小梁并彼此连接，构成淋巴结的网状支架。

② 实质　分为皮质和髓质。

a. 皮质　位于外周，色较深，由淋巴小结、副皮质区和皮质淋巴窦组成。淋巴小结位于被膜下和小梁两侧的淋巴窦附近，呈圆形和椭圆形，主要由 B 淋巴细胞、巨噬细胞和少量的 T 淋巴细胞组成；副皮质区位于淋巴小结之间及皮质和髓质的交界处，主要由 T 淋巴细胞组成，呈弥散状分布；皮质淋巴窦位于被膜下、小梁与淋巴小结之间的不规则腔隙，是淋巴在皮质内的通路。

b. 髓质　位于中央，色较淡，由髓索和髓质淋巴窦组成，髓索由淋巴细胞呈索状排列形成，彼此吻合成网，主要由 B 淋巴细胞、浆细胞和少量的巨噬细胞、T 细胞组成，其中的浆细胞数量变化很大，当有抗原刺激时，浆细胞大量增加，髓索增粗；髓质淋巴窦位于髓索之间，同皮质淋巴窦相连，是淋巴在髓质内的通路。

（2）主要淋巴结　淋巴结有浅、深之分，浅层淋巴结位于皮肤下的结缔组织中，一般可在体表摸到；深层淋巴结大部分位于深层肌肉或内脏器官附近。

① 头部淋巴结　包括浅层的腮腺淋巴结、下颌淋巴结及深层的咽后淋巴结。腮腺淋巴结位于颞下颌关节后方或耳根部前方的咬肌后缘；下颌淋巴结位于下颌角内侧皮下，每侧 2～3 个，长为 1～5cm，常被舌面静脉分为背腹两群；咽后淋巴结包括大的咽后内侧淋巴结和小的咽后外侧淋巴结（有时无），前者位于寰椎翼与咽之间，后者位于腮腺和颌下腺的后缘。

② 颈部淋巴结　包括颈浅淋巴结和颈深淋巴结。颈浅淋巴结位于体表浅层，肩关节前上方，被肩胛横突肌覆盖，一般有 1～3 个，长约 2.5cm，可通过向后牵引前肢从体表触摸；颈深淋巴结较小，常散在于甲状腺与气管之间。

③ 前肢淋巴结　主要为腋淋巴结，位于大圆肌下端的脂肪内，大小约2.5cm。

④ 胸腔淋巴结　包括肋间淋巴结、纵隔前淋巴结和气管支气管淋巴结。肋间淋巴结很小，位于第5或第6肋间隙上端附近；纵隔前淋巴结位于前纵隔内，在气管、食管和血管的腹侧或外侧；气管支气管淋巴结位于气管分叉处和左、右主支气管附近。

⑤ 腹腔内脏淋巴结　主要有肝淋巴结、脾淋巴结、胃淋巴结、胰十二指肠淋巴结、肠系膜前淋巴结、肠淋巴结和肠系膜后淋巴结等。肝淋巴结位于肝门附近，可分为左、右两部分；脾淋巴结沿脾动脉和静脉分布，其数目不定，大小不等；胃淋巴结位于胃小弯附近；胰十二指肠淋巴结位于胰腺和十二指肠之间的结缔组织内；肠系膜前淋巴结位于肠系膜前动脉的起始部；肠淋巴结按部位又可分为空肠淋巴结、盲肠淋巴结和结肠淋巴结，均位于相应的肠系膜上；肠系膜后淋巴结位于降结肠系膜上。

⑥ 腹壁和骨盆壁淋巴结　包括浅层的髂下淋巴结和腹股沟浅淋巴结，以及深层的腰主动脉淋巴结、肾淋巴结、髂内淋巴结和腹股沟深淋巴结。髂下淋巴结位于膝关节与髋关节之间的皮下脂肪组织中；腹股沟浅淋巴结位于腹股沟部，引流腹股沟部、公犬外生殖器和母犬后部乳房的淋巴；腰主动脉淋巴结体积较小，位于腹主动脉和后腔静脉周围的脂肪内；肾淋巴结位于肾门附近；髂内淋巴结位于髂外动脉起始部前方；腹股沟深淋巴结位于髂外动脉的起始部后方。

⑦ 后肢淋巴结　主要为腘淋巴结，位于膝关节后方，在臀股二头肌与半腱肌之间，较浅，大小约为3cm，可在体表触摸到。

3. 脾

（1）脾的形态和位置

① 犬的脾　呈长而窄的镰刀形，上端窄而稍微，下端则较宽，深红色。位于腹前部，在胃左侧和左肾之间。脾门位于脾的脏面中部，由上端至下端延伸，并形成脾门隆起。

② 猫的脾　呈扁平细长而弯曲状，深红色，位于胃的左后侧，悬挂在大网膜的降支内。

（2）脾的组织结构　脾位于血液循环通路上，其组织结构与淋巴结有相似之处，但没有输入淋巴管和淋巴窦，而有大量的血窦。脾由被膜和实质构成。

① 被膜　脾的表面衬以一层富含弹性纤维和平滑肌的结缔组织被膜，被膜伸入实质内形成小梁，并吻合成网状，构成网状支架。弹性纤维和平滑肌的伸缩可以调节脾的血量。

② 实质　又称脾髓，分白髓、边缘区和红髓。

a. 白髓　在新鲜脾的切面上呈灰白色，由淋巴细胞聚集而成，包括动脉周围淋巴鞘和脾小结。动脉周围淋巴鞘主要由密集排列的T细胞和散在的巨噬细胞环绕中央动脉而成；脾小结位于动脉周围淋巴鞘的一侧，主要由B淋巴细胞构成，与淋巴小结的结构相似，但脾小结内常有动脉的分支。

b. 边缘区　位于白髓和红髓的交界处，主要由B淋巴细胞、T淋巴细胞、巨噬细胞、浆细胞和各种血细胞构成，此处的淋巴细胞较白髓稀疏。

c. 红髓　位于白髓的周围，主要由脾索和脾窦组成，因富含红细胞在新鲜切面上呈红色。脾索为富含血细胞的淋巴细胞缩，互相吻合成网状，主要由B淋巴细胞、浆细胞和巨噬细胞构成；脾窦即脾内的血窦，发达，为血液在脾内的主要通路。

4. 血结和血淋巴结

血结呈卵圆形，直径5～12mm，暗红色，沿内脏血管分布，常成串存在。结构与淋巴结和脾相似，无淋巴管和淋巴窦，但有大量血窦。可滤过血液，参与免疫应答。血淋巴结较小，呈圆形或卵圆形，暗红色，直径1～3mm。结构介于血结呈淋巴结之间，有输入和输出淋巴管，窦腔既有淋巴液，也有血液，有滤血作用，也参与免疫活动。

5. 扁桃体

位于舌、软腭和咽的黏膜下组织内，含有大量淋巴组织，呈卵圆形隆起，表面被覆复层扁平上皮，上皮向固有层内凹陷形成许多分支的隐窝，上皮下及隐窝周围有大量的弥散淋巴组织和淋巴小结，隐窝深部的上皮内含有许多淋巴细胞、浆细胞和少量巨噬细胞。扁桃体主要参与机体免疫反应。

【复习思考题】

1. 叙述犬、猫心脏的位置、形态和构造。
2. 简述主动脉及其主要分支情况。
3. 犬、猫体表浅层淋巴结主要有哪些？位置在哪里？
4. 简述犬、猫淋巴结和脾的组织结构特点。

【岗位技能实训】

项目一　犬、猫心和全身动脉、静脉结构识别

【目的要求】

1. 掌握犬、猫心的形态、位置和心腔的结构。
2. 掌握犬、猫全身动、静脉血管主干起止、路径、分支和分布。

【实训材料】　犬、猫离体心脏标本、模型，全身动、静脉血管标本，模型。

【方法步骤】

1. 心脏

（1）观察心的位置、外形（心房、心室、冠状沟、左纵沟、右纵沟）。

（2）心腔的结构　观察各房、室构造，注意各部的入口、出口和瓣膜的形态构造。

（3）心壁的构造　观察心外膜、心肌和心内膜，注意各室的厚薄与功能的关系；并观察心的左、右冠状动脉，心大静脉，心中静脉及传导系统。

2. 全身动脉、静脉

（1）肺循环的血管　肺动脉、肺静脉。

（2）体循环的动脉

① 主动脉　主动脉弓、臂头动脉总干、胸主动脉、腹主动脉。

② 臂头动脉总干　左锁骨下动脉、臂头动脉、双颈动脉干、右锁骨下动脉。

③ 头颈部动脉　左颈总动脉、右颈总动脉、枕动脉、颈外动脉、颈内动脉。

④ 胸腹部动脉　胸主动脉的分支有支气管食管动脉、肋间动脉。腹主动脉的分支有腹腔动脉、肠系膜前动脉、肾动脉、肠系膜后动脉、睾丸动脉或子宫卵巢动脉、腰动脉。

⑤ 骨盆部动脉　髂内动脉的分支及分布。

⑥ 前肢动脉　腋动脉、臂动脉、正中动脉的分支和分布。

⑦ 后肢动脉　髂外动脉、股动脉、腘动脉、胫前动脉、足背动脉的分支和分布。

（3）全身静脉

① 前腔静脉　由颈静脉和腋静脉汇集而成。观察与应用有关的浅静脉的位置。

② 奇静脉　观察来自胸壁和胸腔器官的属支。

③ 后腔静脉　由左、右髂总静脉汇合而成。每侧髂总静脉由髂内静脉和髂外静脉汇合而成，分别观察骨盆和后肢静脉。

④ 门静脉　胃、肠、脾、胰的静脉汇合成门静脉进入肝门。

【技能考核】

1. 心脏的形态、心腔结构和体表定位表述。

2. 颈静脉、前、后肢主要静脉定位。

项目二　犬、猫淋巴器官结构的识别

【目的要求】

1. 掌握犬、猫主要淋巴结的名称和位置。

2. 掌握犬、猫脾、胸腺的形态、位置。

【实训材料】　犬、猫显示主要淋巴结分布的标本，显示脾、胸腺位置的标本和模型。

【方法步骤】

1. 淋巴结

（1）头颈部的淋巴结　观察下颌淋巴结、腮淋巴结、颈浅淋巴结。

（2）胸腔器官的淋巴结　观察纵隔前淋巴结、支气管淋巴结、纵隔后淋巴结。

（3）腹腔内脏的淋巴结　观察腹腔淋巴结、胃淋巴结、肝淋巴结、肠系膜淋巴结。

（4）腹壁和骨盆壁的淋巴结　观察髂内侧淋巴结、腹股沟浅淋巴结、髂下淋巴结。

（5）前肢的淋巴结　观察固有腋淋巴结、第一肋腋淋巴结。

（6）后肢的淋巴结　观察腘淋巴结。

2. 脾　脾位于腹前部，在胃的左侧。注意色泽、质地和形态。

3. 胸腺　犬、猫主要在胸腔的纵隔内。动物性成熟后胸腺逐渐退化萎缩。

【技能考核】

1. 主要淋巴结的名称和定位表述。

2. 脾、胸腺的形态、位置和功能描述。

项目三　犬、猫淋巴结和脾脏组织结构的识别

【目的要求】

1. 掌握犬、猫淋巴结的组织结构。

2. 掌握犬、猫脾脏的组织结构。

【实训材料】　犬、猫淋巴结切片，脾脏切片。

【方法步骤】

1. 淋巴结　淋巴结切片，HE 染色。

（1）肉眼观察　表面淡红色是被膜，周围蓝紫色是皮质，中央色浅是髓质。

（2）低倍镜观察　分辨被膜、小梁、皮质和髓质。

（3）高倍镜观察

① 被膜和小梁　被膜淡红色，深入实质，构成小梁，其中含小血管。

② 皮质　主要由浅层皮质、深层皮质和皮质淋巴窦组成。

a. 浅层皮质　淋巴小结为主要结构。淋巴小结呈圆形或椭圆形，外周染深蓝紫色，是多而密的小淋巴细胞；中央染色略浅，为生发中心，有中、大型淋巴细胞和网状细胞。

b. 深层皮质　为较疏松的淋巴组织，主要是 T 淋巴细胞。

c. 皮质淋巴窦　内含疏松的网状组织及少量淋巴细胞和巨噬细胞。

③ 髓质　由索状的髓索及网状的髓质淋巴窦构成，结构较疏松。

a. 髓索　是索状淋巴组织，吻合成网状，内含B淋巴细胞、网状细胞和巨噬细胞。

b. 髓质淋巴窦　是髓索之间的区域，与皮质淋巴窦相通，结构也相同。

2. 脾脏　脾脏切片，HE染色。

（1）肉眼观察　紫红色部分为红髓，散在于红髓之间蓝色的小点就是白髓。

（2）低倍镜观察　区分脾脏的被膜、小梁、白髓和红髓。

（3）高倍镜观察

① 被膜和小梁　脾的表面被覆浆膜，浆膜下是致密结缔组织和大量的平滑肌纤维构成的被膜。致密结缔组织和平滑肌纤维深入实质形成小梁，内含有血管。

② 实质　分白髓和红髓。

a. 白髓　由动脉周围淋巴组织鞘和脾小结构成。动脉周围淋巴组织鞘在切面上是围绕着1～2个小动脉周围的一团淋巴组织。脾小结是位于淋巴鞘一侧的淋巴小结。

b. 红髓　位于白髓和小梁之间，由脾索、脾窦和边缘区构成，呈红色。脾索为彼此吻合成网状的淋巴组织索；脾窦为血窦；边缘区是结构较疏松的淋巴组织。

【技能考核】

1. 描述低倍镜下的部分淋巴结结构。

2. 描述低倍镜下的部分脾脏结构。

第五章　神经及内分泌系统

【学习目标】

1. 了解神经系统的组成及基本结构。
2. 掌握神经系统的常用术语。
3. 熟悉脊髓和脑的位置、形态、内部结构。
4. 了解外周神经的组成及分布特点。
5. 掌握植物性神经的概念、组成和分布。
6. 理解激素、内分泌腺的概念。
7. 熟悉垂体、松果体、甲状腺、甲状旁腺、肾上腺等器官的位置、形态及结构。

【技能目标】

1. 能正确识别犬、猫脊髓横断面的内部结构和脑干的结构。
2. 能正确识别犬、猫臂神经丛、腰荐神经丛的组成及主要神经分布。
3. 能正确识别犬、猫垂体、松果体、甲状腺、甲状旁腺、肾上腺等器官的位置，能正确说出其分泌物。

第一节　神　经　系　统

一、概述

神经系统包括脑和脊髓，以及与脑、脊髓相连接并分布全身各处的周围神经。神经系统可接受体内和体外的刺激，并将刺激转化为神经冲动，通过脑和脊髓各级中枢的整合，再经周围神经控制和调节机体各个系统的活动。一方面使机体适应外界环境的变化，另一方面也调节着机体内环境的相对平衡，保证生命活动的正常进行，使动物体成为一个完整的对立统一体。

内分泌系统是机体内的一个重要的功能调节系统，以体液调节的形式，对动物机体的新陈代谢、生长发育和繁殖等起着重要调节作用。各种内分泌腺的功能活动相互联系和相互制约，它们在中枢神经系统的控制下分泌各种激素，激素又反过来影响神经系统的功能，从而实现神经体液调节，维持机体的正常生理活动，保持内环境的动态平衡，以适应外界环境的变化。

1. 神经系统的划分

神经系统按其位置、结构和功能的不同，可分为中枢神经系统与周围神经系统两部分。中枢神经系统包括脑和脊髓，分别位于颅腔和椎管内；周围神经系统是指脑和脊髓发出的神经，其末端通过各种末梢装置分布于全身各器官，包括由脑发出的脑神经和由脊髓发出的脊神经。周围神经又可根据功能和分布范围的不同区分为躯体神经和植物性神经。躯体神经分布于体表、骨、关节和骨骼肌；植物性神经分布于内脏、心血管与腺体。躯体神经和植物性神经都含有传入（感觉）纤维与传出（运动）纤维。传入纤维将神经冲动自感受器传向中枢，传出纤维则将神经冲动自中枢传向周围效应器。植物性神经（传出纤维）依功能可再分为交感神经和副交感神经。

2. 神经系统的基本结构

神经系统主要由神经组织组成，神经组织包括神经细胞和神经胶质。神经细胞具有感受刺激和传导冲动等功能，是神经系统的主要成分。神经胶质是神经系统的辅助成分，起支持、营养和保护作用

3. 神经系统的活动方式

神经系统的基本活动方式是反射，即接受内外环境的刺激，并做出适宜的反应，反射活动的形态基础是反射弧。反射弧包括五个环节，即感受器、传入（感觉）神经、中枢、传出（运动）神经和效应器。最简单的反射弧仅由两个神经元组成，即传入神经元和传出神经元直接在中枢内形成突触，如肌牵张反射。一般的反射弧在传入和传出神经元之间有一个或多个中间神经元参加，中间神经元越多，引起的反射活动就越复杂。

4. 神经系统的常用术语

在神经系统中，由于神经元的胞体和突起在不同的部位常有不同的聚集方式，因而具有不同的术语名称。

（1）皮质　皮质由位于中枢神经系统内的神经元胞体和树突所构成，富有血管，在新鲜标本上呈粉灰色，故称灰质。在大脑半球和小脑半球，灰质集中于表层，特称之为皮质。

（2）髓质　髓质是由各种神经纤维在中枢神经系内聚集而成。由于髓鞘表面含有类脂质，色泽亮而且白，故称白质。

（3）神经核和神经节　功能相同的神经元胞体在中枢集中在一起，叫神经核，在周围神经系集中在一起，就形成神经节。

（4）神经和神经纤维束　周围神经系神经纤维聚集一起构成神经。由中枢起止且行程和功能均相同的神经纤维集合成束，叫纤维束或传导束。

（5）网状结构　灰质和白质混杂一起，神经纤维交错成网，神经元胞体散在其中，形成网状结构。

（6）突触　一个神经元与另一个神经元之间的任何部分的功能接触点（也常包括神经元与效应细胞的功能接触），称为突触，突触可分为化学性突触和电突触。

5. 内分泌腺分类

内分泌腺又称为无导管腺，分泌的物质称激素，通过毛细血管和毛细淋巴管直接进入血液循环，然后被运送到对激素信号具有感受性的靶器官而产生生物学效应。分为三种类型。

（1）内分泌器官　结构上独立存在，肉眼可见的内分泌腺，如垂体、松果体、甲状腺、甲状旁腺、肾上腺等。

（2）内分泌细胞　散在于其他器官之内的内分泌细胞团块，如胰腺中的胰岛、睾丸内的间质细胞、卵巢内的卵泡细胞及黄体。

（3）内分泌要素　分布于非分泌器官、常被人忽视的内分泌要素，如胃泌素、肠道激素、神经激素等的分泌细胞或组织。

二、中枢神经系统

（一）脊髓

脊髓由胚胎时期的神经管后部发育而成，基本上保持了原始神经管形状，具有节段性，是中枢神经系的低级部分。脊髓是躯干与四肢的初级反射中枢，与脑的各级中枢联系密切，又是神经冲动的传导通路，正常情况下，脊髓的活动都是在脑的控制下进行。

1. 脊髓的形态和位置

脊髓位于椎管内，其前端在枕骨大孔处与延髓相连，后端止于荐骨中部，呈背腹略扁的

圆柱状，依据所在部位可分为颈部（颈髓）、胸部（胸髓）、腰部（腰髓）、荐部（荐髓）和尾部（尾髓）。脊髓的全长粗细不等，有 2 个膨大，即颈膨大和腰膨大。在颈后部和胸前部由于分出至前肢的神经，神经细胞和纤维含量较多，形成颈膨大。在腰荐部分出至后肢的神经，故也较粗大，称腰膨大。腰膨大之后则逐渐缩小呈圆锥状，称脊髓圆锥。自脊髓圆锥向后伸出一根细丝，叫终丝。在胚胎发育过程中，脊柱比脊髓生长快，脊髓逐渐短于椎管，荐神经和尾神经自脊髓发出后要在椎管中向后延

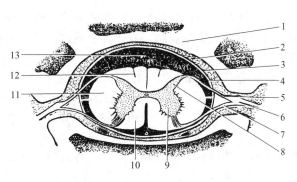

图 5-1　脊髓的横断面模式图

1—椎弓；2—硬膜外腔；3—脊硬膜；4—硬膜下腔；5—背侧根；6—脊神经节；7—腹侧根；8—背侧柱；9—腹侧柱；10—腹侧索；11—外侧索；12—背侧索；13—蛛网膜下腔

伸一段，才能到达其相应的椎间孔。因而脊髓圆锥周围排列有较长的神经，形成马尾（图5-1）。

　　脊髓表面有几条平行的沟，在腹侧面正中的沟较深，叫腹正中裂；背侧面正中的沟较浅，叫背正中沟。裂和沟把脊髓分为左、右两半。在背正中沟的外侧，有背外侧沟，脊神经的背侧根（感觉根）就是通过背外侧沟进入脊髓；腹正中裂的外侧有腹外侧沟，有脊神经的腹侧根（运动根）通出。

2. 脊髓的内部构造

　　脊髓由灰质和白质构成，从脊髓的横切面观察，灰质位于中央，呈"H"形，颜色灰暗；白质位于灰质的外周，呈白色。灰质中央是中央管，纵贯脊髓全长，前接第四脑室，后达终丝的起始部，并在脊髓圆锥内呈菱形扩张形成终室。

　　（1）灰质　灰质主要由神经元的胞体和树突构成。横切面上，可见每侧灰质都有背、腹侧两个突出部，分别称为背角和腹角，从第 1 胸节段（或第 8 颈节）到第 3 腰节段，灰质中间部向外突出形成侧角。它们在脊髓前后连贯形成柱状，分别称为背侧柱、腹侧柱和外侧柱。背侧柱的神经元属于中间神经元；腹侧柱主要由运动神经元组成，一般把运动神经元分为两群：内侧群（内侧核）支配躯干肌，外侧群（外侧核）支配四肢肌。外侧柱内的神经元属于植物性神经，聚集形成中间外侧核。中央管背侧和腹侧的灰质称为灰质连合。

　　（2）白质　白质主要由有髓纤维组成，含有长短不等的纤维束，被灰质柱分为 3 个索。在背侧柱与背正中沟之间的为背侧索；位于腹侧柱与腹正中裂之间的为腹侧索；位于背侧柱与腹侧柱之间的为外侧索。靠近灰质的白质为一些短程的连接脊髓各段之间的纤维，形成脊髓固有束。背侧索是由脊神经感觉神经元的中枢突构成，为感觉传导束，主要包括内侧的薄束和外侧的楔束。外侧索内的神经束，位于浅部的是感觉传导束；位于深层的是运动传导束；腹侧索内的神经束主要是运动传导束。

3. 脊髓的被膜和血管

　　（1）脊膜　脊髓外面被覆有三层结缔组织膜，总称为脊膜，由内向外依次为脊软膜、脊蛛网膜和脊硬膜。

　　① 脊软膜　很薄，紧贴在脊髓的表面，富有神经和血管。

　　② 脊蛛网膜　也很薄，缺乏神经和血管，与脊软膜之间形成相当大的腔隙，称为蛛网膜下腔，向前与脑蛛网膜下腔相通，容纳脑脊液。蛛网膜通过结缔组织小梁与脊硬膜和脊软膜相连接。荐尾部的蛛网膜下腔较宽。

　　③ 脊硬膜　为白色致密的结缔组织膜。在脊硬膜与脊蛛网膜之间形成狭窄的硬膜下腔，

内含少量液体，向前与脑硬膜下腔相通。在脊硬膜与椎管之间有一较宽的腔隙，称为硬膜外腔，内含静脉和大量脂肪，有脊神经通过。临床做脊髓硬膜外麻醉时，就是把麻醉药注入硬膜外腔，以阻滞脊神经的传导作用。

（2）脊髓的血管

① 脊髓的主要动脉是脊髓腹侧动脉。它沿腹正中裂延伸，分布于脊髓。脊髓腹侧动脉由枕动脉、椎动脉、肋间背侧动脉、腰动脉和荐外侧动脉的脊髓支形成。

② 脊髓的主要静脉是脊柱窦，它沿着椎体背侧纵韧带两侧延伸，经交通支，把脊髓的静脉血送入枕静脉、椎静脉、肋间背侧静脉、腰静脉和荐外侧静脉。

（二）脑

脑由胚胎时期的神经管前部发育而成，是神经系统的高级中枢，机体内的许多活动都在脑的控制下完成。脑位于颅腔内，经枕骨大孔与脊髓相连。脑的形态不规则，表面凹凸不平，根据外部形态和内部结构特征可区分为延髓、脑桥、中脑、间脑、大脑和小脑。通常将延髓、脑桥和中脑合称为脑干。

1. 脑干

脑干通常包括延髓、脑桥和中脑。脑干也由灰质和白质构成，灰质形成许多的神经核团，位于白质中，其中与第3～12对脑神经直接联系的神经核团称为脑神经核。脑干内的白质包括脑干本身各核团间的联系纤维、大脑和小脑及脊髓等相互联系经过脑干的纤维以及脑干各神经核团与脑干以外各结构间的联系纤维（图5-2、图5-3）。

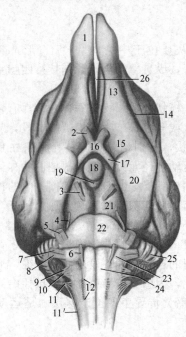

图 5-2　犬脑腹侧面（保留神经根的起点）
1—嗅球；2—视神经；3—动眼神经；4—滑车神经；5—三叉神经；6—外展神经；7—面中间神经（面神经）；8—前庭耳蜗神经；9—舌咽神经；10—迷走神经；11—副神经；11′—副神经的脊根；12—舌下神经；13—嗅回；14—外侧鼻沟；15—外侧窝；16—视神经交叉；17—视回；18—垂体；19—乳头体；20—梨状叶；21—大脑脚；22—脑桥；23—棱形体；24—延髓的锥体；25—小脑；26—大脑纵裂

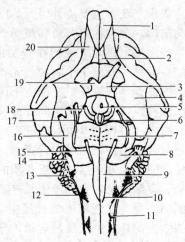

图 5-3　猫脑腹面观
1—嗅球；2—前穿孔区；3—视交叉；4—梨状叶；5—漏斗；6—脚间窝；7—脑桥；8—斜方体；9—锥体束；10—锥体交叉；11—副神经；12—舌下神经；13—副神经；14—面神经-迷走神经；15—外展神经；16—三叉神经；17—滑车神经；18—动眼神经；19—视神经；20—嗅束

（1）延髓

① 延髓的外形　延髓是脑的最后部，后连脊髓，前接脑桥，背面大部分被小脑覆盖，腹面则位于枕骨基底部的背侧。延髓呈前宽后窄，背腹略扁的柱状。其腹面有腹正中裂，是脊髓腹正中裂的延续。在裂的两侧有向前后伸延的隆起，叫锥体。在锥体的后端有纤维交叉，叫锥体交叉。延髓前端的锥体两侧，有一窄小的横行隆起，称为斜方体。延髓前后部的形态差别较大，其后部的形态与脊髓相似，也有中央管，称为延髓的闭合部；前部的中央管开放，形成第四脑室底的后部，称延髓的开放部。第四脑室后部两侧走向小脑的隆起，叫绳状体，又称小脑后脚，主要由出入小脑的部分纤维构成，两脚之间所连的薄层白质为后髓帆。在绳状体的后外侧有结节状隆凸，内侧的称为薄束结节，深部有薄束核；外侧的称为楔束结节，深部有楔束核。在延髓的两侧由前向后依次有面神经根、前庭耳蜗神经根、舌咽神经根、迷走神经根和副神经根；锥体前端的两侧有外展神经根，后部两侧发出舌下神经根。

② 延髓内部结构特征　延髓后部的结构与脊髓相似，但是，由于中央管在延髓的中部逐渐偏向背侧并敞开形成第四脑室，所以前部的变化比较大。主要特点是形成锥体交叉、内侧丘系交叉及薄束核和楔束核的出现。大脑皮质的下行纤维在延髓腹侧正中形成发达的锥体束，锥体束的 3/4 纤维交叉到对侧形成锥体交叉；在延髓的背侧出现薄束核和楔束核，发出的二级纤维交叉到对侧形成内侧丘系交叉；由于上述纤维发生交叉，运动神经核团和感觉神经核团的位置已失去脊髓中的规律排列。主要的神经核有舌下神经核、疑核、迷走神经背核、延髓泌涎核、孤束核、三叉神经脊束核、副神经核及薄束核和楔束核等。

（2）脑桥

① 脑桥的外形　脑桥位于小脑的腹侧，前接中脑，后连延髓。其腹面呈一宽的横行隆起，正中央有一纵行的浅沟，称基底沟。脑桥腹侧部从两侧向背侧伸入小脑，形成小脑中脚，又称脑桥臂。脑桥背面凹陷，形成菱脑窝的前半部，两侧壁的隆起为小脑前脚，又称结合臂，由小脑发出伸向中脑的纤维构成。左、右小脑前脚间所夹的薄层白质称前髓帆，构成第四脑室的前部。

② 脑桥内部结构特征　脑桥在横断面上分为两部，腹侧部叫基底部，它是由纵横行的纤维和散在其中的神经细胞团构成，是大脑与小脑间的联系桥梁；背侧部叫被盖部，是延髓背侧部的延续。脑桥的神经核、网状结构、脊髓的上行纤维束以及除锥体外的一些下行纤维束都集中在被盖部。主要神经核有面神经核、脑桥泌涎核、外展神经核、三叉神经运动核、三叉神经主核、前庭神经核和耳蜗神经核等。

（3）第四脑室　第四脑室位于延髓、脑桥和小脑之间的腔隙，前通中脑导水管，后接脊髓中央管。顶壁呈帐篷形，由前髓帆、小脑、后髓帆和第四脑室脉络丛构成。第四脑室脉络丛位于后髓帆与菱形窝后部之间，由富于血管丛的室管膜和脑软膜组成，能产生脑脊液；侧壁由小脑脚构成；第四脑室底呈菱形，又称菱形窝，由脑桥背面和延髓背面开放部构成。

（4）中脑

① 中脑的外形　中脑是脑中最小的部分，其腹侧面有两条伸向前外方的纵行隆起，称为大脑脚，它们分别从大脑半球伸向后内侧进入脑桥。左、右大脑脚间的凹窝称脚间窝。中脑的背侧为顶盖，其表面呈两对丘状隆起称为四叠体，前方的一对叫前丘，后方的一对叫后丘。从后丘向前外方发出一斜行隆起，称为后丘臂，连于间脑的内侧膝状体。

② 中脑内部结构特征　中脑中部有纵贯中脑的中脑导水管，前通第三脑室，后连第四脑室。在横断面上可见中脑导水管周围有灰质包围，称为中央灰质。以中央灰质为界，将中央灰质背侧部分称为中脑顶盖；中央灰质的腹侧部分称为大脑脚，大脑脚又可分为背侧的被盖和腹侧的脚底。中脑顶盖主要结构是灰质形成的四叠体。前丘接受视束的纤维，发出纤维至外侧膝状体，再至大脑皮质。后丘主要接受耳蜗神经核的纤维，发出的纤维至内侧膝状

体，再至大脑并有纤维至前丘，是声反射的联络站。大脑脚主要由运动纤维组成。被盖是脑桥被盖的延续，内有脑神经核团和其他核团以及上下行纤维。中脑主要神经核团有滑车神经核、动眼神经核、动眼神经副核、三叉神经中脑核、红核、黑质等。

2. 小脑

（1）小脑的外形　小脑略呈球形，位于延髓和脑桥的背侧，构成第四脑室的顶壁。其表面由许多沟和回。小脑被两条纵沟分为两侧的小脑半球和正中蚓部。蚓部最后有一小结，向两侧伸入小脑半球腹侧，与小脑半球的绒球合称绒球小结叶，是小脑最古老的部分。绒球小结叶调节平衡和肌紧张。小脑半球属新小脑，与大脑半球联系密切，参与调节随意运动。

（2）小脑内部结构特征　从前丘发出一条前丘臂伸向间脑的外侧膝状体。小脑表面为灰质，称为小脑皮质；深部为白质，称为小脑髓质。白质呈树枝状伸向小脑皮质，称为小脑树。白质深部存在的核团，称为小脑核，主要有三对，外侧一对最大，称小脑外侧核或齿核，中部的核团为顶核（内侧核），中部外侧的核为栓核（小脑中位核）。小脑借前、中、后三对脚与延髓、脑桥、中脑和丘脑相连。小脑后脚主要是来自脊髓和延髓进入小脑的纤维，如脊髓小脑背侧束、前庭小脑束和橄榄小脑束等。小脑中脚由脑桥核发出的脑桥小脑束组成。小脑前脚主要由小脑齿核发出的纤维组成。

3. 间脑

间脑位于中脑和大脑半球之间，被两侧的大脑半球所覆盖，内有第三脑室。间脑可分为丘脑、上丘脑、下丘脑和底丘脑。

（1）丘脑　丘脑是两个卵圆形的灰质团块，由其中央灰质形成的丘脑中间块相连接，其周围的环状裂隙为第三脑室。丘脑的前端狭窄而隆凸，称为丘脑前结节。后端膨大，称为丘脑枕。丘脑含有许多神经核，其中一部分核是上行传导路的总联络站，接受来自脊髓、脑干和小脑的纤维，由此发出纤维至大脑皮质。在丘脑枕的后外侧有 2 个小隆起，即内侧膝状体和外侧膝状体。内侧膝状体位于后内侧，借后丘臂连接后丘，接受上行的听觉纤维，是听觉传导路中的最后一个中继站，发出的纤维终止于大脑皮质。外侧膝状体位于外侧，借前丘臂连接前丘，接受视束的纤维，发出的纤维至大脑皮质，是视觉传导路的最后一个中继站。

（2）上丘脑　上丘脑位于第三脑室顶部周围。主要包括僵三角、僵连合和松果体。僵三角位于前丘的前方，是边缘系的组成部分，内隐僵核；左、右僵三角相连的部分为僵连合；僵三角的背侧为圆锥形的松果体，它属于内分泌腺。

（3）下丘脑　下丘脑位于间脑的腹侧部，构成第三脑室的底壁和侧壁的腹侧部。它是植物性神经系统的皮质下中枢。从脑底部观察，由前向后为视交叉、视束、灰结节、漏斗、垂体和乳头体。视束由左、右视神经汇合而成，视交叉向后伸延为视束。视交叉的后部为灰结节，它向下移行为漏斗。漏斗的腹侧连接垂体。垂体为体内重要的内分泌腺。灰结节后方的圆形隆起，为乳头体。

在下丘脑灰质的细胞大部分呈弥散分布，神经核团主要有视上核和室旁核。视上核位于视交叉的前方；室旁核位于第三脑室侧壁内。它们均发出神经纤维沿漏斗柄伸向垂体后叶，能进行神经分泌。视上核分泌抗利尿激素，室旁核分泌催产素。此外丘脑还含有许多重要核团，它们共同管理一系列复杂的代谢活动和内分泌活动。

（4）底丘脑　底丘脑是中脑被盖与丘脑相连的部分，位于大脑脚背侧，红核和黑质均延伸至此。在大脑脚背内侧有丘脑底核，属锥体外系的结构。

（5）第三脑室　第三脑室是环绕丘脑中间块的环状空隙，前方借左、右室间孔与侧脑室相通，后方通中脑导水管。第三脑室底壁由乳头体、灰结节和视交叉形成，背侧壁为第三脑室脉络丛，并经室间孔与侧脑室脉络丛相连。

4. 大脑

大脑又称端脑，位于脑干的前方，后方以大脑横裂与小脑分开，背侧被大脑纵裂分为左、右两个大脑半球，两半球由横行纤维构成的胼胝体相连。大脑半球包括嗅脑、大脑皮质和白质、基底核和侧脑室。

（1）大脑半球的皮质和白质

① 皮质　为覆盖于大脑半球表面的一层灰质，是神经活动的高级中枢。外侧面以由前向后的外侧嗅沟与嗅脑为界。表面出现许多沟状凹陷，称为脑沟，在脑沟之间的隆起为脑回。根据大脑皮质的机能和位置，每一大脑半球分为5个叶，前部为额叶，背侧面为顶叶，外侧面的颞叶，后面为枕叶及半球的内侧面的边缘叶。一般认为额叶是运动区，顶叶是一般感觉区，颞叶是听觉区，枕叶是视觉区，边缘叶为调节内脏活动的高级中枢。

② 白质　也称为大脑半球髓质，主要由神经纤维构成，包括投射纤维、连合纤维和联络纤维三种。投射纤维是大脑皮质与皮质下中枢相联系的纤维，分上行（感觉）和下行（运动）纤维两种，都集中通过内囊。因此，内囊受伤会出现广泛的感觉和运动障碍；连合纤维是两个半球的相应部位互相联系的横行纤维，这主要有位于大脑纵裂深部的胼胝体。胼胝体的前后端均与穹隆邻接，但在两者中间的大部分，是以白质薄板相连，这个白质薄板称为透明中隔；联络纤维是大脑半球本侧各叶之间相互联系的纤维。

（2）嗅脑　嗅脑位于大脑的腹侧，由嗅球、嗅束、嗅三角、梨状叶和海马等构成。

① 嗅球、嗅束和嗅三角　嗅球呈卵圆形，位于大脑半球前端，是嗅脑最前端的部分。嗅球中空为嗅球室，与侧脑室相通。嗅球接受嗅黏膜的嗅神经纤维，即嗅丝，内含嗅神经的终止核。嗅球的后面接两个嗅束（嗅回），即内侧嗅束和外侧嗅束。内侧嗅束伸向半球内面的旁嗅区，外侧嗅束向后连于梨状叶。内、外侧嗅束之间的三角形灰质隆起称嗅三角。嗅球和嗅三角等结构属于旧皮质。

② 梨状叶　为嗅三角后方、大脑脚外侧的梨状隆起，其表面是灰质，前端深部有杏仁核，位于侧脑室底壁。梨状叶被视为嗅觉皮质区。

③ 海马　由白质和灰质组成，属古老皮质。呈三角形，由梨状叶的后部和内侧部转向半球的深部而成。左、右半球的海马前端于正中相连接，形成侧脑室后部的底壁。海马的纤维向外侧缘集中形成海马伞，伞的纤维向前内侧伸延，与对侧相连形成穹隆。穹隆中部较短，称为穹隆体，其前方为穹隆柱，伸向腹侧进入间脑，连于乳头体，穹隆体的后方为穹隆脚，两脚间的横行纤维为海马连合。

（3）基底核　基底核是大脑半球内部的灰质核团，位于半球基底部。主要包括尾状核和豆状核，以及两核之间由白质构成的内囊。尾状核斜向位于丘脑的前外侧，并与丘脑相接，作为侧脑室前部的底壁。其外侧为内囊。内囊的外侧为豆状核，豆状核被白质又分为内、外两部分，内部叫苍白球，外部叫壳核。在尾状核的前端，尾状核与豆状核之间，有横越内囊的灰质窄条，使该部呈条纹状，称为纹状体。一般认为基底核是锥体外系运动束的一个重要联络站。

（4）边缘叶　边缘叶位于大脑半球内侧面，由扣带回及其后端腹侧的海马回和齿状回相连而形成的一个穹隆形脑回。由于其位于大脑与间脑相接处的边缘，故称边缘叶。边缘叶与附近的皮质以及有关的皮质下结构，在结构和功能上有密切联系，从而构成一个统一的功能系统，称为边缘系统。边缘系统不仅与嗅觉有关，而且参与个体生存、种族保存、内脏活动调节等。

（5）侧脑室　侧脑室位于大脑半球内，是左、右对称的两个腔隙。顶壁为胼胝体；底壁前部为尾状核，后部为海马；内侧壁是透明中隔，以室间孔通第三脑室。侧脑室内有脉络丛，在室间孔处与第三脑室脉络丛相连。

（三）脑膜、脑血管和脑脊液

1. 脑膜

脑的外面包有三层结缔组织膜，总称为脑膜。由内向外依次为脑软膜、脑蛛网膜和脑硬膜。

（1）脑软膜 较薄，富有血管，紧贴于脑的表面，并随血管分支伸入脑中形成鞘，围于小血管的外面，在侧脑室、第三脑室和第四脑室的脑软膜含有大量的血管丛，能产生脑脊液。

（2）脑蛛网膜 很薄，包围于软膜外面，以无数纤维与之相连。位于蛛网膜与软膜之间的腔隙称蛛网膜下腔，内含脑脊液。蛛网膜在矢状窦形成许多绒毛状突起，叫蛛网膜粒，脑脊液通过蛛网膜粒渗透到静脉窦。经第四脑室脉络丛上的孔使脑室与蛛网膜下腔相通。

（3）脑硬膜 较厚，包围于蛛网膜外。位于硬膜与蛛网膜之间的腔隙称硬膜下腔，内含少量液体。硬膜紧贴于颅腔壁，其间无腔隙存在。硬膜形成大脑镰、小脑幕和鞍隔。大脑镰位于两大脑半球之间；小脑幕位于大脑半球与小脑之间；鞍隔位于垂体背侧。脑硬膜含有静脉窦，接受来自脑的静脉血。在大脑镰内有矢状窦和直窦，接受脑背侧部的静脉；在鞍隔和基底部有海绵窦和基底窦，接受脑腹侧部的静脉。

2. 脑血管

脑的血液来自颈内动脉、枕动脉和椎动脉。这些动脉在脑底汇合成动脉环，围绕垂体。从动脉环上分出侧支，分布于脑。脑的静脉汇于脑硬膜中的静脉窦。脑背侧部的静脉血液注入矢状窦、直窦等处，然后经大脑上静脉入颞浅静脉；脑腹侧部的静脉汇入海绵窦和基底窦，二窦相通，并有眼外静脉连于海绵窦。基底窦借大脑下静脉通入颅枕静脉。

3. 脑脊液

脑脊液是由各脑室脉络丛产生的无色透明液体，充满各脑室及蛛网膜下腔。脑脊液对维持脑组织的渗透压和颅内压的相对恒定有重要作用，并起着淋巴的功能以及减少外力震荡的作用。发生病变时其成分和压力发生变化，故临床进行"腰穿"，抽取脑脊液进行检查，协助对某些疾病做出诊断。

脑脊液不断由脉络丛产生，沿一定途径循环，又不断被重吸收回流到血液，称作脑脊液循环，其循环途径如下：左、右侧脑室脉络丛产生的脑脊液，经左、右侧室间孔流入第三脑室，与第三脑室脉络丛产生的脑脊液一起，经中脑导水管流入第四脑室。然后与第四脑室脉络丛产生的脑脊液一起，经正中孔和外侧孔进入蛛网膜下腔，流向大脑背侧，经蛛网膜粒渗透到矢状窦，再回到血液循环中。若脑室系统的通路发生阻塞，脑脊液循环即发生障碍，可产生脑积水或颅内压增高。

三、周围神经系统

周围神经系是由联系中枢和各器官之间的神经纤维构成。根据分布的不同可分为躯体神经和内脏神经。躯体神经又分为自脊髓发出的脊神经和自脑发出的脑神经。躯体神经分布于体表、骨、关节和骨骼肌，而内脏神经分布于内脏、腺体和心血管。

（一）脊神经

脊神经有35～38对，其中颈神经8对，胸神经13对、腰神经7对、荐神经3对和尾神经4～7对。第1对颈神经出寰椎椎外侧孔，第2～7对颈神经依次出相应的椎间孔，第8对颈神经出第7颈椎和第1胸椎之间的椎间孔。胸、腰、荐、尾神经分别穿过其相对应椎骨的椎间孔出椎管。

每一对脊神经都由与脊髓相连的腹侧根和背侧根在椎间孔处汇合而成。腹侧根属运动性，又称运动根，由脊髓腹角运动神经元以及脊髓胸1（或颈8）至腰3节侧角中间外侧核和荐2～4节副交感核的神经元发出的轴突组成；背侧根属感觉性，又称感觉根，由脊神经节中假单极神经元的中枢突组成。脊神经节是背侧根在椎间孔处的膨大部分，主要由假单极神经元的胞体聚集而成。脊神经节的神经元发出的中枢突组成背侧根，经脊髓背外侧沟进入脊髓，其周围突是走向外周的纤维，与腹侧根相合形成脊神经。

脊神经是混合神经，含有以下4种神经成分：将神经冲动由中枢传向效应器而引起骨骼肌收缩的躯体运动（传出）纤维；将神经冲动由中枢传向效应器引起腺体分泌、内脏运动及心血管舒缩的内脏运动（传出）纤维；将感觉冲动由躯体（体表、骨、关节和骨骼肌）感受器传向中枢的躯体感觉（传入）纤维；将感觉由腺体、内脏器官及心血管传向中枢的内脏感觉（传入）纤维。

脊神经出椎间孔后，分为背侧支和腹侧支。背侧支分布于脊柱背侧的肌肉和皮肤；腹侧支分布于脊柱腹侧和四肢的肌肉及皮肤。

1. 脊神经的背侧支

每一颈神经、胸神经和腰神经的背侧支又分为内侧支和外侧支，分布于颈背侧、背部和腰部。荐神经和尾神经的背侧支分布于荐部和尾背侧。

2. 脊神经的腹侧支

（1）颈神经的腹侧支 颈神经的腹侧支分布于颈腹侧的肌肉并穿通臂头肌分布于皮肤。主要分支有耳大神经、颈横神经和膈神经。

① 耳大神经 来自第2颈神经，沿寰椎翼外侧缘向耳廓伸延，分布于耳廓背面皮肤。

② 颈横神经 由第2颈神经的分支形成，走向下颌，主要分布于下颌间隙皮肤。

③ 膈神经 为膈的运动神经，由第5～7颈神经的分支形成，沿斜角肌腹侧缘进入胸腔，在纵隔内向后行，横过心包，分布于膈。

（2）胸神经的腹侧支 胸神经的腹侧支又叫肋间神经，沿肋骨的后缘向下伸延，与同名血管并行分布于肋间肌、腹壁肌和躯干皮肤；最后肋间神经又称肋腹神经，经腰方肌背侧面向外侧伸延，在第1腰椎横突顶端的前下方分为深、浅两支：深支沿最后肋骨后缘在腹内斜肌与腹横肌之间下行，进入腹直肌，并分支到腹内斜肌和腹横肌；浅支穿过腹外斜肌，在躯干皮肌深面下行，分布于腹外斜肌、躯干皮肌及皮肤。

（3）腰荐神经的腹侧支 腰、荐神经的腹侧支相互连接形成腰荐神经丛。

（4）尾神经的腹侧支 尾神经的腹侧支形成尾腹侧神经，分布于尾腹侧肌肉和皮肤。

3. 臂神经丛

臂神经丛由第6～8颈神经和第1、2胸神经的腹侧支形成，在斜角肌上、下两部之间穿出，位于肩关节的内侧。从臂神经丛上发出8支神经，即肩胛上神经、肩胛下神经、腋神经、肌皮神经、胸肌神经、桡神经、尺神经和正中神经（图5-4）。

（1）肩胛上神经 由第6、7颈神经的腹侧支形成。从臂神经丛前部分出，与同名动脉一起经肩胛下肌和冈上肌之间，绕过肩胛骨前缘伸向外后方，分布于冈上肌、冈下肌及肩关节。

（2）肩胛下神经 由第6、7、8颈神经的腹侧支形成。自臂神经丛分出后，常分2～4支分布于肩胛下肌。

（3）腋神经 由第8颈神经的腹侧支形成。从臂神经丛中部发出后，经肩胛下肌与大圆肌之间，在肩关节后方分出数支，分布肩胛下肌、大圆肌、小圆肌、三角肌和臂头肌，并分出皮支分布臂部和前臂背侧面的皮肤。该神经的麻痹不会出现运动障碍。

（4）肌皮神经 由第7、8颈神经的腹侧支形成。从臂神经丛前部发出，分出分布到臂二头肌和喙臂肌的肌支后，在腋动脉下方与正中神经相连形成腋襻，其主干与正中神经一起

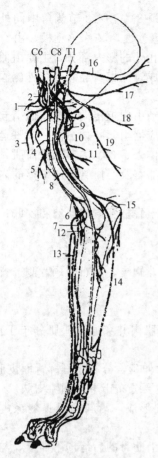

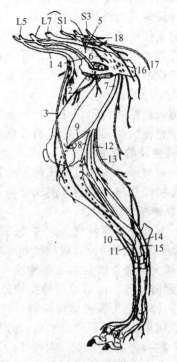

图 5-4　犬的臂神经丛

1—肩胛上神经；2—肩胛下神经；3—胸前
神经；4—肌皮神经；5—近侧肌支；6—远
侧肌支；7—前臂内侧皮神经；8—正中神
经；9—腋神经；10—桡神经；11—分布
于深肌的肌支；12—前臂内侧皮神经皮支；
13—前臂背侧皮神经；14—尺神经；
15—前臂掌侧皮神经；16—胸长神经；
17—胸背侧神经；18—胸外侧神经；
19—胸后神经

图 5-5　犬的后肢神经

1—股神经；2—分布于股四头肌的肌支；3—隐
神经；4—闭孔神经；5—盆神经；6—分布于
闭孔内肌、股方肌等肌支；7—坐骨神经；
8—腓总神经；9—小腿外侧皮神经；10—腓
浅神经；11—腓深神经；12—胫神经；
13—小腿跖侧皮神经；14—足底内侧神
经；15—足底外侧神经；16—阴部神经；
17—股后皮神经；18—直肠后神经

沿臂动脉前缘下行，到臂下 1/3 处与正中神经分开，主要分布臂二头肌和臂肌，并分出皮
支，即前臂内侧皮神经，在二肌之间走向前臂内侧面，分布前臂、腕、掌内侧皮肤。该神经
的损伤可引发提举前肢障碍。

　　（5）胸肌神经　由第 7、8 颈神经和第 1 胸神经的腹侧支构成。分为前、后两部：前部
叫胸肌前神经，有数支，分布于胸浅肌和胸深肌；后部叫胸肌后神经除分布于胸深肌、皮肌
和皮肤外，还分出胸长神经、胸背侧神经和胸外侧神经。胸长神经沿胸腹侧锯肌的表面后
走，分布于此肌；胸背侧神经横过大圆肌，走向后上方，分布于背阔肌；胸外侧神经沿胸廓
外静脉向后延伸，分布于躯干皮肌和皮肤。

　　（6）桡神经　由第 7、8 颈神经和第 1 胸神经的腹侧支构成，是臂神经丛中最粗的分支。
从臂神经丛后部分出，沿尺神经后缘下行，进入臂三头肌长头与内侧头之间，通过臂肌沟出
前肢的前外侧面，并在途中发出臂三头肌各头、前臂筋膜张肌及肘肌的肌支，出肌支后，在

臂部的下部分布于包括腕尺侧伸肌在内的所有的腕关节和指关节伸肌。其皮支为前臂背侧皮神经，常常反转至前臂和腕部的背外侧。此神经容易在外伤时受损。

（7）尺神经　由第8颈神经和第1颈神经的腹侧支形成。从臂神经丛后部分出，起初与正中神经一起沿臂部下行，然后离开正中神经至肘突，横过肘关节的后面，主要分布于腕关节和指关节屈肌、骨间肌和掌外侧的皮肤。此神经出现麻痹后不会发生运动和站立姿势的障碍。

（8）正中神经　由第8颈神经和第1胸神经的腹侧支形成，是前肢最长的神经。从臂神经丛后部分出，沿臂动脉前缘与肌皮神经一起向下伸延，到臂骨中部与肌皮神经分离后，越过肘关节内侧副韧带，沿腕桡侧屈肌的深面，至腕部。在前臂部或腕管内分成2支或更多支，穿过腕管，分布于掌侧面。正中神经与尺神经共同分布于腕关节和指关节所有屈肌。此神经的损伤不会引起运动障碍，但会出现站立时腕关节过度伸展，而出现前爪比正常翘起。

4. 腰神经丛

后位第3～4腰神经腹侧支和前位2个荐神经的腹侧支共同形成腰荐神经丛。由腰神经腹侧支主要分出6个分支，即髂腹下神经、髂腹股沟神经、生殖股神经、股外侧皮神经、股神经和闭孔神经。

（1）髂腹下神经　由第1对腰神经的腹侧支形成。起自腰神经丛，经腰方肌与腰大肌之间向后下方伸延，达第2腰椎横突顶端的下方分为浅、深两支。浅支分布于腹外斜肌和腹侧壁后部的皮肤；深支分布于腹内斜肌、腹横肌、腹直肌及腹底壁的皮肤。

（2）髂腹股沟神经　由第2对腰神经的腹侧支形成。起自腰神经丛，从腰方肌与腰大肌之间穿出，经第4腰椎横突顶端的下方向后伸延，分为浅、深两支。浅支分布于膝褶外侧的皮肤；深支分布于腹内斜肌、腹直肌和腹底壁的皮肤。

（3）生殖股神经　由第2、3、4对腰神经的腹侧支形成。起自腰神经丛，横过旋髂深动脉的外侧向下伸延，分为前、后两支，除分支到腹内斜肌外，两支均通过腹股沟管，公犬分布于包皮、阴囊和提睾肌，母犬则分布到乳房。

（4）股外侧皮神经　由第3、4对腰神经的腹侧支形成。起自腰神经丛，沿腹横筋膜下行，在髋结节的下方穿通腹肌，经阔筋膜张肌内侧与旋髂深动脉后支并行，直至膝褶处，分布于股部外侧和膝关节前面的皮肤。

（5）股神经　第5、6、7对腰神经的腹侧支形成。起自腰神经丛，是腰神经丛中最粗的神经。由髂肌和腰大肌之间穿出，有分支分布于髂腰肌，并分出隐神经，本干与旋股外侧动脉一起进入股直肌与股内侧肌之间，分为数支，分布于股四头肌。此神经发生机能障碍时，出现膝关节僵直，股内侧感觉丧失。

隐神经在股神经横过腰大肌腱处分出，有分支进入缝匠肌，然后于股管中下行，从缝匠肌与股薄肌之间出于皮下，分布于股部及小腿内侧皮肤。

（6）闭孔神经　由第4～7对腰神经的腹侧支形成。起自腰神经丛，沿髂骨体的内侧伸至闭孔，出分支到闭孔内肌，主干从闭孔通出后分布于闭孔外肌和股内侧肌群。

5. 荐神经丛

荐神经丛参与构成腰荐神经丛，位于荐骨腹侧，分出5个分支，即臀前神经、臀后神经、阴部神经、直肠后神经和坐骨神经。见图5-5。

（1）臀前神经　由第6、7对腰神经和第1对荐神经的腹侧支形成。起自腰荐神经丛，与臀前动脉一起经过坐骨大孔穿出盆腔，分布于阔筋膜张肌、臀中肌和臀深肌等。

（2）臀后神经　由第1、2对荐神经的腹侧支形成。起自腰荐神经丛，经坐骨大孔出盆腔，分支分布于臀浅肌、臀股二头肌、半腱肌和半膜肌等。

（3）阴部神经　由第1～3对荐神经的腹侧支形成。起自荐神经丛，在荐结节阔韧带内侧面走向后下方，出皮支分布于股后部的皮肤，然后分出会阴神经，分布于尿道、肛门和会阴等处，主干绕过坐骨弓出盆腔，公畜转至阴茎背侧，称为阴茎背侧神经，沿阴茎背侧向前伸延，分布于阴茎和包皮；母畜则为阴蒂背神经，分布于阴唇和阴蒂。

（4）**直肠后神经** 来自最后荐神经的腹侧支。起自腰荐神经丛，通常有 2 支，均较细，在直肠与尾骨肌之间向后行走。公畜分布于肛门；母畜分布于肛门、阴蒂和阴唇。还有小分支到尾骨肌及肛提肌。

（5）**坐骨神经** 坐骨神经是全身最粗大的神经，由第 6、7 腰神经和第 1～3 对荐神经的腹侧支形成。自腰荐神经丛，由坐骨大孔出盆腔，沿荐结节阔韧带外侧面走向后下方，分出小支到髋结节及闭孔肌。主干经股骨大转子和坐骨结节之间绕至髋关节后方，在臀股二头肌和半膜肌之间下行，到股中部分为腓总神经和胫神经。此外，坐骨神经在股部分出大的肌支，分布于臀股二头肌、半腱肌和半膜肌。坐骨神经的主要分支有：

① **股后皮神经** 起于坐骨神经起始部后缘，沿荐结节阔韧带外侧面向后伸延，与会阴神经或阴部神经的皮支相连，分布于股后部和会阴部的皮肤。

② **腓总神经** 在股中部与胫神经分开后，沿臀股二头肌和腓肠肌外侧头之间向前下方伸延，至胫骨外侧髁稍下方，分为腓浅神经和腓深神经。腓浅神经分布于小腿部以下背侧的皮肤；腓深神经分布于小腿背外侧的肌肉（跗关节屈肌和趾关节伸肌）。此神经发生麻痹时，引起跗关节轻度的过度伸展，而趾关节不能伸展。

③ **胫神经** 与腓总神经分离后，进入腓肠肌两头之间，分出肌支分布于腘肌、比目鱼肌、腓肠肌及趾屈肌。本干在小腿内侧沟向下伸延至跟结节平位处稍下方，分为足底内侧神经和足底外侧神经。胫神经在起始部还分出小腿跖侧皮神经，沿小腿外侧沟下行，分布于小腿、跗部、跖部后外侧的皮肤。足底神经为感觉神经，分布于后肢的跖侧部。此神经发生障碍时，出现跗关节屈曲，在负重时跗关节接近地面。

（二）脑神经

脑神经共有 12 对，按其排列顺序，分别用罗马字表示为Ⅰ（嗅神经）、Ⅱ（视神经）、Ⅲ（动眼神经）、Ⅳ（滑车神经）、Ⅴ（三叉神经）、Ⅵ（外展神经）、Ⅶ（面神经）、Ⅷ（前庭耳蜗神经）、Ⅸ（舌咽神经）、Ⅹ（迷走神经）、Ⅺ（副神经）和Ⅻ（舌下神经）神经。

脑神经和脊神经一样，基本上也含有躯体传入纤维、躯体传出纤维、内脏传入纤维和内脏传出纤维。躯体传入纤维来自皮肤、骨骼肌、腱和大部分口、鼻腔黏膜以及视器和位听器；躯体传出纤维支配头面部和某些脏器的骨骼肌（眼球肌、舌肌、咀嚼肌、面肌和咽喉肌）；内脏传入纤维来自头、味蕾、颈部和胸、腹腔脏器；内脏传出纤维支配平滑肌、心肌和腺体。

各脑神经所含的纤维成分多少不同，但不外乎以上 4 种，即简单的脑神经只含有 1 种或 2 种纤维，复杂的可含有 3～4 种。如果按各脑神经所含的主要纤维成分和功能分类，可将 12 对脑神经大致分为三类：

① 传入（感觉）神经 包括嗅、视和前庭耳蜗神经 3 对。

② 传出（运动）神经 包括动眼、滑车、外展、副神经和舌下神经 5 对。

③ 混合性神经 包括三叉、面、舌咽和迷走神经 4 对。

下面分别介绍 12 对脑神经。

（1）**嗅神经** 嗅神经为感觉神经，由鼻腔黏膜嗅上皮的嗅细胞轴突所构成。这些轴突集合成束，叫做嗅丝即嗅神经，穿过筛板进入颅腔，终于嗅球。

（2）**视神经** 视神经为感觉神经，传导视觉冲动，由眼球视网膜上节细胞的轴突形成。视神经穿过眼球的巩膜，在眶窝内后行，经视神经孔进入颅腔，与对侧神经共同形成视神经交叉，向后移行为视束，止于外侧膝状体。

（3）**动眼神经** 动眼神经为运动神经，含躯体传出和内脏传出两种纤维成分。其中躯体传出纤维起于动眼神经核，自大脑脚发出，经眶圆孔出颅腔，分为背侧支和腹侧支。背侧支较细而短，分布于眼球上直肌和上眼睑提肌；腹侧支较粗而长，分布于眼球下直肌、内侧直肌和眼球下斜肌。此外，动眼神经腹侧支上有睫状神经节，系副交感神经节。由神经节发出纤维分布于瞳孔括约肌和睫状肌，完成瞳孔对光反射和调节反射。

（4）滑车神经　滑车神经为运动神经，较细小，起于中脑滑车神经核，在前髓帆前缘出脑，经滑车神经孔出颅腔，分布于眼球上斜肌。

（5）三叉神经　三叉神经为混合神经，是最大的脑神经，以 2 个根起于脑桥侧部。其中大根是感觉根，小根是运动根。感觉根有半月状神经节，位于卵圆孔的内侧部。2 根连成一总干，向前伸延，分为三支，即眼神经（感觉支）、上颌神经（感觉支）和下颌神经（混合支）。

① 眼神经　眼神经较细，经眶圆孔穿出颅腔，在出孔处附近，分为泪腺神经、额神经和鼻睫神经。泪腺神经分布于泪腺和上眼睑；额神经又叫眶上神经，从眶上突前方伸延到上眼睑、颞部和额部的皮肤；鼻睫神经较粗，位于眼球上直肌的深面，在眼球内侧直肌和眼球上斜肌之间分为筛神经和滑车下神经，分布于鼻腔黏膜、眼内角皮肤、第三眼睑、结膜和泪阜等。

② 上颌神经　上颌神经通过眶圆孔穿出颅腔，在蝶腭窝中分为颧神经、眶下神经和翼腭神经。颧神经从上颌神经分出，沿眼球外侧直肌伸向下眼睑；眶下神经与眶下动脉一起经上颌孔进入眶下管，在管内发出分支分布于臼齿、齿龈和上颌窦。本干出眶下孔分为鼻外侧神经、鼻前神经和上唇神经三支；翼腭神经又称蝶腭神经，出眶圆孔，紧贴蝶骨体向前伸延，在背侧缘分出许多小支，形成蝶腭神经丛，丛内含有小颗粒状的蝶腭神经节，属副交感神经节。翼腭神经在蝶腭窝处分为鼻后神经、腭大神经和腭小神经三支，分布于软腭、硬腭黏膜和鼻腔黏膜。

③ 下颌神经　下颌神经通过卵圆孔出颅腔，出孔后分为数支。分布于咀嚼肌的分支为运动神经，其他分支均为感觉神经。

a. 耳颞神经　又称颞浅神经，绕过下颌支后缘，在腮腺的深面分为面横神经和耳前神经。面横神经与面横动、静脉并列，向前与面神经的上颊支相连，分布于颊部皮肤。耳前神经在腮腺深部与耳睑神经相连。

b. 咬肌神经　自下颌神经的背侧分出，穿经下颌切迹走向外侧，分布于咬肌。

c. 颊神经　沿翼外侧肌后部的深面向前伸延，并穿过翼外侧肌至其外侧，分出一短支至颞肌后，主干向前下方伸到颊肌的后缘，分布于颊肌、颊腺、腮腺及颊前部和下唇的黏膜。

d. 翼肌神经　分布于翼肌。

e. 舌神经　与下齿槽神经以一干起始，在下颌孔附近离开下齿槽神经，与鼓索神经相连，向前分布于舌黏膜、口腔底黏膜和齿龈。

f. 下齿槽神经　经翼内侧肌与下颌骨之间进入下颌管，在管内分支到下颌齿及齿龈。本干出颏孔，转为颏神经，分布于下唇和颏部。

（6）外展神经　外展神经为运动神经，与动眼神经、眼神经一起经眶圆孔进入眶窝，分布于眼球退缩肌和眼球外侧直肌。

（7）面神经　面神经为混合神经，起于斜方体的两侧端，由内耳道进入中耳的面神经管，在管内的面神经上有圆形的小神经节叫膝神经节，由此神经节分出岩大神经和鼓索神经。岩大神经出岩颞骨与来自颈内动脉神经丛的岩深神经相合，形成翼管神经。翼管神经经翼管到蝶腭窝，进入蝶腭神经丛，连于蝶腭神经节。翼管神经是混合神经，它含有交感和副交感神经纤维，也含有感觉神经纤维；鼓索神经在面神经管的出口处，由面神经分出，出鼓室走向前下方，经上颌动脉的内侧与舌神经相连。鼓索神经大部分为感觉纤维，亦含副交感神经纤维，分布于下颌腺和舌下腺，味觉神经分布于舌前部 2/3 的味蕾。面神经大部分由运动神经构成，分支有耳睑神经、上颊支和下颊支等，主要支配颜面肌肉的运动。

（8）前庭耳蜗神经　前庭耳蜗神经又称位听神经，为听觉及平衡觉的神经。其纤维来自内耳的前庭、半规管和耳蜗的传入纤维，经由前庭神经节和螺旋神经节，止于延髓的前庭核和耳蜗核，传导平衡觉及听觉。

（9）舌咽神经　舌咽神经为混合神经，含有四种纤维成分。躯体传出纤维，起自疑核，支配咽肌。内脏传出纤维，起自后泌涎核，分布于腮腺。内脏传入纤维的胞体位于远（岩）神经节，将舌后 1/3 部、咽部、颈动脉窦和颈动脉体等部的多种内脏感觉冲动传入脑，止于孤束核。躯体传入纤维很少，胞体位于近神经节内，将耳后的皮肤感觉冲动传入脑，止于三叉神经脊束核。

舌咽神经由颈静脉孔出颅腔，在咽的外侧沿茎舌骨向下方伸延，分出鼓室神经、颈动脉窦支、咽支和舌支。

① 鼓室神经　较细，起于远神经节，含副交感神经纤维，进入鼓室，参与形成鼓室丛。由丛发出岩小神经，出鼓室进入耳神经节，换神经元后分布于腮腺。

② 颈动脉窦支　在鼓泡腹侧缘自舌咽神经分出，分布于颈动脉窦，把动脉压力刺激传入脑。

③ 咽支　1~2 支，向前经茎舌骨肌的深面伸至咽，分布于咽肌与咽部黏膜。

④ 舌支　是舌咽神经的终支，沿茎舌骨后缘向前下方伸至舌，分布于软腭、咽峡、扁桃体及舌根部黏膜和味蕾。

（10）迷走神经　迷走神经于副交感神经中叙述。

（11）副神经　副神经为运动神经，起自颈部前段脊髓侧面和延髓的后段，与迷走神经一起经颈静脉孔出颅腔，分为内侧支和外侧支。内侧支并入迷走神经，分布于咽肌和喉肌。外侧支经下颌腺的深面向后伸延，分为 2 支：背侧支分布于臂头肌和斜方肌；腹侧支分布于胸头肌。

（12）舌下神经　舌下神经为运动神经，经舌下神经孔出颅腔，伸向前下方，在舌下肌的外侧与二腹肌的内侧向前，分布于舌肌和舌骨肌。

（三）植物性神经系统

在神经系统中，分布到内脏器官、血管和皮肤的平滑肌以及心肌和腺体的神经，称为植物性神经系，又称自主神经系或内脏神经系。一般它是指自中枢传出的运动神经，植物性神经内也有传入神经，但它们与脑神经和脊神经相同，也是通过脊神经的背侧根进入脊髓，或随同相应的脑神经入脑，故不再论述。本节仅叙述其运动神经。

植物性神经和躯体运动神经一样，都受大脑皮质和皮质下各级中枢的控制和调节，而且两者之间在功能上互相依存、互相协调、互相制约，以维持机体内、外环境的相对平衡。然而植物性神经和躯体运动神经在结构和功能上有较大的差别。

1. 植物性神经的特点

（1）躯体运动神经支配骨骼肌。植物性神经支配平滑肌、心肌和腺体。

（2）躯体运动神经自中枢到效应器只经过一个运动神经元。植物性神经自中枢到效应器要由两个神经元来完成：前一个神经元称节前神经元，其胞体位于脑干和脊髓内，由它们发出的轴突称节前纤维；后一个神经元称节后神经元，其胞体位于周围部的植物性神经节内，轴突称节后纤维。节后神经元的数目较多，一个节前神经元可以和多个节后神经元形成突触，这有利于较多效应器同时活动。

植物性神经节有三类：第一类位于椎骨两侧，沿脊柱排列，称为椎旁神经节，如交感神经干的神经节；第二类离脊柱较远，位于主动脉的腹侧，称为椎下神经节，如腹腔肠系膜前神经节和肠系膜后神经节等；第三类位于器官壁内或在器官的附近，称为终末神经节，如盆神经节和壁内神经节。

（3）躯体运动神经的分布形式和植物性神经节后纤维分布形式也有不同。躯体运动神经以神经干的形式分布，而植物性神经节后纤维则攀附于脏器或血管周围形成神经丛，由丛再发出分支至效应器。

（4）躯体运动神经的纤维一般是较粗的有髓纤维。植物性神经的节前纤维是细的有髓纤维，而节后纤维则是细的无髓纤维。

（5）躯体运动神经一般都受意识支配，而植物性神经在一定程度上不受意识的直接控制。

2. 植物性神经的划分

根据形态和功能的特点，植物性神经分为交感神经和副交感神经。分布于器官的植物性神经，一般是双重的，既有交感神经，也有副交感神经。但也有部分器官单独由一种植物性神经支配。交感神经的节前神经元位于脊髓的胸腰段灰质外侧柱内。副交感神经的节前神经元位于中脑、延髓和脊髓的荐段。

3. 交感神经

交感神经分为中枢部和周围部。交感神经的低级中枢位于脊髓的颈 8（或胸 1）至腰 3 节段的灰质外侧柱，节前纤维由外侧柱细胞的轴突形成。交感神经的周围部包括交感神经干、神经节和神经节的分支及神经丛所形成。

交感神经干位于脊柱两侧，其前端达颅底，后端两干于尾骨腹侧互相合并。干上有一系列的椎旁神经节。交感神经干有灰、白交通支与脊神经相连。白交通支由脊髓外侧柱细胞发出的节前纤维组成，纤维具有髓鞘，呈白色。节前纤维行经脊神经的腹侧根、脊神经、白交通支进入椎旁神经节。因节前神经元的胞体仅存在于胸 1（或颈 8）至腰 3 节脊髓外侧柱内，故白交通支只存在于胸 1（或颈 8）至腰 3 段脊神经与交感神经干之间。灰交通支由椎旁神经节神经元发出的节后纤维组成，纤维多无髓鞘，颜色灰暗。交感神经的节前纤维有两种去向：一种是在椎旁神经节内交换神经元；另一种经椎旁神经节和内脏神经至椎下神经节，与其中的节后神经元发生突触，发出节后纤维分布于内脏器官的平滑肌和腺体。节后纤维有三种去向：经灰交通支返回脊神经，随着脊神经分布于躯干和四肢的血管、汗腺、立毛肌等；在动脉周围形成神经丛，攀附动脉而行，并随动脉分布到相应的器官；由椎旁神经节直接分出内脏支到所支配的脏器。见图 5-6。

交感神经干按部位可分为颈部、胸部、腰部和荐尾部。

（1）颈部交感神经干　颈部交感神经干包含有 4 个神经节，即颈前神经节、颈中神经节、椎神经节和颈后神经节。位于颈前神经节与颈胸神经节之间的神经干是由来自前部胸段脊髓的节前纤维所组成的，向前终止于颈前神经节。颈部交感神经干位于气管两侧、颈总动脉的背侧，与迷走神经合并成迷走交感神经干。

① 颈前神经节　呈纺锤形，位于鼓泡外侧。由颈前神经节发出灰交通支连于附近的脑神经和颈静脉神经，并随动脉分布于唾液腺、泪腺和虹膜的瞳孔开大肌以及头部的汗腺、立毛肌。

② 颈中神经节　较小，位于第 6 颈椎横突腹侧骨板的后方。自颈中神经节发出 1～2 分支，走向后下方加入心神经丛。

③ 椎神经节　又称颈中椎神经节，位于双颈动脉干的前内侧，在肋颈动脉起始部的前方。

④ 颈胸神经节　由颈后神经节与第 1 或第 2 胸神经节合并而成，其形状呈星芒状，又称为星状神经节，位于第 1 肋椎关节的腹侧和第 1 肋骨上端内侧，紧贴于颈长肌的腹外侧

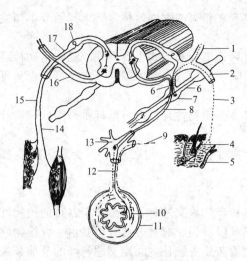

图 5-6 脊神经和植物性神经反射路径模式图

1—脊神经背侧支；2—脊神经腹侧支；3—竖毛肌；
4—血管；5—交感神经节后纤维；6—交感神经干；
7—椎旁神经节；8—交感神经节前纤维；9—副
交感神经节前纤维；10—副交感神经节后纤维；
11—消化管；12—交感神经节后纤维；13—椎
下神经节；14—运动神经纤维；15—腹侧根；
16—背侧根；17—感觉神经纤维；18—脊神经节

面，后接胸部交感神经干，前腹侧与椎神经节相连。由颈胸神经节上部发出交通支至臂神经丛并形成椎神经。由颈胸神经节后部分出数支粗大的心神经，走向主动脉、心肌、气管和食管，形成神经丛，分布于心、主动脉、气管、肺和食管，右侧的还加入前腔静脉神经丛。

（2）胸部交感神经干 胸部交感神经干位于胸椎椎体及颈长肌的两侧，表面被覆有胸内筋膜和胸膜，由颈胸神经节伸延到膈，连于腰部交感神经干。胸部交感神经干上有胸神经节，并分出内脏大神经和内脏小神经走向腹腔器官。

① 胸神经节 除第 1 或第 2 胸神经节参加形成颈胸神经节外，在每个肋头附近交感神经干上，都有一对胸神经节。胸神经节以白交通支和 1～2 灰交通支，与各相应的胸神经相连。另外还有胸神经节分出走向心神经丛、肺神经丛和主动脉丛的小支。

② 内脏大神经 主要由节前纤维构成，并含有神经细胞。起自第 6 至第 13 节胸部脊髓，与胸部交感神经干一起向后伸延，在第 13 胸椎的后方，离开胸部交感神经干，通过腰小肌与膈脚之间进入腹腔，连于腹腔肠系膜前神经节，并向外侧分出一系列小支至肾上腺。

③ 内脏小神经 由最后胸部脊髓和第 1、2 节腰部脊髓的节前纤维构成，由腰部交感神经干分出进入腹腔，一部分纤维入肾上腺神经丛和腹腔肠系膜前神经节，一部分纤维走向肾动脉连于肾神经节，参与组成肾神经丛。

④ 腹腔肠系膜前神经节 位于腹腔动脉及肠系膜前动脉的根部，由一对圆的腹腔神经节和一个长的肠系膜前神经节组成。两侧的神经节由短的神经纤维相连。它们接受内脏大神经和内脏小神经的交感神经的节前纤维，发出的节后纤维参与形成腹腔神经丛和肠系膜前神经丛，沿动脉的分支分布到胃、肝、脾、胰、肾、小肠、盲肠和结肠前段等器官。肠系膜前神经节和肠系膜后神经节之间有节间支，沿主动脉的两侧伸延。

（3）腰部交感神经干 腰部交感神经干较细，位于腰小肌内侧缘，在腰椎椎体的侧面，其前端与胸部交感神经干相连，后端延续为荐部交感神经干。腰神经节通常有 2～5 个。腰部交感神经干的节前纤维走向肠系膜后神经节及盆神经丛，腰部交感神经节的节后纤维走向腰神经。

肠系膜后神经节由两个扁的小神经节合成，位于肠系膜后动脉的根部。肠系膜后神经节接受腰部交感神经干的节前纤维和肠系膜前神经节来的节间支，节后纤维形成肠系膜后神经丛，随动脉分布到结肠后段、精索、睾丸和附睾或母畜的卵巢、输卵管及子宫角。肠系膜后神经节还向后发出较大的腹下神经沿输尿管进入盆腔，在直肠两侧下方加入盆神经丛。

（4）荐尾部交感神经干 荐部交感神经干更细，位于荐骨的骨盆面，沿荐盆侧孔内侧向后伸延，与尾神经的腹侧支相连。内侧支在第 1（或第 2）尾椎腹侧面与对侧的内侧支汇合为一支，汇合处有一个脊神经节。尾部交感神经干沿尾中动脉腹侧后行，达第 7～8 尾椎部。荐部交感神经干常有 4 个荐神经节。尾部交感神经干有 2～4 个尾神经节。

4. 副交感神经

副交感神经节前神经元的胞体位于中脑、延髓和脊髓的荐段。节后神经元的胞体多数位于器官壁内的终末神经节。

（1）脑部副交感神经　包括中脑部副交感神经和延髓部副交感神经。

① 中脑部副交感神经　中枢为动眼神经副核，节前纤维随动眼神经到动眼神经腹侧支上的睫状神经节，由睫状神经节发出节后纤维叫睫状短神经，含有交感神经纤维和副交感神经纤维，与视神经一起走向眼球，副交感神经的纤维分布于瞳孔括约肌和睫状肌，而交感神经的纤维分布于瞳孔开大肌。

② 延髓部副交感神经　有面神经副交感纤维、舌咽神经副交感纤维和迷走神经。

a. 面神经副交感纤维　其节前纤维伴随面神经出延髓后分为两部分：一部分纤维通过蝶腭神经节更换神经元，其节后纤维走向上颌神经，通过颧神经的分支，到泪腺神经分布于泪腺；另一部分纤维经鼓索神经，再经舌神经到下颌神经节，其节后纤维分布于舌下腺和下颌腺。

b. 舌咽神经副交感纤维　其节前纤维伴随舌咽神经出延髓后，依次经过鼓室神经、鼓室丛和岩小神经后终止于耳神经节。在耳神经节交换神经元后，其节后纤维随下颌神经的颊神经分布于腮腺和颊腺。

c. 迷走神经　它是一对行程最长、分布最广的混合神经，含有四种纤维成分。其中副交感纤维即内脏传出纤维主要分布胸、腹腔脏器的平滑肌、心肌和腺体；内脏传入纤维来自咽、喉、气管、食管以及胸、腹腔内脏器官；躯体传出纤维支配咽、喉的横纹肌；躯体传入纤维来自外耳的皮肤。

迷走神经出颅腔后与副神经伴行，向下至颈总动脉分支处与颈交感干并列，并有结缔组织包被形成迷走交感干，沿颈总动脉的背侧向后伸延到胸腔前口，交感神经干与迷走神经彼此分离。迷走神经在气管的右侧面或食管的左侧面进入胸腔内，沿着食管伸延到腹腔。

迷走神经按其走行路程可分为颈部、胸部和腹部。在神经通路上还具有大量神经细胞。

颈部迷走神经的分支有咽支、喉前神经、心支和喉返神经。咽支主要分布于咽部的肌肉和食管前端；喉前神经主要分布于喉黏膜和环甲肌。心支分布于心脏及大血管，与交感神经和喉返神经的心支一起形成心丛。喉返神经又叫喉后神经，其分支分布于喉肌（除环甲肌）、气管和食管。

胸部迷走神经出分支到气管后神经丛，分布于食管、气管、心脏和血管。

腹部迷走神经在食管背侧干进入腹腔后，分出腹腔丛支，同腹腔肠系膜前神经节及交感神经一起伴随动脉分支分布于肝、脾、胰、肾、小肠、盲肠及结肠前段等器官。

（2）荐部副交感神经　荐部副交感神经的节前神经元是位于第 1（2）至第 3（4）荐段脊髓腹角基部外侧，节前纤维随荐神经出荐盆侧孔，然后形成独立的 2～3 支，叫盆神经。盆神经沿盆腔壁向腹侧伸延，在直肠侧壁和膀胱侧壁间与腹下神经一起构成盆神经丛，丛内有盆神经节。节后纤维分布于结肠后段、直肠、膀胱、阴茎或子宫、阴道等。

5. 交感神经和副交感神经的主要区别

交感神经和副交感神经都是内脏运动神经，它们常共同支配一个器官，形成双重神经支配，但二者在起始和分布上各有其特殊性，结构和功能也不相同。

（1）交感神经的低级中枢位于脊髓颈 8 或胸 1 至腰 3 节段的灰质外侧柱。副交感神经的低级中枢位于脑干和脊髓的荐 1（2）～3（4）节段。

（2）交感神经节位于脊柱的两旁（椎旁节）和脊柱的腹侧（椎下节）。副交感神经节位于所支配器官的附近（器官旁节）和器官壁内（器官内节）。因此，副交感神经节前纤维长，节后纤维则很短。

（3）一个交感节前神经元的轴突可与许多节后神经元形成突触；而一个副交感节前神经元的轴突则与较少的节后神经元形成突触。故交感神经的作用范围较广泛，而副交感神经则比较有局限性。

（4）一般认为，交感神经的分布范围较广，除分布于胸、腹腔内脏器官外，遍及头颈各器官以及全身的血管和皮肤。副交感神经的分布则不如交感神经广泛，一般认为大部分的血管、汗腺、立毛肌、肾上腺髓质均无副交感神经支配。

（5）交感和副交感神经对同一器官的作用既是互相对抗，又是互相统一的。例如交感神经活动加强，而副交感神经则减弱，出现心跳加快、血压升高、支气管扩张和消化活动受到抑制等现象，以适应在机体运动加强时代谢旺盛的需要；而副交感神经活动加强时，交感神经却受到抑制，因而出现心跳减慢、血压下降、支气管收缩、消化活动增强，以适应体力的恢复和能量储备的需要。

四、脑、脊髓传导路

动物在生命活动过程中，通过感受器不断地接受内、外环境的刺激。感受器兴奋后，转化为神经冲动，经过传入神经传导到中间神经元，再经中间神经元到大脑皮质，经过分析综合，产生适当的神经冲动，经中间神经元传出，最后经传出神经元到效应器，做出相应的反应。一般把感受器经周围神经、脊髓、脑干到大脑皮质的神经通路，叫做感觉传导路；由大脑皮质经脑干、脊髓、周围神经到效应器的神经通路，叫做运动传导路。

1. 感觉（上行）传导路

躯体感觉传导路有深感觉（本体感觉）、浅感觉（温、痛及触压觉）及特殊感觉（视觉、听觉、平衡觉及味觉和嗅觉等）传导路。在此主要介绍深感觉和浅感觉传导路。

（1）躯体深感觉传导路　包括意识性（大脑性）深感觉传导路和反射性（小脑性）深感觉传导路。

① 意识性深感觉传导路　为薄束和楔束及内侧丘系。第一级神经元的胞体位于脊神经节内，其周围突构成脊神经的感觉纤维，分布于躯干和四肢的肌、腱和关节等处感受器；其中枢突由脊神经的背侧根进入脊髓，在背侧索中上行，组成薄束和楔束，与延髓的薄束核和楔束核的第二级神经元形成突触。第二级神经元发出的轴突交叉至对侧，形成内侧丘系，在脑干上行，止于丘脑腹后外侧核。第三级神经元发出的纤维经内囊到大脑皮质感觉区，形成感觉。一般认为薄束传导前肢和躯体前半部形成的冲动，而楔束传导躯体后半部的感觉。

② 反射性深感觉传导路　有脊髓小脑束。第一级神经元位于脊神经节内，其周围突构成脊神经的感觉纤维，分布于肌、腱和关节的深部感受器；中枢突经背侧根入脊髓，与脊髓背侧柱的第二级神经元发生突触。第二级神经元的轴突进入脊髓的外侧索，构成脊髓小脑背侧束和腹侧束，分别经小脑后脚和前脚到小脑蚓部皮质，反射地调节肌肉的紧张度，以维持身体的平衡。

（2）躯体浅感觉传导路　有脊髓丘脑束，传导体表和内脏痛温觉及体表粗浅触压觉的刺激。第一级神经元的胞体位于脊神经节，其周围突分布于体表和内脏，中枢突经背根进入脊髓的背侧柱，与固有核的神经元发生突触。第二级神经元的轴突经白质交叉到对侧的外侧索，构成脊髓丘脑侧束，经脑干上行，终止于丘脑，并与丘脑腹后外侧核发生突触。第三级神经元的轴突经内囊到大脑皮质的感觉区。

2. 运动（下行）传导路

调节躯体运动的下行传导路主要包括锥体系和锥体外系。

（1）锥体系　由大脑皮质运动区的锥体细胞发出轴突组成的纤维束，经内囊、大脑脚、脑桥和延髓锥体,故称锥体束,其中下行至脊髓者称为皮质脊髓束,止于脑干者称皮质脑干束。皮质脊髓束约 3/4 的纤维经锥体交叉到对侧脊髓外侧索下行,形成皮质脊髓外侧索;少数不交叉的纤维形成皮质脊髓腹侧束,在后行途中陆续止于脊髓各节同侧的中间神经元,再到腹侧角的运动神经元。皮质脑干束下行至脑干接近脑运动神经核时,先通过中间神经元再到两侧的脑运动神经核。脊髓腹角和脑干运动神经核的运动神经元发出的纤维,组成脑神经和脊神经的运动神经,支配骨骼肌的运动。

(2) 锥体外系　锥体外系是一个复杂的系统,即大脑皮质锥体细胞发出的纤维不直接到脑干或脊髓,而是先在脑的纹状体、丘脑、中脑、脑桥、小脑或脑干的网状结构中交换神经元,组成复杂的神经链后,再至脑运动神经核或经过脊髓中间神经元,再与腹侧柱的运动神经元相突触。因不经过延髓锥体,故称锥体外系。锥体外系管理骨骼肌的运动,调节肌紧张性,协调肌肉活动,维持姿势和平衡。锥体外系主要包括大脑皮质-纹状体系和大脑皮质、脑桥、小脑系。

① 大脑皮质-纹状体系　大脑皮质锥体细胞发出的纤维,直接或通过丘脑至纹状体的尾状核和壳核,由尾状核和壳核发出的纤维到苍白球,苍白球发出的纤维到红核和网状结构等处。红核发出的纤维形成红核脊髓束,左右交叉,止于脊髓腹侧柱的运动神经元;网状发出的纤维,形成网状脊髓束,有一部分纤维交叉到对侧,止于脊髓腹侧柱的运动神经元。

② 大脑皮质、脑桥、小脑系　大脑皮质锥体细胞发出的纤维经内囊、间脑、中脑至脑桥的脑桥核。脑桥核发出纤维经对侧的脑桥臂入小脑,到小脑皮质后叶新区。小脑皮质细胞的轴突至齿状核。齿状核发出纤维交叉到对侧的红核。红核发出的纤维组成红核脊髓束,交叉后到对侧的脊髓腹侧柱。脊髓腹侧柱发出的纤维到躯干和四肢的骨骼肌,以调节骨骼肌的运动和紧张性。小脑皮质的纤维还通过齿状核和丘脑到大脑皮质,以影响大脑的活动。

3. 内脏传导路

内脏神经的中枢是在大脑皮质的边缘叶、丘脑和小脑等处,但这些部位多数通过下丘脑而实现其功能,故下丘脑被认为是调节这些植物性神经活动的高级中枢。内脏传导路包括内脏感觉传导路和内脏运动传导路。这两个传导路目前尚不十分清楚,在此仅介绍内脏感觉传导路。

一般认为痛觉第一级感觉神经元胞体位于脊神经节,周围突随交感神经分布,中枢突进入脊髓与背侧柱细胞形成突触,第二级神经元的纤维与脊髓丘脑束伴行,向上到丘脑腹后核,再至大脑边缘叶,或经网状结构至丘脑内侧核群,向上到大脑。

传导一般内脏感觉的第一级神经元胞体,位于迷走神经结状神经节,周围突随副交感神经到内脏。中枢突到孤束核。第二级神经元轴突可能随三叉丘系到丘脑,再传到大脑。盆腔器官的感觉神经随盆神经传入。

第二节　内　分　泌

一、垂体

1. 垂体的形态和位置

垂体位于蝶骨构成的垂体窝内,借垂体柄与下丘脑相连。中型犬约 $1cm \times 0.75cm \times 0.5cm$ 大小,颜色较暗,呈椭圆形,被硬脑膜所包裹,并在垂体窝的顶部收拢,裹紧垂体柄。

2. 垂体的构造和功能

根据其组织发生和结构特点,脑垂体可分为神经垂体和腺垂体两个部分。神经垂体或叫垂体后叶，它是由下丘脑底面的组织发育而成，与下丘脑相连的垂体柄是第三脑室的延长；腺垂体或叫垂体前叶，是胚胎发育过程中由口腔上皮外侧组织演化而来。垂体中可看到一微细的腔隙，即垂体腔，将垂体远侧部与垂体中间部隔开。

腺垂体产生多种激素，包括生长激素（GH）、促卵泡激素（FSH）、黄体生成素（LH）、促肾上腺皮质激素（ACTH）、促甲状腺激素（TSH）以及催乳激素（PRL）。垂体中间部产生促黑激素（MSH）。所有这些激素的合成与分泌，均受到来自于下丘脑特定区域神经内分泌细胞产生的垂体激素释放（或抑制）激素的调节。来自下丘脑的调节激素沿神经细胞的轴索分泌到垂体门脉毛细血管网附近，吸收入血后，随血流被运送到腺垂体内的次级毛细血管网中，弥散到腺垂体组织中对各自的靶细胞发挥其调节作用。

在垂体后叶中贮存并被释放入血的激素有两种，即催产素和抗利尿激素。催产素具有刺激子宫平滑肌和乳腺肌上皮细胞收缩的作用，抗利尿激素具有刺激血管收缩，促进肾脏肾小管重吸收的作用。这两种激素由下丘脑的视上核和室旁核合成，沿轴索到垂体后叶毛细血管网中释放。

二、松果体

松果体又称脑上腺，是红褐色卵圆形小体，位于四叠体与丘脑之间，以柄连接于丘脑上部。松果体主要由松果体细胞和神经胶质形成，外面包有软脑膜，随着年龄的增长，松果体内的结缔组织增多，成年后不断有钙盐沉着，形成大小不等的颗粒，称为脑砂。

松果体分泌褪黑激素，有抑制促性腺激素的释放、防止性早熟的作用。此外，松果体内还含有大量的 5-羟色胺和去甲肾上腺素等物质。光照能抑制松果体合成褪黑激素，促进性腺活动。在季节性发情动物中，松果体起着调节性腺活动的生物钟作用。

三、甲状腺

1. 甲状腺的位置和形态

甲状腺位于喉的后方，前 2～5 气管环的两侧，呈红褐色，大小约为 6cm×1.5cm×0.5cm，表面光滑。可分为两个侧叶和中间峡部。两个侧叶细长，呈扁桃形，中间的峡部不发达。

2. 甲状腺的构造和功能

甲状腺是一个富含血管的实质器官，由被膜和实质构成。被膜为被覆于甲状腺表面的结缔组织膜，被膜伸入实质内，将腺组织分隔成许多小叶。小叶内充满大小不等的滤泡以及散在滤泡间的滤泡旁细胞。甲状腺实质的大小，随着饲料中碘含量的多少而有显著变动，如果碘缺乏，甲状腺将明显增大（甲状腺肿）。

甲状腺实质的滤泡细胞能合成和释放甲状腺素，其主要作用是促进机体的新陈代谢，维持机体的正常生长发育，特别是影响骨骼和神经系的发育。

四、甲状旁腺

1. 甲状旁腺的形态和位置

甲状旁腺仅有 1 对，形如粟粒状，位于甲状腺的前端或包埋于甲状腺内。当显露于甲状腺表面时，可根据颜色加以区别，即甲状旁腺的颜色明显淡于周围的甲状腺组织。

2. 甲状旁腺的构造和功能

甲状旁腺为实质性器官，有被膜和实质组成。被膜由被覆于表面的结缔组织所构成；实质由排列呈团块或索状细胞和细胞团块之间有结缔组织和毛细血管所构成。

甲状旁腺主要合成和分泌甲状旁腺素，具有调节钙磷代谢、维持血钙的机能。

五、肾上腺

1. 肾上腺的形态和位置

肾上腺成对，右肾上腺略呈梭形，左肾上腺稍大，为扁梭形，前宽后窄，背腹侧扁平，位于肾的前内侧。中型犬肾上腺平均大小约为 2.5cm×1.0cm×0.5cm（图5-7）。

2. 肾上腺的构造和功能

肾上腺为实质性器官，由被膜和实质所组成。被膜由被覆于表面的结缔组织所构成；实质可分为外周的皮质和深部的髓质。皮质呈黄褐色，主要分泌盐皮质激素、糖皮质激素和少量的性激素，参与调节水盐代谢和糖代谢等；髓质呈灰色或肉色，分泌肾上腺素和去甲肾上腺素，其机能等同于交感神经作用，能使心跳加快，心肌收缩力加强，血压升高。

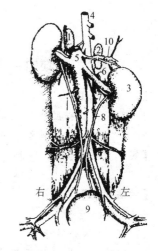

图5-7　犬肾上腺的形态和位置
1—右肾上腺；2—左肾上腺；3—左肾；4—主动脉；5—后腔静脉；6—肾的血管；7—卵巢静脉；8—输尿管；9—膀胱；10—膈的血管

六、其他器官内的内分泌组织

1. 胰岛

胰岛是胰腺的内分泌部，由几十万到上百万个细胞团块组成。主要分泌胰岛素和胰高血糖素。对调节糖、脂肪、蛋白质代谢、维持正常血糖水平起着十分重要的作用。

2. 睾丸内的内分泌组织

睾丸具有生成精子和内分泌的双重作用，睾丸精曲小管之间的间质细胞是内分泌组织，分泌雄激素（主要是睾酮），其作用是促进雄性生殖器官的发育和机能活动，促进第二性征的出现和维持。此外，睾丸内的支持细胞还可能分泌雌激素和抑制素。

3. 卵泡内的内分泌组织

（1）卵泡膜　当卵泡生长时，卵泡外的间质细胞围绕卵泡排列并逐渐增厚形成内、外两层卵泡膜，内膜细胞分泌雌激素，其作用是维持和促进雌性生殖器官和乳腺的发育及第二性征的出现。

（2）黄体　卵巢排卵后，残留在卵泡壁的卵泡细胞和内膜细胞分别演化成颗粒黄体细胞和内膜黄体细胞，形成黄体。颗粒黄体细胞分泌孕酮，内膜黄体细胞分泌雌激素。黄体的作用是刺激子宫腺分泌和乳腺发育，并保证胚胎附植和发育。

【复习思考题】

1. 简述神经系统的组成。
2. 简述脊髓的位置、形态和构造。
3. 简述脑各部的主要构造。
4. 比较臂神经丛和腰荐神经丛的位置、组成、主要分支及分布。
5. 躯体神经和植物性神经有何不同？
6. 迷走神经的主要分支有哪些？各分布于何处？
7. 临床上给犬做腹壁手术时，在局部麻醉哪些神经？
8. 脑脊髓外面有哪些膜和腔？
9. 什么是内分泌腺，主要内分泌腺包括哪些？
10. 说明内分泌腺的结构特点及功能。
11. 主要内分泌器官位置如何？其形态、功能如何？

【岗位技能实训】

项目一　犬、猫脑、脊髓和周围神经位置的辨别

【目的要求】

1. 掌握犬、猫脑、脊髓的形态和结构。

2. 掌握犬、猫脑神经、脊神经和植物性神经的分布。

【实训材料】　犬、猫脑、脊髓标本和模型，显示脑神经、脊神经和植物性神经分布的标本。

【方法步骤】

1. 脑和脊髓

（1）脑　区分脑干、（延髓、脑桥、中脑）间脑、大脑和小脑。

① 脑外形　背外侧面观察大脑半球、脑沟、脑回，小脑半球、蚓部；腹侧面观察嗅球、嗅束、嗅三角、梨状叶、大脑脚、斜方体、锥体、脑神经根；内侧面观察胼胝体、扣带回。

② 脑内部结构　观察大脑皮质、白质、基底核；小脑皮质、白质（髓树）；间脑区分丘脑、松果体和丘脑下部。观察侧脑室、第三脑室、中脑导水管和第四脑室。

（2）脊髓

① 依次观察、硬膜、蛛网膜和软膜；硬膜外腔、硬膜下腔、蛛网膜下腔。

② 脊髓的形态　观察颈膨大、腰膨大、脊髓圆锥、终丝、马尾。

③ 脊髓内部结构　区分中央灰质柱（背侧柱、腹侧柱、外侧柱），中央管和白质（背侧索、外侧索和腹侧索）。

2. 脑神经、脊神经和植物性神经

（1）脑神经　观察进入脑或从脑发出的12对脑神经的分支和分布。

（2）脊神经　观察脊神经背支、腹支分布的一般规律。

① 分布于躯干的神经　观察膈神经、肋间神经及腰神经走向、分支及分布。

② 前肢的神经　观察肩胛上神经、肩胛下神经、胸肌神经、腋神经、桡神经、尺神经、肌皮神经、正中神经的分支和分布。

③ 后肢的神经　观察臀前神经、臀后神经、股神经、闭孔神经、坐骨神经（胫神经、腓总神经）的分支和分布。

（3）植物性神经　分为交感神经和副交感神经。

① 交感神经　观察交感神经干，椎旁神经节和椎下神经节节前纤维的来源及节后纤维分布。

② 副交感神经　颅部副交感神经主要观察迷走神经的行程，分支和分布。荐部副交感神经观察盆神经和盆神经丛节后纤维分布。

【技能考核】

1. 识别显示脑、脊髓结构特征的标本和模型。

2. 识别12对脑神经和主要植物性神经。

3. 确认脊神经中臂神经丛、腰荐神经丛临床常用主要神经走向和分布。

项目二　犬、猫甲状腺和肾上腺的组织结构的识别

【目的要求】

1. 掌握犬、猫甲状腺的组织结构。

2. 掌握犬、猫肾上腺的组织结构。

【实训材料】 犬、猫甲状腺切片；肾上腺切片。

【方法步骤】

1. 甲状腺 甲状腺切片，HE 染色。

（1）肉眼观察 组织呈红色。

（2）低倍镜观察 甲状腺被膜为表面的一薄层结缔组织，被膜深入腺内部，将腺分为许多小叶。小叶内有许多大小不等、圆形或椭圆形的甲状腺滤泡切面。

（3）高倍镜观察 滤泡壁一般由单层立方上皮组成，核圆形，位于细胞中央。滤泡内充满胶体，染成粉红色。在滤泡上皮间或滤泡之间有滤泡旁细胞，滤泡旁细胞数量较少，体积较大，呈多边形或卵圆形，胞核圆形，着色较浅。

2. 肾上腺 肾上腺切片，HE 染色。

（1）肉眼观察 标本周围着色深为皮质，中间色浅为髓质。

（2）低倍镜观察 辨认被膜、皮质和髓质。

（3）高倍镜观察

① 被膜 由致密结缔组织构成，深入实质形成间质。

② 皮质 由外向内可分为多形带、束状带和网状带。

a. 多形带 甚薄，紧靠被膜下方，细胞呈柱状，细胞核圆形或椭圆形。

b. 束状带 最厚，细胞较大，呈多边形或立方形，排列成束。胞质嗜酸性，内含较多类脂颗粒。

c. 网状带 紧接髓质部，与髓质部分界参差不齐。细胞索连接成网状，其间有血窦。

③ 髓质 细胞排列成不规则的团或索。细胞呈多边形，核大而圆，染色深。细胞质中含极细的嗜铬颗粒，细胞团间有血窦。髓质中偶尔可见交感神经节细胞，髓质中央较大血管为中央静脉。

【技能考核】

1. 绘制一个甲状腺滤泡结构（高倍镜）。

2. 绘制部分肾上腺皮质和髓质结构（低倍镜）。

第六章　感觉器官及被皮

【学习目标】
1. 掌握眼球及眼球辅助器官的结构和功能。
2. 掌握耳的结构和功能。
3. 掌握皮肤及皮肤衍生物的结构。
4. 掌握乳房的形态结构。

【技能目标】
1. 在眼球、耳标本和模型上识别并正确标记结构特征。
2. 正确辨别宠物皮肤及毛、皮脂腺和汗腺的组织结构。

第一节　感觉器官

感觉器官是由感受器及其辅助装置构成，如视觉、听觉器官。感受器是感觉神经末梢的特殊装置，广泛分布于身体各器官和组织内，其形态结构各异。感受器能接受体内各种刺激，并将其转化为神经冲动，经感觉神经和中枢神经系内的传导路，把冲动传至大脑皮质而产生各种感觉，从而建立机体与内、外界环境间的联系。感受器通常根据所在部位和所接受刺激的来源，分为外感受器、内感受器和本体感受器三大类。外感受器接受外界环境的各种刺激，如皮肤的触觉、压觉、温觉和痛觉，舌的味觉、鼻的嗅觉以及接受光波和声波的感觉器官眼和耳等；内感受器分布于内脏以及心、血管，能接受体内各种物理、化学性变化，如压力、渗透压、温度、离子浓度等刺激；本体感受器分布于肌、腱、关节和内耳，能感受运动器官所处状况和身体位置的刺激。

一、视觉器官

眼是宠物的视觉器官，能够感受光波的刺激，经视神经传到中枢而产生视觉。眼由眼球和辅助器官组成。眼球纵切面所示结构如图6-1。

1. 眼球

眼球近于球形，位于头部前方的眼眶内，并向前突出，后端有视神经与脑相连，其构造由眼球壁和眼球内容物两部分组成。

（1）眼球壁　眼球壁由三层构成，由外向内依次为纤维膜、血管膜和视网膜。

① 纤维膜　纤维膜为致密而坚韧的纤维结缔组织膜，形成眼球的外壳，有保护眼球内容物和维持眼球外形等作用。可分为前部的角膜和后部的巩膜。

a. 角膜　约占纤维膜的1/5，无色透明，具有折光作用。角膜前面隆凸后面凹陷，为眼前房的前壁。角膜内无血管和淋巴管，但有丰富的神经末梢，感觉灵敏。角膜上皮再生能力很强，损伤后易恢复，如损伤较重，则形成瘢痕或因炎症而不透明，严重影响视力。

b. 巩膜　占纤维膜的4/5，不透明，呈乳白色，主要是由相互交织的胶原纤维所构成，含有少量弹性纤维。巩膜前接角膜，与角膜交界处深面有一环形巩膜静脉窦，是眼房水流出的通道；后下部有巩膜筛板，为视神经纤维的通路，巩膜在视神经穿出部最厚。

②血管膜　血管膜位于纤维膜与视网膜之间，含有大量血管和色素细胞，有营养眼内组织、调节进入眼球光量和产生眼房水的作用。血管膜由后向前可分为脉络膜、睫状体和虹膜三部分。血管膜前部如图6-2。

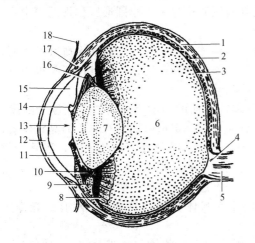
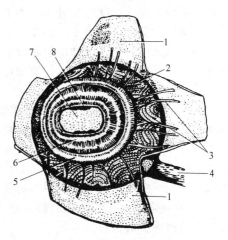

图6-1　眼球纵切面模式图

1—巩膜；2—脉络膜；3—视网膜；4—视乳头；5—视神经；6—玻璃体；7—晶状体；8—睫状突；9—睫状肌；10—晶状体悬韧带；11—虹膜；12—角膜；13—瞳孔；14—虹膜粒；15—眼前房；16—眼后房；17—巩膜静脉窦；18—球结膜

图6-2　眼球的血管膜前部

（角膜切除，巩膜翻开）

1—巩膜；2—脉络膜；3—睫状静脉；4—视神经；5—睫状肌；6—虹膜；7—瞳孔；8—虹膜粒

a. 脉络膜　呈棕褐色，占血管膜后方大部，外面与巩膜疏松相连，内面紧贴视网膜的色素层，后方有视神经穿过。脉络膜内面有薄的毛细血管层，供应视网膜外层的营养，这些血管在用检视镜检查眼底时呈现红色。在眼底的后壁上呈青绿色带金属光泽的区域，称为照膜，它是毛细血管和大的血管网之间的无血管层（细胞性）。照膜反光很强，有助于动物在暗环境下对光的感应。

b. 睫状体　位于巩膜与角膜移行部的内面，是血管膜呈环形的增厚部分。其内面前部有许多呈放射排列的皱褶，称为睫状突，后部平坦光滑，称睫状环。睫状突以晶状体悬韧带和晶状体相连。睫状体的外面为平滑肌构成的睫状肌，受副交感神经支配。睫状肌收缩或舒张，可使晶状体悬韧带松弛或拉紧，从而改变晶状体的凸度，具有调节视力的作用。

c. 虹膜　是血管膜前部的环形薄膜，在晶状体之前。虹膜的中央有一孔，称为瞳孔。瞳孔呈横椭圆形，从眼球前面透过角膜可看到虹膜和瞳孔。虹膜富含血管、平滑肌和色素细胞。虹膜的颜色因色素细胞的种类而有差异。犬呈黄褐色。虹膜内有两种不同方向排列的平滑肌：一种环绕瞳孔周围，叫瞳孔括约肌，受副交感神经支配；另一种呈放射状排列，称瞳孔开大肌，受交感神经支配，它们分别缩小或开大瞳孔。在弱光下瞳孔开大，在强光下瞳孔缩小。

③视网膜　紧贴在血管膜的内面，可分为视网膜盲部和视部两部分。盲部贴附在虹膜和睫状体的内面，约占视网膜的1/3，无感光作用。视部贴附在脉络膜的内面，约占视网膜的2/3，由高度分化的神经组织构成，在活体平滑而透明，略呈淡红色，后部较厚，愈向前愈薄，有感光作用。视部构造复杂，可分为内、外两层。外层为色素层，由单层色素上皮构成。内层为神经层，主要由三层神经细胞组成。其中外层为接受光刺激的感光细胞（视杆细

胞和视锥细胞），是构成视觉器官的最主要部分；中层为传递神经冲动的双极细胞；内层为节细胞。节细胞的轴突在视网膜后部集结成束，并形成一圆形或卵圆形的白斑，称为视神经乳头，其表面略凹，是视神经穿出视网膜的地方。此处只有神经纤维，无感光能力，又称盲点。在视神经乳头处，视网膜中央动脉呈放射状分布于视网膜。视神经乳头和动脉在做眼底检查时可以看到。在视神经乳头的外上方，约在视网膜中央有一小圆形区称视网膜中心，是感光最敏锐的部位，相当于人的黄斑。

（2）眼球内容物　眼球内容物包括晶状体、玻璃体和眼房水，它们均无血管而透明，和角膜一起构成眼球的折光装置，使物体在视网膜上映出清晰的物像，对维持正常视力有重要作用。

① 晶状体　为富有弹性的双凸透镜状透明体，后面的凸度比前面的大，位于虹膜与玻璃体之间，以晶状体悬韧带和睫状突相连。晶状体外包一层透明而具有弹性的晶状体囊，其实质由许多平行排列的晶状体纤维组成。通过调节晶状体的凸度而调节焦距，当看近物时，睫状肌收缩，晶状体悬韧带放松，晶状体凸度变大；当看远物时，与此相反，这样都能使物体聚焦在视网膜上。晶状体若因疾病或创伤而变得不透明，临床上叫白内障。

② 玻璃体　为五色透明的胶状物质，充满于晶状体和视网膜之间，除有折光作用外，还有支撑视网膜的作用。

③ 眼房水　为充满眼房的无色透明液体。眼房位于晶状体与角膜之间，被虹膜分为前房和后房，经瞳孔相通。眼房水由睫状体产生，由眼后房经瞳孔到眼前房，再渗入巩膜静脉窦至眼静脉。眼房水除有折光作用外，还具有营养角膜和晶状体及维持眼内压的作用。如果眼房水产生过多或回流受阻，可引起眼内压增高而影响视力，临床上称为青光眼。

2. 眼的辅助器官

眼球的辅助器官包括眼睑、泪器、眼球肌和眶骨膜。

（1）眼睑　眼睑是位于眼球前方的皮肤褶，俗称眼皮，分为上眼睑和下眼睑，有保护眼球免受伤害的作用。上、下眼睑之间的裂隙称为睑裂，其内外两端分别称为内侧角和外侧角。眼睑外面为皮肤，内面为睑结膜，中间为眼轮匝肌和睑板腺。内外两面移行部叫做睑缘，睑缘上长有睫毛。睑结膜为一薄层湿润而富有血管的膜，睑结膜折转覆盖于巩膜前部，称球结膜。睑结膜和球结膜之间的裂隙称结膜囊。正常结膜呈淡红色，在发疹、黄疸或贫血时易显示不同的颜色，常作为临床诊断的依据。睑板腺的导管开口于睑缘，分泌物为脂性，有润泽睑缘和睫毛的作用。眼轮匝肌收缩可闭合睑裂。在眼内角有小的黏膜隆起，称泪丘。在泪丘和眼球之间的结膜褶，称第三眼睑又称瞬膜，呈半月形，常有色素，内有一片"T"字形软骨，第三眼睑腺包在软骨柄上，开口于结膜囊，其眼球面上具有上皮下淋巴小结。第三眼睑无肌肉控制，仅在高举头时，眼球被眼肌向后拉，压近眼眶内组织而使其被动露出。动物在闭眼后转动头部时，第三眼睑可覆盖眼至角膜中部。

（2）泪器　泪器包括固有腺、第三眼睑腺等副腺以及用于蒸发泪液的鼻泪管等。

① 泪腺　呈扁平，位于眼球和眼窝的背外侧之间，有数条导管开口于眼睑结膜囊内。泪腺分泌泪液，借眨眼运动分布于眼球表面，起润滑和清洁作用。

② 泪道　是泪液排出的通道，包括泪小管、泪囊和鼻泪管三段。泪小管有两条，分别始于眼内侧角处的 2 个缝状小孔即泪点，汇于泪囊；泪囊为漏斗状的膜性囊，位于泪囊窝内，泪囊是鼻泪管上端的膨大。鼻泪管位于骨性鼻泪管中，沿鼻腔侧壁开口于鼻前庭，泪液在此随呼吸所蒸发。鼻泪管受阻时，泪液不能正常排泄，而从睑缘溢出，长期可刺激眼睑发生炎症。

（3）眼眶和眶骨膜　眼眶（眶窝）是由额骨、泪骨、颧骨及颞骨所构成，其额骨的颧突不与颧弓相接，以眼窝韧带相连，具有保护眼的作用；眶骨膜为一致密坚韧的纤维膜，位于骨性眼眶内，呈圆锥形，锥基附着于眶缘，锥顶附着于视神经孔周围。眶骨膜包围着眼球、眼肌、血管、神经和泪腺，其内、外填充有许多脂肪，与眶骨膜共同起着保护眼的作用。

（4）眼球肌　眼球肌属于横纹肌，位于眶骨膜内，包括眼球退缩肌、眼球直肌和眼球斜肌。眼球退缩肌起于视神经孔周缘，包于视神经的周围，止于巩膜，收缩时可退缩眼球；眼球直肌共四块，即上直肌、下直肌、内直肌和外直肌，均呈带状，分别位于眼球退缩肌的背侧、腹侧、内侧和外侧，起于视神经孔周围，止于巩膜，收缩时可使眼球做向上、向下、向内和向外运动；眼球斜肌共两块，即上斜肌和下斜肌。上斜肌是眼肌中最细长的，起于筛孔附近，沿内直肌内侧向前，再向外折转，止于上直肌与外直肌之间的巩膜表面，收缩时可使眼球向外上方转动。下斜肌较宽而短，起于泪囊窝后方的眶内侧壁，绕过眼腹侧向外伸延止于巩膜，收缩时可使眼球向外下方转动。上眼睑提肌属面肌，位于上直肌背侧的薄带状肌，起于筛孔后上方，止于上眼睑，收缩时可提举上眼睑。

3. 眼的血管和神经分布

（1）眼的血管分布

① 犬的眼球及其辅助器官的血液供应，主要来自上颌动脉的眼外动脉和颧动脉及颞浅动脉的分支。眼外动脉分出泪腺动脉；颧动脉分出第三眼睑动脉、下睑内侧动脉和眼角动脉；颞浅动脉分出上睑外侧动脉、下睑外侧动脉和泪腺支，这些分支分别分布于眼的各个部位。

② 眼的静脉主要经颞浅静脉汇入上颌静脉。

（2）眼的神经分布　共有 6 个神经分布于眼球及其辅助器官。视神经经眼窝分布于视网膜，感受视觉；动眼神经的运动神经出眶圆孔分布于眼球内直肌、上直肌、下直肌和上眼睑提肌、下斜肌及眼球退缩肌；滑车神经出滑车神经孔分布于上斜肌；三叉神经的眼神经和上颌神经，分出分支分布于虹膜、角膜、结膜、眼睑、泪腺及其眼部皮肤；外展神经经眶孔分布于眼外直肌；面神经的耳廓眼睑支支配眼轮匝肌；颈前神经节发出的节后纤维分布于眼肌和瞳孔散大肌；副交感神经的节前纤维在睫状神经节交换神经元后，支配睫状肌和瞳孔括约肌。

二、位听器官

耳是宠物的位听器官，包括听觉感受器和平衡感受器。这两种感受器功能虽然截然不同，然而其结构密切相关。位听器官按部位可分为外耳、中耳和内耳。外耳和中耳是收集和传导声波的部分，内耳则是兼具接收声波和平衡刺激的器官。耳的结构如图 6-3。

1. 外耳

外耳包括耳廓、外耳道和鼓膜。

（1）耳廓　由于犬的品种不同，耳廓的形状各异。垂耳型犬的耳廓呈塌陷的漏斗形，外耳道的上方以比较柔软的耳廓软骨为支架，内外被覆皮肤。而大部分犬的耳廓直立，即立耳型犬，在外耳道的稍上方的耳环上有陷凹的皱褶，皮肤牢固地附着在其内。在软骨的凸面上有耳后动脉，其分支后穿过耳廓软骨，并分布耳廓内面。

（2）外耳道　外耳道是从耳廓基部到鼓膜的管道，由外部的软骨性外耳道与内部的骨性外耳道两部分组成。软骨性外耳道以环状软骨为支架，外侧端与向颅骨的方向弯曲的耳廓软

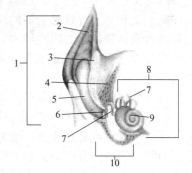

图 6-3　耳结构图

1—外耳；2—耳廓；3—耳廓软骨；
4—颅骨；5—外耳道；6—鼓膜；
7—骨迷路；8—内耳；9—耳蜗；
10—中耳

骨相连，内侧端以致密结缔组织与岩颞骨外耳道相连接。由此可见，外耳道是沿着腹侧方向，然后向内侧方向延伸至鼓膜。骨性外耳道即岩颞骨的外耳道，外口大，内口小，内口有鼓膜环沟。外耳道内面被覆皮肤，软骨性外耳道的皮肤具有短毛、皮脂腺和耵聍腺。耵聍腺的构造与汗腺相似，能分泌耵聍，又叫耳蜡。

（3）鼓膜 鼓膜位于外耳道底部，在外耳道与中耳之间，周缘嵌在鼓膜环沟内。为一椭圆形半透明的纤维膜，坚韧而有弹性。鼓膜略向内凹陷，其内侧面附着于锤骨柄。鼓膜可分三层，外层为外耳道皮肤的延续，中层为纤维层，内层为鼓室黏膜的延续。

2. 中耳

中耳由鼓室、听小骨和咽鼓管组成。

（1）鼓室 鼓室为岩颞骨内1个含气的小腔，内面被覆黏膜。其外侧壁为鼓膜，与外耳道隔开，内侧壁为骨质壁或迷路壁，与内耳为界。内侧壁上有一隆起称为岬，岬的前方有前庭窗，以镫骨及韧带封闭，岬的后方有蜗窗，以薄膜封闭。鼓室的前下方通咽鼓管。

（2）听小骨 听小骨共3块，由外向内为锤骨、砧骨和镫骨。它们借关节相连形成听小骨链，一端以锤骨柄附着于鼓膜，另一端以镫骨底的环状韧带附着于前庭窗，使鼓膜和前庭窗连接起来。当声波振动鼓膜时，听小骨呈一杠杆串联运动，使镫骨底在前庭窗上来回摆动，将声波的振动传到内耳。听小骨链的活动与鼓室的鼓膜张肌和镫骨肌有关，鼓膜张肌的作用为紧张鼓膜，镫骨肌调节声波振动时对内耳的压力。

（3）咽鼓管 咽鼓管又称耳咽管，连接咽腔和鼓室，为一衬有黏膜的管道，其黏膜与咽及鼓室黏膜相延续。咽鼓管一端开口于鼓室前下壁，称咽鼓管口；另一端开口于咽侧壁，称咽鼓管咽口。空气从咽腔经此管到鼓室，可以保持鼓膜内、外两侧大气压的平衡，防止鼓膜被冲破。

3. 内耳

内耳又称迷路，位于岩颞骨的骨质内，在鼓室与内耳道底之间，由构造复杂的管腔组成，是听觉和平衡位觉感受器的所在部位。内耳可分为骨迷路和膜迷路两部分。骨迷路由致密骨质构成；膜迷路为膜性结构，套在骨迷路内，形状与之相似，小部分附着于骨迷路上，大部分与骨迷路之间形成腔隙，腔内充满外淋巴。膜迷路内含有内淋巴。内、外淋巴互不相通。

（1）骨迷路 骨迷路包括前庭、骨半规管和耳蜗三部分。

① 前庭 前庭为位于骨迷路中部略膨大的腔隙。前庭的前部有一孔通耳蜗，后部5个孔与3个骨半规管相连通。前庭的外侧壁即鼓室的内侧壁，有前庭窗和蜗窗；内侧壁即内耳道的底，其表面有一嵴称前庭嵴，嵴的前方有一小窝称球囊隐窝，嵴后方的窝较大，称椭圆囊隐窝。前庭内侧壁的后下方有前庭导水管的内口。

② 骨半规管 骨半规管位于前庭的后上方，为3个互相垂直的半环形管，根据其位置分别称为上半规管、后半规管和外半规管。骨半规管的一端膨大称壶腹，另一端称为上脚，上半规管与后半规管的脚合并为一总脚，因此3个半规管仅5个孔开口于前庭。

③ 耳蜗 位于前庭的前方，形似蜗牛壳。蜗底朝向内耳道，蜗顶朝向前外方。耳蜗由蜗轴和环绕蜗轴的骨螺旋管构成，蜗轴位于中央，呈圆锥形，由骨松质构成，轴底有许多小孔供耳蜗神经通过。骨螺旋管环绕蜗轴三周半。自蜗轴发出骨螺旋板突入骨螺旋管内，此板未达骨螺旋管的外侧壁，其缺损处由膜迷路（膜耳蜗管）填补封闭，而将骨螺旋管分为上、下两部分，上部称前庭阶，下部称鼓阶。故耳蜗内共有3条管道，即上方的前庭阶、中间的膜耳蜗管、下方的鼓阶。前庭阶和鼓阶在蜗顶处经蜗孔相通。

（2）膜迷路 膜迷路由椭圆囊、球囊、膜半规管和耳蜗管组成（图6-4）。

① 椭圆囊　位于椭圆囊隐窝内，囊的后壁有 5 个孔与膜半规管相通，向前以椭圆球囊管与球囊相通，椭圆球囊管再发出内淋巴管，穿经前庭至脑硬膜间的内淋巴囊，内淋巴由此渗出至周围血管丛。椭圆囊内有椭圆囊斑，是平衡觉感受器。

② 球囊　位于球囊隐窝内，囊的下部以连合管通于耳蜗管，另一细管与椭圆球囊管结合形成内淋巴管，它通过前庭水管到脑硬膜两层之间的静脉窦。球囊内有球囊斑，也是平衡觉感受器。

③ 膜半规管　套于骨半规管内。在壶腹壁上有半月状隆起称壶腹嵴，也是平衡觉感受器。

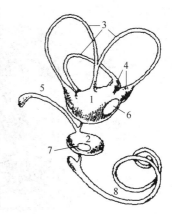

图 6-4　膜迷路模式图
1—椭圆囊；2—球囊；3—膜半规管；
4—膜壶腹；5—内淋巴管；6，7—平
衡斑；8—耳蜗管

④ 耳蜗管　在耳蜗内，一端连于球囊，另一端在蜗顶处，为一盲端。耳蜗管的断面呈三角形，位于前庭阶和鼓阶之间，顶壁为前庭膜，把前庭阶和膜耳蜗管隔开；外侧壁较厚，与耳蜗的骨膜结合；底壁由骨螺旋板和基底膜与鼓阶相隔，基底膜连于骨螺旋板与骨螺旋管外侧壁之间，其上有螺旋器，又称科蒂器，是听觉感受器。

第二节　被皮系统

被皮系统包括皮肤和由皮肤衍生而成的特殊器官，如毛、枕、汗腺、皮脂腺、乳腺以及爪等。其中乳腺、皮脂腺和汗腺称为皮肤腺。

一、皮肤

皮肤被覆于动物的体表，直接与外界接触，是一天然屏障。由复层扁平上皮和结缔组织构成，内含大量的血管、淋巴管、汗腺及丰富的感受器。因此，皮肤具有保护、感觉、调节体温、排泄废物和贮存营养物质等功能。

皮肤的厚薄随犬、猫的品种、年龄、性别以及身体的不同部位而异。老龄犬皮肤比幼犬、猫的厚；同一品种的背部和四肢外侧的皮肤比腹部和四肢内侧的厚；寒冷地区的犬、猫皮肤比温暖地区的犬、猫皮肤厚。皮肤和毛的颜色依赖于某种结构细胞中存在的色素颗粒。皮肤虽然厚薄不同，但其结构均由表皮、真皮和皮下组织等构成。如图 6-5。

1. 表皮

表皮为皮肤的最表层，无血管和淋巴管，其营养主要靠真皮层的扩散来供应。由浅层的大量角化的扁平细胞和深层的数层多角形细胞组成，深层细胞与真皮相连。浅层的角化细胞不断脱落。深层细胞紧密地连接在真皮层的乳头层，具有很强的增殖能力，不断分裂产生新的细胞，向表层推移，借以补充表层角化而脱落的细胞。

2. 真皮

真皮位于表皮的深层，由致密结缔组织构成。坚韧而富有弹性，是皮肤最厚的一层。皮革即由真皮鞣制而成。真皮内含丰富的血管、淋巴管和感觉神经末梢及毛、汗腺、皮脂腺和立毛肌等。临床上的皮内注射就是将药液注入真皮内。

3. 皮下组织

皮下组织又称浅筋膜，位于真皮深层，由疏松结缔组织构成。皮下组织内常含有脂肪组织，具有保温、贮藏能量和缓冲机械压力的作用。在骨突起部位的皮肤，皮下组织有时出现

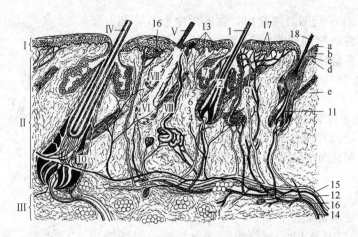

图 6-5 皮肤结构模式图

Ⅰ—表皮；Ⅱ—真皮；Ⅲ—皮下组织；Ⅳ—触毛；Ⅴ—被毛；Ⅵ—毛囊；Ⅶ—皮脂腺；Ⅷ—汗腺；

a—表皮角质层；b—颗粒层；c—生发层；d—真皮乳头层；e—网状层；f—皮下组织内的脂肪组织；

1—毛干；2—毛根；3—毛球；4—毛乳头；5—毛囊；6—根鞘；7—皮脂腺断面；8—汗腺的断面；

9—立毛肌；10—毛囊内的血窦；11—新毛；12—神经；13—皮肤的各种感受器；14—动脉；

15—静脉；16—淋巴管；17—血管丛；18—脱落的毛

腔隙，形成黏液囊，内含有少量的黏液，可减少骨与该部位皮肤的摩擦。由于皮下组织结构疏松，使皮肤具有一定的活动性。

二、皮肤衍生物

1. 毛

毛由表皮生发层演化而来，是一种坚韧而有弹性的角质丝状结构，除自然孔周围和足底以外几乎遍布全身表面，具有良好的保温作用。

（1）毛的结构　毛由角化的上皮细胞构成，分为毛干和毛根两部分。毛干为露出皮肤表面的部分；毛根为埋于皮肤内的部分。毛根的基部膨大，称毛球。毛球的底缘凹陷，内有真皮伸入，称为毛乳头，富含血管和经。毛根周围有由表皮组织和结缔组织构成的毛囊（图6-6），在毛囊的一侧有一条平滑肌束，称立毛肌，受交感神经支配，收缩时使毛竖立。

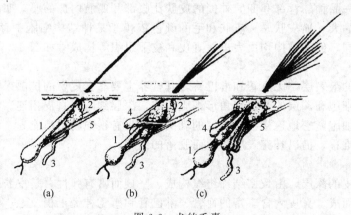

图 6-6 犬的毛囊

（a）刚出生犬的毛囊；（b）出生数月后犬的毛囊；（c）成年犬毛囊

1—主毛囊；2—皮脂腺；3—汗腺的导管；4—次级毛囊；5—立毛肌

毛球的细胞分裂能力很强，是毛的生长点。毛乳头的血管神经，供应毛球的营养。当毛长到一定时期，毛乳头的血管衰退，血流停止，毛球的细胞也停止生长，逐渐角化，而失去活力，毛根即脱离毛囊。当毛囊长出新毛时，即将旧毛推出而脱落，这个过程称为换毛。犬一般春秋两季换毛。

（2）毛的形态和分布　被覆于动物体表面的毛称被毛。因粗细不同，分为粗毛和细毛。不同犬种的毛的分布和形态有差异。成犬的毛囊内含有数个毛，其中中央的毛为主毛，具有保护作用，而周围的毛短而软。毛在体表面呈一定方向排列，称为毛流。毛流的方向大概与外界的气流和雨水在体表流动的方向相适应，但是在特定部位可形成特殊方向的毛流。如在漩涡、棱角、眼裂等处，以收敛、集合或分散等形式分布，由于这些不同的特殊分布，形成特殊的观赏犬种。

在犬皮肤的特殊被毛上附属有散在的小型触觉隆起（触觉小球），具有感受触觉的功能。

2. 皮肤腺

皮肤腺位于真皮内，根据其分泌物的不同，可分为汗腺、皮脂腺、特殊皮肤腺和乳腺。

（1）汗腺　汗腺为盘曲的单管腺，由分泌部和导管部构成，分泌部蜷曲成小球状，位于真皮的深部；导管部细长而扭曲，多数开口于毛囊（在皮脂腺开口部的上方），少数开口于皮肤表面的汗孔。汗腺分泌汗液，有排泄废物和调节体温的作用。与家畜相比，犬的汗腺不发达，特别是被毛密集的部位汗腺更少。

（2）皮脂腺　皮脂腺多位于毛囊与立毛肌之间，呈囊泡状，排泄管很短，多数开口于毛囊，无毛部位直接开口于皮肤表面。皮脂腺分泌皮脂，有滋润皮肤和被毛的作用，使皮肤和毛皮柔韧。皮脂还可以促进汗腺的分泌和防止细菌的生长，同时具有独特的气味。同汗腺一样，由于被毛长短疏密不同而皮脂腺的发育也不同，毛密则腺体分布较少，毛稀则腺体分布较多。

（3）特殊皮肤腺

① 肛门周围腺　局限于肛门周围的皮肤内，为特殊的汗腺，可分泌唤起异性注意的分泌物。

② 肛门旁腺　开口于肛门周缘的皮肤性囊状的肛门旁陷凹，可分泌特殊恶臭的分泌物。

（4）乳腺　乳腺属复管泡状腺。公母犬均有乳腺，但只有母犬能充分发育，并具有分泌乳汁的能力，形成发达的乳房。

① 乳房的形态和位置　在哺乳期乳房非常发达，而在非哺乳期乳房并不明显。乳房一般形成4～5对乳丘，对称排列于胸、腹部正中线两侧，按乳丘的位置和部位，可分为胸、腹和腹股沟部乳房。乳头短，每个乳头有2～4个乳头管，而每个乳头管口有6～12个小的排泄管。

② 乳房的结构　由皮肤、筋膜和实质构成。皮肤较薄。筋膜包括浅筋膜和深筋膜，浅筋膜是腹浅筋膜的延续，由疏松结缔组织构成，深筋膜的结缔组织伸入乳房实质将乳腺分隔成许多腺小叶。每一个腺小叶由分泌部和导管部组成。分泌部分泌乳汁，包括腺泡和分泌小管，其周围有丰富的毛细血管网。导管部输送乳汁，由许多小的输乳管汇合成较大的输乳管，再汇

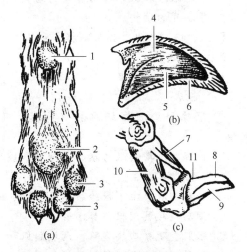

图 6-7　犬的枕和爪

(a) 犬枕；(b) 犬爪角质囊（断面）；(c) 犬指

1—腕枕；2—掌枕；3—指枕；4—爪壁的
角质冠；5—爪的角质壁；6—爪的角质底；
7—远指节骨韧带；8—爪冠的真皮；
9—爪壁的真皮；10—中指节骨；
11—轴形沟

合成乳道，开口于乳头上乳池，乳头管内衬黏膜，黏膜下有发达的平滑肌和弹性纤维，平滑肌在管处形成括约肌。

在哺乳期乳房的实质主要为乳腺组织，而在断乳后，腺组织退化，由结缔组织所代替。此外，并不是在哺乳前乳房迅速增大，而是在妊娠过程中逐渐发育。

3. 枕和爪

（1）枕 犬的枕很发达，可分为腕（跗）枕、掌（跖）枕和指（趾）枕，分别位于腕（跗）、掌（跖）和指（趾）部的内侧面、后面和底面。枕的结构与皮肤相同，分为枕表皮、枕真皮和枕皮下组织。枕表皮角化，柔韧而有弹性；枕真皮有发达乳头和丰富的血管、神经；枕皮下组织发达，由胶原纤维、弹性纤维和脂肪组织构成。结构如图6-7。

（2）爪 包裹指（趾）骨末端的爪与蹄等很相似，可分为爪轴、爪冠、爪壁和爪底，均由表皮、真皮和皮下组织构成（图6-7）。具有钩取、挖穴和防卫功能。

【复习思考题】

1. 简述犬眼球的结构。
2. 简述猫耳的结构。
3. 以犬、猫为例，简述其皮肤的结构与功能。
4. 以犬、猫为例，简述其乳房的形态和结构。

【岗位技能实训】

项目一　犬、猫感觉器官结构的识别

【目的要求】

1. 掌握眼球和眼球辅助器官的结构。

2. 掌握耳的结构。

【实训材料】　犬、猫眼球标本和模型，耳标本和模型。

【方法步骤】

1. 视觉器官——眼

（1）眼球

① 眼球壁　观察纤维膜（角膜、巩膜）、血管膜（脉络膜、睫状体、虹膜）和视网膜。

② 内容物　观察眼房水、晶状体和玻璃体。

（2）眼球辅助器官

① 眼睑　观察上下眼睑、第三眼睑、睑结膜和结膜囊。

② 泪器　观察泪腺、鼻泪管。

③ 眼肌　观察四块直肌、两块斜肌和一块退缩肌。

④ 眶骨膜　为致密坚韧的纤维膜。

2. 位听器官——耳

（1）外耳　观察耳廓外形及外耳道和鼓膜。

（2）中耳　观察鼓室、听小骨形成的听骨链，咽鼓管的开口。

（3）内耳　观察前庭、半规管和耳蜗，区分骨迷路和膜迷路。

【技能考核】　在犬或猫的眼球、耳标本和模型上识别并标记出相应的结构。

项目二　犬、猫皮肤和乳腺组织结构的识别

【目的要求】

1. 掌握皮肤的组织结构。

2. 掌握乳腺的组织结构特点。

【实训材料】　犬、猫皮肤切片，犬、猫哺乳期乳腺切片。

【方法步骤】

1. 皮肤（有毛）　皮肤切片，HE 染色。

（1）肉眼观察　表面紫色部分为表皮，红色的为真皮，深层淡红色部分为皮下组织。

（2）低倍镜观察　区分表皮、真皮和皮下组织。找到毛、皮脂腺、汗腺和立毛肌。

（3）高倍镜观察

① 表皮　为角化的多复层扁平上皮，由表及里分4层。

a. 角质层　由多层扁平、无细胞核、已角质化的细胞构成。

b. 颗粒层　由2～3层扁平的梭形细胞构成，胞质内含有深紫蓝色的透明角质颗粒。

c. 棘细胞层　有多层细胞，细胞较大呈多角形，胞核大而圆，染色浅。

d. 基底层　由一层排列整齐的低柱状或立方形细胞构成。核着色深，胞质弱嗜酸性。

② 真皮　由致密结缔组织构成，表层为乳头层，深层为网状层。乳头层染色较浅，纤维较细密，内含丰富的血管。网状层染色较深，胶原纤维束粗大，彼此交织成网。

③ 皮下组织　结构疏松，内有大量脂肪细胞。

④ 皮肤衍生物　观察毛、皮脂腺和汗腺

a. 毛与毛囊　毛中央呈红色为髓质，周围淡黄色为皮质，皮质边缘淡红色的薄层结构为毛小皮。毛囊由内面的毛根鞘和外面的结缔组织鞘构成，包在毛根外面。位于毛囊一侧的一束斜行平滑肌为竖毛肌。

b. 皮脂腺　位于毛囊与竖毛肌之间，导管开口于毛囊。腺分泌部近基膜的细胞较小，着色深。靠中央的细胞大呈多角形，胞质中由于脂滴被溶解而呈空泡状。

c. 汗腺　导管管腔窄，由两层立方形细胞围成。分泌部的管腔较大，腺上皮细胞呈矮柱状或立方形。

2. 乳腺　哺乳期乳腺切片，HE 染色。

（1）肉眼观察　标本呈淡紫红色，内有染色深的块状物为腺小叶。

（2）低倍镜观察　腺实质被结缔组织分隔成许多腺小叶，腺小叶内有很多圆形或椭圆形的腺泡切面，腺泡间结缔组织少。

（3）高倍镜观察

① 腺泡　腺泡上皮细胞的形态可因分泌周期的不同而异，有的呈高柱状，细胞顶部充满分泌物。有的呈立方形或扁平形，胞核椭圆形或圆形，位于细胞基部。腺泡腔较大，有的含有淡红色的乳汁。腺上皮细胞与基膜之间有肌上皮细胞。

② 导管　小叶内导管管壁为立方上皮。小叶间导管管壁由立方或柱状上皮围成。

【技能考核】

1. 在低倍镜下分辨皮肤及毛、皮脂腺和汗腺的结构。

2. 在高倍镜下区分犬或猫哺乳期乳腺部分腺泡。

第七章 血 液

【学习目标】

1. 掌握血液的组成、理化特性和功能。
2. 掌握各种血细胞的形态特点。
3. 了解血液凝固的机理，掌握血液抗凝和促凝的方法。

【技能目标】

熟知各种血细胞的形态结构，能够在显微镜下辨别各种血细胞。

第一节 概 述

一、体液与内环境

1. 体液

体液是指动物体内所含的液体的总称。正常成年动物的总体液量占全身体重的45%～70%。体液可分两大部分：存在于细胞内的称为细胞内液，占体重的40%～45%，是细胞内各种生化反应的场所；存在于细胞外的称细胞外液，包括血液、组织液、淋巴液和脑脊液等，占体重的20%～25%。细胞内液和细胞外液通过细胞膜和毛细血管壁进行物质之间的交换。

2. 内环境

细胞外液是细胞直接生活的具体环境，又称为机体的内环境，而血浆是内环境中最活跃的，是连接组织液与外环境物质交换的媒介。尽管内环境的理化性质（温度、渗透压、含氧量等）经常在一定范围内变化，机体的内环境通常保持在相对稳定的状态（即稳态）。内环境的相对稳定主要是受到神经和体液的调控下进行的。其生理意义在于为机体正常生命活动提供重要保证。

二、血液的组成

血液是由有形成分的血细胞和液态的血浆组成，正常的血液为红色黏稠液体，其中血细胞是悬浮于血浆中的。血液的组成如图7-1所示。

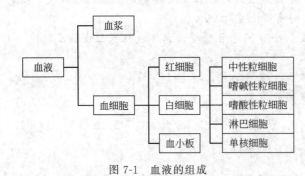

图 7-1 血液的组成

把加有抗凝剂（肝素或枸橼酸钠等）的血液经过离心沉淀后，血液可以分为三层，上层淡黄色的液体是血浆，下层深红色的是红细胞，中间一层白色的是血小板和白细胞。利用这种方法可以测定红细胞比容，也就是红细胞占全血的容积百分比，或称为红细胞压积。当血浆量或红细胞数发生改变时，红细胞比容也发生改变。因此，可以通过测定红细胞比容来帮助疾病的诊断。

如果没有加抗凝剂的血液将很快凝固成胶冻状的血块，并析出淡黄色的透明液体，称为血清。血清与血浆的主要区别是血清中不含纤维蛋白原。

三、血液的理化特性

1. 血液的质量密度和黏滞性

血液的质量密度主要取决于红细胞的浓度和血浆蛋白质的浓度。血液中红细胞数越多，全血的质量密度就越大；血浆中蛋白质含量越多，血浆密度就越大。血液是一种黏滞性较大的液体，为水的 2～3 倍。其黏滞性主要取决于红细胞数量和血浆蛋白质的含量。

2. 渗透压

水通过半透膜向溶液中扩散的现象称为渗透，溶液促使水向半透膜一侧流动的力量称为渗透压。渗透压的大小主要取决于溶质颗粒数目的多少，而与其溶质的种类和颗粒的大小无关。血液的渗透压有两部分组成：一种是由血浆中无机离子、葡萄糖等晶体物质构成，称为晶体渗透压，约占总渗透压的 99.5％，主要作用是维持细胞内外的水平衡；另一种由血浆蛋白质构成的胶体渗透压，占总渗透压的 0.5％，主要作用是维护血管内外的水平衡。通常把与血液渗透压相等的溶液称为等渗溶液（0.9％的氯化钠溶液或 5％葡萄糖溶液），临床上输液应以等渗溶液为主。

3. 血浆的 pH

动物的呈弱碱性，pH 在 7.35～7.45 之间。一般情况下，血液 pH 保持相对稳定，主要取决于血液中的各种缓冲对。其中血浆中缓冲对包括 $NaHCO_3/H_2CO_3$、Na_2HPO_4/NaH_2PO_4 等，其中以前者最为重要。临床上把血浆中 $NaHCO_3$ 含量称为碱贮。在一定范围内，碱贮增加表示对固定酸的缓冲能力增强。

四、血液的功能

（1）运输 通过血液循环把氧、营养物质等运输到相应的组织细胞中，并把机体产生的代谢产物运输到肺、肾等处排出体外。

（2）防御和保护 血液中白细胞通过吞噬、消化和免疫等反应，抵抗外来的损害。

（3）维持内环境的动态平衡 如调节机体体温、渗透压及 pH 等，维持内环境的相对稳定。

第二节 血浆的组成及功能

一、血浆蛋白

血浆蛋白是血浆中多种蛋白质的总称，占血浆总量的 6％～8％，包括白蛋白、球蛋白和纤维蛋白原等，其中白蛋白含量最多，纤维蛋白原最少。

血浆蛋白可形成血浆胶体渗透压，维持体内的水平衡；球蛋白含有抗体，参与体液免疫；纤维蛋白原可参与血液凝固。

二、血浆无机盐

血浆中无机盐约占 0.9％，多数以离子形式存在，主要有 Na^+、K^+、Ca^{2+}、Mg^{2+}、Cl^-、HCO_3^- 等，主要功能是维持血浆渗透压、酸碱平衡和神经肌肉的兴奋性。

三、非蛋白含氮化合物及其他物质

血浆中除蛋白质外的含氮化合物统称为非蛋白含氮化合物（NPN），包括尿素、尿酸、氨基酸和氨等。血浆中其他有机物主要是糖类、脂肪、维生素等，这些物质都参与机体的代谢过程。

第三节 血 细 胞

一、红细胞

大多数哺乳动物的成熟红细胞无核和细胞器，呈双面凹的圆盘状，是血液中数量最多的一种细胞。在血涂片上，红细胞周围染色较深，而中央较浅。新鲜的单个红细胞呈黄绿色，大量红细胞聚集在一起可使血液呈红色。各种动物红细胞的大小和数量不尽相同，犬的红细胞直径最大，可达 $7\mu m$。红细胞数量因动物种类、品种、性别和年龄的不同也有所差异，比如幼年的比成年的多，雄性动物比雌性动物多。

成熟红细胞的细胞质内充满大量的血红蛋白，约占红细胞重量的 33%，其重要的功能是可以结合与运输 O_2 和 CO_2，但是更容易与 CO 结合，故在 CO 的环境中容易中毒。

红细胞的平均寿命为 120 天，在肝脏、脾脏和骨髓等处巨噬细胞可以将衰老的红细胞吞噬。

二、白细胞

白细胞是血液中有核、无色的细胞，数量较少，体积较大，呈球形。

（1）中性粒细胞 是粒细胞中数量最多的一种，占白细胞总数的 45%，胞体呈球形。细胞核呈杆状或分叶状，一般为 2～5 叶。核分叶数目主要与年龄相关，幼稚的细胞细胞核呈杆状，衰老的细胞细胞核分叶数目较多。中性粒细胞具有很强的变形运动和吞噬能力，能吞噬和清除进入到血液中的细菌、组织碎片和衰老的细胞。

（2）嗜酸性粒细胞 数量少，占白细胞总数的 7% 左右，呈球形。胞核为肾形或分叶型，细胞质内充满圆形嗜酸性颗粒，一般染成橘红色。嗜酸性粒细胞能做变形运动，具有趋化性，在过敏性疾病或寄生虫感染时数量明显增多。

（3）嗜碱性粒细胞 在血液中含量最少，占白细胞总数的 1% 左右，球形，胞核分叶或 S 形或不规则形。胞质内含有大小不等、分布不均的嗜碱性颗粒，染成深紫色，常覆盖在细胞核上。颗粒中含有肝素、组胺和白三烯等，这些物质可使血管通透性增加，参与变态反应和防止凝血的作用。

（4）单核细胞 血液中体积最大的细胞，呈圆形或椭圆形。细胞核呈肾形或马蹄形，染色淡，呈淡紫色。细胞质较多，呈弱嗜碱性。单核细胞是巨噬细胞的前身，可以分化为巨噬细胞，具有一定的吞噬能力，但功能不及巨噬细胞强。

（5）淋巴细胞 数量较多，约占白细胞总数的 50%，呈球形。按其体积的大小分为大、中、小三类。血液中小淋巴细胞数量最多，胞核呈圆形，呈蔚蓝色。淋巴细胞主要参与体内的免疫反应。

三、血小板

血小板是由骨髓中成熟的巨核细胞脱落下来的细胞质碎片，有细胞膜和细胞器，但无核，呈双凸圆盘形，体积较小。血小板的主要功能是维持血管内皮的完整和参与止血和血液凝固的过程。

第四节　血液的凝固

一、血液凝固的机理

血液凝固是指血液由液体状态转变为不流动的胶冻状的过程，简称凝血。一般血液凝固1～2h，凝血块发生回缩并析出淡黄色的血清。血液凝固是一系列十分复杂的生化反应过程，主要有以下三个基本步骤。

（1）凝血酶原激活物的形成　此过程包括内源性凝血和外源性凝血，当血管内膜损伤（内源性凝血）和组织损伤、血管破裂（外源性凝血）时，激活了体内存在的无活性的凝血因子，并在 Ca^{2+} 参与下，形成凝血酶原激活物。

（2）凝血酶原转变为凝血酶　此过程是凝血酶原激活物在 Ca^{2+} 参与下，可以使血液中的没有活性的凝血酶激活物变成有活性的凝血酶。

（3）纤维蛋白的形成　凝血酶能在 Ca^{2+} 参与下，迅速催化纤维蛋白原，转变为纤维蛋白。纤维蛋白交织成网，网罗血细胞形成血凝块，血液凝固过程全部完成。

二、抗凝与促凝的方法

1. 抗凝的方法

（1）除钙法　凝血的三个过程都有 Ca^{2+} 的参与，除去血浆中 Ca^{2+} 可以达到抗凝的目的。如加入柠檬酸钠、草酸钾、草酸钠等物质，可以与 Ca^{2+} 结合成不易溶解的物质，从而达到凝血目的。

（2）低温　血液凝固主要是一系列的酶促反应，低温可以影响酶的活性，把血液放到较低温度下能延缓血液的凝固。

（3）肝素　在体内外都有抗凝血的作用。

（4）将血液置于光滑的容器内或涂有石蜡的器皿内，减少血小板的破坏，延缓血凝。

（5）搅拌　将装在容器内的血液，迅速用木棒搅拌，加快了纤维蛋白的形成，并使其附着木棒上，延缓血液凝固。

2. 加速血凝的方法

（1）升高温度　提高了酶的活性，加速凝血反应。

（2）注射维生素 K　可以促进凝血酶原和某些凝血因子的合成，加速凝血和止血，是临床常用的止血剂。

（3）提高创面的粗糙度　促进凝血因子的活化、血小板的解体和凝血因子的生成，从而形成凝血酶原激活物。

【复习思考题】

1. 内环境的相对稳定有何意义？
2. 简述白细胞的种类及其各种白细胞的形态特征。
3. 简述血液凝固的过程。
4. 在犬、猫临床诊疗过程中，有哪些抗凝和促凝措施？

【岗位技能实训】

项目　血涂片的制作与观察

【目的要求】　血涂片的显微检查是血液细胞学检查的基本方法，可以帮助学生认识各种动物血细胞的形态结构和制作血涂片。

【实训材料】　注射器、载玻片、酒精、瑞氏染液、滤纸、显微镜等。

【方法步骤】

1. 推片　将备好的血样滴在载玻片的一端，向后移动到接触血滴，使血液均匀分散在推片与载片接触处。然后使推片与载片呈30°～40°角，向另一端平稳地推出。涂片推好后，迅速在空气中摇，使之自然干燥。

2. 染色　用特种玻璃铅笔在血膜两侧画两条线，防止染液外溢。再将瑞氏染液（伊红-亚甲基蓝）滴在血膜上，至染液淹没全部血膜，染半分钟。加等量蒸馏水（或缓冲液）与染液混合再染5min。最后用蒸馏水把染液冲掉，用吸水纸吸干，自然干燥后，即可观察。

3. 观察

（1）红细胞　淡红色，无核的圆形细胞，因红细胞为双凹形，故边缘部分染色较深，中心较浅，直径7～8μm。

（2）中性粒细胞　体积略大于红细胞，细胞核被染成紫色分叶状，可分1～5叶。直径10～12μm。

（3）嗜酸性粒细胞　略大于中性粒细胞，细胞核染成紫色，通常为2叶，胞质充满嗜酸性大圆颗粒，被染成鲜红色。直径10～15μm。

（4）嗜碱性粒细胞　体积略小于嗜酸性粒细胞，细胞质中有大小不等被染成紫色的颗粒，颗粒数目较嗜酸性粒细胞的颗粒少，核1～2叶，染成淡蓝色。直径10～11μm。

（5）淋巴细胞　淋巴细胞较大，核圆形。直径6～8μm。

（6）单核细胞　体积最大，细胞圆形。胞质染成灰蓝色。核呈肾形或马蹄形，染色略浅于淋巴细胞的核。直径14～20μm。

（7）血小板　血小板为不规则小体，直径2～3μm。其周围部分浅蓝色，中央有细小的紫红色颗粒，聚集成群。

【技能考核】　绘制各种细胞的大体结构图。

第八章　循　环

【学习目标】
1. 了解心肌的生理特性。
2. 掌握血压形成的机理和调节。
3. 掌握心血管活动的调节。

【技能目标】
1. 能熟练听取犬、猫的正常心音。
2. 能测定犬、猫动脉血压和检查动脉脉搏。

循环系统由心脏和血管组成。心脏是推动血液流动的动力器官。血管是血液流动的管道，包括动脉、毛细血管、静脉，它们起着运输血液、分配血液及物质交换的作用。血液在循环系统中按一定方向、周而复始地流动，称为血液循环。

血液循环的生理功能：①完成体内的物质运输（运输代谢原料和代谢产物），维持机体新陈代谢的正常进行；②体内各内分泌腺分泌的激素或其他体液因素，通过血液循环，作用于相应的靶细胞，实现机体的体液调节；③机体内环境稳态的维持和血液防御功能的实现，都有赖于血液循环。

第一节　心脏生理

一、心肌细胞的生理特性

心肌细胞生理特性包括自律性、兴奋性、传导性和收缩性。其中自律性、兴奋性和传导性是在心肌细胞生物电活动的基础上形成的，属于心肌的电生理特性，而收缩性则属于心肌细胞的机械特性。

1. 心肌细胞的自律性

心肌细胞在没有神经支配和外来刺激的情况下，能自动发生节律性兴奋的特性，称为自动节律性，简称自律性。单位时间内自动产生兴奋的次数是衡量自律性高低的指标。生理情况下，心肌的自律性来源于心脏特殊传导系统的自律细胞，病理情况下，非自律细胞的心房肌或心室肌也可能表现自律性。

心脏的起搏点心脏特殊传导系统的自律细胞均具有自律性，但各部分的自律性高低不一。窦房结细胞的自律性最高，房室交界和房室束及其分支次之，心肌传导细胞的自律性最低。在无神经支配的情况下，窦房结的兴奋节律每分钟可达 100 次，通常整体内由于迷走神经的抑制作用，其自律性每分钟约 70 次左右，房室交界处自律性每分钟约 50 次，而心肌传导细胞的自律性每分钟只有 25 次。由于窦房结自律性最高，它产生的节律性冲动按一定顺序传播，引起其他部位的自律组织和心房、心室肌细胞兴奋，产生与窦房结一致的节律性活动，因此窦房结是心脏的正常起搏点。其他自律组织的自律性较低，通常处于窦房结的控制之下，其本身的自律性并不表现，只起传导兴奋的作用，故称为潜在起搏点。在异常情况下，如窦房结功能降低，或窦房结的兴奋下传受阻（传导阻滞），此时潜在起搏点则可取代窦房结的功能而表现自律性，以维持心脏的兴奋和搏动，这时的潜在起搏点就称为异位起搏点，其表现的心搏节律称为异位节律。

2. 心肌细胞的兴奋性

心肌对适宜刺激发生反应的能力称为兴奋性。各类心肌细胞均为可兴奋细胞，具有兴奋性。

（1）心肌兴奋时其周期性的变化　心肌细胞也和其他可兴奋细胞一样，发生一次兴奋后兴奋性也要经历各个时期的变化之后，才恢复正常。心肌细胞兴奋性的重要特点之一在于有效不应期特别长。

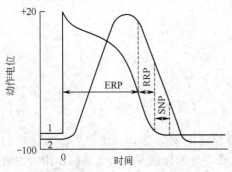

图 8-1　心室肌动作电位期间兴奋性的
变化及其与机械收缩的关系
1—动作电位；2—机械收缩；ERP—有效不
应期；RRP—相对不应期；SNP—超常期

① 绝对不应期和有效不应期　心肌细胞从去极化开始至复极化到约−55mV，为绝对不应期。此期间，细胞兴奋性为零，施以任何强大的刺激均不发生反应。在膜电位从−55mV复极化到−60mV期间，钠通道开始复活，尚未达到备用状态，给予足够强度的刺激可引起局部反应，但不能引起动作电位。此期和绝对不应期合称有效不应期（ERP），即对任何刺激均不能产生动作电位的时期。在有效不应期内，心肌细胞是不可能发生兴奋和收缩的。如图8-1。

② 相对不应期　膜电位复极化从−60mV到−80mV，这一期间为相对不应期（RRP）。在此期内，细胞的兴奋性虽比有效不应期有所恢复，但仍低于正常，施以阈上刺激方可引起细胞兴奋，而且此时动作电位去极化的速度和幅度均小于正常，兴奋的传导速度也比较慢。

③ 超常期　复极化从−80mV到−90mV期间为超常期（SNP）。在此期内，细胞兴奋性高于正常，此时小于阈值的刺激即可引起细胞兴奋，故称超常期。超常期过后，细胞的兴奋性也恢复正常。

（2）期前收缩和代偿性间歇　引发心搏动的兴奋来自窦房结，在两次窦房结兴奋之间给予心室肌一次额外刺激，是否能引起兴奋，就要看这次刺激的时间是在前一次窦房结传来兴奋的有效不应期之内，还是之后。如在有效不应期之内，则不能引起兴奋，如在有效不应期之后，就可能引发一次兴奋和收缩。由于它发生在下一个心动周期的窦房结节律性兴奋传来之前，故称之为期前兴奋和期前收缩，亦称早搏。期前兴奋同样有较长的有效不应期，随后一次来自窦房结的节律性兴奋往往会落在期前兴奋的有效不应期内而失去作用，形成一次"脱失"。必须到再下一次窦房结的节律性兴奋传来时才能引起心室的兴奋和收缩。因此，在一次期前收缩之后往往有一段较长的心舒期，称为代偿性间歇。刺激和作用模式如图8-2。

3. 心肌细胞的传导性

心肌细胞之间兴奋的扩布，是通过局部电流实现的。由于心肌细胞间存在闰盘结构，允许电荷顺利通过闰盘传递到另一个心肌细胞，从而引起整个心肌的兴奋和收缩，使心肌组织俨然成为一个功能合胞体。

（1）心脏内兴奋传播的途径　心脏特殊传导系统具有起搏和传导兴奋的功能。窦房结位于上腔静脉和右心房的连接，含有分化较原始的心肌细胞（称P细胞），是心脏起搏点细胞，心脏兴奋起源于此，窦房结的兴奋经此传至两心房，使两心房同步兴奋和收缩。窦房结的兴奋经心房肌下传至房室交界，由房室交界将兴奋继续下传至心室传导组织，包括房室束、左右束支及其分支以及心肌传导细胞构成的末梢纤维网，最后到达心室肌，引起心室肌

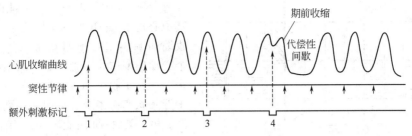

图 8-2　期前收缩与代偿性间歇

刺激 1、2、3 落在有效不应期内不起反应；刺激 4 落在

相对不应期内，引起期前收缩与代偿性间歇

兴奋。心室肌将兴奋由内膜侧向外膜侧扩布，引起整个心室兴奋。

（2）心脏内兴奋传导的特点　心脏各部位的心肌细胞，其传导性能并不相同，故兴奋在各部位的传导速度也不相等。兴奋从窦房结开始传导到心室外表面为止，整个心内传导时间约为 0.22s，其中心房内传导约需 0.06s，心室内传导约需 0.06s，房室交界处传导占时约 0.1s。

房室交界处兴奋传导速度较慢，使兴奋通过房室交界时，延搁的时间较长，称为房-室延搁。这一传导延搁，使心房和心室不会同时兴奋，心房兴奋而收缩时，心室仍处于舒张状态。因此，房-室延搁对于保证心房、心室顺序活动和心室有足够充盈血液的时间，有重要的生理意义。

心房内和心室内兴奋传导的速度较快，其生理意义是使兴奋几乎同时传到所有的心房肌或所有的心室肌，从而保证心房或心室几乎同时发生收缩（同步收缩），同步收缩效果好，力量大，有利于实现泵血功能。

4. 心肌细胞的收缩性

心肌的收缩性是指心房和心室工作细胞具有接受阈刺激产生收缩反应的能力。正常情况下它们仅接收来自窦房结的节律性兴奋的刺激。心肌细胞收缩机理与骨骼肌相同，但有其特点。

（1）同步收缩（全或无式收缩）　心房和心室内特殊传导组织的传导速度快，且心肌细胞之间的闰盘电阻又低，因此兴奋在心房或心室内传导很快，几乎同时到达所有的心房肌或心室肌，从而引起全心房肌或全心室肌同时收缩，称为同步收缩。同步收缩效果好，力量大，有利于心脏射血。由于同步收缩的特性，使心脏或不发生收缩，或一旦产生收缩，则全部心房肌或心室肌都参与收缩，称为全或无式收缩。

（2）不发生强直收缩　心肌一次兴奋后，其有效不应期长，相当于整个收缩期和舒张早期。即在此时期内，任何刺激都不能使心肌再发生兴奋而收缩。因此，心肌不会发生如骨骼肌那样的强直收缩，能始终保持收缩后必有舒张的节律性活动，从而保证心脏的射血和充盈的正常进行。

二、心动周期

心脏每收缩和舒张一次，称为心动周期。由于左右心房和左右心室都是同步收缩，因此心脏的一个心动周期包括心房收缩期、心房舒张期及心室收缩期、心室舒张期四个过程，其中心房舒张开始与两心室同步收缩在时间上重叠，并有一定的顺序关系。即在一个心动周期中，首先是两心房收缩，继而两心房舒张。当心房开始舒张时两心室同步收缩，然后心室舒张。接着两心房又开始收缩进入下一个心动周期。心动周期时程的长短与心率有关，如心率

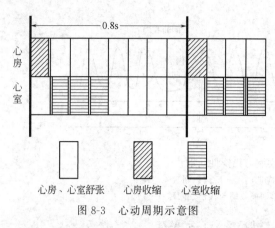

图 8-3　心动周期示意图

为每分钟 75 次，则每个心动周期历时 0.8s，其中心房收缩期 0.1s，舒张期 0.7s；心室收缩期 0.3s，舒张期 0.5s（图 8-3）。在一个心动周期中，不论是心房还是心室，其舒张期均长于收缩期。从全心分析，房室同处于舒张状态占半个心动周期，称为全心舒张期。舒张期心肌耗能较少，有利于心脏休息，心室舒张期又是充盈的过程，充盈足够量的血液才能保证正常的射血量。由于心脏泵血推动血液流动主要是依靠心室的收缩和舒张，心房的舒缩活动处于辅助地位，故习惯上将心室收缩和舒张的起止作为心动周期的标志，把心室的收缩期和舒张期分别称为心缩期和心舒期。

三、心率和心音

1. 心率

动物在安静状态下单位时间内心脏搏动的次数称为心跳频率，简称心率。心率可因动物种类、年龄、性别以及其他生理情况而不同。幼龄动物心率快，随年龄的增长而逐渐减慢。雄性动物的比雌性动物的稍快。同一个体在安静或睡眠时心率慢，而在运动或应激时心率加快。犬的正常心率每分钟为 70～120 次，猫的正常心率每分钟为 110～130 次。

心率的快慢与心动周期的持续时间关系密切，心率越快，心动周期越短，收缩期和舒张期均相应缩短，但舒张期缩短更显著。因此，当心率过快时，心脏工作时间延长，而休息及充盈的是时间缩短，使心脏泵血功能减弱。

2. 心音

心动周期中，由于心肌收缩和舒张、瓣膜启闭、血流冲击心室壁和大动脉壁及形成湍流等因素引起的振动，通过周围组织传播到胸壁，称为心音。如将耳紧贴在胸壁的适当部位上或用听诊器在胸壁一定部位，所听到"通—塔"的两个声音，分别为第一心音和第二心音，偶尔还能听到较弱的第三心音和第四心音。正常情况下，只能听到犬的第一心音和第二心音。

第一心音发生于心缩期之初，标志着心室收缩的开始。形成原因包括心室肌的收缩、房室瓣突然关闭和血液冲击房室瓣引起心室振动及心室射出的血液撞击动脉壁引起的振动。第一心音的特点是音调较低，持续时间较长。

第二心音发生于心舒期之初，标志着心舒期的开始。形成是主动脉瓣和肺动脉瓣的关闭和动脉内的血流减速及心室内压迅速下降而引起的振动。第二心音的特点是音调较高，持续时间较短。

胸廓前壁任一部位均能听到第一心音和第二心音。

第三心音和第四心音：第三心音出现在第二心音之后，音调低，与血流快速流入心室引起心壁与瓣膜的振动有关。第四心音很弱，仅于心音图上见到。

四、心输出量及其影响因素

1. 每搏输出量和每分输出量

每一个心动周期中，从左、右心室喷射进动脉的血液是基本相等的。每搏输出量是一侧心室一次收缩射入动脉动的血量，简称搏出量，相当于心室舒张期末容量与收缩期末容量之差。一侧心室一分钟内射入动脉的血量称为每分输出量，简称心输出量。它等于每搏输出量与心率的乘积。

$$心输出量(L/min) = 心率 \times 每搏输出量$$

正常生理状态下，心输出量是随着机体新陈代谢的强度而改变的。新陈代谢增强时，心输出量也会相应增加。心脏这种能够通过增加心输出量来适应机体需要的能力，称为心脏的储备力。当心脏的储备力发挥到最大限度后，仍不能适应机体的需要，就易发生心力衰竭。

2. 影响心输出量的主要因素

心输出量的大小取决于心率和每搏输出量，而每搏输出量的大小主要受静脉回流量和心室肌收缩力的影响。

(1) 静脉回流量　心脏能自动地调节并平衡心搏出量和回心血量之间的关系；回心血量愈多，心脏在舒张期充盈就愈大，心肌受牵拉就愈大，则心室的收缩力量就愈强，搏出到动脉的血量就愈多。换言之，在生理范围内，心脏能将回流的血液全部泵出，使血液不会在静脉内蓄积。心脏的这种自身调节不需要神经和体液的参与。

心脏的这种自动调节机制是维持左、右心室输出量相等的最重要的机制。如果由于某种原因，右心室突然比左心室输出更多的血液，则流入左心室的血量增加，左心室心舒容积增加，也就会自动地相应增加左心室的输出，使流入肺循环和体循环的血量相等。

心脏自身调节的生理意义在于对搏出量进行精细的调节。当某些情况（如体位改变）使静脉回流突然增加或减少，或左、右心室搏出量不平衡等情况下所出现的充盈量的微小变化，都可以通过自身调节来改变搏出量，使之与充盈量达到新的平衡。

(2) 心室肌的收缩力　在静脉回流量和心舒末期容积不变的情况下，心肌可以在神经系统和各种体液因素的调节下，改变心肌的收缩力量。例如，动物在使役、运动和应激时，搏出量成倍增加，而此时心脏舒张期容量或动脉血压并不明显增大，即此时心脏收缩强度和速度的变化并不主要依赖于静脉回流量的改变，而是在交感-肾上腺素的调节下，心肌的收缩力量增强，使心舒末期的体积比正常时进一步缩小，减少心室的残余量，从而使搏出量明显增加。

(3) 心率　心率是决定心输出量的另一基本因素，在一定范围内它与心输出量呈正变关系，即心输出量随心率加快而增大。但是心率过快时，心输出量反而减少。这是因为心室的充盈是在心舒期内完成的，心率加快时心动周期的缩短主要是心舒期的缩短，心率过快是会因心舒期太短而影响心室的充盈，使每搏输出量减少。

第二节　血管生理

一、血压

1. 血压的概念及其测定

血压是指血管内的血液对于单位血管壁的侧压力，也即压强。以往惯用毫米汞柱（mmHg）为单位，并以大气压作为生理上的零值。根据国际标准计量单位，压强单位为帕（Pa），1mmHg 相当于 133Pa 或 0.133kPa。

血压测量方法有直接和间接测量两种。在生理急性实验中多用直接测量法，即将导管一端插入实验动物动脉管，另一端与带有 U 形管的水银检压计相连，通过观察 U 形管两侧水银柱高度差值，便可直接读出血压数值。但此法仅能测出平均血压的近似值，不能精确反映心动周期中血压的瞬间变动值。

动物血压的间接测定常用听诊法，或采用压力传感器将压力变化转换为可直接读取的数值。测定犬的血压的常用部位在胫前动脉。

2. 血压的形成

血管内有血液充盈是形成血压的基础。血液充盈的程度决定于血量与血管系统容量之间的相互关系：血量增多，血管容量减少，则充盈程度升高；反之，血量减少，血管容量增大，则充盈程度下降。在犬的实验中，在心跳暂停、血液不流动的条件下，循环系统平均的充盈压为 0.93kPa。

心脏射血是形成血压的动力。心室收缩所释放的能量，可分解为两个部分：一部分以动能形式推动血液流动；另一部分以势能形式作用于动脉管壁，使其扩张。当心动周期进入舒张期，心脏停止射血时，动脉管壁弹性回缩，将贮存于管壁的势能释放出来，转变为动能，继续推动血液向外周流动。

外周阻力是形成血压的重要因素。如果仅有心室收缩做功，而不存在外周阻力的话，那么心室收缩的能量将全部表现为动能，射出的血液毫无阻碍地流向外周，对血管壁不能形成侧压力。可见，除了必须有血液充盈血管之外，血压的形成是心室收缩和外周阻力两者相互作用的结果。

由于血液从大动脉流向外周并最后回流心房，沿途不断克服阻力而大量消耗能量，所以从大动脉、小动脉至毛细血管、静脉，血压递降，直至能量耗尽，以致当血液返回接近右心房的大静脉时，血压可降至零，甚至还是负值。

3. 动脉血压

通常所说的血压，就是指体循环系统中的动脉血压，它是决定其他各类血管血压的主要动力。在每次心动周期中，动脉血压随着心室的舒缩活动而发生明显波动。这种波动在小动脉后段已消失。

(1) 收缩压、舒张压和平均压　收缩压是指心缩期中动脉血压所达到的最高值，或叫做高压。在心舒期中动脉血压下降所达到的最低值，叫做舒张压，或叫做低压。动脉血压的数值常以分数形式加计量单位来表示，即收缩压/舒张压 kPa。例如，犬的动脉血压可表达为 16.0/9.3kPa。

收缩压与舒张压的差值，叫做脉搏压，简称脉压。在心室收缩力和每搏输出量等不变的情况下，脉搏压的大小可在一定程度上反映动脉系统管壁的弹性状况。

在一个心动周期中每一瞬间动脉血压都是变动的，其平均值称为平均动脉压，简称平均压。由于在一个心动周期中，心缩期往往短于心舒期，因此，平均压不等于收缩压与舒张压的简单平均值。平均压通常可按下式计算。

$$平均动脉压＝舒张压＋1/3（收缩压－舒张压）$$

即　　　　　　　　　　平均动脉压＝舒张压＋1/3 脉搏压

(2) 影响动脉血压的因素　影响动脉血压的主要因素有每搏输出量、外周阻力、大动脉管壁弹性及循环血量等。

① 每搏输出量　在心率和外周阻力恒定的条件下，每搏输出量增加可使动脉内容量加大，收缩压升高。与此同时，弹性管壁的扩张使舒张压也有所增大，但由于收缩压升高时血液流速加快，因此，舒张压升高不如收缩压升高那样明显。

当心率加快时，由于心舒期缩短，回心血量减少，使每搏输出量相应减少，如外周阻力不变，则使收缩压降低。

② 外周阻力　外周阻力增加时，动脉血流向外周的阻力加大，使心舒期之末动脉内血量增加，因此，以舒张压升高为明显。同样，外周阻力降低时，血压降低也以舒张压下降为明显。血液黏滞度也构成外周阻力的因素。当黏滞度增加（如动物脱水、大量出汗时），血液密度加大，与血管壁之间以及血液成分之间的相互摩擦阻力也加大，这些因素都使血流的

外周阻力加大。在其他条件恒定时，外周阻力加大，可使动脉血压升高。

③ 大动脉弹性　大动脉管壁弹性扩张主要是起缓冲血压的作用，使收缩压降低，舒张压升高，脉搏压减少。反之，当大动脉硬化，弹性降低，缓冲能力减弱时，则收缩压升高而舒张压降低，使脉搏压加大。

④ 循环血量　循环血量增加可使血压升高，但主要使射血量增加，所以当其他因素不变时，也是以收缩压升高为显著。

在分析各种因素对血压影响时，都是在假定其他因素不变的情况下，某单个因素变化时对血压变化可能产生的影响。在整体情况下，只要有一个因素发生变化就会影响其他因素的变化，因此，血压的变化是各个因素相互作用的结果。在各种因素中，循环血量、动脉管壁弹性以及血液黏滞度等，在正常情况下基本无变化，对血压变化不起经常性的作用；而每搏输出量和外周阻力由于受心缩力和外周血管口径的直接影响，经常处于变化之中。因此，这两项因素是影响血压变化最经常、最主要的因素。动物有机体就是通过神经和体液途径，调节心缩力量和血管的舒缩反应，使血压的变化适应有机体不同状况下的需要。

在阻力性血管中，小动脉分支多，总长度大，口径小，对血流的阻力大，而且管壁又富含平滑肌，在神经和体液的调节下，可作迅速的收缩和舒张而改变口径。因此，小动脉在决定外周阻力大小变化中起最重要的作用。

4. 静脉血压和静脉血流

(1) 静脉血压与中心静脉压　血液通过毛细血管后，绝大部分能量都消耗于克服外周阻力，因而到了静脉系统后血压已所剩无几，微静脉血压降至约 1.9kPa。到腔静脉时血压更低，到右心房时血压已接近于零。通常将右心房和胸腔内大静脉的血压，称为中心静脉压，正常值为 0.4～1.2kPa。中心静脉压的高低决定于心泵功能与静脉回心血量之间的相互关系。当心脏泵血功能较强，能将回心血液及时射入动脉时，中心静脉压就较低；当心泵功能较弱，不能及时射出回心血液时，中心静脉压就升高。中心静脉压可作为临床输血或输液时输入量和输入速度是否恰当的依据。在心功能较好时，如果中心静脉压迅速升高，可能是输入量过大或输入速度过快所致；反之，如果输血或输液之后中心静脉压仍然偏低，可能是血液容量不足。如果中心静脉压已高于 1.6kPa 时，输血或输液应慎重。如图 8-4 所示，测定时先将三通阀门 1→2，使检压计充液，然后阀门调至 2→4，即可从 2 管液面高度读出中心静脉压数值。测定时注意应将三通阀门置于心脏同一水平位置。

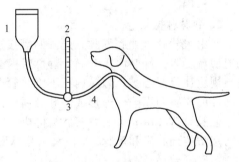

图 8-4　中心静脉压测定示意图
1—检压计液瓶；2—检压计；3—三通阀；4—检压导管

(2) 静脉回流　单位时间内由静脉回流心脏的血量等于心输出量。静脉对血流阻力很小，由微静脉回流至右心房的过程中，血压仅下降约 2.0kPa。动物躺卧时，全身各大静脉均与心脏处于同一水平，靠静脉系统中各段压差就可以推动血液流回心脏。但在站立时，因受重力影响血液将积滞在心脏水平以下的腹腔和四肢的末梢静脉中，这时需借助外在因素的作用促使其回流。主要的外在因素如下。

① 骨骼肌的挤压作用　骨骼肌收缩时，对附近静脉起挤压作用，推动其中的血液推开静脉管内壁上的静脉瓣，朝心脏方向流动。静脉瓣游离缘只朝心脏方向开放，因此，肌肉舒张时，静脉血不至于倒流。

② 胸腔负压的抽吸作用　呼吸运动时胸腔内压产生的负压变化，也是促进静脉回流的

另一个重要因素。胸腔内的压力是负压（低于大气压），吸气时更低，所以吸气时产生的负压可牵引胸腔内柔软而薄的大静脉管壁，使其被动扩张，静脉容积增大，内压下降，因而对静脉血回流起抽吸作用。此外，心舒期心房和心室内产生的较小的负压，对静脉回流也有一定的抽吸作用。

二、脉搏

1. 动脉脉搏

心室收缩时血液射进主动脉，主动脉内压骤增，使管壁扩张；心室舒张时，主动脉压下降，血管壁弹性回缩而复位。这种随着心脏节律性泵血活动，使主动脉管壁发生的扩张一回缩的振动，以弹性波形式沿血管壁传向外周，即形成动脉脉搏。脉搏波传导速度很快，要比血液流速快几十倍，因此，在远离心脏的体表动脉所触摸到的脉搏，即是此刻心脏活动的瞬间反映。

凡是能影响动脉血压的各种因素，都会影响动脉脉搏的特性。所以，检查脉搏的速度、幅度、硬度以及频率等，可以反映心脏的节律性、心缩力量和血管壁的机能状态等。

脉搏波传播至小动脉末端时，因沿途遇到阻力，波动逐渐消失。

检查犬和猫脉搏波的部位在股动脉或胫前动脉。

应用脉搏描记器记录下来的脉搏波形叫做脉搏图。动脉系统各段的脉搏图有所差异，但是基本波形是相同的。脉搏图由一个升支和降支组成，升支较陡峭，代表心室收缩时射血，使主动脉内压急剧上升，管壁突然扩张。降支较平缓，代表心室舒张时主动脉管壁弹性回缩，内压缓慢下降。降支中段常有小波出现，叫降中波，其中凹陷的切迹称降中峡。降中波和降中峡的形成是由心室舒张后主动脉壁回缩以及主动脉内血液撞击已关闭的半月瓣后重又回弹的作用。

2. 静脉脉搏

经由大静脉（如腔静脉、颈静脉等接近心脏的大静脉）不断流回心脏的血液，当心房收缩时回流受阻，静脉内压升高，静脉管壁受到压力而膨胀；当心房舒张时，滞留在静脉内的血液则快速流回心脏，静脉内压下降，管壁内陷。这样，随着心房舒缩活动引起大静脉管壁规律性的膨胀和塌陷，即形成静脉脉搏。此外，心室的舒缩活动也能间接影响静脉脉搏。

静脉脉搏波由 a、c、v 三个波构成。a 波是由于心房收缩；c 波由于心室收缩，压力通过房室瓣传到心房和静脉；v 波是由静脉回流，心房逐渐胀大，使心房压升高。

三、微循环

微循环是指微动脉和微静脉之间的血液循环。血液循环最重要的功能之一，在于进行血液与组织液之间的物质交换，这一功能就是通过微循环而实现的。

1. 微循环通路

各器官、组织的功能和结构不同，微循环的组成与结构也不同。典型的微循环组成如图8-5所示。所形成的微循环通路有以下 3 种。

（1）动-静脉短路　血液由微动脉经动-静脉吻合支，直接流回微静脉，没有物质交换功能，又称为非营养通路。在一般情况下，动-静脉短路处于关闭状态。它的开闭活动主要与体温调节有关。

（2）直捷通路　血液从后微动脉经过前毛细血管，直接进入微静脉。流速快，流程短，物质交换功能不大，是安静状态下大部分血液流经的通路。主要功能是使血液及时通过微循环系统，以免全部滞留于毛细血管网中，影响回心血量。

（3）营养通路　血液从微动脉经后微动脉、毛细血管前括约肌进入真毛细血管网，再汇入微静脉。真毛细血管网管壁薄，经路迂回曲折，血流缓慢，与组织接触面广，是完成血液与组织液间的物质交换功能的主要场所。

2. 微循环的调节

微循环系统中仅微动脉分布有少量神经，其余成分并不直接受控于神经系统。尤其是决定营养通路血流量的后微动脉和毛细血管前括约肌的舒缩活动，只受体液中血管活性物质的调节。因此，微循环的调节主要是通过体液性的局部自身调节来实现。

体液中的缩血管物质（如去甲肾上腺素、血管加压素等）控制毛细血

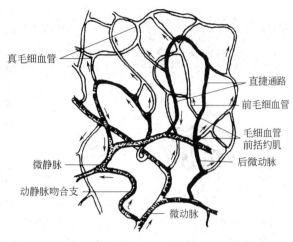

图 8-5　微循环示意图

管前阻力血管（主要指微动脉、后微动脉和毛细血管前括约肌），使其收缩。当收缩导致毛细血管灌注不良时，局部代谢产物堆积，从而产生舒血管物质（如组胺、缓激肽、乳酸等），引起血管平滑肌松弛，微循环恢复灌注，将代谢产物移去。继之，血管平滑肌又处于缩血管物质控制之下。这样，在体液中血管活性物质的影响下，毛细血管舒缩活动交替进行，及时分配血量，以适应组织代谢的需要。

四、组织液和淋巴液

组织液分布在细胞的间隙内，又称为组织间隙液，是血液与组织细胞间物质交换的媒介。组织液绝大部分呈胶冻状，不能自由流动，不会因重力作用而流向身体较低部位。胶冻的基质主要是胶原纤维和透明质酸细丝，这些成分并不妨碍水及其溶质的扩散运动。

1. 组织液的生成与回流

组织液是血浆通过毛细血管管壁的滤出而形成的。组织液形成后又被毛细血管壁重吸收回到血液中去，保持组织液量的动态平衡。组织液生成和重吸收，决定于以下四种因素：①毛细血管血压；②血浆胶体渗透压（简称血浆胶压）；③组织静水压；④组织液胶体渗透压（简称组织液胶压）。其中，①和④是促进滤过，即有利于生成组织液的因素；而②和③是阻止滤过，即有利于组织液重吸收的因素。可见，组织液的生成是这四种因素相互作用的结果。滤过因素与重吸收因素之差称为有效滤过压。可以表达为：

生成组织液的有效滤过压＝（毛细血管血压＋组织液胶体渗透压）－（组织静水压＋血浆胶压）

如图 8-6 所示，血浆胶压约为 3.3kPa，毛细血管动脉端血压平均约 4.0kPa，毛细血管静脉端血压约为 1.6kPa，组织液静水压和胶压分别约为 1.33kPa 和 2.0kPa。将这些数值代入上式：

毛细血管动脉端有效滤过压＝（4.0＋2.0）－（3.3＋1.33）＝1.37kPa

毛细血管静脉端有效滤过压＝（1.6＋2.0）－（3.3＋1.33）＝－1.03kPa

由计算结果可以推断，在毛细血管动脉端有液体滤出，形成组织液；在毛细血管静脉端组织液被重吸收，即约有 90% 滤出的组织液又重新流回血液。

2. 影响组织液生成的因素

正常情况下，组织液生成和重吸收，保持着动态平衡，使血容量和组织液量能维持相对稳定。一旦与有效滤过压有关的因素改变和毛细血管通透性发生变化，将直接影响组织液的生成。

（1）毛细血管压　毛细血管血压升高，组织液生成增加（如肌肉运动或炎症的局部，都

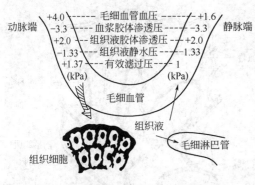

$$
\begin{array}{lll}
& +4.0 \cdots\text{毛细血管血压} \cdots +1.6 \\
\text{动脉端} & -3.3 \text{— 血浆胶体渗透压 —} -3.3 & \text{静脉端}\\
& +2.0 \text{— 组织液胶体渗透压 —} +2.0\\
& +1.33 \text{— 组织液静水压 —} -1.33\\
& +1.37 \text{— 有效滤过压 —} 1\\
& \text{(kPa)} \qquad\qquad\qquad\quad \text{(kPa)}
\end{array}
$$

毛细血管

组织液

毛细淋巴管

组织细胞

图 8-6　组织液生成与回流示意图

有这类情况）；静脉压升高时，也可使组织液生成增加。

（2）血浆胶体渗透压　当血浆蛋白生成减少（如慢性消耗性疾病、肝病等）或蛋白排出增加（如肾病时），均可导致血浆蛋白减少，因而使血浆胶压下降，从而使组织液生成增加，甚至发生水肿。

（3）淋巴回流　由于一部分组织液经由淋巴管系统流回血液，当淋巴回流受阻（丝虫病、肿瘤压迫等）时，可导致局部水肿。

（4）毛细血管通透性　如烧伤、过敏反应等，可使毛细血管通透性增大，血浆蛋白可能漏出，使血浆胶压下降，组织液胶压上升，有效滤过压加大。

3. 淋巴液及其回流

组织液约 90% 在毛细血管静脉端回流入血，其余 10% 则进入毛细淋巴管，即成为淋巴液。毛细淋巴管逐级汇集成小淋巴管和大的淋巴管，在大、小淋巴管中都有瓣膜。瓣膜的作用是控制淋巴液做单向流动，即只能由外周向心脏方向流动。淋巴管壁平滑肌收缩活动（在淋巴管瓣膜配合下），起淋巴管泵的作用，使淋巴液沿着淋巴管系统，向心脏回流。此外，骨骼肌收缩活动、邻近动脉的搏动等，均可推动淋巴液回流。

淋巴液回流具有重要的生理意义。首先可以回收蛋白，因为血浆蛋白质经毛细血管内皮细胞的"胞吐"作用转运到组织液后，不能由毛细血管壁重吸收，但能较容易地进入淋巴系统，回流血液。其次，淋巴液回流可以协助消化管吸收营养物，如大部分脂类就是经过淋巴途径吸收的。此外，淋巴流对调节体液平衡、清除组织中的异物等方面，也有重要的作用。

第三节　心血管活动的调节

循环系统适应性活动在于及时而适当地供给血流量，以满足各组织和器官的代谢需要。有机体的神经和体液对心脏和各部分血管的活动进行调节，以适应各器官、组织在不同转态下对血流量的需要，协调各器官之间的血量分配。

一、神经调节

1. 调节心血管活动的神经中枢

心血管系统的活动受到中枢神经系统的调节控制。这些调节控制是通过反射活动来实现，中枢神经内与心血管反射有关的神经元集中的区域叫做心血管反射中枢。控制心血管活动的神经元并不是只集中在中枢神经系统的一个部位，而是分布于从脊髓到大脑皮质的各个部位，它们各具不同的功能，又互相密切联系，使整个心血管系统的活动协调一致，并与整个机体的活动相适应。

（1）基本中枢　基本中枢分布在延髓，共有三个中枢，即缩血管中枢、心加速中枢和心抑制中枢。当缩血管中枢、心加速中枢兴奋时，心搏动加速、血管收缩和血压升高。当心抑制中枢兴奋后，心搏动减慢，血管收缩活动降低，血压下降。延髓内的心血管中枢是维持正常血压水平和心血管反射的基本中枢。

基本中枢的重要生理特点是存在着紧张性活动。心血管系统运动功能的动力性变化是依靠延髓基本中枢正常紧张性活动而实现的。正常情况下，缩血管中枢和心抑制中枢有很明显的紧张性活动，使机体全身血管保持一定程度的收缩状态，使心脏的活动速度及强度保持相对低的水平。心加速中枢很少出现紧张性活动，它们只是在特殊条件下才表现出明显的效应。

（2）高级中枢　调节心血管活动的高级中枢分布在延髓以上的脑干部分以及大脑和小脑中，它们在心血管活动调节中所起的作用较延髓基本中枢更加高级。特别是表现为心血管活动和机体其他功能之间的复杂的整合。

2. 心脏和血管的神经支配

（1）心脏的神经支配　心脏受到交感神经和副交感神经的双重支配。

① 心交感神经及其作用（图 8-7）　心交感神经的节前神经元位于脊髓第 1～5 胸段的中间外侧柱；节后神经元位于星状神经节或颈交感神经节内。节后神经元的轴突组心脏神经丛，支配心脏各个部分。右侧的纤维大部分终止于窦房结；左侧的纤维大部分终止于房室结和房室束。两侧均有纤维分布到心房肌和心室肌。

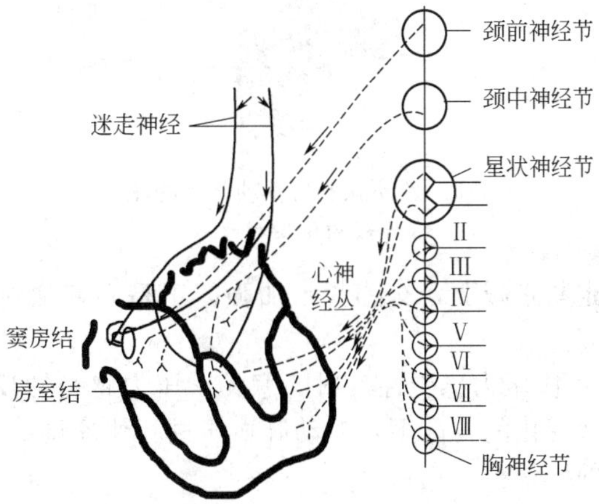

心交感节后神经元末梢释放的递质为去甲肾上腺素，与心肌细胞膜上的 β 肾上腺素能受体结合，可导致心率加快，房室交界的传导加快，心房肌和心室肌的收缩能力加强。

② 心迷走神经及其作用　支配心脏的
副交感神经是迷走神经的心脏支。右侧迷走神经心脏支的大部分神经纤维终止于窦房结；左侧迷走神经心脏支的大部分纤维终止于房室结和房室束。两侧均有纤维分布到心房肌，心室肌也有迷走神经支配，但纤维末梢的数量远较心房肌中的少。

图 8-7　心脏的神经支配

心迷走神经节后纤维末梢释放的递质乙酰胆碱作用于心肌细胞的 M 型胆碱能受体，可导致心率减慢，心房肌收缩能力减弱，心房肌不应期缩短，房室传导速度减慢。刺激迷走神经时，也能使心室肌的收缩减弱，但其效应不如心房肌明显。

（2）血管的神经支配　除真毛细血管外，血管壁都有平滑肌分布。除毛细血管前括约肌上神经分布很少，其舒缩活动主要受局部组织代谢产物影响外，绝大多数血管平滑肌都受神经支配，它们的活动受神经调节。支配血管的神经主要是调节血管平滑肌的收缩和舒张活动，称血管运动神经。它们可分为两类：一类神经能够引起血管平滑肌的收缩，使血管口径缩小，称缩血管神经；另一类神经引起血管平滑肌的舒张，称舒血管神经。

3. 心血管反射

正常状态下，机体的心血管活动具有自动的负反馈性的调节作用。心血管系统本身存在着压力和化学感受器，当机体处于不同的生理状态如运动、休息、变换姿势、应激或机体内、外环境发生变化时，可引起各种心血管反射，使心输出量和各器官的血管收缩状况发生相应的改变，动脉血压也可发生变动，心血管反射一般都能很快完成，其生理意义在于使循环功能能适应于当时机体所处的状态或环境的变化。

心血管系统的反射很多，一般可分为两大类：加压反射和减压反射，其中最重要的是颈动脉窦和主动脉弓压力感受性反射。

（1）颈动脉窦和主动脉弓压力感受性反射

① 动脉压力感受器　组织学的研究表明，在颈动脉窦和主动脉弓处管壁内有许多感受

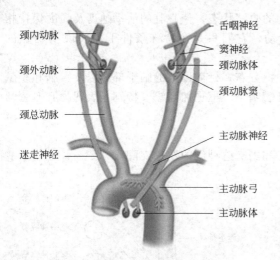

颈内动脉

颈外动脉

颈总动脉

迷走神经

舌咽神经
窦神经
颈动脉体
颈动脉窦

主动脉神经

主动脉弓
主动脉体

图 8-8　颈动脉窦与主动脉弓的压力
感受器和化学感受器

器（图 8-8）。这些感受器是未分化的枝状神经末梢。生理学研究发现，这些感受器并不是直接感受血压的变化，而是感受血管壁的机械牵张程度，称为压力感受器或牵张感受器。

② 传入神经和中枢联系　颈动脉窦和主动脉弓压力感受器的传入神经纤维经窦神经和迷走神经传到延髓的心血管活动中枢。

③ 反射效应　动脉血压升高时，动脉管壁被牵张的程度就升高，压力感受器传入的冲动增多，通过中枢机制，使迷走紧张加强，心交感紧张和交感缩血管紧张减弱，其效应为心率减慢，心输出量减少，外周血管阻力降低，故动脉血压下降。反之，当动脉血压降低时，压力感受器传入冲动减少，使迷走紧张减弱，交感紧张加强，于是心率加快，心输出量增多，外周血管阻力增高，血压升高。

④ 压力感受性反射的意义　压力感受性反射在心输出量、外周血管阻力、血量等发生突然变化的情况下，对动脉血压进行快速调节的过程中起重要作用，使动脉血压不致发生过大的波动。

（2）颈动脉体和主动脉体化学感受性反射

① 外周化学感受器　外周化学感受器位于颈动脉体（颈动脉窦旁）和主动脉体（在主动脉弓旁）中，对血液中氢离子浓度的增加和氧分压降低敏感。

② 传入神经和中枢联系　化学感受器受到刺激后，发出冲动分别经窦神经和迷走神经传进延髓的呼吸中枢、缩血管中枢和心抑制中枢。

③ 反射效应　当血液中氢离子的浓度过高、二氧化碳分压过高、氧分压过低时，化学感受器受刺激，发出冲动经传入神经传至延髓呼吸中枢，引起呼吸加深加快，可间接地引起心率加快，心输出量增多，外周血管阻力增大，血压升高。

值得注意的是，血液中化学成分的变化直接作用于延髓心血管中枢的效果比作用于外周化学感受器的效果大得多。因此，在一般情况下，从颈动脉体和主动脉体化学感受器来的传入冲动对心血管控制没有重要意义。但在缺氧或窒息时，外周传入变成重要因素，与中枢效应结合，产生强有力的交感传出冲动作用于循环系统。

二、体液调节

心血管活动的体液调节是指血液和组织液中一些化学物质对心肌和血管平滑肌的活动发生影响，并起调节作用。有些化学物质产生后迅速破坏，只能对器官或组织产生局部性调节作用；有些化学物质产生后，能够通过血液循环运送到全身各部，或者运送到心血管活动中枢，产生全身性的调节作用。

1. 肾素-血管紧张素

在肾血流量减少时，不论是由于血压下降，或局部血管收缩，或肾血管病变所引起的肾血流量减少，都会引起肾小球旁器分泌一种酸性蛋白酶进入血液。这种酶叫做肾素。它使在肝中生成的血管紧张素原水解成血管紧张素Ⅰ。血管紧张素Ⅰ在肺循环中被血管紧张素转化酶水解成血管紧张素Ⅱ。血管紧张素Ⅱ受到血浆或组织中血管紧张素酶A的作用转变成血管紧张素Ⅲ，血管紧张素Ⅱ有极强的缩血管作用，约为去甲肾上腺素的 40 倍，它还能加强心肌的收缩力，增强外周阻力，血压升高；它还作用于肾上腺皮质细胞，促进醛固酮的生成与释放。血管紧张素Ⅲ的缩血管作用较低，但促进肾上腺皮质分泌醛固酮的作用较强。醛固酮可刺激肾小管对钠的重吸收，增加体液总量，也会使血压上升。

在正常生理情况下血管紧张素对血压的调节没有明显的作用。在某些情况下，如失血、失水时，肾素-血管紧张素的活动加强，并对在这些状态下循环功能的调节起重要作用。肾素-血管紧张素的升压作用大约需 20min 才能生效。这种作用比肾上腺素、去甲肾上腺素的作用慢得多，但作用的持续时间长。

2. 肾上腺素和去甲肾上腺素

肾上腺髓质分泌的激素是最重要的心血管系统全身性体液调节因素。其中肾上腺素约占 80%，去甲肾上腺素约占 20%。

肾上腺素作用于心肌的 β 受体，引起心肌活动增强和心输出量增加。还能分别作用于血管平滑肌的 α 受体和 β 受体，使皮肤、内脏等的血管收缩，心脏和骨骼肌中的血管舒张，结果使平均动脉血压升高，同时全身各部的血液分配发生变化，骨骼肌的血流量大大增加，而皮肤、腹腔器官的血流量大大减少。

去甲肾上腺素主要作用于血管平滑肌的 α 受体，引起血管平滑肌收缩，外周阻力增大和血压上升。

三、自身调节

在没有外来神经和体液因素的调节作用时，各器官组织的血流量仍能通过局部血管的舒缩活动而得到的相应的调节。这种调节机制存在于器官组织或血管自身之中，所以称为自身调节。心泵功能的自身调节已在前面叙述，血管方面的自身调节有两种不同的学说。

1. 肌源学说

该学说认为，血管平滑肌经常保持一定程度的紧张性收缩活动，是一种肌源性活动。当器官的血管灌注压突然升高时，血管平滑肌受到牵张刺激，肌源性活动加强，器官血流阻力加大，不因灌注压升高而增加血流量。反之，当器官灌注压突然降低时，肌源性活动减弱，血管平滑肌舒张，器官血流阻力减小，器官血流量不因灌注压下降而减少。

2. 局部代谢产物学说

该学说认为，器官血流量的自身调节主要是取决于局部代谢产物的浓度。当代谢产物腺苷、CO_2、H^+、乳酸和 K^+ 等在组织中的浓度升高时，使局部血管舒张，器官血流量增多，代谢产物可充分被血流带走。于是局部代谢产物浓度下降，导致血管收缩，血流量与代谢活动水平保持相互适应。

【复习思考题】

1. 心音产生的主要因素是什么？
2. 心脏活动不易疲劳的原因是什么？
3. 哪些因素可影响心输出量？
4. 心脏的正常活动是如何调节的？
5. 形成血流阻力的血管有哪些？
6. 血压受哪些因素的影响？
7. 影响组织液生成与回流的因素有哪些？
8. 调节心血管活动的体液因素有哪些？

【岗位技能实训】

项目　血液的组成及其理化性质测定

【目的要求】

1. 了解血液的组成，区别血浆、血清和纤维蛋白。

2. 了解红细胞比容、血红蛋白测定原理和方法。

3. 掌握红细胞渗透脆性的测定方法。

【实训原理】

1. 血液由血浆和血细胞组成。抗凝血液经静置或离心，可分离为血浆和血细胞两部分。血液自然凝固后，血块紧缩析出血清。血液在凝固过程中进行搅动，则可分离出其中的纤维蛋白。将抗凝血注入有刻度的特制玻璃管中，经离心沉淀，红细胞下沉互相压紧而不改变其正常的形态。根据玻璃管刻度读数，即可得红细胞在全血中所占的容积百分比。

2. 测定血红蛋白有多种方法，但常用沙利比色法。其原理是将红细胞溶解而游离出血红蛋白，与稀盐酸作用形成不易变色的棕色高铁血红蛋白。用蒸馏水稀释后与标准比色板比色，间接测出血红蛋白含量。其含量通常以每 100mL 血液中所含血红蛋白的克数表示。

3. 红细胞在等渗的血浆中，能保持形态不变。若置于高渗溶液中，则红细胞逐渐失去水分而皱缩；反之，若置于低渗溶液中，则水分逐渐进入红细胞，使其膨大变形，最后破裂溶解而形成溶血。红细胞脆性试验就是测定其对低于 0.9% NaCl 溶液的耐受能力。耐受力高的红细胞不易破裂，即脆性低，耐受力低的红细胞易破裂，即脆性高。能使部分红细胞开始溶解的 NaCl 溶液浓度，称为红细胞的最小抵抗，其标志是上层溶液开始呈淡红色，而大部分红细胞下沉。能使全部红细胞开始完全溶解的 NaCl 溶液浓度，称为红细胞的最大抵抗，其标志是溶液呈均匀红色，管底无红细胞沉淀。

【实训材料】　抗凝血液，离心管，离心机，试管架，试管，天平，血红蛋白计，0.1mol/L 盐酸，1% 氯化钠，蒸馏水。

【方法步骤】

1. 血液的组成及红细胞比容测定　取抗凝血 5mL 置于刻度离心管中，用离心机以 3000r/min 的速度离心 20～30min。取出观察，管内自上而下分为三层：血浆、白细胞和血小板、红细胞。记录红细胞容积，再离心 5min，至两次读数相同为止。计算此时红细胞容积所占全血容积的百分比即为此份血样的红细胞比容。

2. 血红蛋白含量测定

(1) 测定前先检查血红蛋白计是否清洁，如不清洁要洗涤干净后方可使用。吸管洗涤方法同红细胞吸管，测定管只能先用自来水，再用蒸馏水冲洗。

(2) 将 0.1mol/L 盐酸加入测定管中至刻度 2 或 10% 处。

(3) 血样摇匀后，用血红蛋白吸管在中间处吸血至刻度 20μL 处。用干棉球擦净吸管尖端四周血液，立即将血液轻轻吹入测定管盐酸中，并反复吸吹上清液几次，使吸管内血液全部洗入测定管中。吸吹时注意避免起泡。用玻棒轻轻搅动，使血液与盐酸混合后静置 10min。

(4) 向测定管中逐滴加入蒸馏水，每次加水后都要摇匀，并插入比色箱中进行比色。直至测定管中颜色变淡到与标准比色板相同为止。

（5）取出测定管，读出其液体凹面的刻度。该管两边刻度，一边表示克数，如刻度15表示100mL血液中含15g血红蛋白，另一边表示百分率，其与克数之间的关系随血红蛋白计的型号而异。国产沙利型血红蛋白计100%相当于14.5g。

3. 红细胞脆性测定

（1）取小试管10支，按1～10编号后依表1加入1% NaCl和蒸馏水，配制成不同浓度的NaCl溶液。

表1 不同浓度NaCl溶液的配制

试管号	1	2	3	4	5	6	7	8	9	10
1%NaCl/mL	1.40	1.30	1.20	1.10	1.00	0.90	0.80	0.70	0.60	0.50
蒸馏水/mL	0.60	0.70	0.80	0.90	1.00	1.10	1.20	1.30	1.40	1.50
NaCl溶液/%	0.70	0.65	0.60	0.55	0.50	0.45	0.40	0.35	0.30	0.25

（2）向每支试管内注入大小相等的一滴血液，然后用拇指堵住管口，慢慢倒置1～2次，使血液与NaCl溶液混合均匀。

（3）在室温下静置1h后，依上述说明判定开始部分溶血和开始完全溶血的NaCl溶液浓度。此即红细胞的最小抵抗和最大抵抗。

【注意事项】

1. 离心前先称重平衡，开机时要逐渐加速，关机时应逐渐减速，以免损坏试管和离心机。

2. 离心后，红细胞表面为一斜面，读数取斜面的平均值，或静止片刻待表面平坦后读数。

3. 为防止溶血和水分蒸发，测定应在采血后2h内完成。

4. 血样与盐酸作用的时间不得少于10min，否则血红蛋白不能完全转变成高铁血红蛋白，使结果偏低。

5. 加蒸馏水时，开始可以多加几滴，以后不可过快，以防稀释过度。

6. 比色最好在自然光下（避免直射阳光），而不宜在黄色光线下进行，以免影响结果。

7. 血红蛋白含量多以克数表示，如以百分数表示，需注明所用血红蛋白计的100%等于多少克。

8. 各种NaCl溶液的浓度必须配制准确。

9. 各试管所加血滴大小应尽量相等，混合要均匀，但切勿用力震荡。

【技能考核】

1. 了解血液的组成，正确区别血浆和血清。

2. 掌握红细胞比容、血红蛋白测定原理和方法。

3. 通过红细胞渗透脆性的测定，掌握红细胞渗透脆性的生理意义。

第九章 呼 吸

【学习目标】

1. 理解胸内压的形成及生理意义。
2. 掌握肺通气和肺换气原理、气体运输过程。
3. 掌握各种因素对呼吸运动的调节作用。

【技能目标】

1. 能测定证明胸内压并观察气胸对胸内压的影响。
2. 观察各种因素对呼吸运动的调节，能分析其作用机理。

机体在新陈代谢过程中，需要不断地从外界环境中摄取氧气，以氧化营养物质获取能量。同时又必须把代谢过程中产生的二氧化碳排出体外。机体与外界环境之间的这种气体交换过程，称作呼吸。整个呼吸过程包括以下三个连续的环节：①外呼吸，也称为肺呼吸，是指外界环境与肺内气体实现的交换，即外界环境中氧转运到血液，又将血液中的二氧化碳转运到外界环境的过程。外呼吸由肺通气（气体经呼吸道出入肺的过程）和肺换气（肺泡气与肺泡壁毛细血管血液间的气体交换）组成。②血液的气体运输，是指血液把来自肺泡的氧气运送到组织，又把组织细胞产生的二氧化碳运送到肺排出体外的过程。③内呼吸，又称组织呼吸，是指组织细胞从血液中摄取氧并向血液排放二氧化碳的过程。

第一节 呼吸运动与肺通气

肺与外界环境之间气体的交换过程称作肺通气。实现肺通气的器官包括呼吸道、肺泡、胸廓等。呼吸道是气体进出肺的通道，肺泡是气体交换的主要场所，肺泡内气体能与空气进行气体交换，是由于肺的张缩引起肺泡内压周期性变化，造成肺泡与外界大气压之间的压力差而引起，但是肺组织本身不能够进行主动的张缩运动，因此要依赖胸廓和呼吸肌的节律性运动来实现。

一、呼吸运动

呼吸运动表现为胸廓节律性地扩大和缩小，可分为吸气动作和呼气动作两个时相。参与呼吸运动的肌肉称为呼吸肌，其中能使胸廓扩大而产生吸气动作的肌肉为吸气肌，主要有膈肌和肋间外肌；使胸廓缩小而产生呼气动作的肌肉为呼气肌，主要有肋间内肌和腹壁肌。当用力呼吸时，还有一些辅助呼吸肌参与，如斜角肌、胸锁乳突肌和胸背部的其他肌肉。

1. 吸气动作

平静呼吸时，吸气动作是一个主动性的过程，可以使胸腔前后径、左右径和背腹径变大，主要是膈肌和肋间外肌相互配合收缩的结果。吸气时，膈肌收缩，膈向后移动，膈肌的隆起中心向后退缩，使胸腔前后径加长，同时腹内压升高，腹壁向下凸出；肋间外肌收缩时，肋骨向前向外移动，胸骨也随着向前向下移动，使胸腔左、右横径加宽。这样胸腔就扩大了，肺被动牵引而扩张，肺容积扩大，肺内压低于大气压，外界空气顺压力梯度进入肺内，引起吸气。随着空气的进入，肺内压又逐渐上升，当升至与大气压相等时，吸气停止。

2. 呼气动作

呼气动作在平静呼吸时是被动性的过程，是靠膈肌和肋间外肌舒张，腹腔脏器向前挤压，膈、肋骨和胸骨自然恢复原位，结果胸腔前后径、左右径和背腹径都缩小，肺容积减少，使肺内压上升大于大气压，肺内气体经呼吸道被压出体外，完成呼气运动。随着气体的排出，肺内压又逐渐下降，当降至与大气压相等时，呼气停止。

宠物用力呼吸时，除膈肌和肋间外肌舒张外，肋间内肌和腹部肌群也参与收缩活动，因肋间内肌肌纤维的走向与肋间外肌相反，腹部肌肉收缩又挤压腹腔脏器向前移位，迫使胸腔和肺的容积变得更小，呼气动作变得更为明显，这时呼气动作是主动过程。

3. 呼吸运动的类型

根据引起呼吸运动的主要肌群的不同和胸腹部起伏变化的程度，呼吸类型可分为以下三种。

（1）腹式呼吸　呼吸时由膈肌舒缩、腹部起伏为主的呼吸运动。

（2）胸式呼吸　呼吸时由肋间肌舒缩、胸部起伏为主的呼吸运动。

（3）胸腹式呼吸　呼吸时，肋间外肌和膈肌都同等程度的参与活动，胸部和腹部都有明显起伏运动的呼吸形式。

一般情况下，健康宠物的呼吸多属于胸腹式呼吸类型。犬正常呼吸时以肋间外肌的舒缩活动为主，胸廓起伏明显，为胸式呼吸。认识各种宠物的呼吸型，有助于对疾病和妊娠的诊断。

4. 呼吸频率

每分钟的呼吸次数称为呼吸频率。各种宠物的呼吸频率：犬每分钟为 10～30 次；猫每分钟为 10～25 次；兔每分钟为 36～60 次。

呼吸频率可因年龄、外界环境、新陈代谢强度以及疾病等的影响而发生改变，诊断中就综合考虑。

5. 呼吸音

呼吸运动时，气体通过呼吸道及出入肺泡产生的声音叫做呼吸音，在肺部表面和颈部气管附近，可以听到下列呼吸音。

（1）肺泡呼吸音　类似于"V"的延长音，是由于空气进入肺泡，引起肺泡壁紧张所产生，正常的肺泡呼吸音在吸气时能够较清楚地听到，肺泡音的强弱取决于呼吸运动的深浅、肺组织的弹性及胸壁的厚度。当宠物剧烈呼吸时如用力、兴奋、疼痛等，肺泡音加剧。当肺部气体含量减少，例如肺炎初期或肺泡受到液体压迫时则肺泡呼吸音减弱。

（2）支气管呼吸音　类似于"Ch"的延长音，在喉头和气管常可听到（在呼气时能听到较清楚的支气管音），小型宠物亦可在肺的前部听到，但一般动物的肺部只能听到肺泡呼吸音。

二、胸膜腔内压

呼吸运动中，肺之所以随胸廓的运动而运动，是因为在肺和胸廓之间存在一密闭的潜在的胸膜腔和肺本身具有可扩张性的缘故。胸膜有两层：内层是脏层，紧贴于肺的表面，外层是壁层，紧贴于胸壁内侧。正常情况下，两层胸膜之间实际没有真实的空间，内有少量的浆液将它们黏附，浆液的黏滞性很低，在呼吸运动时，两层胸膜可相互滑动，减少摩擦力，在两层膜之间起到润滑作用。此外，浆液分子内聚力使两层胸膜贴附在一起不易分开，胸廓扩张时，肺就可以随胸廓的运动而运动。

若胸膜腔破裂与大气相通，空气就进入胸膜腔，形成气胸，造成两层胸膜彼此分开，肺

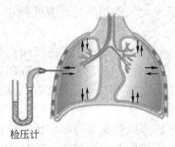

检压计

图 9-1　胸内压的直接测定

将因其回缩力而塌陷。

胸膜腔内压又称胸内压，是指胸膜腔内压力，此压力为负值。胸内压可用直接法和间接法进行测定，其中直接法测定胸内压是将连于水银检压针头经胸壁插入胸膜腔内，检压计的液面即可直接指示胸膜腔内的压力值（图 9-1）。

1. 胸内负压的形成原理

胸膜壁层的表面由于受到坚固的胸腔和肌肉的保护，作用于胸壁的大气压影响不到胸膜腔，所以胸膜腔内的压力是通过胸膜脏层作用于胸膜腔内，作用于胸膜脏层的力有两种：一是肺内压，即肺泡内压力，使肺泡扩张，通常在吸气和呼气之末，肺内压等于大气压；二是肺的回缩力，肺是一弹性组织，而且始终处于一定的扩张状态，具有弹性回缩力，使肺泡缩小。因此，胸膜腔内的压力实际上是这两种相反力的代数和，即

胸内压＝肺内压（大气压）－肺回缩力

可见胸内压始终低于大气压，习惯上把低于大气压的压力称为负压，所以胸内压也称为胸内负压，若以大气压视为生理"0"标准，则

胸内压＝－肺回缩力

所以，胸腔内负压是由肺的回缩力形成的，在一定限度内，肺越扩张，肺的回缩力就越大，胸腔内负压的绝对值也越大。宠物在平静呼吸的全过程中，胸内压持续存在，并随着呼吸周期而变化。吸气时，肺扩张，肺的回缩力增大，胸内负压也增大。呼气时，肺缩小，肺回缩力减小，胸内压力减小。

2. 胸内压负压的生理意义

胸内负压有重要的生理意义。首先是负压对肺的牵张作用，使肺泡保持充盈气体的膨隆状态，保证肺泡与血液持续进行气体交换，有利于肺通气。其次，胸内负压对胸腔内其他器官有明显影响。如吸气时，胸内负压加大，引起腔静脉和胸导管扩张，促进静脉血和淋巴回流。也可作用于食管，利于呕吐反射，对反刍宠物的逆呕也有促进作用。

三、肺容量和肺通气量

1. 肺容量的变化

肺容量是指肺内容纳的气体量，在呼吸运动中随进出肺的气体量而发生变化。

在平和呼吸时，每次吸入或呼出的气体量称为潮气量，如犬的潮气量为 320mL（251～432mL），平和吸气后尽力再吸，还可吸入一定量的气体，称为补气量；平和呼气后再竭力深呼，多呼出的气体量称为补呼气量。潮气量、补吸气量、补呼气量三者之和称为肺活量。

在补呼气之后，残留在肺内的气体量，称为余气量。余气量加上肺活量即为肺容量。

在平和呼气后，存留在肺内的气体量称为机能余气量，即余气量与补呼气量之和。机能余气量不仅在气体交换中起着气体分压变体的作用，使肺泡和毛细血管血液之间气体分压不致突然变化，而且也反映胸廓与肺组织的弹性平衡关系。肺泡气肿时，肺弹性回缩力降低，机体余气量增加，会出现呼吸困难。

2. 肺通气量

机体每分钟呼出或吸入肺的气体总量，称为每分肺通气量或每分通气量，它等于潮气量和呼吸频率的乘积。犬的每分通气量为 5210mL（3300～7400mL）。

宠物活动增强时，呼吸频率和深度都增加，每分通气量也相应增加。但是，每次吸入的气体并不都进入肺泡，其中一小部分气体只停留在从鼻腔到小支气管这一段呼吸道内，不能与血液进行气体交换。因此，把这部分空腔称为解剖无效腔或死腔；把进入到肺泡内的气体

量称为肺泡通气量或有效通气量，它等于潮气量减去死腔气量乘以呼吸频率。通常情况下，每次吸入的新鲜空气，约有 70％进入肺泡内，与肺内的机能余气混合并与血液进行气体交换；其余 30％保留解剖无效腔内，不参与气体交换。当潮气量减少或机能余气量增加，都将导致气体更新率降低，影响气体交换。进入肺泡内的气体，还可因肺泡血流不足或没有血液而不能进行正常的气体交换，这部分不能与血液进行气体交换的肺泡腔称为肺泡无效腔。解剖无效腔和肺泡无效腔统称为生理无效腔。正常情况下解剖无效腔和生理无效腔差别不大，当肺内血流不均或有肺动脉部分梗塞等情况出现时，生理无效腔增大，使肺泡有效通气量减少。

第二节　气体交换与运输

宠物机体通过呼吸运动吸入新鲜空气，进入肺泡的空气和肺毛细血管的血液进行气体交换，氧气由肺泡进入血液，并随血液运输到全身各组织，在组织中再进行一次气体交换，最后进入组织细胞。组织细胞代谢所产生的二氧化碳，经组织液进入血液，随血液循环到肺，进入肺泡，通过呼气运动排出体外。

一、气体交换

在呼吸过程中气体交换发生在两个部位：一个是肺与血液间的气体交换，称肺换气；另一个是组织细胞与血液间的气体交换，称组织换气。呼吸时气体的交换是通过气体分子的扩散运动实现的，推动气体分子扩散的动力来源于不同气体分压之间的差值。

各种气体都具有弥散性，从分压高处向分压低处产生净移动，称为气体扩散，是气体交换的原理。混合气体中，每种气体分子运动所产生的压力为该气体的分压。它们混合气体的总压力乘以各组成气体在混合气体中所占的容积百分比求得。肺泡气、血液和组织内 p_{O_2} 和 p_{CO_2} 各不相同，彼此间存在着分压差，是驱使气体交换的动力。

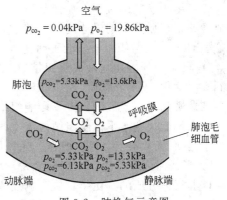

图 9-2　肺换气示意图

1. 肺换气

（1）肺换气的过程　肺泡与肺毛细血管血液之间的交换，称肺换气（图 9-2）。肺换气是通过呼吸膜完成的。

如图 9-2，随着肺通气的不断进行，空气进入肺内，肺泡内和毛细血管血液中的 p_{CO_2} 和 p_{O_2} 发生变化。肺泡内 p_{CO_2} 为 13.59kPa，p_{O_2} 为 5.33kPa，而血液中 p_{O_2} 为 5.33kPa，p_{CO_2} 为 6.13kPa，由此可见，肺泡内 p_{O_2} 比毛细血管血液（含混合静脉血）内高，p_{CO_2} 低于混合静脉血。因此，肺泡中的 O_2 透过呼吸膜扩散入毛细血管内，使静脉血变成动脉血，CO_2 则透过呼吸膜扩散进入肺泡内。

（2）影响肺换气的因素　影响肺换气的因素主要有呼吸膜厚度、呼吸膜面积、肺血流量。

① 呼吸膜的厚度　呼吸膜是肺泡与肺毛细血管血液之间的结构，结构组成如图 9-3，肺泡气通过呼吸膜与血液气体进行交换。虽然呼吸膜有六层结构，但却很薄，总厚度不到 1μm，有的地方只有 2μm，气体易于扩散通过。气体扩散速率与呼吸膜的厚度呈反比关系，膜越厚，单位时间内交换的气体量就越少，所以在病理条件下，如患肺炎时呼吸膜增厚，通

透性降低，影响肺换气。

② 呼吸膜面积　呼吸膜的面积极大，所以为 O_2 与 CO_2 在肺部的气体交换提供了巨大的表面积。一般来讲，呼吸膜面积越大，扩散的气体量就会越多。当宠物运动或使役时，呼吸面积会增大；患肺气肿时，由于肺泡融合使扩散面积减小，使气体交换出现障碍。

（3）肺血流量　机体内的 O_2 与 CO_2 靠血液循环运输，所以单位时间内肺血流量增多会影响呼吸膜两侧的 p_{O_2} 与 p_{CO_2}，从而影响肺换气。

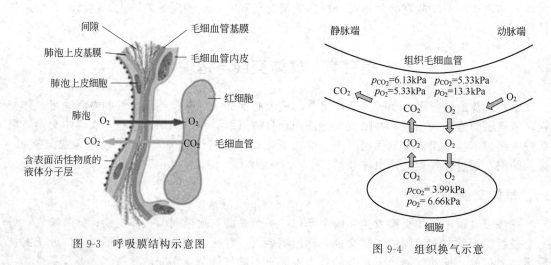

图 9-3　呼吸膜结构示意图　　　　　　图 9-4　组织换气示意

2. 组织换气

（1）组织换气的过程　血液与组织的气体交换是指组织中的气体通过组织细胞和组织毛细血管壁，与血液中的气体进行交换（图 9-4）。在组织内由于细胞有氧代谢不断消耗 O_2，并产生 CO_2，使组织中 p_{O_2} 低于动脉血，而 p_{CO_2} 高于动脉血。当动脉血流经组织毛细血管时，O_2 便顺分压差由血液向组织扩散，CO_2 则由组织向血液扩散，使动脉血因失去 O_2 和得到 CO_2 而变成了静脉血。

（2）影响组织换气的因素　影响组织换气的因素除了与影响肺换气的因素基本相同外，还受组织细胞代谢水平以及组织血流量的影响。

① 当血流量不变，代谢增强，耗氧量增大，p_{O_2} 下降，p_{CO_2} 升高。

② 当代谢强度不变，血流量增大，p_{O_2} 升高，p_{CO_2} 下降。

以上气体分压的变化将直接影响气体扩散和组织换气功能。

二、气体在血液中的运输

从肺泡扩散入血液的 O_2 必须通过血液循环到组织，从组织扩散入血液的 CO_2 也必须由血液循环运输到肺泡。血液运输 O_2 和 CO_2 的方式有物理溶解和化学结合两种形式，溶解形式只有少部分，绝大部分以化学结合形式存在。

1. 氧的运输

血液中的 O_2 溶解的量极少。血液中的 O_2 主要是与红细胞内的血红蛋白结合，以氧合血红蛋白的形式运输，占血液中的 O_2 总量的 98.5%。

红细胞内的血红蛋白（Hb）是一种结合蛋白，由 1 个珠蛋白和 4 个亚铁血红素组成。血红蛋白与 O_2 结合的特点是结合快、可逆、解离也快。当血液流经肺毛细血管与肺泡交换气体后，血液中 p_{O_2} 升高，促进结合形成氧合血红蛋白（HbO_2）。当 HbO_2 经血液运送至组织毛细血管时，组织中 p_{O_2} 低时，氧合血红蛋白迅速解离为脱氧血红蛋白（HHb），释放

出 O_2。

$$Hb + O_2 \xrightleftharpoons[p_{CO_2} \text{低时（组织）}]{p_{O_2} \text{高时（肺）}} HbO_2$$

每 $100mL$ 血液中，Hb 所能结合的最大 O_2 量称为 Hb 氧容量（血氧容量）。血红蛋白实际结合 O_2 量称为 Hb 的氧含量（血氧含量）。Hb 氧含量和氧容量的百分比为 Hb 氧饱和度。通常情况下，由于血液中溶解的 O_2 甚少，可以略而不计。因此，常以血红蛋白氧容量代表血氧容量，以血红蛋白氧含量代表血氧含量，以血红蛋白氧饱和度代表血氧饱和度。

HbO_2 呈鲜红色，多见于动脉血中，HHb 呈暗红色，静脉血中含量大，所以动脉较静脉血鲜红。

2. 二氧化碳的运输

血液中 CO_2 的运输是以化学结合方式为主，约占总量的 95%，而溶解形式存在的量约占 5% 左右。二氧化碳化学结合运输的形式有两种：一是形成碳酸氢盐，约占 88%；二是与血红蛋白结合成氨基甲酸血红蛋白，约占 7%。

（1）碳酸氢盐形式 组织中的 CO_2 扩散进入血液后，少量在血液中缓慢的与水结合形成碳酸，绝大部分进入红细胞，由于红细胞内碳酸酐酶（CA）较丰富，可使进入的 CO_2 和 H_2O 迅速生成 H_2CO_3，又迅速解离成为 H^+ 和 HCO_3^-。

$$CO_2 + H_2O \xrightarrow{CA} H_2CO_3 \rightleftharpoons H^+ + HCO_3^-$$

随着生成 HCO_3^- 的增多，当超过血浆中含量时，HCO_3^- 可透过红细胞膜扩散进入血浆，此时有等量的 Cl^- 由血浆扩散进入红细胞，以维持细胞内外正负离子平衡。这样，HCO_3^- 不会在红细胞内积聚，使反应向右方不断进行，利于组织中产生的 CO_2 不断进入血液。

所生成 HCO_3^-，在红细胞内与 K^+ 结合，在血浆内与 Na^+ 结合，分别以 $KHCO_3$ 和 $NaHCO_3$ 形式存在，所生成的 H^+ 大部分与 Hb 结合成为 HHb。

以上各项反应均是可逆的，当碳酸氢盐随血液循环到肺毛细血管时，新解离出的 CO_2 经扩散被交换到肺泡中，随宠物的呼气，将 CO_2 排出体外。

（2）氨基甲酸血红蛋白 一部分进入红细胞内的 CO_2，与血红蛋白的氨基（—NH_2）相结合，形成氨基甲酸血红蛋白（Hb—NHCOOH）进行运输，亦称碳酸血红蛋白（$HbCO_2$）。

$$Hb-NH_2 + CO_2 \xrightleftharpoons[\text{在肺中}]{\text{在组织}} Hb-NHCOOH$$

氨基甲酸血红蛋白是不稳定的化合物，这一反应很快，无需酶的催化。在组织毛细血管内，CO_2 容易结合形成 Hb—NHCOOH；在肺毛细血管部，Hb—NHCOOH 被迫分离，促使 CO_2 释放进入肺泡，最后被呼出体外。

第三节 呼吸运动的调节

呼吸运动是一种节律性的活动，其深度和频率与机体代谢相适应，是通过神经和体液的调节使呼吸运动正常而有节律地进行，同时还能依机体不同情况需要，改变呼吸运动的节律和深度，以适应机体的需要。

一、呼吸中枢及呼吸节律的形成

参与呼吸运动的肌肉属于骨骼肌，没有自动产生节律性收缩的能力，呼吸运动依靠呼吸中枢的节律性兴奋而有节律的进行。

呼吸中枢是指中枢神经系统内发动和调节呼吸运动的神经细胞群所在的位置，它们分布在大脑皮质、间脑、脑桥、延髓和脊髓等部位，脑的各级部位在呼吸节律的产生和调节中所起的作用不同，正常的呼吸运动是在各级呼吸中枢的相互配合下进行的。

（1）脊髓　脊髓是呼吸运动的初级中枢，有支配呼吸肌的运动神经元，脊髓是联系上位呼吸中枢和呼吸肌的中继站和整合某些呼吸反射活动的基本中枢。

（2）延髓和脑桥　呼吸运动的基本中枢在延髓，延髓中的呼吸神经元集中分布在背侧和腹侧两组神经核团内。脑桥前端的两对神经核团，可能作用是限制吸气并促使吸气向呼气转化。

（3）高级呼吸中枢　脑桥以上部位，如大脑皮质、边缘系统、下丘脑等对呼吸也有影响，低位脑干的呼吸调节系统是不随意的自主呼吸调节系统，如情绪激动、血液温度升高时，通过对边缘系统和下丘脑体温调节中枢的刺激作用，反射性引起呼吸加快加强。而高位脑的调控是随意的，大脑皮质可以随意控制呼吸，在一定限度内可以随意屏气或加强加快呼吸，使呼吸精确而灵敏地适应环境的变化。

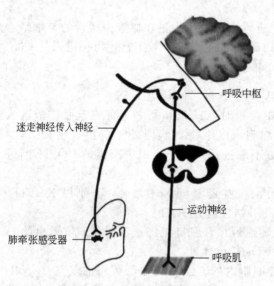

图 9-5　肺牵张反射示意图

（图中标注）呼吸中枢、迷走神经传入神经、肺牵张感受器、运动神经、呼吸肌

二、呼吸的反射性调节

呼吸节律虽然产生于脑，然而呼吸活动可受机体内、外环境各种刺激的影响使呼吸发生反射性改变，其中最重要的是肺牵张反射。

1. 肺牵张反射

肺牵张反射是由肺扩张或缩小引起的吸气抑制或兴奋的反射（图 9-5）。它由肺扩张反射（肺扩张引起吸气反射性抑制）和肺缩小反射（肺缩小引起反射性吸气）组成。肺扩张反射的感受器位于气管到支气管的平滑肌中，属牵张感受器，传入纤维在迷走神经干内。吸气过程中，当肺扩张到一定程度时，牵张感受器兴奋，冲动沿迷走神经传入延髓，在延髓内经一定的神经联系，导致吸气终止，转入呼气。维持了一定的呼吸频率和深度。所以，切断迷走神经后，吸气延长，呼吸加深变慢。

2. 呼吸肌本体感受性反射

和其他骨骼肌一样，呼吸肌被牵拉时，刺激位于肌梭内的本体感受器，可反射性引起呼吸肌收缩，这一反射活动为呼吸肌本体感受性反射，其意义在于克服呼吸道阻力，加强吸气肌、呼气肌的收缩，保持足够的肺通气量。

3. 防御性呼吸反射

在整个呼吸道都存在着防御性呼吸反射感受器，它们是分布在黏膜上皮的迷走传入神经末梢，受到机械或化学刺激时，引起防御性呼吸反射，以清除异物，避免其进入肺泡。

（1）咳嗽反射　感受器位于喉、气管和支气管的黏膜。大支气管以上部位的感受器对机械刺激敏感，支气管以下部位的对化学刺激敏感。传入冲动经舌咽神经、迷走神经传入延髓，触发一系列协调的反射效应，引起咳嗽反射。剧烈咳嗽时，因胸膜腔内压显著升高，可阻碍静脉回流，使静脉压和脑脊液压升高。

（2）喷嚏反射　刺激作用于鼻黏膜感受器，传入神经是三叉神经，呼出气主要从鼻腔喷出，以清除鼻腔中的刺激物。

三、呼吸的化学性调节

机体通过呼吸运动调节血液中 O_2、CO_2、H^+ 的浓度，而动脉血中 O_2、CO_2、H^+ 的浓度又可以通过化学感受器反射性的调节呼吸运动。

1. 化学感受器

化学感受器是指其适宜刺激是化学物质的感受器，按所在部位可把参与呼吸调节的化学感受器分为外周化学感受器和中枢化学感受器，参与呼吸调节的化学感受器对血液中的 O_2、CO_2、H^+ 的浓度非常敏感。

（1）外周化学感受器　颈动脉体和主动脉体是调节呼吸和循环的重要外周化学感受器，能感受到动脉血 pO_2、pCO_2 和 H^+ 浓度的变化。当动脉血中 pO_2 降低、pCO_2 和 H^+ 浓度升高时，可反射性引起呼吸加深加快。在呼吸调节中颈动脉体的作用远大于主动脉体。pO_2 降低、pCO_2 和 H^+ 浓度升高这三种刺激，对化学感受器的刺激有协同作用，能增强呼吸运动，有利于吸入 O_2 和呼出 CO_2。

（2）中枢化学感受器　位于延髓腹外侧浅表部位。中枢化学感受器的生理刺激是脑脊液和局部细胞外液中的 H^+。血液中的 CO_2 能迅速透过血脑屏障，与脑脊液中的 H_2O 结合成 H_2CO_3，然后解离出 H^+，刺激中枢化学感受器。中枢化学感受器的兴奋通过一定的神经联系，能引起呼吸中枢的兴奋，增强呼吸运动。但脑脊液中碳酸酐酶的含量少，CO_2 水合反应慢，所以对 CO_2 的反应有一定时间延迟。血液中的 H^+ 不易通过血脑屏障，故血液 pH 的变化对中枢化学感受器的直接作用不大。

2. CO_2、pH 和 O_2 对呼吸的影响

（1）CO_2 的影响　CO_2 是调节呼吸最重要的经常起作用的生理性体液因子，一定水平的 pCO_2 对维持呼吸和呼吸中枢的兴奋性是必要的。当吸入气中 CO_2 含量升高时，肺泡气及动脉血液 pCO_2 随之升高，呼吸加快加深，肺通气量增加，以促进 CO_2 的排出，使肺泡气与动脉血液 pCO_2 可维持接近正常水平。但当吸入气 CO_2 含量超过一定水平时，肺通气量不能作相应增加，致使肺泡气、动脉血 pCO_2 陡升，CO_2 堆积，压抑中枢神经系统的活动，包括呼吸中枢，发生呼吸困难、头痛、头昏甚至昏迷，出现 CO_2 麻醉。

CO_2 调节呼吸的作用是通过中枢、外周两条途径实现的，以中枢机制为主，如果去掉外周化学感受器的作用，二氧化碳的通气反应仅下降约 20%，可见中枢化学感受器在 CO_2 通气中起主要作用。但在动脉血 pCO_2 突然大增时及中枢化学感受器受抑制时，CO_2 的反应降低时，外周化学感受器就起重要作用。

（2）pH 的影响　当动脉血 H^+ 浓度增加，呼吸加深加快，肺通气增加，当 H^+ 浓度降低，呼吸就受到抑制。H^+ 浓度调节呼吸的作用也是通过中枢、外周两条途径实现的，中枢化学感受器对 H^+ 的敏感性约为外周的 25 倍，但是由于血脑屏障的存在，限制了它对中枢化学感受器的作用，脑脊液中的 H^+ 才是中枢化学感受器的最有效刺激。

（3）O_2 的影响　当吸入气 O_2 含量降低时，肺泡气、动脉血 pO_2 都随之降低，呼吸加深加快，肺通气增加，缺氧对延髓的呼吸中枢有直接的抑制作用，当严重缺氧时，外周化学感受器的兴奋呼吸作用不足以克服低氧对中枢的抑制作用，将导致呼吸障碍，甚至呼吸停止。

上述三因素是相互联系、相互影响的，在探讨它们对呼吸的调节时，必须全面地进行观察分析，才能有正确的结论。

【复习思考题】

1. 呼吸运动的类型有哪些？
2. 试述胸膜腔内负压的形成及生理意义。
3. 影响肺换气的因素有哪些？
4. 气体在血液中如何运输？
5. 呼吸运动的影响因素有哪些？其作用机制如何？

【岗位技能实训】

项目 犬胸内压的测定

【目的要求】 通过本实验证明胸内负压的存在，观察呼吸过程中胸内负压的变化，了解胸内负压产生的原理及其意义。

【实训原理】 胸膜腔内的压力通常低于大气压，其数值随呼吸运动及呼吸深度的变化而变化。当胸膜腔的密闭性被破坏后，胸内负压消失，肺组织则萎缩。

【实训材料】 犬、手术台、手术器械、玻璃分针、线、气管套管、胸腔插管、胶管、水检压计、2％戊巴比妥钠、注射器、注射针头、铁支架、双凹夹等。

【方法步骤】

1. 将犬麻醉后背位固定在手术台上，插入气管套管。

2. 将胸腔插管通过胶管与水检压计相连。

3. 剪去胸部右侧的被毛，于4～5肋间或倒数8～9肋间（犬共有13对肋骨）用胸腔插管插入胸膜腔内，缓慢调整插管的方向与深度，直到水检压计的液面随呼吸运动而上下移动。

4. 观察U形检压计两侧液面在插管插入胸膜腔前后的变化（哪一侧上升，哪一侧下降）。

5. 观察并记录吸气和呼气时胸内压的数值。

6. 将气管套管的出口稍加阻塞，使之呼吸困难，观察胸内压的变化。

7. 拔出胸腔插管，用止血钳夹住气管，用粗剪刀剪破胸腔，观察肺的形状与大小；取下止血钳，观察肺的形状与大小有何变化？

【技能考核】 掌握胸内负压产生的原理及其在临床治疗中的意义。

第十章　消化与吸收

【学习目标】
1. 了解消化道平滑肌的生理特性。
2. 了解胃肠道的神经、体液调节。
3. 掌握各种消化液的性质、组成及作用。
4. 了解胃、小肠的运动形式。
5. 掌握消化方式及三大营养物质消化吸收的机理和过程。

【技能目标】
1. 能够分析影响消化液分泌的因素。
2. 能够分析影响胃肠运动的因素。
3. 能够分析影响营养物质吸收的因素。

第一节　概　　述

动物在新陈代谢过程中，不断从外界环境摄取各种营养物质，作为生命活动和组织生长的物质和能量来源。动物所吃的食物中含有各种营养物质，主要包括蛋白质、脂肪、糖类、维生素、无机盐和水等。然而食物中的蛋白质、脂肪和糖都是结构复杂的大分子物质，不能被动物直接利用，必须在消化道内被分解成结构简单的可溶性小分子物质，如氨基酸、脂肪酸、甘油、葡萄糖等，才能透过消化道黏膜的上皮细胞，进入血液循环供动物机体所利用。在消化道内，食物被分解为结构简单、可以被动物直接吸收和利用的小分子物质的生理过程称为消化。消化分解后的营养成分透过消化道黏膜进入血液或淋巴循环的过程称为吸收。消化与吸收是两个密切联系的生理过程。

一、消化方式

动物对饲料的消化有机械性消化、化学性消化和生物学消化三种方式，正常情况下，机械性消化和化学性消化是同时进行、相互联系的。

1. 机械性消化

机械性消化又称物理性消化。指通过消化器官的运动，改变食物的物理状态的一种消化方式。犬通过用牙齿咬断食物，在口腔内咀嚼、吞咽进入胃，通过胃、肠运动等，使大块食物变为小块物质，同时与消化液充分混合使之形成半流体的食糜并沿消化管向后移行的过程。这一过程使食物结构由大变小，并不改变食物的化学性质，但为食物进一步的化学消化和微生物消化提供了有利条件。

2. 化学性消化

化学性消化是指由消化腺分泌的各种消化酶，将食物中的蛋白质、脂肪和糖等营养物质分解为可以被吸收的小分子物质如氨基酸、甘油、脂肪酸以及单糖等的消化过程。如蛋白质在蛋白酶的作用下分解成小分子的氨基酸；多糖在糖酶的作用下分解成单糖或葡萄糖；脂肪在脂肪酶作用下分解成甘油和脂肪酸等。犬的胃黏膜能分泌胃蛋白酶，胰腺的外分泌部能分泌胰蛋白分解酶，肠液中含有活化胰蛋白酶的肠激酶等。当犬摄入蛋白类食物时，在胃蛋白酶、胰蛋白分解酶、肠激酶等酶的作用下发生一系列化学变化，使蛋白质分解成能吸收的肽和氨基酸。

3. 生物学消化

生物学消化指食物在消化道内由微生物参与消化的一种消化方式。犬的生物性消化场所在大肠。大肠内含有大量的细菌，这些细菌能把未被消化的蛋白分解成吲哚、粪臭素、酚等有毒物质，并吸收经肝内解毒后排出体外，未被吸收的随粪便排出。此外，小肠内没有被消化的糖类和脂肪，在大肠内经细菌分解后利用或排除。但是新生动物的消化道内基本上没有微生物，外界的微生物在动物出生以后随食物进入消化道，并在其适当部位栖居和繁殖，从而形成了微生物群落。

上述三种消化方式的作用是相互协调的，不过在消化管某一部位和某一消化阶段，某种消化方式居于主导地位。例如，口腔内是以咀嚼的机械性消化为主，胃和小肠则以消化液参与的化学性消化为主，胃、肠的运动也起到了重要的辅助作用。

二、消化道平滑肌的生理特性

在整个消化道中，除口腔、咽、食管前端和肛门外括约肌是横纹肌外，其余部分都由平滑肌组成。消化管平滑肌是胃肠运动的基础，它除了具有肌肉组织共同的特性如兴奋性、收缩性、传导性等之外，还具有以下特性。

1. 兴奋性较低，收缩缓慢

与骨骼肌相比，消化道平滑肌的兴奋性较低，收缩的潜伏期、收缩期和舒张期也比较长，所以每次收缩的时间比骨骼肌长得多。

2. 自动节律性

平滑肌自动节律性运动是肌原性的，但也受神经和体液的调节。离体后，在适宜条件下（如温暖而通氧的生理盐溶液）仍能够自动地进行有节律性的收缩。但它们的收缩很缓慢，收缩的节律和振幅远不如心肌那样有规律，而且变异大。

3. 伸展性

消化道平滑肌具有很大的伸展性，能够适应实际的需要而伸展，最长可达原来长度的2～3倍，因此，胃、肠等器官可以容纳比本身体积大好几倍的食物。

4. 紧张性

消化道平滑肌经常处于一种微弱的持续收缩状态，具有一定的紧张性。它能使消化道各部分保持一定的形状、位置，使消化管内经常保持一定的基础压力，使胃肠的容量与食物的容积相适应。这种紧张性是平滑肌本身的特性，但是在整体条件下，平滑肌的紧张性受神经和激素的影响。平滑肌的各种收缩活动都是在紧张性的基础上发生。

5. 对化学、温度和机械牵张刺激的敏感性

消化道平滑肌一般对电刺激不敏感，但对化学、机械和温度刺激很敏感，如微量的乙酰胆碱可使平滑肌收缩，肾上腺素在千万分之一浓度，就能降低其紧张性，而停止收缩。

三、胃肠道的神经支配

胃肠机能受胃肠壁内在神经丛和植物性神经系统的控制。

内在神经系统又称肠神经系统，它们由位于消化道管壁黏膜下层的黏膜下神经丛和位于环行肌与纵行肌之间的肌间神经丛组成，通过局部反射传递感觉和影响运动。神经丛中含有感觉神经元、运动神经元以及中间神经元，感觉神经元感受消化道内化学、机械、温度等刺激；运动神经元支配消化道平滑肌、腺体和血管。各种神经元之间通过神经纤维形成网络联系，神经纤维包括内在神经纤维和植物性神经纤维（交感神经和副交感神经）。神经元通过突触传递信息、整合信息，实现局部反射，例如，肠壁上的化学感受器受到食糜的刺激，感觉神经纤维即将信息传递到感觉神经元，再通过突触传递到运动神经元，运动神经元兴奋可以增强肠道运动。然而在整体情况下，内在神经系统受外来神经的调控。

植物性神经系统包括交感神经和副交感神经。消化道的功能一般受交感和副交感神经的双重支配：交感神经的节后纤维属于肾上腺能纤维主要分布在内在神经元上，抑制其兴奋性，或直接分布到胃、肠道平滑肌、血管及腺体细胞，交感神经兴奋主要抑制胃肠运动和腺体分泌。

副交感神经主要是迷走神经，副交感神经的节后纤维支配胃肠道平滑肌和腺体，多数是胆碱能纤维，其兴奋时引起胃肠道运动加强、腺体分泌增加。

四、胃肠激素

调节胃肠机能的体液性因素，除了受全身性作用激素的调节外，主要是胃肠激素。目前为止已发现在胃肠黏膜层内有 40 多种内分泌细胞，胃肠道内的生物活性肽达 50 多种，统称为胃肠激素，这些激素与神经系统共同调节消化器官的运动、分泌和吸收等活动。

胃肠激素按其生理作用可分为两大类。第一类有促胃液素和缩胆囊素，它们能刺激胃酸和酶的分泌、胃肠道运动以及胰腺和胃肠道黏膜的生长；第二类包括促胰液素、血管活性肠肽、胰高血糖素和抑胃肽。它们能抑制胃酸的分泌，刺激胰液及其 HCO_3^- 的分泌；刺激胆汁、肠液的分泌。

第二节　口腔消化

食物在犬口腔内的消化包括采食、咀嚼和吞咽、唾液分泌三个过程。

一、采食

采食是犬通过唇、舌、齿、颌部和头部的肌肉运动将食物送进口腔的过程。犬是肉食动物，常以门齿和犬齿咬扯食物，且借助舌头、颈运动，甚至靠前肢协助采食。犬饮水时，把舌头浸入水中并卷成匙状，送水入口。幼犬吮乳是靠下颌和舌的节律性运动来完成的。

采食活动受位于下丘脑的食物中枢的调节，该中枢与脑的其他部位存在复杂的神经联系，因此它是调节采食的基本整合中枢。犬主要依靠视觉和嗅觉觅取并鉴别食物。积极采食是食欲旺盛、犬健康的重要临床指征。

二、咀嚼和吞咽

咀嚼是指在咀嚼肌的收缩和舌、颊和配合动作下，食物在口腔内被牙齿压碎、磨碎和混合唾液的过程，它是消化过程的第一步。犬采食时用下颌猛烈地上下运动，压碎齿列间食物，咀嚼很不充分。

吞咽是由多种肌肉参与的复杂反射动作，是在舌、咽、喉、食管及贲门的共同作用下，食团由口腔经食管进入胃内的过程。按食团经过的部位可将吞咽动作分为三期：第一期食团由口腔到咽。由于舌的运动，食团被移送到咽部。第二期食团由咽部进入食管上端。这是由于食团刺激了咽部的感受器，引起一系列肌肉的反射性收缩。这时软腭上升关闭鼻咽通路；舌根后移，挤压会厌，使会厌软骨翻转，封闭气管的入口，呼吸暂时停止，同时，食管口舒张，咽肌收缩，迅速将食团挤入食管。第三期食团沿食管下行至胃。由于食团刺激了软腭、咽、食管等部位的感受器，反射性地引起食管肌肉进行蠕动，食团沿着食管进入胃。

三、唾液分泌

以犬为例，其唾液为无色透明的黏性液体。犬在安静时分泌的唾液，pH 偏弱酸性，而有食物刺激时分泌的唾液，pH 可升达到 7.5 左右。唾液有约 99.4％的水分、0.6％的无机物及有机物组成。无机物中有钾、钠、钙、镁的氯化物、磷酸盐和碳酸氢盐等，当分泌增加时，Na^+、Cl^-、HCO_3^- 浓度显著上升，达到等张水平；有机物主要是黏蛋白和溶菌酶。

唾液的主要作用是浸润食物，利于咀嚼。唾液中的黏液能使嚼碎的饲料形成食团，便于吞咽；能溶解饲料中的可溶性物质，刺激舌的味觉感受器引起食欲，促进各种消化液的分泌；唾液中含溶菌酶，具有抗菌作用，能帮助清除一些食物残渣和异物，清洁口腔；能协助散热，尤其在严烈的夏季，犬通过张口呼吸，并将舌伸出口腔外来散发体内的热量。

唾液的分泌受生理状态和食物组成的影响。平时分泌量少，在采食时明显增加。食物的气味、形状及饲喂信号等均可增加唾液的分泌。

唾液的分泌受神经反射性调节，包括非条件反射和条件反射两种。非条件反射是指食物对口腔内的机械、温度、化学等感受器进行刺激，由此产生的神经冲动经脑神经的传入纤维到达各级中枢，再经副交感神经和交感神经的传出纤维到唾液腺，引起唾液的分泌。另外，食物的形状、气味、颜色、进食环境等条件刺激也引起唾液分泌，即条件反射性调节。成年犬唾液的分泌一般都受条件反射和非条件反射的刺激。

第三节 胃 的 消 化

一、胃的运动

胃壁的平滑肌，按纤维的排列方向可分为纵行、环行和斜行三层。这些肌肉的收缩形成了胃的运动。胃的运动形式可包括以下三种。

1. 容受性舒张

当动物咀嚼和吞咽时，反射性地通过迷走神经引起胃底和胃体部的肌肉舒张，使胃的容量增加，能够容纳大量的食物，而胃内压力不会有大幅度的改变，称之为容受性舒张。

2. 紧张性收缩

胃壁平滑肌经常保持一定程度的缓慢而持续的收缩状态，称之为紧张性收缩。它能使胃维持一定的形状，维持和提高胃内压力，压迫食糜向幽门方向移动，并促使胃液渗入食糜中，有利于化学性消化。

3. 蠕动

食物进入胃以后 5min 左右胃开始蠕动，蠕动波由胃大弯开始，有节律地向幽门方向传播，在传播的过程中逐渐增强，蠕动过程有利于胃内容物的充分混合，同时推动胃内容物向幽门方向移行。狗胃的蠕动频率为每分钟 5 次。

食物在胃内与消化液混合变成食糜，开始部分消化。随着胃的运动，食糜分批地由胃移送入肠，这一过程称为胃的排空。胃的排空速度取决于食物理化性质及动物的状态。一般流体的食物比固体的排空快；颗粒小的比大块食物排空快；NaCl、$NaHCO_3$、尿素、甘油等物质的等渗溶液的排空速度比非等渗溶液的快；葡萄糖、蔗糖、氯化钾溶液的渗透压越高，排空越慢。中性食糜的排空比酸性的快。在三种主要营养物质中，糖类排空最快，蛋白质次之，脂肪排空最慢。摄入的液体食物量越多，排空的速度越快，易被消化的固体食物比难消化的排空快，不被消化的固体食物在消化期内不排空。另外，动物处于不安、疲劳等情况下，会抑制胃的排空。犬的胃排空比较迅速，一般于两次喂食之间，胃内容物已达到完全排空。

胃的运动是受迷走神经和交感神经的双重支配。刺激交感神经传出纤维可减少胃基本电节律的频率和降低其传导速度，降低环形肌的收缩力。不过在一般情况下交感神经的传出纤维对胃运动的影响较小，而迷走神经对胃运动起兴奋作用，可增强为运动的收缩力。

二、胃液分泌

1. 胃液的性质

胃液是胃黏膜各腺体分泌的混合液，为无色透明的酸性液体。胃液成分主要包括消化酶、黏蛋白、内因子及无机物（盐酸、钠和钾的氯化物）等。胃液的组成随分泌率的高低而变化。在高分泌率时，通常为强酸性和水性液体，而饥饿时则为较黏稠且酸性较低。

2. 胃液的种类与作用

① 盐酸 主要由胃底腺壁细胞分泌。大部分为游离酸，小部分是与黏液中的有机物结合的结合酸。其作用有：激活胃蛋白酶原，供给胃蛋白酶所需的酸性环境；使蛋白质变性而易于分解；有一定的杀菌作用；促进胰液、胆汁及肠液的分泌；造成酸性环境有助于铁离子和钙离子的吸收。

② 胃蛋白酶 主要由胃底腺主细胞分泌。初分泌时是没有活性的胃蛋白酶原，在胃酸或已激活的胃蛋白酶的作用下转变为具有活性的胃蛋白酶。胃蛋白酶作用的适宜环境约为 pH 2，此时可将蛋白质水解为胨和胨，当 pH 值大于 6 时，酶活性消失。

③ 凝乳酶 哺乳期幼犬的胃液中含量高。刚分泌的凝乳酶没有活性，在胃的酸性环境能使凝乳酶致活，活化的凝乳酶能使乳中的酪蛋白原转变为酪蛋白，后者与钙离子结合成不溶性酪蛋白钙，延长乳在胃内的停留时间，增加胃液对乳汁的消化。

④ 胃脂肪酶 在犬的胃液中含有少量的丁酸甘油酯酶，可将脂肪分解为甘油和脂肪酸。

⑤ 黏液 黏液中含有蛋白质和黏多糖等成分，分为可溶性黏液和不溶性黏液两种。可溶性黏液是胃腺的黏液细胞和贲门腺、幽门腺分泌的；不溶性黏液由表面上皮细胞分泌，呈胶冻状，黏稠度很大。胃黏液能够润滑食物，保护胃黏膜不受食物中坚硬物质的损伤；还可以中和、缓冲胃酸和防御胃蛋白酶对黏膜的消化作用。

⑥ 内因子 内因子能和食物中维生素 B_{12} 结合成复合物，通过回肠黏膜受体将维生素 B_{12} 吸收。

3. 胃液分泌及其调节

胃液的分泌分基础分泌和消化期分泌。空腹 12～24h 后的胃液分泌为基础分泌，其分泌量很少。如狗的基础胃液分泌是最大分泌量的 1%，基础分泌呈昼夜节律，清晨分泌量最低，夜间分泌量高。

由进食引起的胃液分泌的增加，称为消化期分泌。为了便于叙述，按照接受食物刺激部位的先后，将胃液分泌分为头期、胃期和肠期，实际上这三个时期几乎是同时开始、互相重叠的。

（1）头期 头期胃液分泌是由动物进食或食物的形状、颜色、气味的刺激而引起的，可用"假饲"实验获得证明（图 10-1）。应用外科手术在犬胃部安装胃瘘以收集胃液，再做食管瘘手术。这样，犬进食时吞咽下的食物就由食管瘘漏出，并不进入胃内，但是胃液仍大量分泌。头期的胃液分泌包括条件反射和非条件反射性的分泌、前者是由食物的形状、

图 10-1 用假饲法获得胃液

气味、声音等刺激了视、嗅、听等感受器引起的，需要大脑皮质的参与。后者是当咀嚼和吞咽食物时，刺激口腔和咽部等处的机械和化学感受器而引起的，神经冲动经第Ⅴ、Ⅶ、Ⅸ、Ⅹ脑神经传至中枢，经过分析整合，再由迷走神经传出至胃腺，引起胃液分泌。

头期胃液分泌的特点是：潜伏期较长，分泌延续的时间较长，胃液分泌量大、胃液中胃蛋白酶的含量高，因而消化力强。胃液的分泌量与食欲有关，对于喜爱的食物可以大量的分泌，对于厌恶的食物则分泌很少，甚至不分泌。

（2）胃期　食物进入胃以后，刺激胃部的机械感受器和化学感受器而引起的胃液分泌，称为胃期胃液分泌。其分泌量约占进食后总分泌量的 60%。胃期分泌的主要途径是：①扩张刺激胃底、胃体部感受器，通过壁内神经丛的局部反射，引起胃液分泌；②扩张刺激胃底、胃体部感受器，通过迷走-迷走长反射直接或通过刺激胃泌素的释放间接引起的胃液分泌；③扩张刺激胃幽门部的感受器，通过壁内神经丛作用于 G 细胞而分泌胃泌素，胃泌素经血液循环引起胃腺分泌；④食物的化学成分，尤其是蛋白质的消化产物如多肽、氨基酸直接作用于胃幽门部 G 细胞也能引起胃泌素的释放，继而促进胃液分泌。

（3）肠期　食糜进入十二指肠，由于扩张以及蛋白质消化产物对于肠壁刺激引起的胃液分泌。当切断支配胃的外来神经，食物对小肠的刺激仍可引起胃液分泌，说明肠期的胃液分泌主要受体液调节，食糜刺激十二指肠的 G 细胞，后者释放胃泌素，促进胃液的分泌；食糜还可以刺激十二指肠黏膜，使其释放肠泌酸素，刺激胃酸的分泌。肠期胃液的分泌特点是分泌量很少，约占进食后总分泌量的 10%。

第四节　肠的消化

一、肠的运动

肠的运动机能是靠肠壁的两层平滑肌来完成的。内层环形肌的收缩可使肠管的口径缩小；外层纵形肌的收缩可使肠管的长度缩短。由于这两种平滑肌的复合收缩，产生各种运动形式，使食糜与消化液混合，使消化产物与肠黏膜密切接触便于营养物质的吸收，同时推动食糜在肠道中移动。

1. 小肠的运动

小肠的肌肉经常处于紧张状态，是小肠运动形式的基础。小肠运动的基本形式有蠕动、分节运动、钟摆运动。

（1）蠕动　由肠壁环形肌收缩、舒张产生的运动。小肠某一部分的环形肌收缩，相邻近部分的环形肌舒张，紧接着原来收缩部分出现舒张，而舒张部分出现收缩，这种收缩和舒张运动连续进行，从外观上看呈波浪状收缩，形成蠕虫运动。小肠蠕动速度缓慢，每分钟 1～2cm。小肠的蠕动与胃运动有着密切关系，特别是幽门的运动，当胃运动加强时，小肠运动随之增加。还有一种进行速度较快、推进距离较远的蠕动，称为蠕动冲，由进食时吞咽动作或食糜进入十二指肠所引起，可将食糜从小肠始端一直推送至末端。此外，在十二指肠和回肠末段还出现逆蠕动，将食糜向相反方向推进，延长了食糜在小肠中停留的时间，有利于食糜的消化和吸收。

（2）分节运动　是以小肠环形肌产生节律性收缩与舒张为主运动。当一段肠管充满食糜时，间隔一定距离的环形肌同时收缩，邻近的环形肌则舒张，将肠管内的食糜分成许多阶段，随后收缩的环形肌舒张，舒张环形肌收缩，使原来的小节分成两半，后一半与后段的前一半合并形成新小节。小肠这种有节律的交替运动，主要作用是使食糜和消化液充分混合，便于化学性消化；为吸收创造良好的条件；能挤压肠壁，有助于血液和淋巴的回流。

（3）**钟摆运动**　以纵行肌产生节律性舒缩为主的运动。当食糜进入一段小肠后，小肠的纵行肌一侧发生节律性的舒张和收缩，对侧发生相应的收缩和舒张，使肠管左、右摆动，肠内容物随之充分混合并与肠壁接触，以利于营养物质的消化和吸收。这种节律性运动和强度由前向后逐渐减弱。

2. 大肠的运动

大肠的运动与小肠运动大致相似，但运动速度比小肠缓慢，运动强度也较弱。盲肠和结肠有明显的蠕动，还有逆蠕动。二者相互配合，推动食糜在肠管内来回移动，使食糜得以充分混合，并使之在大肠内停留较长时间。这样能使细菌充分消化纤维素，并保持挥发性脂肪酸和水分的吸收。此外，还有一种进行得很快的蠕动，称为集团蠕动，它能把粪便推向直肠引起便意。

如果大肠运动机能减弱，则粪便停留时间延长，水分吸收过多，粪便干固以致便秘；若大肠或小肠运动增强，水分吸收过少，则粪便稀软，甚至发生腹泻。

随着大肠运动和食糜的移动，发生类似雷鸣或远炮的声音，称为大肠音。

3. 肠运动的调节

肠道平滑肌具有自动节律性，在运动过程中受神经和体液因素的调节。

（1）**内在神经丛的作用**　食糜的机械刺激与化学刺激作用于分布在肠黏膜下层内的神经丛，引起局部反射，产生蠕动。

（2）**外来神经的作用**　刺激迷走神经，可以增加肠的紧张度和节律性运动，但当肠运动相当活跃时，则常有阻抑的效应。交感神经兴奋时，抑制肠运动，降低肠的紧张度，使其舒缓。

（3）**体液调节**　小肠壁内神经丛和平滑肌对一些化学物质具有敏感性，除乙酰胆碱和去甲肾上腺素两种神经递质外，还有一些肽类激素和胺，如5-羟色胺、P物质、内啡肽、促胃液素等，也能促进小肠运动；而胰高血糖素和肠高血糖素则起抑制作用。

二、肠道消化液分泌

1. 小肠液

（1）**小肠液的性状、组成和作用**　小肠液由小肠黏膜中各种肠腺的混合分泌物。小肠液呈无色或灰黄色浑浊液，呈弱碱性。小肠液中含有多种酶，肠激酶可激活胰蛋白酶原；肠肽酶可分解多肽成氨基酸；肠脂肪酶能补充胰脂肪酶对脂肪消化的不足；蔗糖酶、麦芽糖酶和乳糖酶能分解双糖为单糖等。这些酶以两种形式存在于肠内：一种是被溶解的酶，存在于小肠液中，另一部分是不溶解状态的酶，存在于小肠黏膜脱落的上皮中。小肠液中各种酶的分布随部位不同有一定的差异，如空肠中的糖酶比回肠高，肠激酶只存在于十二指肠和空肠上部的分泌物中。

（2）**小肠液的分泌**　小肠液的分泌受反射性调节。当食糜刺激肠黏膜中的机械和化学感受器时，经肠壁神经丛的作用，引起小肠分泌肠液。迷走神经兴奋也可引起小肠液的分泌。

2. 胰液

（1）**胰液的性状、组成和作用**　胰液是胰的外分泌部分泌的一种消化液，经胰管进入十二指肠参与小肠内消化。胰液是无色透明的碱性液体，pH值为$7.2 \sim 7.4$。犬一昼夜可分泌$200 \sim 300 mL$胰液。胰液内含水分、电解质和有机物。电解质主要是高浓度的碳酸氢盐和氯化物；有机物主要是各种消化酶，含量丰富。

胰液中有胰蛋白酶、胰脂肪酶、胰淀粉酶及糖酶等。这些酶进入小肠后在肠激酶和胆盐的作用下产生活性，能分解蛋白、脂肪及糖类。其中，胰脂肪酶对食肉动物较为重要，存在肠液中。脂类食物在小肠内由于肠蠕动与胆汁中的胆酸盐混合，分散形成乳胶体，并在胰腺分泌的胰脂肪酶作用下使脂肪分解成甘油三酯和脂肪酸，甘油三酯继而组成乳糜微粒进入淋巴循环，在进入血液循环被吸收利用或贮存为脂肪组织。另外，胰液中的 HCO_3^- 能中和小肠内的酸性食糜。

（2）胰液的分泌　犬胰腺的分泌一般是在消化过程中进行，当犬进食后胰腺分泌增多，消化结束后胰腺的分泌就停止。胰腺分泌受神经和体液双重控制：当犬采食时，通过神经反射的兴奋促使胰腺分泌增加；当犬在采食大量酸性食物时，酸性物质刺激十二指肠和空场黏膜产生促胰激素，促进胰腺小导管上皮细胞分泌胰液。

3. 胆汁

（1）胆汁的性状、组成和作用　犬的胆汁为具有强烈的苦味、带黏性的红褐色（胆红素）液体。肝胆汁呈弱酸性，而贮存在胆囊内的胆汁呈弱碱性。胆汁中没有消化酶，其主要成分除水外，有胆红素、胆固醇、卵磷脂、脂肪、胆酸盐及矿物质等。

胆汁的消化作用有以下几方面：胆酸盐是胰脂肪酶的辅酶，能增加脂肪酶的活性；胆酸盐能降低脂肪滴表面的张力，乳化脂肪，增加表面积，有利于脂肪酶消化作用；胆酸盐能与脂肪酸结合成水溶性复合物，促进脂肪酸的吸收；促进脂溶性维生素的吸收；胆汁中的碱性无机盐可中和由胃进入小肠的酸性食糜，维持肠内环境；胆汁可刺激小肠的运动。

（2）胆汁的分泌　犬的胆汁是连续分泌的，并受神经和体液因素的调节。胆酸盐、促胰液素和促胰酶素是促使胆汁分泌的重要体液因素。

进食动作和食物团块刺激胃的机械感受器时，能通过迷走神经引起胆汁反射性分泌增加。

（3）胆汁的排出　胆汁排入十二指肠是反射性过程。迷走神经兴奋可使胆管括约肌舒张和胆囊肌收缩，胆汁从胆囊排出，进入小肠；交感神经兴奋引起胆管括约肌收缩和胆囊舒张，使胆汁在胆囊内储留。犬在消化期间以外，胆汁一般不排入肠内。

4. 大肠微生物消化

大肠黏膜的腺体分泌碱性、黏稠的消化液，其中含消化酶甚少，主要起中和酸性发酵产物的作用，以利微生物的繁殖和活动。

食糜内的蛋白质被腐败菌分解成吲哚、粪臭素、酚、甲酚等有毒物质。这些物质一部分由肠黏膜吸收入血，在肝脏内经过解毒作用后随尿排泄；另一部分则随粪便排出。

小肠内未被消化的脂肪和糖类，经大肠内的细菌作用分解成甘油和脂肪酸、单糖及其他产物。

三、粪便的形成和排出

食糜经消化吸收后，残渣进入大肠的后段，水分被大量吸收，内容物逐渐浓缩而形成粪便。随大肠后段的运动，被强烈搅和，并压成团块。

结肠的周期性集团运动使粪便在直肠中不断聚积，然而由于肛门括约肌平时紧闭，所以不致外泄。当粪便聚积增多时，粪便对直肠壁产生机械刺激，冲动延盆神经传入荐部脊髓，再上传至大脑皮质，如果大脑皮质不予制止，便引起排粪。

排粪是一种复杂的反射活动。基本中枢在腰荐部脊髓，较高级中枢位于延髓。直肠内存在许多感受器，肛门括约肌正常处于收缩状态。当残渣积聚到一定量时，刺激肠壁压力感受器，通过盆神经传至荐部脊髓的排粪调整中枢，再传至延脑和大脑皮质的高级中枢，由中枢发生冲动传至大肠后段，引起肛门括约肌舒张和后段肠壁肌肉的收缩，且在腹肌收缩配合下，增加腹压进行排粪。当腰荐部脊髓受损时，括约肌紧张性收缩丧失，引起排粪失禁。大脑皮质对排粪活动有抑制或促进作用。

第五节　吸　　收

食物经过复杂的消化过程后，分解为小分子物质，这些物质及水分、盐类等通过消化道上皮细胞进入血液和淋巴液的过程，称为吸收。被吸收的营养物质经血液循环送到全身各部位，供组织、细胞的生命活动所利用。消化为吸收做好准备，而吸收则是机体中间代谢的前导。

一、吸收部位

在消化道的不同部位，吸收的能力、速度是不同的。这种差别主要取决于消化道各部位的组织结构，以及食物在该处的状态和停留的时间。

食物在犬的口腔和食管内实际上并不吸收，在胃的吸收也非常有限，一般只吸收少量水分和无机盐。小肠是犬吸收营养物质的主要部位。至于大肠，主要也只是吸收水分和盐类，对于有机营养成分的吸收很有限。

小肠黏膜能吸收大量水分，与其结构有密切关系。犬、猫的小肠黏膜表面有许多皱襞，皱襞上有许多较长的绒毛，皱襞和绒毛的存在大幅度地增加了小肠的吸收面积。犬小肠的吸收面积达 $0.52m^2$，猫 $0.129m^2$。在每条绒毛的外周是一层柱状上皮细胞，这种上皮细胞具有特殊的吸收能力，在上皮细胞的肠腔边缘还排列着数百条长 $1\sim1.5\mu m$ 的指状突起，称微绒毛，它使吸收面积又增加了数百倍（图 10-2）。绒毛中轴有一条中央乳糜管，起始于绒毛尖端，注入黏膜肌层内侧的淋巴丛中。另外，在绒毛的基底部还有毛细血管。养分进入绒毛后，便由淋巴和血液两途径进入体循环。

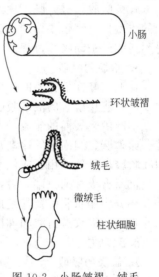

图 10-2　小肠皱褶、绒毛及微绒毛模式图

二、吸收机制

营养成分在胃肠道的吸收大致可分为被动转运和主动转运两类。

1. 被动转运

被动转运包括滤过作用、扩散作用和渗透作用。

① 滤过作用　借助薄膜两侧的流体压力差。肠黏膜上皮是通透的生物膜，当肠腔压力超过毛细血管和毛细淋巴管内压时，水分和其他物质就从肠腔滤入毛细血管和毛细淋巴管内。

② 扩散作用　也是物质透过肠黏膜的一个重要因素。当肠黏膜两侧的流体压力相等，而溶质的浓度不同时，溶质的分子可以从高浓度的一侧扩散到另一侧。例如某些水溶性维生素及某些糖类的主要靠扩散作用吸收。

③ 渗透作用　是一种特殊情况下的扩散。当通透膜两侧的溶液浓度不同时，高浓度（高渗透压侧）一侧将另一侧（低渗透压侧）的水分吸引过来，直到两侧溶液浓度相等，达到渗透压平衡。

2. 主动转运

主动转动过程主要靠上皮细胞的代谢活动，是一种需要消耗能量的、逆电化学梯度的吸收过程。营养物质转动时，先在细胞膜上同载体结合成复合物，复合物通过细胞膜转动入上皮细胞后，营养物质与载体分离而释放入细胞中，而载体又回到细胞膜的外表面。例如细胞膜上存在着一种具有"泵"样作用的转运蛋白，它可以和 Na^+、Cl^-、K^+ 等电解质及单糖和氨基酸等非电解质结合，逆浓度梯度进行物质转运。载体在转动物质时，须有酶的催化和供给能量，能量来自三磷酸腺苷的分解。

三、各种营养物质的吸收

1. 水分的吸收

水分的吸收主要在小肠。小肠黏膜对水分的吸收是被动吸收，其动力是渗透压差。这是由于小肠黏膜对水的通透性很好，当上皮细胞主动吸收溶质，尤其是吸收 Na^+、Cl^- 时，上皮细胞内的渗透压升高，从而促进了水分顺着渗透压梯度进行转移，因此水的吸收是伴随着溶质吸收而进行的。

2. 糖的吸收

从饲料中进入消化道内的糖类，经消化酶降解成溶解性的单糖或双糖，单糖吸收后经门静脉送到肝脏，部分糖进入肠毛细淋巴管经淋巴入血。但有些双糖不能被吸收利用，在肠双糖酶的作用下分解成单糖才能被吸收。

不同单糖的吸收速度不同，一般对六碳糖的吸收比五碳糖快，即使都是六碳糖，它们的吸收速度也不同，葡萄糖和半乳糖的吸收最快，果糖次之，甘露糖最慢。这是由于转运单糖载体的种类以及单糖与载体的亲和力不同所致。葡萄糖和半乳糖的吸收是逆着浓度差进行的主动吸收；果糖的吸收机制与葡萄糖的不同，它通过不同的非钠依赖载体蛋白，以易化扩散的方式被吸收，进入肠上皮细胞的果糖，一部分转变为葡萄糖和乳酸，从而降低果糖在细胞内的浓度，有利于果糖的被动吸收，部分果糖再经过载体转运出上皮细胞，所以果糖的吸收是不耗能的被动吸收过程。

3. 脂肪的吸收

甘油三酯在消化酶的作用下分解为甘油、脂肪酸、甘油一酯，其吸收主要在小肠完成。甘油可以直接溶于肠液被吸收。脂肪酸和甘油一酯与胆盐结合成水溶性的复合物，并穿过覆盖在小肠绒毛表面的非流动水膜，到达微绒毛。在小肠微绒毛表面微粒中的脂肪酸、甘油一酯、卵磷脂、胆固醇等逐渐从微粒中释放出来，通过被动的扩散作用进入上皮细胞。胆盐则留在肠腔被重新利用，或依靠主动转运在回肠被吸收。进入上皮细胞的长链脂肪酸及其甘油一酯重新合成甘油三酯，并与细胞内的载脂蛋白组成乳糜微粒，然后进入淋巴。短链脂肪酸、部分中链脂肪酸及其组成的甘油一酯可直接从细胞底侧膜扩散，被吸收进入毛细血管；因此脂肪的吸收有血液和淋巴两条途径，因动植物脂肪中长链脂肪酸占多数，所以脂肪的吸收以淋巴为主。

4. 盐类的吸收

盐类主要在小肠内吸收。一般来讲单价盐类如钠、钾、铵等较易吸收；二价及多价碱性盐类吸收慢；若能与钙结合形成沉淀的盐类如硫酸盐、草酸盐则不吸收。

① 钠的吸收　食糜中的 Na^+ 依靠扩散作用进入肠上皮细胞内，然后再借助细胞基底膜或侧膜上的钠泵逆电化学梯度主动地转运入血液中。

② 铁的吸收　铁的吸收主要在十二指肠和空肠。食物中的铁绝大部分为高价铁，需还原为亚铁才能被吸收。维生素C能将高价铁还原为亚铁而促进铁吸收。铁在酸性环境中易溶解而便于吸收，所以胃酸进入小肠能促进铁的吸收。肠黏膜吸收铁的能力取决于黏膜细胞内的含铁量，当贮存于细胞内的铁量高，会抑制铁的吸收；相反当机体需要铁时，肠对铁的吸收能力增强。

被吸收的亚铁在肠黏膜细胞内氧化为三价铁，并和细胞内的去铁蛋白结合形成铁蛋白暂时贮存起来，慢慢向血浆释放，尚未结合的铁则通过主动转运方式从细胞转运至血液。转铁蛋白释放铁之后，又更新回到肠腔。

③ 钙的吸收　钙在小肠和结肠中均可被吸收，但主要在回肠吸收。只有水溶状态的钙盐才能被吸收，离子态的钙最易吸收，进入小肠的胃酸可促进钙游离。脂肪食物和维生素 D 能够促进钙的吸收。肠黏膜对钙的吸收是跨细胞的主动吸收，在肠腔中的钙主要通过上皮细胞的刷状缘膜上的通道进入细胞内，然后由基底膜上的钙泵将钙转运到细胞间液、血液。

④ 负离子的吸收　小肠内吸收的负离子主要是 Cl^- 和 HCO_3^-。由钠泵所产生的电位可促进负离子向细胞内转运。负离子也可以按浓度差独立进行被动转运。

5. 蛋白质的吸收

蛋白质吸收部位主要是在小肠，蛋白质进入消化道后，经蛋白酶被分解为能吸收的小分子物质——氨基酸，氨基酸几乎全部被吸收。氨基酸的吸收过程是耗能的主动转运过程。未经消化的天然蛋白质及蛋白质的不完全分解产物只能被微量吸收进入血液。在某种情况下，天然蛋白质可直接吸收，如新生犬，从母体初乳进入消化道的免疫球蛋白，可依赖肠黏膜上皮细胞的胞饮作用吸收，再经淋巴进入血液循环。

实验证明，少量的蛋白还可以通过胞饮作用被吸收入血液，因其吸收的量很少，对动物的营养没有意义，但是它可能作为抗原引起过敏或中毒反应。

6. 维生素的吸收

包括脂溶性维生素和水溶性维生素的吸收。

① 脂溶性维生素　主要在十二指肠和空肠吸收，一般认为维生素 A 可通过主动的转运过程进行吸收；维生素 D、维生素 E 及维生素 K 可借助扩散被动吸收。脂溶性维生素在肠道中吸收后进入肠壁黏膜细胞，再经淋巴管循环进入血液循环送至全身。

② 水溶性维生素　除维生素 B_{12}，可以通过被动扩散主要在小肠前段吸收。维生素 B_{12} 有以下三种吸收方式：a. 跨膜转运；b. 与食物中的蛋白质解离在肠腔中运转；c. 与胃黏膜分泌的内因子形成复合物，并与肠黏膜上特异受体结合。

【复习思考题】

1. 简述消化道平滑肌的生理特性。
2. 胃液主要成分有哪些，各有何生理意义？
3. 胃肠运动形式有几种，各有何生理意义？
4. 消化的方式有哪几种？
5. 神经和体液因素是如何调节胰液和胆汁分泌的？
6. 试述排粪反射过程。
7. 试述糖、蛋白质和脂肪的消化吸收过程。
8. 简述小肠是消化吸收的主要部位的原因。
9. 简述胰液、胆汁的主要成分及其生理作用。

【岗位技能实训】

项目　胃肠运动的直接观察和小肠吸收与渗透压的关系

【目的要求】

1. 观察胃肠运动的各种形式及体液对胃肠运动的调节作用。

2. 了解小肠吸收与肠内容物、渗透压间的关系。

【实训原理】　胃肠壁均由平滑肌构成，但因其平滑肌结构各不相通，因此运动形式也各异，胃运动可呈蠕动和紧张性收缩；肠运动呈蠕动、分节运动和摆动。这些形式的运动都受神经和体液支配。

肠内容物的渗透压是影响肠吸收的重要因素。在一定范围内，同一种物质的浓度愈大，吸收愈慢；浓度过高时，有时反而出现倒渗现象。

【实训材料】 兔，兔手术台，手术器械，电炉，25％氨基甲酸乙酯（乌拉坦），1/100000乙酰胆碱，1/10000肾上腺素，饱和硫酸镁溶液，0.7％氯化钠溶液，注射器，棉绳等。

【方法步骤】

1. 手术准备 给兔静脉注射25％氨基甲酸乙酯（4mL/kg），麻醉后仰卧保定于兔手术台上。腹部剪毛，剖开腹腔，暴露内脏。

2. 实训过程

① 观察胃肠的正常运动情况。

② 在肠管上直接滴加1/100000乙酰胆碱0.5～1mL，观察肠运动的变化。

③ 在肠管上直接滴加1/10000肾上腺素0.5～1mL，观察肠运动的变化。

④ 用手指或镊子轻捏肠管，观察被捏后肠管的运动变化。

⑤ 取长约16cm的空肠一段，去其内容物，然后将这段小肠结扎成等长的A、B两段。A段注入5mL饱和硫酸镁溶液；B段注入20mL 0.7％氯化钠溶液。将肠段复位，封闭创口，30min后取出肠段，检查对比两肠段各有何变化？为什么？

【注意事项】

1. 实验前2h左右将兔喂饱。

2. 整个实验过程中，注意动物的保温。

3. 每项试验完成后，要间隔3～5min再进行下一项实验。

4. 在结扎肠段时注意避开肠系膜血管，防止把肠系膜血管结扎。

【技能考核】

1. 通过对胃肠运动形式的观察掌握体液对胃肠运动的调节作用。

2. 结合临床熟练掌握肠内容物、渗透压与小肠吸收间的关系。

第十一章 泌 尿

【学习目标】

1. 了解尿的成分及理化特性。
2. 掌握肾小球的滤过作用。
3. 掌握肾小管和集合管的重吸收、分泌和排泄作用。
4. 掌握影响尿生成的因素。
5. 了解尿的排出过程。

【技能目标】

能够分析不同因素对尿生成的影响。

内环境的相对稳定是保证动物机体新陈代谢正常进行和生存的必要条件。机体在代谢过程中产生的代谢产物、摄入过多或不需要的物质（包括进入体内的异物和药物代谢产物）都必须及时排出体外，否则可引起机体中毒，甚至死亡。动物有机体将代谢终产物和其他不需要的物质经过血液循环由体内排出的过程，称为排泄。

动物机体的排泄途径有以下几种：代谢产生的挥发性酸、少量水分以气体的形式由肺排出；由肝脏代谢产生、经胆管排到小肠的胆色素及由小肠分泌的无机盐（钙、镁、铁等）随粪便由大肠（消化道）排泄；代谢终产物的一部分水、盐类、氨、尿素通过汗腺分泌由皮肤排泄；由含氮化合物代谢所产生的且较难扩散的终产物（尿酸、肌酸、肌酐等）、脂肪代谢产生的非挥发性酸的盐（硫酸盐、磷酸盐、硝酸盐）及部分摄入过量的和代谢产生的水、电解质等均以尿的形式由肾脏排泄。因此肾脏是机体最重要的排泄器官，它不仅排泄量大，而且排泄物的种类多，对维持机体渗透压和酸碱平衡，保持内环境稳定有着极为重要的意义。

第一节 概 述

一、尿的理化特性

1. 尿色

犬的尿液一般呈淡黄色，但尿色的深浅主要取决于尿中所含色素（尿色素、尿胆素）的浓度。尿量的多少直接影响尿中所含色素的浓度，因而也影响尿的颜色。一般尿量增加时，尿色较淡；而剧烈腹泻，缺乏饮水，大量出汗及体温升高时，尿量减少，尿的颜色较深。排出的尿，在空气中暴露后，由于无色的尿胆素原被氧化成尿胆素，使尿色变深。

2. 黏稠度与比重

犬刚排出的尿为清凉的水样，比重为 $1.015 \sim 1.045$，通常尿量越多，比重越低。

3. 酸碱度

尿的酸碱度主要由食物的性质来决定，犬属肉食动物，由于蛋白质在体内氧化生成硫酸、磷酸和有机酸盐从尿中排出，因而尿液呈酸性，pH 值为 $5.7 \sim 7.0$。另外，当新陈代谢加强时，犬体内产生较多的酸性物质，使尿的酸度增加。

4. 尿量

犬每昼夜排尿 2～4 次，尿量为每千克体重 24～40mL。尿量的多少决定于很多因素。进食量、食物的性质、饮水量、气候、季节和运动强度等都影响尿量及其成分。如饮水过多时，尿量增加；过度运动时，尿量减少。

二、尿的成分

主要由水、无机物、有机物组成。水分占 96%～97%，无机物和有机物占 3%～4%。无机物主要是氯化钠、氯化钾，其次是碳酸盐、硫酸盐和磷酸盐等。有机物主要是尿素，其次是尿酸、肌酐、肌酸、氨、尿胆素等。在给犬使用药物后，尿液成分中还会出现药物的代谢产物。

第二节 尿 的 生 成

尿的生成是由肾单位和集合管协调活动来完成的，即入球小动脉的血液先经过肾小球的滤过作用，形成原尿；再经过肾小管和集合管的重吸收作用以及分泌、排泄作用，最终形成终尿排出。

一、肾小球的滤过

肾小球的滤过是指血液流经肾小球毛细血管时，血浆中的水分子、小分子溶质（包括相对分子质量较小的血浆蛋白质）从肾小球的毛细血管中转移到肾小囊的过程，此时的滤过液称为原尿。原尿中除不含血细胞和大分子的蛋白质外，其余成分均与血浆接近，渗透压、酸碱度也都与血浆大体相似。

图 11-1 肾小球模式图

（图中标注：出球小动脉、入球小动脉、肾小球、肾小囊、肾囊腔、近曲小管）

原尿的生成取决于两个条件：一是肾小球滤过膜的通透性；二是肾小球有效滤过压。前者是原尿产生的前提条件，后者是原尿滤过的必要动力（图 11-1）。

1. 肾小球滤过膜的通透性

肾小球的滤过膜有三层结构，最内层是肾小球毛细血管的内皮细胞层，极薄，厚约 4nm，上面有许多窗孔，其孔径大小为 50～100nm，可阻止血细胞通过，但血浆蛋白可滤过；中间层是非细胞结构的基膜层，是滤过膜的主要滤过屏障，厚 325nm，是一种水合凝胶构成的微纤维网结构，网孔的大小为 4～8nm，只有水和部分溶质可以通过。最外层是肾小囊的上皮细

胞层，厚 40nm，其细胞表面有足状突起并交错形成裂隙称为足细胞。交错的足细胞间隙上有一层滤过裂隙膜，膜上有直径 4～14nm 的孔，是大分子物质滤过的最后一道屏障。另外，在三层膜上都覆盖着带负电的糖蛋白，能阻止带负电的物质通过，起到电化学屏障作用。

不同物质通过滤过膜的能力取决于被滤过物质的分子大小及其所带的电荷。一般来说，有效半径小于 2.0nm 的中性物质如葡萄糖可以自由通过；有效半径大于 4.2nm 的大分子物质则不易通过。血浆白蛋白有效半径约 3.6nm，但因其带负电荷，因此也很难通过滤过膜。

2. 肾小球有效滤过压

肾小球滤过作用的动力是滤过膜两侧存在的压力差，这种压力差称为肾小球的有效滤过

压。有效滤过压是由四种力量的对比决定的：肾小球的毛细血管血压和肾小囊内胶体渗透压，是促进血液滤过的力量；血浆胶体渗透压和肾小囊内液静压力（囊内压），是阻止血液滤过的力量。因为肾小囊内液体中的蛋白质浓度很低，其胶体渗透压可忽略不计，因此其他三种力量的代数和是肾小球滤过的动力，叫有效滤过压（图 11-2）。即

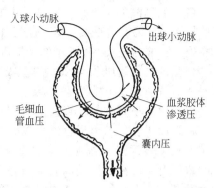

图 11-2　有效滤过压示意图

$$肾小球的有效滤过压＝肾小球毛细血管血压－$$
$$（血浆胶体渗透压＋囊内压）$$

在正常生理状态下，肾小球毛细血管血压为 9.3kPa，血浆胶体渗透压为 3.3kPa，肾小囊内压为 0.67kPa，代入上式，得出有效滤过压为 5.3kPa，即肾小球毛细血管血压（促进滤过力量）大于血浆胶体渗透压与肾小囊内压之和（阻止滤过力量）。所以，血浆中总有一部分水和溶质能不断透过滤过膜而进入肾小囊内，生成原尿。

二、肾小管和集合管的重吸收

原尿生成后进入肾小管被称为小管液，小管液经过肾小管和集合管时其中绝大部分的水和某些有用的物质被重新吸收回血液中，称为重吸收作用；肾小管和集合管也能将血浆或肾小管上皮细胞内形成的物质分泌到肾小管腔中，称为分泌作用；同时某些不易代谢的物质（如尿胆素、肌酐）或由外界进入体内的物质（如药物）也排泄到管腔中，称为排泄作用。原尿经过肾小管和集合管的重吸收、分泌与排泄作用后形成终尿。

从量上看，终尿的量一般仅占原尿的 1%。从成分来看，原尿中有的物质可全部被重吸收（如葡萄糖），有的被部分重吸收（如 Na^+、K^+ 等），有的则完全不被吸收（如肌酐）。肾小管和集合管对不同物质的不同程度重吸收的这种过程称为选择性重吸收。

1. 重吸收的方式

（1）主动重吸收　主要通过肾小管和集合管细胞膜上的离子泵、载体和吞饮等作用逆电化学梯度将小管液中的某些物质转动到细胞外组织间液中去，是耗能的主动转运过程。

（2）被动重吸收　指顺着电化学梯度将小管液中的水和溶质，转运到细胞外组织间液的过程。被动转运不消耗上皮细胞的能量。重吸收的量取决于滤过膜的通透性及其两侧溶质分子的电化学梯度。

许多情况下，主动重吸收和被动重吸收两种方式是相伴进行的。例如，葡萄糖的重吸收是依靠主动转运完成，重吸收的结果使肾小管上皮细胞外组织间液中葡萄糖的浓度大于肾小管中葡萄糖的浓度，这样靠葡萄糖的浓度梯度，水分被扩散重吸收。

2. 几种物质的重吸收

（1）葡萄糖的重吸收　正常情况下，由肾小球滤出的葡萄糖能全部被肾小管重吸收。吸收的主要部位在近曲小管前半段。葡萄糖重吸收是一个与钠泵耦联转运的主动过程，这一耦联活动依赖于近曲小管纹状缘中的载体蛋白。

肾小管对葡萄糖的吸收有一定的限度。当血液中葡萄糖的浓度超 160～180mg/mL 时，有一部分肾小管对葡萄糖的吸收已达到极限，滤液中的葡萄糖不能全部被重吸收，尿中开始出现葡萄糖。此时血中葡萄糖的浓度称为肾糖阈。当血糖浓度超过这个数值时，随着血中葡萄糖浓度进一步增加，从尿中排出的葡萄糖的量也不断增加；当血糖浓度进一步增加到 300mg/mL，葡萄糖滤过量为 375mg/mL 时，全部肾小管对葡萄糖的重吸收都已达到极限，此时的葡萄糖滤过量为葡萄糖吸收极限量。以后尿中葡萄糖的含量将随血糖浓度增加而平行增加。

（2）氨基酸的重吸收　氨基酸主要吸收部位在近曲小管，几乎可被全部重吸收。它的重吸收机制与葡萄糖重吸收相似，也是由钠泵参与的主动转运过程。各种氨基酸的重吸收存在相互竞争。正常时进入小管液中的少量蛋白质，是通过小管上皮细胞的内吞作用被重吸收的。

（3）Na^+ 的重吸收　Na^+ 的重吸收的量和机制，在肾小管不同部位是不同的。近球小管是 Na^+ 的主要重吸收部位，吸收的量占 $65\%\sim70\%$，髓襻升支约重吸收 $20\%\sim30\%$，其余部分在远曲小管和集合管被重吸收。

在近曲小管处，当小管液中 Na^+ 的浓度较高时，Na^+ 先以易化扩散形式顺着浓度差和电位差被动转运进入细胞内，然后被侧膜上的钠泵驱出并进入细胞间隙。随着细胞间隙 Na^+ 浓度升高，渗透压升高，通过渗透作用水也随之进入细胞间隙，细胞间隙液的静压力大大升高。加上小管上皮细胞间存在的紧密连接的阻碍作用迫使 Na^+ 和水进入邻近的毛细血管。尽管这样，还是有一部分 Na^+ 通过紧密连接回漏到小管腔内。

Na^+ 在其他各段髓襻的重吸收，除了升支细段主要以顺浓度差被动扩散方式以外，主要借助肾小管侧膜和管周膜上的钠泵作用主动重吸收。

（4）氯的重吸收　大部分 Cl^- 是伴随 Na^+ 而被动重吸收的。在近球小管，由于 Na^+ 的主动转运形成小管内外两侧的电位差，使 Cl^- 和 HCO_3^- 顺电位差被动重吸收。在髓襻升支粗段，Cl^- 与 Na^+ 的重吸收均为主动耗能过程。

（5）HCO_3^- 的重吸收　小管液中的 HCO_3^- 约 $80\%\sim85\%$ 是在近球小管被重吸收。滤入小管液中的 HCO_3^- 先以 $NaHCO_3$ 形式存在，然后解离为 Na^+ 和 HCO_3^-。

（6）K^+ 的重吸收　K^+ 的重吸收部位主要在近球小管，是主动转运过程。

（7）水的重吸收　主要靠渗透作用被重吸收。出于 Na^+、HCO_3^-、葡萄糖、氨基酸和 Cl^- 等被重吸收，降低了小管液的渗透压，于是水从小管液通过紧密连接和跨细胞两条路径进入细胞间隙。另外，由于管周毛细血管内静压力较低，胶体渗透压较高，水很容易从小管周围组织进入毛细血管。

原尿中 $65\%\sim70\%$ 的水在近曲小管被重吸收，髓襻降支细段和远曲小管各重吸收约 10%，其余（$10\%\sim20\%$）在集合管被重吸收。成年犬原尿中约 99% 的水被重吸收，仅有 1% 左右排出。因此，肾小管和集合管对水的重吸收稍有变化，将明显影响生成的终尿量。例如，这些部位重吸收水只要减少 $1\%\sim2\%$，终尿量即可增 $1\sim2$ 倍。值得指出的是，远曲小管和集合管上皮细胞对水是不易透过的，这个部位对水的重吸收是通过垂体后叶释放的抗利尿激素来调控的。

三、肾小管和集合管的分泌和排泄

肾小管和集合管除了对小管液中各种成分进行重吸收以外，还分泌管壁细胞代谢物（如 H^+、K^+ 和 NH_3 等）和排泄血液中某些物质进入小管液中。

1. H^+ 的分泌

肾小管细胞内 CO_2 和 H_2O 在碳酸酐酶催化下生成 H_2CO_3，并解离成 H^+ 和 HCO_3^-。H^+ 被分泌入管腔，并与小管液中的 Na^+ 进行交换。经交换进入细胞内的 Na^+，被管周膜上的 Na^+ 泵转运进入组织间液，HCO_3^- 则顺电化学梯度被动进入组织间液而回到血液。这样，肾小管细胞每分泌一个 H^+，可吸收一个 Na^+ 和 HCO_3^- 回血。在远曲小管除了进行 Na^+-H^+ 的交换，还发生 Na^+-K^+ 的交换，两种交换互相竞争。

2. NH_3 的分泌

远曲小管和集合管上皮细胞在谷氨酰胺酶的作用下，由谷氨酰胺脱氨基作用生成氨，NH_3 是脂溶性的，可以向小管液或细胞间隙液自由扩散，扩散的方向和量取决于小管液和细胞间隙液的 pH 值。当小管液 pH 值较低，则 NH_3 较易向小管液扩散。分泌到小管液中的 NH_3 与 H^+ 结合生成 NH_4^+，NH_4^+ 形成后进一步与强酸盐（如 NaCl）的负离子结合生成铵盐（如 NH_4Cl）随尿排出。强酸盐解离后的正离子（如 Na^+）可与 H^+ 交换进入小管上皮细胞，再与 HCO_3^- 一起回血。可见肾小管细胞分泌 NH_3，也能促进 $NaHO_3$ 的重吸收。

3. K^+ 的分泌

K^+ 是唯一既可被肾小管重吸收，又能被分泌的离子，K^+ 的分泌是一种被动过程，与 Na^+ 的重吸收相联系。一方面是由于 Na^+ 泵的活动，使管腔内剩下较多的负离子（如 PO_4^{2-}、SO_4^{2-} 等），管腔负电位增大，促进 K^+ 从组织间液被动扩散进入小管液，这种关系称为 Na^+-K^+ 交换；另一方面，Na^+ 进入主细胞后，可刺激细胞基侧膜上的 Na^+ 泵，使更多 K^+ 从细胞间隙泵入细胞内，提高了细胞内 K^+ 的浓度，使更多的 K^+ 可顺着浓度差通过管腔膜进入小管液。

4. 其他物质的排泄

肌酐及对氨基马尿酸即可经肾小球滤出，又可以从肾小管排泄。青霉素、酚红等进入体内的外来物质，主要通过近曲小管的排泄而排除体外。

四、影响尿生成的因素

1. 影响肾小管滤过作用的因素

（1）滤过膜的通透性 在正常情况下，滤过膜的通透性是相对稳定的，只有在病理情况下才会改变。在其他因素不变的情况下，滤过膜通透性的改变可明显影响生成原尿的量和成分。如机体内缺氧或中毒时，肾小球滤膜的微孔变大，毛细血管壁通透性增加，使原尿生成量增加，并引起血细胞和血浆蛋白滤过，出现血尿或蛋白尿；而在发生急性肾小球肾炎时，由于肾小球毛细血管管腔变窄或完全堵塞，使滤过膜增厚、滤过面积减少，导致肾小球滤过作用降低，出现少尿或无尿。

（2）有效滤过压的改变 构成有效滤过压的三种力量中，任何一种力量的改变都会影响肾小球的滤过作用。

① 肾小球毛细血管血压 当动脉血压下降时，肾小球毛细血管的血压也相应降低，有效滤过压降低，肾小球滤过率也减少。例如犬在创伤、出血、烧伤等情况下，由于动脉血压下降，肾小球毛细血管血压随之下降，尿量减少。

② 血浆胶体渗透压 当静脉输入大量生理盐水时使血液稀释，血浆蛋白的浓度下降，血浆胶体渗透压便降低。另一方面由于血管内由于注入大量生理盐水血压也相应地升高。此时，有效滤过压相应升高，肾小球滤过率也随之增加，导致尿量增多。

③ 囊内压 当输尿管结石或肿瘤压迫肾小管时，尿液流出受阻，造成囊腔的内压增高，有效滤过压降低，原尿生成量减少，发生少尿。

（3）肾血流量 肾血流量几乎占心输出量的 1/5，它的变化对肾小球滤过作用有很大影响。一般来说，肾血流量增加，肾小球滤过率增大，原尿生成增多；反之，原尿生成减少。

2. 影响肾小管重吸收的因素

（1）原尿中溶质浓度的改变 当原尿中溶质浓度增加，并超过肾小管对溶质的重吸收限度时，原尿的渗透压就升高，而渗透压升高必将妨碍肾小管对水的重吸收，于是尿量增加。

（2）肾小管上皮细胞的机能状态改变 当肾小管上皮细胞因某种原因而被损害时，往往会影响它的正常吸收机能，从而使尿的质量发生改变。

（3）激素的影响 影响尿生成的激素主要有抗利尿激素和醛固酮。抗利尿激素的作用是增加远曲小管对水的通透性，促进水的重吸收，从而使排尿量减少。血浆渗透压升高和循环血量的减少，均可引起抗利尿激素的释放，创伤及一些药物也能引起抗利尿激素的分泌，减少排尿量。

醛固酮对尿生成的调节是促进远曲小管重吸收 Na^+，同时促进 K^+ 排出，即"保钠排钾"作用。

第三节 尿生成的调节

有机体对尿生成的调节是通过对尿生成过程的三个环节进行调节的。主要包括肾脏血流量的调节；影响肾小球滤过的各种因素；神经、体液因素对肾小管和集合管的重吸收、分泌的调节三个主要方面。

一、肾血流量的调节

肾血流量的调节包含两个方面，一方面要保证一定的血流量以完成其泌尿功能，主要靠肾脏自身调节来实现。另一方面要能与全身血液循环相协调，主要靠神经系统和体液因素的调节。

1. 肾血流量的自身调节

肾动脉血压在 $10.7 \sim 24$kPa 范围内变动时，肾血流量能稳定在某一水平上，不随血压的变动而变动。肾小球入球小动脉的平滑肌具有紧张性，能随血压的变化而发生舒缩反应：当动脉血压升高时，该血管平滑肌紧张性也升高，口径缩小，血流阻力增大，血流量并不增多；当血压降低时，平滑肌紧张性也降低，口径增大，血流量并不减少。但是，当血压变动范围超过 $10.7 \sim 24$kPa 时，这种自身调节失效。

2. 肾血流量的神经调节

肾脏受交感神经支配，当交感神经兴奋时，入球小动脉和出球小动脉发生缩血管反应，使肾小球的血浆流量减少；刺激球旁器中的球旁细胞释放肾素，通过增加血液中的血管紧张素Ⅱ使醛固酮分泌增加，从而增加肾小管对 NaCl 和水的重吸收；交感神经兴奋时，其末梢释放去中肾上腺素可作用于近端小管和髓襻细胞膜上的 α 受体，而增加对 Na^+、Cl^- 和水的重吸收。抑制肾交感神经活动则有相反的作用。

二、肾小管活动的调节

肾小管的活动主要受神经和体液的调节。

1. 抗利尿激素的作用

抗利尿激素（ADH）又称血管加压素。主要作用是提高远曲小管和集合管上皮细胞对水的通透性，增加对水的重吸收，使尿液浓缩，尿量减少，即发生抗利尿作用。因此，ADH 是决定尿量多少、调节体内水平衡的一种重要激素。

影响抗利尿激素释放的因素如下。

（1）血浆晶体渗透压的改变 血浆晶体渗透压是生理情况下调节 ADH 释放的重要因素。当机体失血过多（如出汗、呕吐、腹泻），血浆晶体渗透压升高，刺激渗透压感受器，促使 ADH 释放量增多，使远曲小管和集合管对水重吸收增强，尿量减少。保留了体内水分，有利于血浆晶体渗透压的恢复。反之，大量饮清水后，因血液被稀释，血浆晶体渗透压下降，对晶体渗透压感受器的刺激减弱，引起抗利尿激素合成、释放量减少，肾小管和集合管对水的重吸收减少、尿液稀释、尿量增多，从而排出体内多余的水分。

（2）循环血量的改变 当血量增多时，颈动脉窦、主动脉弓及左心房、肺静脉的压力感受器受到刺激，反射性地引起 ADH 释放减少或抑制，肾重吸收减少，排出大量的尿；反之，当血量减少或动脉血压降低时，上述压力感受器所受的刺激减少，于是 ADH 的分泌增多，尿量减少，同时引起渴觉。

2. 醛固酮的作用

醛固酮是肾上腺皮质球状带分泌的一种激素。它能促进远曲小管、集合管对 Na^+ 的主动重吸收，同时促进 K^+ 的排出，故有保 Na^+ 排 K^+ 作用。Na^+ 的重吸收加强，Cl^- 和水的重吸收也随之加强。Na^+ 的重吸收加强，还可使 K^+-Na^+ 交换和 H^+-Na^+ 交换增加，使 K^+、H^+ 排出量增多。因此醛固酮对维持血浆 K^+、Na^+ 平衡和正常细胞外液量起到重要作用。肾上腺皮质机能亢进，醛固酮分泌增多，可导致体内钠、水潴留和低血钾，血压升高。反之，醛固酮分泌减少则钠、水丢失，血量减少，出现高血钾现象。

第四节 尿 的 排 出

终尿的生成过程是连续不断的，并由输尿管输送到膀胱贮存。膀胱内的尿液充盈到一定程度时，再间歇性地引起排尿反射动作，将尿液经尿道排出体外。

一、膀胱和尿道括约肌的神经支配

膀胱和尿道有三种神经支配，即盆神经、阴部神经、腹下神经。盆神经属副交感神经，来自荐部脊髓，兴奋时引起膀胱逼尿肌收缩，尿道内括约肌舒张，促使尿液从膀胱排出；腹下神经属交感神经来自腰部脊髓，兴奋时主要引起尿道内括约肌收缩，所以有利于尿液在膀胱内继续贮存；阴部神经（躯体神经、来自荐部脊髓），兴奋时引起外括约肌（横纹肌）收缩，阻止排尿。由于上述三种神经都发自腰荐部脊髓，所以通常把这段脊髓视为排尿低级中枢的所在地，而大脑皮质是支配低级排尿中枢的最高级排尿中枢所在地。

二、排尿反射

当膀胱中的尿液贮存到一定量时，对膀胱壁的牵张感受器构成有效刺激，产生的冲动经盆神经传入纤维到达腰荐部脊髓排尿低级中枢；冲动可同时上传到脑干和大脑皮质的排尿反射中枢，产生尿意。如果当时条件不适于排尿，低级排尿中枢可受大脑皮质抑制，使膀胱壁进一步松弛，继续贮存尿液，直至有排尿的条件或膀胱内压过高时，低级排尿中枢的抑制才被解除。这时排尿反射的传出冲动沿盆神经传到膀胱，引起膀胱逼尿肌收缩，膀胱内括约肌松弛，尿液被逼进尿道。尿道的尿液又刺激尿道感受器，冲动沿盆神经传入支传到荐髓排尿中枢，反射性抑制阴部神经，使尿道外括约肌松弛，于是尿液被强大的膀胱内压所驱出。逼尿肌的收缩又可刺激膀胱壁的牵张感受器，进一步引起膀胱反射性收缩，如此连续地正反馈式反射活动，直至尿液排空为止。

犬排尿的地点及排尿频率可通过调教或训练加以控制，即采用建立条件反射的方法，使犬能定时、定点排尿，这在犬的驯养中具有实际意义。

【复习思考题】

一、名词解释

原尿；终尿；排泄；肾小球的有效滤过压；肾糖阈。

二、问答题

1. 简述尿液生成的基本过程及其影响因素。

2. 简述抗利尿激素的作用。

3. 肾小管的活动受到哪些激素的调节？怎样调节的？

4. 什么是原尿，影响原尿生成的因素有哪些？

5. 静脉注射大量生理盐水，尿量增多的机理是什么？

6. 使役或运动时引起大量出汗，尿量如何变化，为什么？

【岗位技能实训】

项目 犬尿的分泌观察

【目的要求】 了解一些因素对尿分泌的影响及其调节。

【实训原理】 尿是血液流过肾单位时经过肾小球滤过，肾小管重吸收和分泌形成的。影响肾小球滤过作用的主要因素是有效滤过压，有效滤过压的大小取决于肾小球毛细血管内的血压以及血浆的胶体渗透压和囊内压。影响肾小管重吸收机能主要是管内液渗透压的高低和肾小管上皮细胞的重吸收能力。

【实训材料】 犬，注射器，手术台，手术器械，膀胱套管，生理多用仪（或记滴器、电磁标、感应圈），保护电极，2％戊巴比妥钠溶液，20％葡萄糖溶液，0.1％肾上腺素，生理盐水，烧杯。

【方法步骤】

1. 实验准备操作 在实验前应给予犬足够的饮水（或多给予多汁青绿饲料）。以2％戊巴比妥钠溶液静脉注射（20mg/kg）麻醉后，再固定于手术台上，在颈部找出迷走神经和在腹腔找出内脏大神经，分别在其下穿一线备用；并在颈静脉或股静脉备以输液装置。尿液的收集可选用膀胱套管法或输尿管插管法。

（1）膀胱套管法 在耻骨联合前方找到膀胱，在其腹面正中做一荷包缝合，再在中心剪一小口，插入膀胱套管，收紧缝线，固定膀胱套管，并在膀胱套管及所连接的橡皮管和直套管内充满生理盐水，将直套管下端连于记滴装置（对雌性动物为防止尿液经尿道流出，影响实验结果，可在膀胱颈部结扎）。

（2）输尿管插管法 找到膀胱后，将其移出体外，再在膀胱底部找出两侧输尿管，在输尿管靠近膀胱处分离输尿管，用细线在其下扣一松结，在结下方的输尿管上剪一小口，向肾脏方向插入一条适当大小的塑料管，并将松结抽紧以固定插管，另一端则连至记滴器上，以便记滴。

2. 实验项目

（1）记录对照情况下每分钟尿分泌的滴数。可连续计数5～10min，求其平均数并观察动态变化。

（2）静脉灌注38℃的0.9％氯化钠溶液20mL，记数每分钟尿分泌的滴数。

（3）灌注38℃的20％葡萄糖溶液10mL，计数每分钟尿分泌的滴数。

（4）灌注0.01％肾上腺素0.5～1mL后，计数每分钟尿分泌的滴数。

（5）切除两侧迷走神经，用保护电极以中等强度的电刺激连续刺激一侧迷走神经的离中端，观察每分钟尿分泌的滴数有无变化。

（6）刺激内脏大神经，每分钟尿分泌滴数又有什么变化？

【结果分析】 记录实验结果，并分析原因。

【注意事项】 在进行每一实验步骤时必须待尿量基本恢复或者相对稳定以后才开始，而且在每项实验前后要有对照记录。

【技能考核】 结合临床熟练掌握影响尿生成的主要因素及其对尿生成的调节机制。

第十二章 体 温

【学习目标】

1. 掌握犬、猫等宠物的正常体温。
2. 了解体温调节规律。

【技能目标】

在实际操作中能正确测量犬和猫等宠物的体温。

所谓体温就是动物机体的温度，是机体新陈代谢的结果，是维持动物正常生命活动的主要条件。动物体各部的温度并不相同，机体体表的温度一般比体内温度低些。并且机体内各器官代谢水平不同而有所差异。在实际生产中，一般都是以直肠的温度作为动物的体温。健康动物的直肠温度见表12-1。

表 12-1 健康动物的体温（直肠内测定）

动物	体温/℃	动物	体温/℃
狗	37.0~39.0	猪	38.0~40.0
猫	38.0~39.5	黄牛	37.5~39.0
兔	38.5~39.5	鸭	41.0~42.5
小白鼠	37.0~39.0	鸡	40.6~43.0

在正常的情况下，动物机体的温度是相对恒定的。体温的相对恒定是维持机体内环境稳定，保证机体新陈代谢和各项功能活动正常进行的一个必要条件。在新陈代谢过程中都要有酶的参与，而酶活性最佳的温度是 37~40℃。体温过高或过低都会影响酶的活性，致使机体各种细胞、组织和器官的功能出现紊乱，严重时还会危及生命。因此，在宠物临床诊疗上，体温往往作为宠物体健康状况的重要标志。

一、产热与散热

正常体温的维持，有赖于机体的产热过程与散热过程的动态平衡。

1. 产热

动物机体的热量来自于体内各组织器官所进行的氧化分解反应，由于各器官的代谢水平不同，产生的热量也不尽相同。在安静状态下，主要产热器官是肝脏、肌肉和脑。在动物运动或使役时产热的主要器官是骨骼肌，其产热量可达机体总产热量的 90%。此外，一些热的饲料、外界环境温度高等都可以成为体热的来源之一。

2. 散热

机体在产热的同时，同时也不断地将热量散发出去，这样才能维持体温的相对的恒定。动物机体主要是通过皮肤、呼吸道、排尿等途径来散热，其中皮肤是机体主要的散热的部位，机体通过皮肤散热的方式有以下四种。

（1）辐射散热 由温度较高的物体表面发射红外线，而由温度较低的物体接收的散热方式称为辐射散热。该途径散发的热量约占总散热量的 70%~80%，因此，辐射散热是机体的主要散热方式。皮肤与外界环境温差越大，辐射散热量就越多，反之则少。当周围环境温度高于体表温度时，机体不仅不能利用辐射散热，反而会吸收周围环境的热而使体温升高。

（2）传导散热　将体热直接传给较冷物体称为传导散热。传导散热与物体接触的面积、导热性能及温差大小有关。

（3）对流散热　对流是机体依靠周围冷热空气的相对流动来实现的散热方式。动物体表散发的热量使周围空气加热上升，被周围较冷空气取代。对流散热主要受到空气的流动速度及其温度的高低的影响。在一定的限度内，对流速度（风速）越大，散热也就越多。

（4）蒸发散热　蒸发散热是指通过皮肤蒸发的汗水和呼吸道呼出的水汽来散发热量的方式。机体内每1g水分蒸发，就可以散发2.43kJ的热量。当周围环境温度等于体温或超过体温时，蒸发散热是机体的主要的散热方式。对于汗腺发达的动物，出汗是一个重要的散热途径，而对于汗腺不发达的动物，如犬主要依靠呼气散热和唾液散热。空气越干燥，气体流动越快，蒸发散热量也就越大。当外界气温高于体表温度时，蒸发散热是唯一的散热方式。

二、体温调节

机体的产热和散热的过程始终保持着动态平衡，维持着体温的相对恒定，主要是通过机体内部的神经调节和体液调节来控制的。

1. 体温调节中枢

下丘脑是体温调节的基本中枢。下丘脑中存在着热敏感神经元和少数冷敏感神经元。体温调节中枢主要是由这两种神经元组成。当前者收到刺激兴奋时，可使机体的散热量增加；而后者兴奋时，可使机体的产热反应加强。

此外，动物体体温的相对恒定还受到体温调定点的影响，该调定点同样也位于下丘脑，调定点的高低决定机体体温的高低。一般认为人的调定点为37℃，当中枢的温度超过37℃时，热敏感神经元兴奋，使散热过程加强。当中枢低于37℃时则发生相反的过程。

2. 内分泌腺对体温的调节作用

参与体温调节的主要激素是甲状腺素和肾上腺素。动物在寒冷的环境中，机体主要是通过随意或不随意的颤抖来增强产热，还有体内肾上腺素分泌增加，产热量和摄食量也会增加。如果动物长时间在寒冷中，则会通过增加分泌甲状腺素来提高基础代谢率使体温升高。反之，如果动物长时间处于高温的环境中，会通过降低甲状腺的功能，使基础代谢下降来减少产热。

【复习思考题】

1. 如何测量动物的体温？
2. 体温相对恒定的意义是什么？
3. 机体散热的方式是什么？各有何特点？

【岗位技能实训】

项目　犬的体温测定

【目的要求】　掌握犬体温的测定方法。

【实训材料】 犬、保定器械和体温计。

【方法步骤】 首先利用保定器械将犬保定好,之后将体温计的水银柱甩至 35℃ 以下,并在外面涂以少量的润滑油,用左手提起尾根,右手将体温计旋转插入犬的直肠中,并用夹子固定体温计,3~5min 后取出,读数,并记录该动物的体温。

【技能考核】 犬体温的测定操作及准确读数。

第十三章 神经生理

【学习目标】

1. 了解神经纤维生理特征。
2. 掌握突触的概念、分类、结构及传递机理，了解突触传递的化学介质。
3. 掌握反射弧的概念、反射活动的基本特征。
4. 了解感受器及大脑皮质的感觉功能，掌握特异性传入系统和非特异性传入系统的基本概念。
5. 了解脑干、小脑、大脑皮质对躯体运动的调节机能，了解神经系统对内脏活动的调节机能。
6. 掌握条件条件反射与非条件反射的概念及区别，了解条件反射的形成过程及高级神经活动的类型。

【技能目标】

1. 根据情况，会建立犬、猫的条件反射。
2. 学会区分犬的神经类型。

神经系统的主要机能是调节作用。它通过分布在机体各部分的感受器和感觉神经，收集机体内部和外界环境的信息，传到中枢神经，通过分析、综合后，发出信号来控制和调节躯体的运动和内脏器官的活动，使机体的生理活动成为一个统一、协调的整体，更好地适应内部和外界环境的变化，以维持生命活动的正常进行。例如，动物运动时，除骨骼肌活动加强之外，心脏收缩也加强、加快，呼吸也加深加快，泌汗活动也增强，而胃肠活动却相应减弱等，这样就使得机体各器官系统活动协调、统一，以适应运动的需要。

虽然神经系统的机能很复杂，但是它们活动的基本方式都是反射，即刺激作用于感受器，通过中枢神经系统使机体发生反应，以调节机体各器官的机能活动。

第一节　神经纤维生理

一、兴奋性与刺激的关系

1. 兴奋性

当神经纤维某一部位受到适宜的刺激而兴奋，产生动作电位时，兴奋部位与邻近的静息部位之间出现电位差，产生局部电流。足够强度足够的局部电流可作为一个新刺激，刺激其邻近的静息部位，引起兴奋，产生动作电位。这样又可刺激其邻近静息部位，使其兴奋，动作电位就如此顺序地沿神经纤维全长传导。一般把沿着神经纤维传导的兴奋叫做神经冲动。在刺激的作用下，神经纤维发生的、可以传播的、伴有特殊电现象的反应过程称为兴奋。神经纤维受刺激能够发生兴奋即产生动作电位的能力称为兴奋性。

2. 兴奋性与刺激的关系

神经纤维的能否产生及传导兴奋与刺激的强度、强度变化率和作用时间关系密切。

（1）强度　在刺激作用时间不变的条件下，引起神经纤维兴奋必须有一个最小刺激强度，这个强度称刺激阈或阈值。阈值低，表示神经的兴奋性高；阈值高，表示神经兴奋性低。低于阈值的刺激称为阈下刺激，阈下刺激能引起局部电位，但不能引起动作电位。这种局部反应不能沿神经纤维传至远处，但能扩布一个短的范围。

（2）强度变化率　同样强度的刺激，如果是一种急剧上升的强度变化，就容易引起神经纤维兴奋；相反，如果刺激强度是缓慢上升的，则不容易引起神经纤维兴奋。

（3）作用时间　在一定刺激强度条件下，刺激的作用时间越短，则作用越弱，以致不能引起神经纤维兴奋。例如 1000MHz 以上的高频电，虽然电压很高，但如果作用时间过短，将不会引起神经纤维兴奋，而只有产热作用，这就是临床电热疗法的原理。反之，如果刺激作用时间长，则刺激强，易引起神经纤维兴奋。

二、神经纤维的机能

1. 神经纤维兴奋的传导

神经纤维的基本生理特性是具有高度的兴奋性和传导性。当神经纤维任何一个部位受到适宜的刺激时都能产生兴奋，并能将兴奋沿着神经纤维传播至另一个神经元或效应器官。兴奋传导的本质就是神经纤维的膜依次产生动作电位的结果。

根据有无髓鞘，神经纤维可以分为无髓鞘神经纤维和有髓鞘神经纤维两种，它们传导兴奋的方式不同（图 13-1）。无髓鞘神经纤维某一点受到刺激而产生兴奋，即产生了动作电位，这个动作电位就会沿着无髓鞘神经纤维一点一点地连续向两端传递，而有髓鞘神经纤维的动作电位是沿着神经纤维从一个朗飞结跳到邻近的另一个朗飞结。这种传导方式叫做跳跃式传导，其传导兴奋的速度显然要比无髓鞘神经纤维快得多。

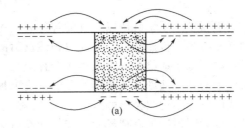
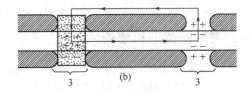

图 13-1　神经纤维兴奋的传导
（a）无髓鞘神经纤维局部电流流动方向；
（b）有髓鞘神经纤维局部电流流动方向
1，2—神经纤维兴奋起始部位；3—郎飞结

2. 神经纤维兴奋传导的特征

（1）完整性　神经纤维传导兴奋时，神经纤维在结构上和生理功能上必须保持完整。如果神经纤维被切断，即破坏其完整性，兴奋就不能通过切口向下传递；如果神经纤维受到挤压、局部低温或麻醉药麻醉等作用，神经冲动也会发生降低或阻滞，如临床上用局部麻醉药普鲁卡因注射到神经干的周围，神经冲动的传导可以被阻止。

（2）绝缘性　在同一条神经干内会有许多条神经纤维，但是任何一条神经纤维的冲动，只能沿本身纤维传导，而不能直接传导到同一神经干内邻近的神经纤维，这就是神经纤维传导兴奋的绝缘性。这一特性保证了不同的神经纤维传递信息的准确性，使动物能准确地实现各种反射活动。

（3）不衰减性　神经纤维在传导兴奋时，不论传导距离多远，神经冲动的强度、频率和传导速度能自始至终保持相对恒定，这就是神经纤维传导的不衰减性。这一特性保证了机体调节机能的及时、迅速和准确。

（4）双向性　当神经纤维的任何一点受到刺激而产生兴奋时，兴奋能从受到刺激的部位开始，沿着神经纤维向两端同时传播，这就是神经纤维传导的双向性。

（5）不疲劳性　神经纤维能长时间地传导神经兴奋而不易发生疲劳，具有相对的不疲劳性。

三、神经纤维兴奋传导的速度

神经纤维兴奋传导的速度是神经纤维重要的生理特性之一。神经纤维有无髓鞘及神经纤维直径的粗细不同，兴奋传导的速度也有所不同。有髓鞘的神经纤维兴奋传导速度快，无髓鞘的传导速度慢；直径大的神经纤维兴奋传导速度快，直径小的传导速度慢。

根据神经纤维直径的不同，可以将神经干内的神经纤维分为 A、B、C 三类。

（1）A 类神经纤维　有髓鞘的躯体传出（运动）与传入（感觉）纤维，直径为 1～22μm，传导速度为 5～120m/s。

（2）B 类神经纤维　有髓鞘的内脏神经节前纤维，直径小于 3μm，传导速度为 3～15m/s。

（3）C 类神经纤维　无髓鞘传入纤维与无髓鞘交感神经节后纤维，直径 0.3～1.3μm，传导速度为 0.6～2.3m/s。

第二节　突触传递

中枢神经系统有数以亿计的神经元，每个神经元不能单独完成调节活动，神经元之间必须互相联系，传递信息，才能以神经反射的方式来调节机体复杂功能。一个神经元发出的神经冲动可以传递给另一个或很多个神经元。同样，一个神经元也可以接受另一个或很多神经元传来的神经冲动。一个神经元的轴突末梢与其他神经元的胞体或突起相接触，相接触处所形成的特殊结构叫做突触（图 13-2）。在突触前面的神经元叫做突触前神经元，在突触后面的神经元叫做突触后神经元。神经冲动由突触前神经元传到突触后神经元的过程叫做突触传递。可见，作为神经元连接部位的突触，是神经系统传递信息和实现调节功能的关键部位。

一、突触的类型和结构

1. 突触的类型

（1）根据突触传递信息的方式不同，可以将突触分为化学突触和电突触两类。动物体内绝大多数的突触属化学突触。

① 化学突触　依靠突触前神经元末梢释放特殊的化学物质（即介质），使突触后膜的离子通透性发生变化，产生突触后电位而实现从突触前神经元到突触后神经元的神经冲动传递。

② 电突触　突触前膜和突触后膜紧紧贴在一起，形成缝隙连接。生物电冲动可直接经过缝隙和离子交换方式将信息从突触前神经元传到突触后神经元。

（2）根据突触接触部位的不同，可以将突触分为三类（图 13-2）。

① 轴-树型突触　前一神经元的轴突与后一神经元的树突相接触而形成突触。这类突触最为多见。

② 轴-体型突触　前一神经元的轴突与后一神经元的胞体相接触而形成的突触。这类突触也较常见。

③ 轴-轴型突触　前一神经元的轴突与后一神经元的轴突相接触而形成突触。这类突触较少见。

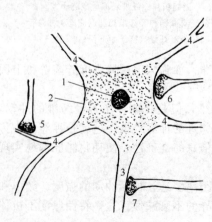

图 13-2　突触模型

1—细胞核；2—细胞体；3—轴突；4—树突；

5—轴-树型突触；6—轴-体型突触；

7—轴-轴型突触

（3）根据突触功能的不同，可以将突触分为兴奋性突触和抑制性突触两类。通过兴奋性突触传递信息，可引起突触后膜去极化，产生兴奋性影响；通过抑制性突触传递信息，可引起突触后膜超极化，产生抑制性影响。电突触大多数是兴奋性突触。化学突触有兴奋性的，也有抑制性的。大多数轴-体突触是抑制性突触。

2. 突触的结构

（1）化学突触的结构　各种化学突触的大小和形态很不一致，但都是由突触前膜、突触间隙和突触后膜等三部分组成（图 13-3）。

① 突触前膜　突触前神经元的轴突末梢分成许多小支，每个小支的末梢膨大形成呈球状的突触小体。突触小体贴附在突触后神经元胞体或树突的表面。突触小体外面包裹着有一层膜，这层膜叫做突触前膜。突触前膜的基本结构与一般生物膜相似，但比一般神经元膜稍厚约 7.5nm。突触小体内部除含有轴浆外，还有大量线粒体和突触小泡。突触小泡内含有兴奋性或抑制性的化学介质。

② 突触间隙　在突触前膜和突触后膜之间的裂缝状间隙叫做突触间隙。间隙宽 20～40nm，间隙内有黏多糖和黏蛋白。

③ 突触后膜　与突触前膜相对的膜叫做突触后膜。突触后膜由突触后神经元的树突、胞体或轴突膜经过特殊分化后形成，结构与生物膜相似，但一般都形成复杂的皱褶而且比一般神经元膜稍厚约 7.5nm，突触后膜上有特殊的受体，对化学介质有高度的特异性。

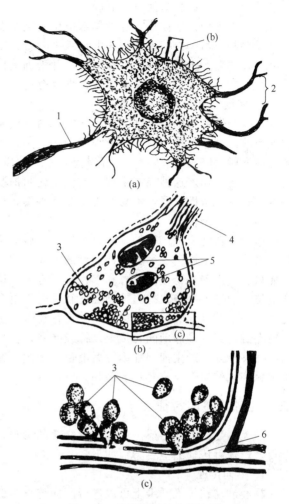

图 13-3　化学突触结构模式图

（a）一个神经元的胞核、轴突和树突；（b）为（a）中一个放大的突触，可见突触中的线粒体和突触小泡，虚线表示神经胶质细胞膜；（c）为（b）中一个放大的突触微细结构，可见突触前膜、突触后膜和突触间隙

1—轴突；2—树突；3—突触小泡；
4—神经末梢；5—线粒体；6—突触间隙

（2）电突触的结构　电突触是神经元之间传递神经冲动的最简单的连接。它的结构特点是突触前膜和突触后膜十分接近，突触裂隙很窄，而且之间的电阻很低，神经冲动能直接越过裂隙传递。这类突触只在中枢神经系统的特定部位存在。心肌细胞之间或平滑肌细胞之间的冲动传递与电突触相类似。

二、突触传递的机理

兴奋性突触和抑制性突触的传递机理是不同。

1. 兴奋性突触的传递机理

在兴奋性突触中，当神经冲动从突触前神经元传到突触前末梢时，突触前膜产生兴奋，突触小体内的突触小泡就释放出兴奋性化学介质。化学介质经突触间隙扩散到突触后膜，与突触后膜的受体结合，使突触后膜对 Na^+、K^+，尤其是对 Na^+ 的通透性升高，Na^+ 内流，突触后膜出现局部去极化，这种局部电位变化叫做兴奋性突触后电位。这种兴奋性突触后电位可以总和，当电位积累达到阈电位水平时就可以引起突触后神经元的轴突始段首先爆发动作电位，然后产生扩布性的动作电位，并沿轴突传导，传至整个突触后神经元，表现为突触后神经元的兴奋反应，此过程称兴奋性突触传递。

2. 抑制性突触的传递机理

在抑制性突触中，当神经冲动从突触前神经元传到突触前末梢时，突触小体内的突触小泡就释放出抑制性化学介质。化学介质通过扩散作用穿过突触间隙，作用于突触后膜的受体，使突触后膜对 K^+、Cl^-，尤其是对 Cl^- 的通透性升高，K^+ 外流和 Cl^- 内流，突触后膜电位发生超极化，这种局部出现的电位变化叫抑制性突触后电位。抑制性突触后电位可以使突触后膜的兴奋性下降，不易发生扩布性兴奋，故表现为突触后神经元的抑制反应，这个过程称抑制性突触传递。

单个兴奋性突触产生的一次兴奋性突触后电位，所引起的去极化程度很小，常不能达到所需阈值，不足以引发突触后神经元的动作电位，也不能引起突触后神经元兴奋。突触后神经元只有把许多兴奋性电位总和（积累）起来，达到所需要的阈值，才能产生可以传播的动作电位，而进入兴奋状态。抑制性突触后电位也有总和（积累）作用。

在一个神经元的胞体上以及树突上存在着大量突触，其中有的是兴奋性突触，有的是抑制性突触。当许多冲动同时传至该神经元时，在兴奋性突触处产生兴奋性突触后电位，而在抑制性突触处则产生抑制性突触后电位。因此，突触后神经元是兴奋还是抑制，则取决于这些突触产生的局部电位变化的总和。

三、突触传递的特征

绝大多数的突触传递由于有化学介质的参与，因而比神经冲动在神经纤维上的传播要复杂得多。突触传递的主要特征如下。

1. 单向传递

神经冲动在神经纤维上可以进行双向传导，但是在突触处，神经冲动只能向一个方向传递，即神经冲动只能从突触前神经元传递给突触后神经元，而不能反方向逆传。突触前膜释放的化学介质与突触后膜的特殊受体相结合，引起突触后膜产生兴奋作用。而突触后膜兴奋时，不能释放化学递质，所以不能反过来引起突触前膜兴奋，这就是在突触处只能是单向传递的原因。由于这一特性，使神经冲动能沿着特定方向和途径传导。

2. 总和作用

突触前神经末梢传来的一次冲动及其所引起的化学介质释放，常不足以引起突触后神经元产生神经冲动。如果同一突触前神经末梢连续传来一连串冲动，或者许多突触前末梢同时传来神经冲动，引起较多介质释放，使许多先后或同时发生的兴奋性突触后电位总和起来，当膜电位的变化达到阈电位水平时，才能爆发动作电位，激发突触后神经元兴奋。这种现象叫做兴奋的总和。

3. 突触延搁

兴奋从突触前神经元神经末梢传递给突触后神经元，必须要经过化学介质的释放和扩散，介质作用于突触后膜引起兴奋性突触后电位，然后在总和的基础上才能使突触后神经元产生兴奋。这些过程使神经冲动通过突触所花的时间比通过神经纤维需要的时间长。这种现象叫做突触延搁。

4. 对内环境变化的敏感性

突触部位最容易受内环境理化因素变化的影响而改变突触部位的传递能力。如缺氧可以使突触失去传递能力；碱中毒可以提高突触后膜对化学介质的敏感性，而提高神经元的兴奋性，严重时会诱发惊厥；酸中毒可以降低突触后膜对化学介质的敏感性，使突触传递停止，严重时会导致昏迷；血液中某些离子浓度或比例稍有改变，也会显著影响神经元及其突触的兴奋性。

5. 对化学物质的敏感性

突触对某些化学物质的敏感性不同，有的引起兴奋，有的引起抑制。如咖啡因或茶碱等能提高突触后膜对兴奋性介质的敏感性，即提高神经元的兴奋性，对大脑中的突触作用尤其明显，所以这类药物常被用作大脑的兴奋药。巴比妥类药物能降低突触后膜对兴奋性介质的敏感性，或加强抑制性突触介质的作用，从而降低神经元的兴奋性，达到镇静或麻醉目的，所以这类药物常被用作麻醉药。

四、突触传递的化学介质

突触传递的化学介质是指突触前神经元合成并在末梢处释放，经突触间隙扩散，作用于突触后神经元或效应器细胞上的受体，引导信息从突触前神经元传递到突触后神经元的一些化学物质。真正的化学介质必须完全符合以下标准：①这种物质必须在突触前末梢内存在，同时细胞内还必须含有合成这种物质的酶系；②刺激突触前膜能使这种物质从末梢释放；③用这种物质直接作用于突触后膜，能复制出与正常突触传递完全相同的效应；④这种物质在突触部位能被迅速灭活或移除；⑤用受体阻滞剂或介质拟似物等药物能干扰天然介质的突触传递作用。现在已经发现的化学介质主要有以下几种。

1. 乙酰胆碱

在外周神经系统中，能生成和贮存乙酰胆碱的神经末梢有：①支配骨骼肌的全部躯体运动纤维；②全部植物性神经的节前纤维；③全部副交感神经的节后纤维；④支配汗腺和心血管平滑肌舒张的交感神经节后纤维。

凡是释放乙酰胆碱作为介质的神经纤维都叫做胆碱能神经纤维，凡是以乙酰胆碱作为介质的神经元都叫做胆碱能神经元，胆碱能神经元在中枢的分布极为广泛，凡是能与乙酰胆碱结合的受体都叫做胆碱能受体。

根据药理特性不同，胆碱能受体可以分为毒蕈碱受体和肾上腺素受体两种。

（1）毒蕈碱受体　毒蕈碱是一种从有毒伞菌科植物中提炼出来的生物碱，对植物性神经节中的受体几乎没有作用，但能模拟释放乙酰胆碱对心肌、平滑肌和腺体的刺激作用，因此称为毒蕈碱样作用，相应的受体称为毒蕈碱受体。毒蕈碱受体分布在胆碱能节后纤维所支配的心脏、肠道、汗腺等效应器细胞和某些中枢神经元上。当乙酰胆碱作用于毒蕈碱受体时，可以产生心脏活动的抑制、支气管平滑肌的收缩、胃肠平滑肌的收缩、膀胱逼尿肌的收缩、虹膜环形肌的收缩、消化腺分泌的增加以及汗腺分泌的增加和骨骼肌血管的舒张等一系列胆碱能纤维兴奋效应。

（2）烟碱受体　烟碱受体存在于所有植物性神经节的神经元的突触后膜和神经-肌接头的终板膜上。小剂量的乙酰胆碱能兴奋植物性神经节的神经元，也能引起骨骼肌的收缩，而大剂量乙酰胆碱则阻断植物性神经节的突触传递。这些效应可以被从烟草叶中提取的烟碱所模拟，因此称为烟碱样作用，其相应的受体称为烟碱受体。

2. 儿茶酚胺

儿茶酚胺类介质包括肾上腺素、去甲肾上腺素和多巴胺。

在周围神经系统，多数交感神经节后纤维释放的化学介质是去甲肾上腺素，凡是释放去甲肾上腺素的神经末梢都叫做肾上腺素能纤维。在中枢神经系统中，凡是以肾上腺素为介质的神经元都叫做肾上腺素能神经元，肾上腺素能神经元胞体主要分布在延髓；凡是以去甲肾上腺素为介质的神经元都叫做去甲肾上腺素能神经元，绝大多数去甲肾上腺素能神经元位于脑干。在植物性神经系统中，凡是能释放多巴胺的神经末梢都叫做多巴胺能纤维，凡是以多巴胺为介质的神经元都叫做多巴胺能神经元，多巴胺能神经元的胞体主要位于中脑。多巴胺能引起尿钠排出增多，促进胰腺分泌，肾、脑、肠血管舒张，血流量增多。

凡是能与去甲肾上腺素或肾上腺素结合的受体都叫做肾上腺素能受体。肾上腺素能受体主要分为 α 肾上腺素能受体和 β 肾上腺素能受体两种。肾上腺能受体的分布极为广泛，在周围神经系统、多数交感神经节后纤维末梢到达效应细胞膜上都有分布。肾上腺素能受体不仅对交感末梢释放的化学介质有反应，对肾上腺髓质分泌的进入血液的肾上腺素和去甲肾上腺素以及进入体内的儿茶酚胺药物也有反应。

第三节 反 射

一、反射弧

反射是神经系统活动的基本形式。反射的结构基础和基本单位是反射弧。反射弧包括感受器、传入神经、神经中枢、传出神经、效应器五个部分组成（图 13-4）。反射弧的任何环节及其联结受到破坏，或者功能障碍，反射将不能出现或者紊乱，导致相应器官的功能调节异常。

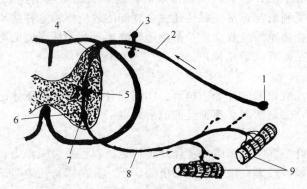

图 13-4 反射弧结构示意图
1—感受器；2—传入神经；3—传入神经元；4,6—突触；
5—中间神经元；7—传出神经元；8—传出神经；9—效应器

感受器具有换能器的作用，能把刺激的能量转换成细胞的兴奋及发放；反射中枢是中枢神经系统中调节某一特定生理功能的神经元群及其突触联系的综合体；效应器是能产生效应的器官；传入神经由传入神经元的突起所构成，传出神经由中枢传出神经元的轴突构成。每一个反射中枢都有三类神经元组成：一是接受传入冲动的感觉神经元；二是直接把冲动传到效应器的运动神经元；三是能把神经冲动从感觉神经元传到运动神经元的中间神经元。较简单的反射活动，参与的中枢范围比较狭窄；但调节一个复杂的生命活动，参与的中枢范围却很广。例如调节呼吸运动需要分布在延髓、脑桥、下丘脑以有大脑皮质的许多中枢参与。

二、反射活动的基本特征

中枢神经系统的活动过程有兴奋的，也有抑制的。

1. 中枢兴奋传递的基本特征

当中枢神经系统中的神经元受到感受器传来的神经冲动时，会发生兴奋反应或抑制反应。这种反应具体表现为某些反射的出现和另一些反射的抑制。在反射活动中，兴奋必须通过反射弧的中枢部分，即必须从一个神经元通过突触才能传递给另一个神经元，这种突触传递过程在很大程度上就成为反射活动的基本特征。此外，由于神经经元在中枢神经系统内存在各种不同的突触联系方式和互相影响，而表现出兴奋过程可以扩散、集中和后作用等特征。

（1）单向传导 在中枢神经系统中，神经冲动只能沿着特定的方向和途径传播，即感受器兴奋而产生的神经冲动只能通过传入神经传到中枢，中枢通过传出神经将神经冲动传到效应器，这种现象称为单向传递。

（2）中枢延搁　完成任何反射都需要一定的时间。从刺激作用于感受器起到效应器发生反应所经历的时间叫做反射时。其中兴奋通过突触时所经历的时间较长，即所谓的突触延搁。兴奋在中枢内通过突触所发生的传导速度明显减慢的现象叫做兴奋传导的中枢延搁。

（3）总和　中枢兴奋在突触传递过程中，一次神经冲动引起突触小泡释放的介质不多，只能引起突触后膜的局部去极化，产生兴奋性的突触后电位。如果同一突触前神经末梢连续接受多个神经冲动，或多个突触前神经末梢同时传来一排冲动，则突触后神经元可将所产生的突触后电位总和起来。前者称为时间总和，后者称为空间总和，二者都称为中枢内兴奋的总和。

（4）扩散和集中　从机体不同部位传入中枢的神经冲动，常常在最后集中传递到中枢比较局限的部位，这种现象称为中枢兴奋的集中。例如，食物对视觉、听觉、味觉、口腔触觉等各感受器所引起的刺激传进中枢后，集中传递到延髓的唾液分泌中枢，引起唾液分泌，这就是中枢兴奋集中的表现。如果传入中枢的神经冲动，不局限于中枢的某一局部，而是使兴奋在中枢内由近及远的广泛传播，这种现象称为中枢兴奋的扩散。例如，局部皮肤受到强烈刺激后所产生的兴奋传到中枢后，在中枢内广泛地传播到各处，引起机体的许多骨骼肌发生防御性收缩反应，甚至心血管系统、消化系统、呼吸系统、排泄系统等的活动都发生改变，这就是中枢兴奋扩散的表现。

（5）后作用　在一个反射活动中，当刺激停止后，中枢兴奋并不立即消失，传出神经仍可在一定时间内连续发放神经冲动，使反射能延续一段时间，这种现象称为中枢兴奋的后作用。

2. 中枢抑制传递的基本特征

抑制是中枢神经系统的另一种活动过程，表现为机体某一反射活动减弱或停止。抑制过程也具有扩散、总和和后作用等特征。中枢抑制可以分为突触后抑制和突触前抑制。突触后抑制是突触后神经元活动的抑制，它在中枢内普遍存在。突触前抑制是发生在突触前神经末梢的抑制，它在中枢内也是广泛存在，多见于感觉传入途径中，对调节感觉传入活动有重要意义。

第四节　神经系统的感觉功能

感觉是神经系统反映机体内部和外界环境变化的特殊生理功能。神经系统的感觉功能是通过感受器、传入系统和大脑皮质的联合活动而产生的。感受器受到刺激时可将刺激转化为神经冲动，由传入神经将神经冲动传到中枢神经，然后沿着一定的传导通路向前传导，通过多次神经元的交换，最后到达大脑皮质特定部位，产生相应的感觉。如果动物丧失了感觉机能，任何刺激也就不可能产生反射活动，动物也就无法适应外界环境的变化。

一、感受器

动物机体有各种感受器，如视感受器、听感受器、皮肤感受器、肌肉感受器等。它们的结构有的简单、有的复杂，但它们的功能都一样，那就是都能够接受外界事物和机体内环境中的各种各样刺激，然后将各种刺激的能量转换为神经冲动沿传入神经传向中枢。经过中枢神经系统的分析和综合，从而形成各种各样的感觉。

根据位置与刺激来源的不同，可以将感受器分为四类。

① 外感受器　分布于皮肤、鼻、舌、眼和耳等体表，接受外环境的各种刺激，如触、痛、温、光、声、味等。

② 距离感受器　分布于眼、耳、鼻等器官，能感受距离身体较远的外部环境变化的信息。

③ 本体感受器　分布于肌肉、肌腱、关节和内耳等部位，能感受空间运动和位置变更

的信息。

④ 内感受器　分布在内脏和血管等部位，能感受来自内脏和血管的刺激，如压力、化学、温度、渗透压等。

二、传入系统

感受器受到机体内外环境的刺激后所产生的神经冲动，除通过脑神经传入中枢神经系统以外，大部分经过脊神经背根进入脊髓，沿着特异性传入系统或非特异性传入系统等两种不同的传导通路在中枢神经系统内传递，最后都传到大脑皮质，产生不同的感觉。特异性传导系统与非特异性传导系统两者互相影响，互相依存。

1. 特异性传入系统

连接各种感受器的传入纤维，到达中枢神经系统后，均沿着专一特定的传入通路，穿过脊髓和脑干，到达丘脑一定部位（除嗅觉外），并在丘脑交换神经元后，再由丘脑的神经元发出纤维投射到大脑皮质的特定区域。这条具有程度很高的点对点投射关系，每一种感觉的投射系统都是专一的传入通路叫做特异性传入系统。

特异性传入系统的功能是传递精确的信息到大脑皮质引起特定的感觉，如皮肤感觉（痛觉、温度觉、触觉等）、本体感觉、视觉、听觉、嗅觉和味觉等，并能激发大脑皮质发出神经冲动。

2. 非特异性传入系统

连接各种感受器的传入纤维，到达脑干时发出侧支与脑干网状结构内的神经元发生突触联系，然后抵达丘脑，从丘脑再发出纤维弥散性地投射于大脑皮质。这条投射没有特异性，供各种不同感觉的共同上传的传入通路叫做非特异性传入系统。

非特异性传入系统是各种不同感觉的共同上行通路，由于在脑干网状结构中经过错综复杂的更换神经元，所以失去了专一的感觉性质及定位特征，不能产生特定感觉。非特异性传入系统的功能是维持和改变大脑皮质的兴奋状态，使动物机体处于觉醒状态；调节皮质各感觉区的兴奋性，使各种特异性感觉的敏感度提高或降低。

三、大脑皮质的感觉功能

大脑皮质是神经系统感觉分析功能的最高级部位，其神经细胞能对机体各种感受器所传来的神经冲动，进行精细的分析和综合。大脑皮质的不同区域在功能上有不同的分工，不同性质的感觉在大脑皮质都有不同的代表区域。

大脑皮质内存在的感觉区主要有躯体感觉区、视觉感觉区、听觉感觉区、嗅觉感觉区、内脏感觉区等。躯体感觉区分布在大脑皮质的顶叶，主要接受全身的感觉神经冲动；视觉感觉区在大脑皮质的枕叶，主要接受视感受器（视网膜）传来的神经冲动，产生视觉；听觉感觉区在大脑皮质的颞叶，受刺激时产生声音的感觉；内脏感觉区在边缘叶的内侧面和杏仁核；嗅觉感觉区在边缘叶和杏仁核等。大脑皮质的不同感觉区虽然有功能上的差别，但这种差别不是绝对的，也不意味着各感觉区之间互相孤立，它们之间是相互联系、相互影响的。

第五节　神经系统对躯体运动的调节

任何躯体运动，无论是简单的，还是复杂的，都是以骨骼肌活动为基础。而骨骼肌在运动过程中进行的收缩和舒张活动以及不同肌群之间的互相协调和配合都必须在神经系统的控制和调节下进行。脊髓内含有骨骼肌反射的低级中枢如牵张反射中枢等，能完成简单的躯体反射。

一、肌紧张和骨骼肌的牵张反射

当骨骼肌受到牵拉而伸长时，肌腱内感受器受到刺激而兴奋，产生的神经冲动沿传入神经传进脊髓中枢后，再沿传出神经传到效应器，引起被牵拉的骨骼肌发生反射性收缩，这种反射叫做牵张反射。牵张反射是实现骨骼肌运动的最基本的反射。其反射弧中的感受器和效应器都存在于同一条骨骼肌中，如果反射弧被破坏，可导致有关肌肉紧张性的消失。例如，脊髓机能受到损伤，将会因有关部位肌肉的紧张性消失而出现瘫痪。此外，麻醉也可以使肌紧张减弱或消失。

牵张反射的生理意义在于它能维持骨骼肌的肌紧张。肌紧张是指缓慢而持续牵拉肌腱时发生的牵张反射。它表现为受牵拉的骨骼肌经常处于一种持续、轻度的收缩状态，使肌肉保持一定的张力，阻止被拉长。肌紧张是维持躯体姿势最基本的反射活动，是姿势反射的基础。在正常情况下，肌紧张只是抵抗肌肉的拉长，并且在这过程中同一肌肉只有少数肌纤维轮换地进行微弱的收缩，所以肌紧张不产生明显动作。动物机体的一些复杂肌肉运动，如站立、行走、跳跃等都是在肌紧张的基础上完成的。

二、脑干对牵张反射的调节和姿势反射

脑干的脑神经可以直接与头部和胸腹腔脏器的感受器和效应器发生联系，并有神经纤维与中枢各部保持密切联系，大脑和小脑与脊髓之间的下行和上行纤维都要通过脑干。

脑干中央部分的广大区域为网状结构，它是由散在分布的神经元群和纵横交错的神经纤维共同构成的神经网络结构。网状结构中的神经元和其他神经元有着广泛的突触联系，它既有可以接受来自各感觉系统的传入纤维，也可以发出神经纤维向前构成上行传导通路，到达脑干其他部分和大脑；向后构成下行传导通路到达脊髓，控制骨骼肌的运动。

脑干网状结构存在有易化区和抑制区，对骨骼肌的调节具有易化和抑制两种作用。易化区兴奋时，可以使脊髓运动神经元活动加强，因而使骨骼肌牵张反射活动增加，骨骼肌肌紧张也增加。抑制区兴奋时，可以使脊髓运动神经元活动减弱，因而使骨骼肌牵张反射活动减弱，进而骨骼肌肌紧张也就减弱。在正常情况下，脑干网状结构易化区和抑制区的活动互相颉颃取得平衡，肌紧张才能得到正常维持。全身各骨骼肌的肌紧张不同而又互相配合，才能使动物保持正常的姿势。当部分骨骼肌的肌紧张强度发生变化时，姿势也将随着改变。如果由于某种原因，使抑制区或易化区的正常活动发生障碍时，都将导致肌紧张降低或亢进（如痉挛）。

如果在动物中脑上、下丘之间水平切断脑干，切断后立即出现全身肌紧张明显增加，表现为四肢伸直、头尾昂起，脊柱挺、硬的伸肌过度紧张的状态，这种现象称为去大脑僵直。可见，维持肌紧张的基本中枢在脊髓，但它又受高位脑中枢的调节。

三、高位中枢对躯体运动的调节

1. 小脑对躯体运动的调节

小脑通过脑干与大脑皮质和脊髓有许多神经联系。小脑是中枢神经系统的高级部位，是躯体运动的重要调节中枢。在运动时，大脑皮质发向肌肉的运动信息和执行运动时来自肌肉的信息都可传入小脑，使小脑能经常对这两种信息进行比较，然后向大脑皮质和网状结构发出神经冲动，以调整和纠正有关肌肉的运动。小脑的主要机能就是调节和校正肌肉的紧张度，以维持姿势和平衡，使随意运动准确、协调。当小脑受到损伤时，可出现肌肉紧张性降低、肌肉无力、平衡、失调、站立摇晃、行走不稳、运动不准确、不协调等。

2. 大脑皮质对躯体运动的调节

大脑皮质是中枢神经系统控制和调节骨骼肌活动的高位中枢。大脑皮质对躯体运动的调节功能是通过锥体系统和锥体外系统的活动实现的。锥体系统与锥体外系统互相配合，使机体能进行复杂而精确的随意运动。

（1）锥体系统　大脑皮质的运动区内存在着许多大锥体细胞，由锥体细胞发出的、粗大的下行纤维构成了锥体系统。下行纤维一部分经脑干交叉到对侧，与脊髓的运动神经元相连。锥体系统的主要功能是协调单个骨骼肌完成精细动作。如锥体系统受损坏，随意运动即消失。

（2）锥体外系统　除了大脑皮质运动区外，其他皮质运动区也能引起对侧或同侧躯体某部分的肌肉收缩。这些部分和皮质下神经结构发出的下行纤维，大部分构成了锥体外系统。锥体外系统的主要功能是调节肌紧张，以维持正常姿势和身体平衡以及肌肉群的协同合作；通过几条环路向大脑皮质起反馈作用，对运动的协调、准确等发挥一定作用。若锥体外系统受到损伤，机体虽能产生运动，但动作不协调、不准确。

第六节　神经系统对内脏活动的调节

神经系统通过植物性神经系统调节机体内脏器官的活动。植物性神经系统包括传入神经、中枢和传出神经三部分。习惯上，植物性神经是指支配内脏器官的传出神经，可分为交感神经和副交感神经，分布于全身的平滑肌、心肌和腺体。内脏的传入神经大多数都伴随传出神经共同组成内脏神经。植物性神经系统的中枢分散在脑和脊髓内（图 13-5）。

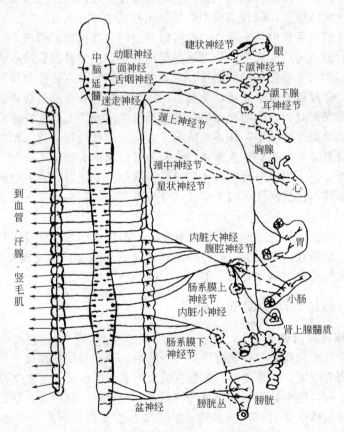

图 13-5　植物性神经系统的分布模式图

实线表示节前纤维；虚线表示节后纤维

一、植物系神经的功能

植物性神经主要调节机体的营养、呼吸、循环、分泌、排泄、生长和生殖等各种生理机能活动。同一内脏器官一般受交感神经和副交感神经的双重支配，这种调节作用是相反的，又是互相协调统一的。

1. 交感神经的功能

交感神经的活动一般比较广泛，常以整个系统来参与反应。它的主要功能是动员机体贮备能量来应付环境的急骤的变化。例如，动物在剧烈运动、窒息、大量失血或严寒等情况下，可以引起交感神经活动增强，因而机体出现心搏加强加快，皮肤和内脏血管收缩，血压上升，血液循环加快，骨骼肌血流量增加，支气管扩张，肺通气量增大，瞳孔扩大，肾上腺素分泌增加，肝糖原分解加快，血糖升高，消化和泌尿机能相对减弱等一系列生理活动变化。由此可见，交感神经系统具有动员机体许多器官的潜在力量，提高适应能力来应付环境的紧急变化，保持内环境相对恒定的功能。

2. 副交感神经的功能

副交感神经的活动比较局限。它的主要功能是促进机体的消化和同化作用，积累能量和促进排泄，提高生殖系统功能。例如，动物机体在相对安静状态时，副交感神经的活动相对增强，可以引起胃肠道活动、消化吸收机能增强，心搏减慢减弱，血流减慢，肺通气量下降，排尿机能加强等一系列生理活动变化。这些生理活动变化有利于营养物质的同化，增加能量物质在体内的积累，提高机体的储备力量。

二、植物性神经末梢兴奋的传递

植物性神经末梢的兴奋传递与躯体运动神经末梢兴奋传递一样，都是通过神经末梢释放某些化学介质来实现的。植物性神经中枢发出的神经冲动，沿植物性神经节前纤维传到神经节，在神经节内节前纤维末梢释放化学介质使节后神经元兴奋，然后再沿节后纤维发出神经冲动传到末梢，又释放化学介质引起效应器兴奋或抑制。

植物性神经的全部节前纤维末梢和副交感神经的全部节后纤维末梢及支配汗腺的交感神经节后纤维末梢释放的化学介质都是乙酰胆碱。大多数交感神经节后纤维末梢释放的化学介质是去甲肾上腺素。

植物性神经纤维末梢释放的化学介质必须先与效应器细胞膜上的受体结合，才能使效应器细胞产生一系列变化，引起兴奋或抑制效应。如果受体事先被某种药物结合而阻止介质与受体结合，介质就不能发挥作用。这种导致介质不能发挥作用的药物叫做受体阻断剂。

在正常情况下，神经末梢释放的介质作用于受体后，很快地被各自相应的酶破坏而失去作用，以保证信号传递的准确性。如胆碱能神经纤维末梢释放的乙酰胆碱，在几毫秒内被组织中的胆碱酯酶破坏而失去作用。肾上腺素能纤维末梢释放的去甲肾上腺素大部分被重新吸收，少部分被组织中的单胺氧化酶和其他酶所破坏而失去作用。

三、植物性神经功能的中枢性调节

1. 脊髓

交感神经和部分副交感神经起源于脊髓灰质外侧角，因此脊髓是植物性反射的基本中枢。常见的反射中枢有排粪反射中枢、排尿反射中枢、勃起反射中枢、血管运动反射中枢、出汗与竖毛反射中枢等。但这些中枢的调节机能是初级的，只能完成局部的节段性反射活动，这些中枢要受到高级中枢的经常性调节。

2. 低位脑干

习惯上，把中脑、脑桥及延髓合称为低位脑干。从脑干发出的副交感神经支配头部的腺体、心脏、支气管、喉、食管、胰腺、肝、胃肠道等。在延髓中还有许多重要的、调节内脏活动的基本中枢，如心血管运动中枢、呼吸中枢、呕吐中枢和吞咽中枢等，它们可以完成比较复杂的内脏反射活动。延髓一旦受到损伤，可以导致各种生理活动的失调，严重时可以引起呼吸和心搏停止。因此，延髓被称为"生命中枢"所在地。

3. 下丘脑

下丘脑有调节内脏活动较高级的神经中枢，它能通过由脑干脊髓发出的植物性神经影响各组织器官活动，还能通过作用于脑垂体等内分泌腺分泌的激素间接影响内脏活动。也就是，下丘脑可以把植物性功能、躯体运动和内分泌活动联系起来，完成许多复杂的生理过程的控制和调节，如调节体温、水代谢、摄食行为和内分泌腺活动等。

4. 大脑的边缘系统

大脑半球内侧面皮质与脑干连接部和胼胝体旁的环周结构称边缘叶，边缘叶和与它相关的某些皮质下神经核合称为大脑边缘系统。它是调节内脏活动的十分重要的高级中枢，能调节许多低级中枢的活动。刺激或损坏边缘系统的不同部位，可以引起血压升高或降低、心率加快或减慢、胃肠运动加强或减弱、内分泌增多或减少等多种内脏机能的复杂变化。

第七节　高级神经中枢

一、条件反射及其形成原理

1. 条件反射与非条件反射

反射是指机体受到内外环境的刺激，通过神经系统的活动而发生的反应。中枢神经系统的基本活动形式是反射。反射可以分为非条件反射和条件反射两大类。

（1）非条件反射　非条件反射是指通过遗传而获得的，动物生下来就具有的反射。例如，饲料进入动物口腔而引起的唾液分泌反射，机械刺激角膜而引起的眨眼反射以及排粪反射、排尿反射等都属于非条件反射。非条件反射有固定的反射路径，而且反射路径不容易受外界环境影响而发生改变。动物只要感受到一定强度的相应刺激，就会有规律地出现特定反射，反射中枢大多数在皮质下。非条件反射的数量有限，只能保证动物的各种基本生命活动的正常进行，很难适应复杂的环境变化。

（2）条件反射　动物出生后，在生活过程中通过接触环境、加以训练等而不断形成的新的反射叫做条件反射。条件反射没有固定的反射路径，容易受到环境因素的影响而发生改变或消失。条件反射数量很多，不同的个体可以有不同的条件反射。条件反射的建立，需要一定条件，有一定过程，而且需要有大脑皮质参与，是比较复杂的神经活动。因此，一般又把条件反射叫做高级神经活动。

条件反射又可以分为自然条件反射和人工条件反射。自然条件反射是指在生活过程中自然形成的条件反射。例如，动物在生活过程中，饲料的形状与气味等永远伴随着饲料出现，动物通过眼、鼻等感觉器官反映到大脑皮质，当动物看到饲料、嗅到饲料的气味、看到熟悉的饲养人员或食具，或者到了喂食的时间等，即使没有饲料进入口腔，也能引起类似饲料进入口腔的消化活动，如唾液分泌、胃液分泌以及胃肠运动等反射活动。这些在生活过程中自然形成的条件反射叫做自然条件反射。此外，通过人为的方法，例如用口哨、鞭子、口令、手势等刺激，加以调教和训练，形成的条件反射叫做人工条件反射。

（3）条件反射与非条件反射的区别　非条件反射是先天遗传的，同种动物共有；由非条件刺激引起，数量有限，适应性差；有固定的反射弧，恒定；在大脑皮质以下各级中枢就能完成。

条件反射是后天获得的，在一定条件下形成，有个体差异；由条件刺激引起，数量无限，适应性强；无固定反射弧，易变，不强化就消退；必须经过大脑皮质才能完成。

2. 条件反射的形成

（1）条件反射的形成　条件反射可以在生活过程中自然形成，亦可以通过人工训练形成。例如狗吃食物会引起唾液分泌，这是非条件反射。食物是引起非条件反射的刺激物，叫做非条件刺激。如果在给狗吃食物之前，先给予铃声刺激，然后再给以食物，这样的铃声与食物结合多次后，每当铃声一出现，也会引起唾液分泌。铃声本来是无关刺激，但由于多次与食物结合应用，铃声变成了进食的信号，成了信号刺激。由信号刺激引起的反射活动属于条件反射。可见，形成条件反射的基本条件是无关刺激与非条件刺激在时间上的结合。无关刺激通过与非条件刺激的结合过程称为强化。

（2）影响条件反射形成的因素

① 在刺激方面　条件刺激与非条件刺激多次反复紧密地结合；条件刺激必须在非条件刺激之前单独作用数秒；刺激的强度要适宜；已建立起来的条件反射必须用非条件刺激去强化巩固，否则条件反射会逐渐消退；剧烈的气候变化也可以打乱动物原有的条件反射活动。

② 在机体方面　动物必须是健康的；大脑皮质是清醒的，有病或昏睡状态的动物不容易形成条件反射；避免其他刺激对动物的干扰。

3. 条件反射形成的原理

任何反射活动都是由感受器、传入神经、中枢、传出神经、效应器等五部分组成的反射弧来完成的。条件反射也不例外。非条件反射的反射弧是动物生来就已存在的。条件反射是建立在非条件反射的基础上，在一定生活条件下形成的。曾经认为，条件反射是条件刺激在大脑皮质的兴奋灶与非条件刺激在大脑皮质的兴奋灶之间，由于多次结合而建立了暂时联系的结果。以哨子声形成唾液分泌的条件反射为例，哨子声的刺激经听觉传导通路到达大脑皮质，引起大脑皮质听觉区一定神经元兴奋，形成一个较弱的兴奋灶。与此同时，食物刺激口腔黏膜，可以沿着味觉传导通路到达大脑皮质，引起大脑皮质味觉区一定神经元兴奋，形成一个较强兴奋灶。经过哨子声（条件刺激）和食物（非条件刺激）反复多次结合及大脑皮质的分析综合活动后，这两个原来没有任何联系的兴奋灶之间形成暂时的功能上的联系。因此，哨声一响，就引起唾液分泌反应。现在认为，条件反射建立过程中的暂时联系不是简单地发生在大脑皮质两个兴奋灶之间，而是与脑内各级中枢的活动都有关系。

4. 条件反射的生理意义

条件反射的建立意味着机体不仅能对某一具体刺激做出反应，而且也能对预示这一刺激即将出现的信号做出反应。即在条件反射形成后，动物能在非条件刺激出现之前，从周围环境中找出有信号意义的刺激，并对它做出适当反应，例如，在很远地方能辨别食物，主动寻找，或在伤害性刺激未作用于机体之前就主动躲避等。可见，条件反射能扩大动物对外界刺激做出反应的范围，提高机体行为的预见性，使动物能更好地适应复杂变化着的生存环境。

运用条件反射形成的原理，在生产实践中可以利用各种方法使动物形成如日常行为、固定饲养、定点排粪排尿等各种各样的条件反射，可以提高动物的生产能力和工作效率。

二、高级神经活动的类型

在同种动物中，不同的个体对条件反射的形成存在着很大的差异。在相同的条件下，一些个体可以十分精确地对相近似的刺激进行区分，而另一些个体则不能。一些个体可以很快地把引起兴奋的阳性反射改造成为引起抑制的阴性反射或者相反，而另一些个体却非常难于实现。在日常生活中，个体的表现也是十分不同的，有的活泼，有的安静，有的胆大，有的胆小。造成这些个体表现不同的原因虽然是多方面的，但主要与动物的高级神经活动类型有关。

著名生理学家巴甫洛夫在进行经典性条件反射实验中，依据神经系统的兴奋过程与抑制过程的某种特性，提出了神经系统活动具有三种基本特性，即神经过程的强度、平衡性和灵活性。

神经过程的强度是指大脑皮质神经细胞在兴奋和抑制中活动能力的范围和大小。在一定限度内，神经系统发生的兴奋过程是与刺激的强度相适应，即强刺激引起强兴奋，弱刺激引起弱兴奋。

平衡性是指神经系统的兴奋与抑制两种神经过程的强度对比是否平衡。如果兴奋和抑制的两个过程中的一个特别强，而另一个相对较弱，说明不平衡。神经过程不平衡的动物表现为兴奋过程相对占优势，抑制过程较弱。

灵活性是指神经系统的兴奋与抑制过程两者相互转换的速度。如果两种神经过程转换迅速，表明神经过程的灵活性大，如果转换缓慢甚至困难，则表明灵活性小。

根据神经过程的三种基本特性，可以把动物分为四种神经型。

(1) 强而不均衡型（兴奋型） 这种类型的特点是兴奋过程和抑制过程都强，但两个过程不均衡，兴奋过程略强于抑制过程。动物表现为兴奋性高、充满活力、奔放不羁，并能根据外界刺激调整自身的活动，对恶劣环境刺激有较高的抵抗能力，故又称为兴奋型。在条件反射方面，形成阳性条件反射比较容易，形成阴性条件反射则比较困难。

(2) 强而均衡活泼型（活泼型） 这种类型的特点是兴奋过程与抑制过程都比较强，而且两者均衡并容易转化，同时灵活性也很好。动物表现为活泼，对于一切刺激反应很快，动作迅速敏捷，能适应变化的外界环境，故又称为活泼型。在条件反射活动方面，不论是阳性或阴性的条件反射都容易形成。

(3) 强而均衡安静型（安静型） 这种类型的特点是兴奋过程和抑制过程都较强，而且两者均衡，但两者转化较困难。动物具有较强的忍受性，但灵活性不好，行动特征与活泼型完全相反，表现为安静、沉着、反应较为迟缓，不太容易适应迅速变化的环境，故又称为安静型。在条件反射活动方面，不论是阳性或阴性的条件反射形成的都比较慢，但形成后却很巩固。

(4) 弱型 这种类型的特点是兴奋和抑制过程都很弱，过强的刺激容易引起疲劳，甚至引起神经衰弱。动物表现为胆小畏缩、反应速度缓慢，难以适应迅速变化的环境，故又称为抑制型。在条件反射活动方面，不论是阳性或阴性的条件反射都不容易形成。

【复习思考题】

1. 神经纤维兴奋传导有哪些特征？
2. 什么是突触？突触传递的特性有哪些？
3. 什么是特异性传入系统和非特异性传入系统？它们的作用有什么不同？
4. 什么是牵张反射？它有何生理作用？
5. 简述交感神经与副交感神经的机能。
6. 条件反射是如何形成的？有何实践意义？

【岗位技能实训】

项目一 犬条件反射的建立

【目的要求】 通过对犬的训练，掌握条件反射建立的基本方法。

【实训材料】　犬1只，犬食物适量、哨子1只、项圈1个、2m长的绳子一根。

【方法步骤】　利用哨声、寻找物品并口衔回与食物的多次结合，训练犬听到哨声就懂得将相关物品找回的条件反射。

【技能考核】　每小组完成一份实训报告。根据训练结果进行考核。

项目二　犬神经类型的初步识别

【目的要求】　通过观察犬对各种刺激的反应，学会区分犬的神经类型。

【实训材料】　不同类型的犬各1只，玩具手摇机枪4支或小鞭炮若干、步表4只、项圈4个、2米长的绳子4根。

【方法步骤】

1. 判定犬兴奋过程强度的方法

（1）利用响声刺激判定兴奋过程的强度　方法是：当犬吃食的时候，犬的主人以急响器或鞭炮等由远及近地在食物盆旁发出响声，观察犬对这一声音刺激的反应。如果犬表现对此音响无反应而继续吃食；听到响声就停止吃食但不离开食盆，仅表示探求反应后又继续吃食；在最初听到响声而离开食盆，然后又走近食盆照常吃食并不再对音响发生反应。说明这些犬的兴奋过程是强的和比较强的。如果犬被这种声音刺激所抑制而不再吃食，说明犬的兴奋过程比较弱。

（2）利用步表判定犬的兴奋过程的强度　方法是：把步表挂在犬的颈上，并将犬用长约66cm的铁链（绳子）拴在某一固定的物体上，然后，让犬的主人持食物，在距离犬230～260cm的地方反复唤犬的名字，并让犬看到食物（犬必须是饥饿的）。约2min后，检查步表上所记录下来的犬运动的次数。步表上所记录的次数越多，说明犬兴奋过程强度越强，应属于运动兴奋性高的类型。如没有步表，则可以用心记。

（3）利用威胁音调口令刺激判定犬的兴奋过程的强度　兴奋过程强的犬，不会被犬声的口令所抑制；而兴奋过程弱的犬，却表现为极度的抑制甚至停止活动。兴奋过程强的犬，在同一刺激频繁作用下，以及在鉴别、追踪等较为复杂困难的训练课目中，不容易产生超限抑制；反之，兴奋过程弱的犬，就常常不易负担。

2. 判定犬抑制过程强度的方法

判定犬抑制过程的强度，可以在训练某些具有抑制性质的科目中看出。例如，鉴别、追踪［分化抑制或使犬坐着不动（延缓抑制）进行判定］具有强抑制过程的犬，能够很快地而且比较准确地完成上述科目。但是，抑制过程弱的犬完成上述科目就比较慢，而且抑制过程易被解除。

3. 判定犬神经过程灵活性的方法

在训练中，有的犬表现能很迅速地从一种神经过程转变为相反的神经过程。例如，灵活性的犬，当训练员发出"非"的（抑制性）口令以后，立即又发出"来"的（兴奋性）口令，犬能很快地从抑制状态中解脱出来，并迅速地靠近训练员。但是，灵活性差的犬却在一个较长的时间内始终处于抑制状态，不能立即按照另一口令做出动作。

灵活性好的犬，也表现在能很容易习惯于从某一生活环境转移到另一新的环境。对于更新主人也表现能很快的熟悉。这种犬在消退某些不良联系时也很快。灵活性不好的犬则与此相反。

【技能考核】　每小组完成一份实训报告。根据判定实施过程进行考核。

第十四章 内 分 泌

【学习目标】

1. 了解激素的定义、分类及一般机能，掌握激素作用的原理。
2. 掌握脑垂体分泌激素的生理作用。
3. 掌握甲状腺和甲状旁腺激素的生理作用。
4. 掌握肾上腺皮质激素、髓质激素的生理作用。
5. 掌握雄性激素、雌激素、孕激素的生理作用，了解性腺活动的调节机能。
6. 掌握胰岛素和胰高血糖素的生理作用，了解松果腺激素、前列腺素的生理作用。

【技能目标】

能够识别常用的激素。能够正确使用常用的激素。

第一节 概 述

内分泌系统由独立的内分泌腺和散布在其他器官中的内分泌细胞组成。主要的内分泌腺包括甲状腺、甲状旁腺、肾上腺、垂体、胰岛和性腺等。内分泌腺的结构特点是没有导管，也称无管腺。内分泌腺具有丰富的淋巴管及血管，腺细胞排列成索状、网状、泡状或团块状。内分泌腺的分泌物为化学物质。

一、激素的定义和性质

1. 激素的定义

由内分泌腺或散在的内分泌细胞所分泌的高效能的生物活性物质称为激素。激素经过细胞分泌后通过血液循环、局部弥散或者细胞间的传递运到全身各部位，作用于受体，促进或抑制生理反应，来调节细胞和组织的生理活动。通常把激素作用的细胞、组织或器官称为靶细胞、靶组织或靶器官。

2. 激素的分类

按化学性质不同，可将激素分为两大类：一类是多肽类激素，如脑垂体、甲状腺、甲状旁腺、胰岛和肾上腺髓质的分泌物。这类激素容易被胃肠道的消化酶分解破坏，因此不宜口服宜注射；另一类是类固醇激素，如肾上腺皮质和性腺所分泌的激素，可以口服。目前，许多激素已经能够提纯或人工合成，并广泛应用于宠物生产和临床治疗工作中。

二、激素的一般机能

1. 激素的一般机能

激素是一种高效能的生物活性物质，其主要的生理作用是：通过调节蛋白质、糖和脂肪等物质的代谢与水盐代谢，维持代谢的平衡，为生理活动提供能量；促进细胞的分裂与分化，促进各组织、器官的正常生长、发育及成熟，并影响衰老过程；影响神经系统的发育及其活动；促进生殖器官的发育与成熟，调节生殖过程；与神经系统密切配合，使机体能够更好地适应环境变化。如胰岛素调节能量代谢；生长激素能促进骨、软骨、肌肉和肝、肾等组织细胞的分裂增殖；垂体和性腺分泌的激素能完善机体繁殖机能等。

2. 激素的作用特点

① 激素是生理及代谢调节物质，不参加具体的代谢过程，只对特定的代谢和生理过程起调节作用，使靶器官、靶组织或靶细胞的功能加强或减弱及改变物质代谢反应的强度和速度，从而使机体的活动更能适应于内外环境的变化。

② 激素是一种高效能的生物活性物质，在体内含量均极微，为纳克（十亿分之一克）水平，但其调节作用均极明显。如 $0.1\mu g$ 的肾上腺素就能使血压升高。

③ 各种激素的作用都有一定的特异性，即某一种激素只能对特定的细胞或器官产生调节作用，但一般没有种间的特异性。不同的组织细胞对不同的激素反应不同。

④ 激素分泌的速度和发挥作用的快慢均不一致。如肾上腺素在数秒就能发生效应；胰岛素较慢，需要数小时；甲状腺素则更慢，需要几天。

⑤ 激素在体内通过水解、氧化、还原或结合等代谢而失去活性或被排出体外。

⑥ 各种激素之间是相互联系、相互影响的，有的激素之间存在协同作用，有的激素之间互相颉颃，有的激素又是其他激素起生理效应的必要条件。

三、激素作用的原理

激素在血中的浓度极低，这样微小的数量能够产生非常重要的生理作用，其先决条件是激素能被靶细胞的相关受体识别与结合，再产生一系列生理反应过程。

激素受体是指靶细胞上，能识别并能专一性结合某种激素而引起各种生物效应的功能蛋白质，即激素受体是细胞接受激素信息的结构。

根据激素受体在靶细胞上的位置不同，受体分为细胞膜受体和细胞内受体两类。

1. 含氮激素的作用原理——"第二信使学说"

第二信使学说认为：含氮激素是第一信使，而环磷酸腺苷是第二信使。当含氮激素扩散到相应靶细胞时，与靶细胞膜上相应的专一受体结合，形成激素受体复合物，后者再激活靶细胞膜内的腺苷酸环化酶。邻近细胞质的腺苷酸环化酶，在 Mg^{2+} 存在的条件下，促使靶细胞浆中的三磷酸腺苷分子的高能磷酸键连续断裂，依次降解为二磷酸腺苷、一磷酸腺苷，并使一磷酸腺苷分子由链状转为环状，变为环磷酸腺苷。环磷酸腺苷作为第二信使，使靶细胞内原无活性的蛋白激酶系统转变为有活性的蛋白激酶，进而催化靶细胞固有的、内在的反应，如腺细胞分泌、肌肉细胞收缩与舒张、神经细胞出现电位变化、细胞通透性改变、细胞分裂与分化以及各种酶反应等。

在含氮激素对靶细胞发挥调节的过程中，一系列的连锁反应在依次发生，第一信使的作用在逐级被放大。因此，激素在血液中的浓度虽然很低，但靶细胞最终出现的生理效应却非常显著。

2. 类固醇激素的作用原理——"基因表达（调节）学说"

基因表达（调节）学说认为：类固醇激素是分子量较小的脂溶性物质，可以透过细胞膜进入细胞内，在细胞内与胞浆受体结合，形成激素胞浆受体复合物，这种复合物通过变构后获得了能通过靶细胞核膜的能力，而进入核内，在核内与受体结合，转变为激素-核受体复合物，从而促进了核内的脱氧核糖核酸（DNA）样板转录为信息核糖核酸（mRNA）的过程。信息核糖核酸（mRNA）又透出核膜进入胞浆，诱导或减少新蛋白质或酶的合成，从而引起了相应的生理效应。

3. 允许作用

一些激素对靶细胞无明显的效应，但能使其他激素的效应大为增强，这种作用被称为

"允许作用"。例如肾上腺皮质激素对血管平滑肌无明显的作用，却能增强去甲肾上腺素的升血压作用。

第二节　脑　垂　体

犬的脑垂体较小，呈一个卵圆形小腺体，位于间脑腹侧面和视交叉束的后方，悬挂在下丘脑向下伸出的漏斗的顶端，恰好嵌入颅腔内蝶骨垂体窝中，表面被一层纤维膜包裹。

猫的脑垂体呈一个小的圆锥体，位于视交叉的后方，在蝶骨的蝶鞍内，背部与漏斗相连。漏斗是中空的，贴在灰结节的腹正中，是由第三脑室底部向腹面延伸而形成的，是构成第三脑室顶部的一部分。

脑垂体是动物体内机能最复杂的内分泌腺，可分为腺垂体和神经垂体两大部分。腺垂体包括远侧部、中间部和结节部；神经垂体包括漏斗和神经部。

一、腺垂体激素

腺垂体由许多不同类型的腺细胞组成，能分泌促甲状腺激素、促肾上腺皮质激素、促性腺激素（包括促卵泡激素和促黄体生成素）、促黑色素细胞激素、催乳素和生长激素。

促甲状腺激素能促进甲状腺细胞的增生及其活动，促进甲状腺激素的合成和释放。

促肾上腺皮质激素能促进肾上腺皮质（束状带和网状带）的生长发育，促进糖皮质激素的合成和释放。

促卵泡激素能促进卵巢生长发育，促进排卵，促进雌激素分泌；促进睾丸曲细精管发育，促进精子生成。

促黄体生成素能在促卵泡激素的协同下，促进卵巢分泌雌激素；促使卵泡成熟并排卵；促进排卵后的卵泡形成黄体，分泌孕酮；刺激睾丸间质细胞发育并产生雄激素。

促黑色素细胞激素能促进黑色素的合成，使皮肤和被毛颜色加深。

催乳激素能促进乳腺发育生长并维持泌乳；刺激促黄体生成素受体生成。

生长激素能促进骨、软骨、肌肉以及肾、肝等组织细胞分裂增殖；促进蛋白质合成，减少蛋白质分解；加速脂肪分解、氧化和供能；抑制糖分解利用，升高血糖。

二、神经垂体激素

神经垂体由神经组织构成，不含腺体细胞，不合成激素。所谓的神经垂体激素是由丘脑下部的某些神经核（视上核和室旁核）分泌的，包括抗利尿激素和催产素。分泌后的激素沿神经纤维运送到神经垂体并贮存，然后根据生理需要释放入血液，发挥生理效应。

抗利尿激素能促进肾脏的远曲小管、集合管对水分的重吸收，使尿量减少，有抗利尿作用。抗利尿激素可使除脑、肾之外的全身小动脉强烈收缩而有升高血压的作用，但由于它同样导致冠状动脉收缩，使心肌供血不足，所以不能用作升压药。

催产素（子宫收缩素）能促使肌上皮和导管平滑肌收缩引起排乳；促进妊娠末期子宫收缩，利于分娩，因而常用于催产和产后止血；促进排卵期的子宫收缩，有助于精子向输卵管移动。

第三节　甲状腺和甲状旁腺

一、甲状腺激素

大型犬峡部宽度可达 1cm，中小型犬常无峡部。同属于甲状腺组织的还有副甲状腺（多为小腺体），分布在甲状腺附近的气管表面，每侧有 3～4 个左右，其中正中的一个靠前，接近舌骨。猫的甲状腺的每一侧叶长约 2cm，宽约 0.5cm，而峡部是一个细长的带，宽约 2mm，连接于两个侧叶的尾端而横过气管的腹面。

甲状腺表面有一层薄的致密结缔组织被膜，被膜伸入腺体内将实质分成许多小叶，在小叶中含有大小不一的圆形腺泡。腺泡周围由基膜和少量结缔组织围绕，并有丰富的毛细血管和淋巴管。甲状腺内还有内分泌细胞，称滤泡旁细胞，常单个或成群分布于腺泡之间，能产生降钙素。

甲状腺分泌的甲状腺素，对维持机体的正常代谢、生长和发育有影响。具体作用如下。

（1）调节新陈代谢 甲状腺素能使组织的氧化和代谢增加，产热量增加；促进小肠对葡萄糖和半乳糖的吸收作用，使血糖升高，但大剂量的甲状腺素则促进糖的分解代谢；剂量小的甲状腺激素能促进蛋白质合成，但剂量大则促进蛋白质分解，并能使血浆、肝和肌肉中的游离氨基酸增加，促进脂肪分解和脂肪酸氧化；甲状腺激素含量过多或过少，都会影响维生素代谢从而引起维生素缺乏症。

（2）促进生长发育 甲状腺激素是影响机体正常的生长、发育和成熟的重要因素，可促进细胞分化和组织器官的发育。幼龄动物缺乏甲状腺激素会出现脑发育不全，生长缓慢，性腺发育停止，不会出现副性征等生长发育障碍。

（3）提高神经兴奋性 甲状腺素能使心率加快，心收缩力增强；如果在胚胎期和幼年时期缺乏，则导致大脑生长迟缓。实验证明，切除幼龄动物的甲状腺，可导致生长停滞，体躯矮小，反应迟钝，形成呆小症。

（4）促进生殖器官发育 幼龄动物缺乏甲状腺激素，性腺停止发育；如果成年动物缺乏甲状腺激素，会影响雌犬（猫）发情和妊娠及雄犬（猫）精子的发育。

（5）促进雌犬（猫）泌乳 甲状腺素对泌乳有促进作用，若分泌减少，则会使雌犬（猫）泌乳量下降。

（6）调控系统作用 甲状腺激素能引起心率加快，增强消化腺分泌和消化道运动。

二、甲状旁腺激素

犬的甲状旁腺位于甲状腺的前端或包埋于甲状腺内。猫的甲状旁腺很小，通常有两对，类似球状，位于甲状腺前上方，颜色较甲状腺浅，呈黄色。

甲状旁腺分泌的甲状旁腺素是调节血钙血磷水平的最重要的激素，它与降钙素和维生素 D_3 有着密切的关系，共同调节钙、磷代谢。

甲状旁腺素能促使骨质溶解，将磷酸钙释放到细胞外液，使血钙升高；促进远曲小管重吸收钙，使血钙升高，尿钙减少；抑制近曲小管重吸收磷，使血磷减少，尿磷增加；间接促进小肠对钙的吸收。

降钙素能抑制骨质溶解，减少细胞膜对 Ca^{2+} 的通透性，促进骨中钙盐沉积，增强成骨过程，使血钙、血磷下降；抑制肾小管对钙、磷、钠重吸收，使尿钙、尿磷升高。

第四节 肾 上 腺

犬的两侧肾上腺的形态位置有所不同，右肾上腺略呈菱形，处于右肾内缘前部与后腔静脉之间，左肾上腺较大，呈现不规则的梯形，前宽后窄，背腹扁平，位于左肾前端内侧与腹主动脉之间。

猫的肾上腺位于肾脏前内侧，靠近腹腔动脉基部及腹腔神经节。外部形状为卵圆形，长径约 1cm，重 0.3～0.7g，呈黄色或淡红色，但常被脂肪包埋。

肾上腺的被膜由致密不规则的结缔组织构成，有少量平滑肌纤维。肾上腺实质分为周围的皮质和中央的髓质两部分。皮质部呈黄褐色，髓质部为深褐色。

根据细胞的形态和排列不同，可将皮质部自外向内分为球状带（或弓状带）、束状带和网状带三层。皮质部分泌的激素称为皮质激素，根据激素作用不同，大致可分为三类：一是由球状带细胞分泌的盐皮质激素，二是由束状带细胞分泌的糖皮质激素，三是由网状带细胞分泌的少量性激素。三类皮质激素都属于类固醇激素。

髓质部的细胞呈圆形、多边形、柱形，形成不规则的细胞索，细胞索间为血窦，髓质中央有大的中央静脉。髓质分泌的激素称为髓质激素，共两种：一种是去甲肾上腺素，另一种是肾上腺素。两种激素都属于胺类激素。

一、肾上腺皮质激素

肾上腺皮质激素包括盐皮质激素、糖皮质激素和性激素。

（1）盐皮质激素　以醛固酮为代表，主要参与体内水盐代谢的调节。它可促进肾脏的远曲小管对 Na^+ 的主动重吸收，同时抑制对 K^+ 和 H^+ 的重吸收，可刺激大肠重吸收 Na^+，并降低汗腺和唾液腺对 Na^+ 的分泌。因此，有保钠排钾的作用。Na^+ 被保留后，较多的水分也就被机体保留。

（2）糖皮质激素　主要是氢化可的松，其次有少量皮质酮。它可促进肝糖原合成和糖原异生；限制组织细胞对葡萄糖的摄取，具有升高血糖、对抗胰岛素的作用；可促进组织中蛋白质和脂肪的分解，大量使用可出现生长缓慢、机体消瘦、皮肤变薄、骨质疏松、创伤愈合迟缓等现象；具有抗过敏、抗炎症、抗毒素的作用，对炎症的发生和发展有抑制作用；参与机体的应激反应，增强机体对外部不良环境的适应能力；对骨骼肌、心血管和神经系统等器官组织有调节作用，增强骨骼肌收缩力，提高胃肠细胞对迷走神经和胃泌素的反应性。

（3）性激素　包括雄性激素和雌性激素。正常情况下，肾上腺皮质分泌的性激素很少，不会对机体产生影响；但分泌量过多时会因性别年龄不同而引起机体的异常改变。

二、肾上腺髓质激素

肾上腺髓质激素包括肾上腺素和去甲肾上腺素两种，它们对心血管、平滑肌、神经系统和血糖代谢有着基本相同的作用。

（1）对心血管的作用　肾上腺素和去甲肾上腺素都能使心跳加快、血管收缩和血压上升。由于肾上腺素有较好的强心作用，所以常用作急救药物。去甲肾上腺素可使小动脉收缩，增加外周阻力，使血压升高，也是重要的升压药。

（2）对平滑肌的作用　肾上腺素能使气管和消化道平滑肌舒张，使瞳孔扩大，皮肤竖毛肌收缩。去甲肾上腺素也有相同作用，但作用较弱。

（3）对神经系统的作用　肾上腺素和去甲肾上腺素都能提高中枢神经系统的兴奋性，使机体处于警觉状态。

（4）对血糖代谢的作用　肾上腺素和去甲肾上腺素都能促进肝和肌肉组织中糖原分解为葡萄糖，使血糖升高，并能促进脂肪分解。

第五节　性　　腺

性腺是雄性的睾丸和雌性的卵巢的统称。睾丸和卵巢分布有分泌性激素的内分泌细胞。性激素主要指由睾丸和卵巢内分泌细胞分泌的激素。不论雄性还是雌性，身体中都拥有雄激素和雌激素，但雄性动物体中以雄激素为主，雌性动物体中以雌激素为主。

一、睾丸激素

睾丸的内分泌细胞为睾丸间质细胞，分泌的激素为雄激素（主要是睾酮）。

雄激素的主要功能是：①促进雄性生殖器官（如前列腺、精囊腺、尿道球腺、输精管、睾丸、阴茎和阴囊等）的生长发育，并维持其成熟状态；②刺激雄犬（猫）产生性欲和性行为；③促进精子的发育成熟，并延长在附睾内精子的贮存时间；④促进雄犬（猫）特征的出现，并维持其正常状态；⑤促进蛋白质的合成，使肌肉和骨骼发达，并使体内贮存脂肪减少；⑥促进雄犬（猫）皮脂腺的分泌。

二、卵巢激素

卵巢的内分泌细胞为卵泡内膜细胞和黄体细胞。当卵泡生长时，周围的结缔组织也在变化，形成卵泡膜包围着卵泡。卵泡膜分为内、外两层。内膜富含毛细血管，膜上的细胞多，能分泌出雌激素；排卵后的卵泡壁的卵泡细胞和卵泡内膜细胞，在黄体生成素的作用下，演变为黄体细胞，黄体细胞分泌孕激素（主要是孕酮）。卵巢分泌的各种激素功能如下。

(1) 雌激素　一般指由卵巢内卵泡细胞的内膜细胞分泌的激素，其中作用最强的是雌二醇。其主要生理功能是：①促进雌性器官（如卵巢、输卵管、子宫等）的发育和副性征的出现；②促使子宫内膜增殖变厚、腺体和血管增生，并提高子宫肌肉对催产素的敏感性；③促进阴道上皮的增生和角化，增强抵抗力，并能刺激输卵管的运动；④促进乳腺导管系统的生长；⑤刺激雌犬（猫）发生性欲和性兴奋，促使其发情。

(2) 孕激素　由排卵后的卵泡形成的妊娠黄体细胞所分泌，又称孕酮。其主要生理功能是：①在雌激素作用的基础上，进一步促进排卵后子宫内膜的增厚（血管和腺体增生），腺体分泌子宫乳，为受精卵在子宫附植和发育做准备，妊娠开始后使子宫内膜增厚形成蜕膜；②抑制子宫平滑肌的自然活动和对催产素的反应，以减少子宫收缩，为胚胎创造安静环境，具有"安宫保胎"作用；③在雌激素作用的基础上，进一步刺激乳腺腺泡的生长，使乳腺发育完全；④在雌激素作用的基础上，促使阴道分泌黏液；⑤刺激雌犬（猫）产生母性行为。

(3) 松弛素　由妊娠末期的黄体分泌，分娩时大量出现，分娩后随即消失。其主要生理功能是松弛荐髂关节、骨盆缝，加宽硬产道；扩张子宫颈，放松软产道；促使乳腺生长。

三、性腺活动的调节

1. 睾丸活动的调节

睾丸的活动受丘脑下部-腺垂体系统的调节。来自外界环境的刺激，通过大脑皮质，使丘脑下部释放促性腺激素释放激素并作用于腺垂体。使其分泌促卵泡激素和促黄体生成激素等促性腺激素。促性腺激素随血液循环作用于睾丸，促使精子成熟和分泌雄激素。当血液中的雄激素过多时，可通过负反馈作用，抑制腺垂体促性腺激素的分泌，从而调节睾丸的正常活动，维持血液中雄激素水平的相对稳定。

2. 卵巢活动的调节

卵巢的内分泌活动也是受丘脑下部-腺垂体系统的调节。来自内外环境的刺激，通过中枢神经系统，使丘脑下部分泌促性腺激素释放激素及催乳激素释放激素和抑制激素。它们分别作用于腺垂体某些细胞，分泌促卵泡激素和促黄体生成激素及催乳激素，促卵泡激素和促黄体生成激素随血液循环作用于卵巢，使其分泌雌激素，并使已经排卵的卵泡形成黄体。在促黄体生成激素和催乳激素作用下分泌孕激素。当血液中孕激素和雌激素过多时，可通过负反馈作用，抑制腺垂体分泌促卵泡激素、促黄体生成激素和催乳激素的释放，从而调节卵巢的正常活动，维持血液中雌性激素水平的相对稳定。

第六节　其他内分泌腺素

一、胰岛激素

胰腺的实质分为外分泌部和内分泌部。内分泌部由分散于胰腺中大小不等的细胞群组成，形似小岛，故称胰岛。胰岛主要有 α 和 β 两种细胞。α 细胞分泌胰高血糖素，β 细胞分泌胰岛素。

胰岛素的生理作用有：①促进肝糖原生成和葡萄糖分解以及促进糖转变为脂肪，使血糖降低。当胰岛素分泌不足时，血糖升高超过肾糖阈，则大量的血糖从尿中排出，导致依赖性糖尿病；②促进脂肪的合成，抑制脂肪的分解，使血液中的游离脂肪酸减少。当胰岛素分泌不足时，脂肪大量分解，血液中脂肪酸含量增高，肝脏不能充分氧化而转化为酮体，出现酮血症并伴有酮尿，严重时可导致酸中毒和昏迷；③促进蛋白质合成，抑制蛋白质分解。

胰高血糖素的生理作用与胰岛素相反，胰高血糖素能促进肝糖原合成，抑制糖异生，促进葡萄糖分解，降低血糖；促进脂肪合成和贮存，抑制脂肪分解，使酮体减少；促进蛋白质的合成和贮存，抑制蛋白质分解，抑制尿素生成；抑制胰高血糖的分泌。

二、松果腺激素

松果腺很小，因形似松果而得名，又叫脑上腺或松果体。位于四叠体与丘脑间的凹陷处，由间脑顶部第三脑室后端的神经上皮形成，有一细柄与第三脑室的背侧相连。幼年时的松果腺较大，一般在初情期以前便开始退化，随着年龄增长逐渐缩小。

松果体外面有由脑膜延伸而来的被膜，被膜薄，小叶不明显，结缔组织进入实质，形成许多网孔，网孔中含有松果体细胞和神经胶质细胞，有钙质沉积物。

通常认为，松果体能产生 8-精加催素（多肽类），具有抗利尿作用、催产作用和很强的抑制性腺生长作用。松果腺还可分泌褪黑素（吲哚类），它的合成和分泌受光线和交感神经调节并呈 24h 周期性变化，夜晚分泌最多。褪黑素不仅能抑制性腺和副性器官的发育，而且还能抑制甲状腺素、肾上腺皮质和胰岛素的分泌。

三、前列腺素

前列腺素是存在于动物体内的一类不饱和脂肪酸组成的具有多种生理作用的活性物质。最早发现存在于精液中，当时以为这一物质是由前列腺释放的，因而定名为前列腺素（PG）。现已证明，精液中前列腺素主要来自精囊，但肺、脑、心、肾、胃、肠等全身许多组织细胞也能分泌。根据按结构的不同，前列腺素可分为 A、B、C、D、E、F、G、H、I 等类型。不同类型的前列腺素对不同组织细胞具有不同的功能，其中以 PGF、PGE 两型对动物的繁殖最为重要，它们可破坏黄体，推动下一个发情周期的开始和刺激子宫收缩，诱发分娩或流产。因此，在生产实践中，广泛用于人工控制动物的发情及分娩。此外，前列腺素对内分泌、消化、呼吸、心血管、泌尿和神经系统也有广泛的调节作用，如能使血管舒张、利尿、降低血压、抑制胃液分泌、气管舒张等。

【复习思考题】

1. 何谓激素？激素作用有哪些共同特点？
2. 神经腺垂体激素有哪些主要机能？
3. 甲状腺激素、甲状旁腺激素和降钙素有哪些作用？
4. 试述肾上腺皮质激素的生理作用。
5. 胰岛分泌哪些激素？其主要作用什么？
6. 雌激素和孕激素有何生理作用？

【岗位技能实训】

项目　常用激素的识别与使用

【目的要求】　通过识别使用常用激素，掌握常用激素的药理作用及使用方法。

【实训材料】　各种常用的激素各1盒、碘酊棉球和酒精棉球若干。犬和猫各若干。注射器若干，保定绳子若干。

【方法步骤】

1. 识别药品。
2. 使用药品及观察结果。

【技能考核】　每人完成一篇实训报告。识别并正确使用催乳激素、催产素、氢化可的松、肾上腺素、雄激素、雌激素、孕激素、胰岛素、前列腺素等常用的激素。

第十五章　生　殖

【学习目标】

理解和掌握性成熟、发情周期、受精、妊娠、分娩等知识。

【技能目标】

1. 能进行精液品质评定。
2. 能观察识别犬（猫）发情周期生殖器官的变化。
3. 能观察识别母犬（猫）妊娠后的变化。

一、生殖器官的功能

1. 雄性生殖器官的功能

（1）睾丸的功能

① 精子的生成　精细管的生精细胞经多次生长分裂后，并经过形态变化最终转变成为精细胞。精细胞经直精小管、睾丸网、输出管而到附睾，并在附睾成熟。

② 激素分泌　间质细胞能分泌雄激素，雄激素能激发雄性动物的性欲和产生性兴奋，刺激第二性征发生，促进生殖器官和副性腺的发育，维持精子发生和附睾中精子的存活。在性成熟前阉割会使生殖器官的发育受到抑制，成年后阉割会发生生殖器官和性行为的退行性变化。

（2）精子的形态和结构　精子由头部、颈部和尾部三部分构成，呈蝌蚪状。头部主要由细胞核和顶体组成，呈扁卵圆形、圆球形、长柱形、螺旋形、梨形和斧形等，这些形状都是由核和顶体的形状决定的。中间有核，由遗传物质脱氧核糖核酸（DNA）与蛋白质结合组成。

颈部最短，位于头部以后，呈圆柱状或漏斗状，又称为连接段。它前接核的后端，后接尾部。为供能部分。

尾最长，分为中段、主段和末段三部分，主要结构是贯串于中央的轴丝。是精子的运动器官。精子的运动主要依靠尾部的摆动，而使精子朝某一方向移动。正常精子的尾是直的，边缘整齐。在睾丸内，刚形成的精子经常成群附集在曲精小管的支持细胞游离端，尾部朝向管腔，精子成熟后脱离支持细胞进入管腔。

（3）其他雄性生殖器官的功能

① 附睾的功能

a. 精子最后成熟场所　由睾丸精细管生成的精子，刚进入附睾头时，其形态尚未发育完全，颈部常有原生质滴，此时其活动微弱，没有受精能力或受精能力低。精子通过附睾的过程中，原生质滴向尾部末端移行脱落，精子逐渐成熟，使之活力增强，并获得向前直线运动能力、受精能力以及使受精卵正常发育的能力。精子的成熟与附睾的物理、化学及生理特性有关。精子通过附睾管时，附睾管分泌的磷脂质和蛋白质，包被在精子表面，形成脂蛋白膜。此膜能保护精子，防止精子膨胀，抵抗外界环境的不良影响。精子经过附睾管的同时还可获得负电荷，变成同性电荷相斥，防止精子凝集。

b. 贮存作用　精子在附睾内可存活 3 个月，仍具有受精能力。精子主要贮存在附睾尾。由于附睾管上皮的分泌作用和附睾中的弱酸性（pH 为 6.2～6.8）、高渗透压、低温，以及厌氧的内环境，使精子代谢和活动力维持在很低水平，因而使精子在附睾内可贮存较长时间；但贮存过久会降低精子活力，并导致畸形精子和死精子数量增多，精子活力降低，最后死亡被吸收。

c. 吸收作用　附睾头和附睾体的上皮细胞具有吸收功能，可以吸收来自睾丸较稀薄精液中的水分和电解质，使附睾尾液中精子浓度升高，每微升达 400 万以上。

d. 运输作用　附睾主要通过管壁平滑肌的收缩，上皮细胞纤毛的摆动，将来自睾丸输出管的精子悬浮液从附睾头运送至附睾尾。

② 副性腺的功能

a. 冲洗尿生殖道　在射精前主要是尿道球腺分泌物先排出，它冲洗尿生殖道中的尿液，为精液排出创造良好环境，以免精子受到尿液的危害。

b. 稀释精子　副性腺分泌物是精子的内源性稀释剂。在附睾内排出的精子密度大，到副性腺后被稀释，使精子密度由密变稀。

c. 为精子提供营养物质　精囊腺分泌液含有果糖，是精子能量的主要来源。当精子与之混合时，果糖很快地扩散到精子细胞内，果糖的分解是精子能量的主要来源。

d. 活化精子　贮存于附睾弱酸性环境的精子呈休眠状态，而副性腺分泌液偏碱性以增强精子的活动能力。副性腺分泌物含的柠檬酸盐和磷酸盐，具有缓冲作用，可以延长精子存活时间，维持精子的受精能力。

e. 运送精液　精液的射出，除借助附睾管、输精管壁平滑肌收缩外，尿生殖道管壁平滑肌收缩及副性腺分泌物也起着重要的推动作用。

f. 延长精子存活时间　副性腺分泌物中含有柠檬酸盐及磷酸盐，这些物质有缓冲作用，从而可以保护精子，延长精子的存活时间，维持精子的受精能力。

g. 防止精液倒流　有些动物副性腺分泌物有部分或全部凝固现象，一般认为这是一种自然交配时防止精液倒流的天然措施。

2. 雌性生殖器官的功能

（1）卵巢的功能

① 卵泡发育和排卵　卵巢皮质部有许多发育不同阶段的卵泡，众多卵泡中有极少数可发育成熟并最终排卵。排卵后，在原卵泡处形成黄体。大部分卵泡在发育到不同阶段时退化、闭锁。

② 分泌雌激素和孕酮　在卵泡发育的过程中，包围在卵泡细胞外的两层卵巢皮质基质细胞形成卵泡膜。卵泡膜可分为血管性的内膜和纤维性的外膜。内膜可分泌雌激素，一定量的雌激素是导致雌犬发情的直接因素。而排卵后形成的黄体，可分泌孕酮，它是孕激素的有效成分，是维持雌犬妊娠所必需的激素之一。

（2）卵子的形态和结构　卵子一般为圆球形。凡是椭圆、扁圆、有大型极体或卵黄内有大空泡的，特别大或特别小的卵子均为畸形卵子。

卵子的主要结构包括放射冠、透明带、卵黄膜及卵黄等部分。

① 放射冠　紧贴卵母细胞透明带的一层卵丘细胞呈放射状排列，称为放射冠。放射冠细胞的原生质形成突起伸进透明带，与卵母细胞本身的微绒毛相交织。

② 透明带　透明带是一均质而明显的半透膜。一般认为它是由卵泡细胞和卵母细胞形成的细胞间质。

③ 卵黄膜　卵黄膜是卵母细胞的皮质分化物，它具有与体细胞的原生质膜基本上相同的结构和性质。卵黄膜上有微绒毛，它在排卵后减少或消失。透明带和卵黄膜是卵子明显的

两层被膜，它们具有保护卵子完成正常的受精过程，使卵子有选择性地吸收无机离子和代谢产物，对精子具有选择作用等功能。

④ 卵黄　排卵时卵黄占据透明带内大部分容积。受精后，卵黄收缩，并在透明带和卵黄膜之间形成一个卵黄周隙。

⑤ 核和核仁　卵子的核位置不在中心．有明显的核膜，核内有一个或多个染色质核仁，所含的 DNA 量很少。

（3）其他雌性生殖器官的功能

① 子宫的功能

a. 贮存、筛选和运送精液　发情配种后，子宫颈口开张，精子逆流进入，可减少死精子和畸形精子进入。大量的精子贮存在复杂的子宫颈隐窝内，进入子宫的精子借助子宫肌的收缩作用运送到输卵管，在子宫内膜分泌液作用下，使精子开始获能。

b. 孕体的附植、妊娠和分娩　子宫内膜的分泌液既可使精子获能，还提供早期胚胎生长发育的营养。胚泡附植时子宫内膜形成母体胎盘，与胎儿胎盘结合，为胎儿的生长发育创造环境。子宫颈是子宫的门户，妊娠时子宫颈黏液高度黏稠形成栓塞，封闭子宫颈口，起屏障作用，防止子宫感染。分娩时，子宫提供动力及分娩通道。

c. 调节卵巢黄体功能，导致发情　配种未孕雌犬的子宫角在发情周期的一定时期，分泌前列腺素（PGF2α）使卵巢的周期黄体溶解、退化，诱导促卵泡素的分泌，引起新一轮卵泡发育并导致发情。妊娠后，不释放前列腺素，黄体继续存在，维持妊娠。

② 输卵管的功能

a. 运送卵子和精子　排出的卵子被输卵管伞接纳，借助纤毛的运动、管壁蠕动和分泌液的流动，使卵子经过伞向壶腹部运送，同时将精子反方向由峡部向壶腹部运送。

b. 精子获能、卵子受精和受精卵分裂的场所　精子在受精前需要一个"获能"过程，子宫和输卵管是精子获能部位，输卵管壶腹部为受精场所，受精卵边卵裂边向峡部和子宫角运行。

c. 分泌机能　输卵管的分泌物主要是黏蛋白和黏多糖，它是精子、卵子的运载工具，也是精子、卵子及受精卵的"体内培养液"。

d. 早期胚胎发育　受精卵早期细胞分裂在输卵管内进行，输卵管可以为早期胚胎提供营养。

二、初情期和性成熟

1. 初情期

初情期是指雌性动物初次出现发情或排卵现象的时期。其特点是雌性动物的发情表现不完全，此期时体重占成年体重的 30%。这时雌性动物虽具有发情症状，但由于其生殖器官尚未发育成熟仍在继续生长发育，发情和发情周期是不正常或不完全的，有时发情的外部表现较明显，但卵泡并不一定能发育成熟至排卵；有时卵泡虽然能发育成熟，但外部表现不明显。初情期是性成熟的初级阶段，经过一段时间才能达到性成熟。

雌犬初情期一般在 8～10 月龄，但因品种、气候、营养等因素的影响而各有差异。通常情况下，大型犬的初情期比小型犬晚；生活在寒冷地区的犬，其初情期要晚；营养水平高的犬初情期比营养水平低的犬早。

猫初情期受季节的影响较大。在每年 10～12 月份，猫一般不发情。如果在这几个月份达到初情期体重，通常要等到次年 1～2 月份才发情。如果雌猫在夏季达到初情期体重，通常要提前发情。此外，猫的饲养方式、血缘纯度、品种、断奶时间和光照长短等因素都会对初情期的到来产生一定影响。如纯种猫比杂种猫初情期晚；笼养猫比放养猫晚；单个饲养的比群养的晚等。

2. 性成熟

雌性动物生长发育到一定时期，开始表现性行为，具有第二性征，生殖器官及生殖机能达到成熟，开始出现正常的发情和排卵，具备了繁殖后代的能力，此时称为雌性动物的性成熟。此期时体重占成年体重的50％性成熟后，雌性动物具有正常的发情周期。但此时雌性动物身体的发育还未完成，故一般不宜配种，否则过早配种妊娠，一方面妨碍雌性动物自身的生长发育，另一方面也将影响到胎儿的发育，导致母体本身和后代生长发育不良，难以持续利用。

雌犬出生后达到性成熟的年龄因犬的品种、地理气候条件、饲养管理状况、营养水平及个体情况不同而有所差异。通常情况下，小型犬性成熟早，在出生后8～12月龄，大型犬性成熟较晚，在出生后12～18月龄。

雌猫一般在7～12月龄达到性成熟。雌猫性成熟后就有周期性的发情表现，一般间隔1～2个月发情1次，每次持续1周左右。发情间隔的时间视猫的体质和营养状况而定，通常营养差、身体弱的猫发情次数较少。

雌猫性成熟时，虽然卵巢能够排卵，并出现发情现象，但身体的正常发育尚未完成，故一般不宜配种。如果此时配种，本品种一些优良特性可能会出现退化。因此，一般要等到体成熟时才能配种。雌猫体成熟早，一般在10～12月龄配种为好，即在雌猫第2次或第3次发情时配种。若雌猫发育正常、体质健壮，可提前2个月左右进行配种。

三、性季节和发情周期

1. 繁殖季节

繁殖季节也称为"性季节"，某些雌性动物由于受自然条件的影响，其性发育活动表现出明显的季节性，在对其有利的季节繁殖产仔，能获得较好哺育后代的条件。

但驯养犬类由于长期和人类生活在一起，生活条件得到改善，外界环境相对比较稳定，已基本上无季节性差异。统计资料表明，繁殖季节没有明显地区差异，犬的不同品种也没有固定的繁殖季节，一年当中的繁殖时期分布均衡，纬度和光照时间对犬的发情影响不大。通常情况下，单独饲养的犬，每年发情两次，上半年略多。群养的犬发情无明显季节性。经过调查数据显示，从9月份到第二年2月份的发情数占年内的平均值稍低一点，春夏期间则略有增加，这主要是秋冬季节雌犬的休情期拖延推迟所致。

曾经有一种说法，认为雌犬的发情有同步趋向。但后来有人经过5年时间对400只比格雌犬进行观察，并没证实有这种现象，这种情况并不排除其他犬类有同步趋向，此问题还需要大量的实验观察来近一步证实。

雌猫的发情周期受季节影响明显。猫属于季节性多次发情动物，只在发情季节期间才出现发情排卵现象。光照时间长短是影响雌猫发情季节的重要因素。缩短或延长光照时间能够抑制或促进雌猫发情，因此可通过改变光照时间来调节雌猫的发情活动。雌猫的产后发情通常出现在断奶后8天，即产后第8周。持续哺乳可使产后发情推迟至第21周。但是，个别哺乳的猫，有时也可能在产后7～10天发情。

2. 发情周期

发情是指雌性动物发育到一定年龄时所表现的一种周期性的性活动现象，它包括三个方面的生理变化：雌性动物的行为变化，如兴奋不安、敏感、排尿频繁、食欲减退、爬跨其他同类等；雌性动物卵巢上的变化，如卵泡的发育及排卵等变化；雌性动物的生殖道变化，如外阴肿胀、阴道壁增厚、排出血样分泌物等。上述各种变化的差异程度，因发情期的阶段不同而有所差异。

雌犬的发情活动有周期性，但规律性并不明显，通常情况下，每年的春季（3～5月份）和秋季（9～11月份）各发情一次，故犬属于季节性单次发情动物。从上一次发情开始到下一次发情开始的间隔时间称为发情周期。雌犬发情周期一般为6个月。根据雌犬的发情外观表现和行为变化特点，发情周期一般可分为发情前期、发情期、发情后期和休情期（四分法）。

（1）发情前期　是发情周期的第一个时间划分阶段，又称准备期。从雌犬阴道排出血样分泌物起至开始愿意接受交配时为止。这一时期的主要生理特征为：外生殖器肿胀，外阴部触诊发硬，弹性较差，阴道黏膜充血，黏膜颜色变化为偏红色，不在苍白，但不明显，排出血样分泌物，随着时间的增长，其分泌物逐渐变淡。此期的雌犬变得兴奋不安，注意力涣散，不集中，服从性差，接近并挑逗雄犬，甚至爬跨追逐雄犬，但不接受交配，饮水量增加，排尿频繁。发情前期的持续时间通常是5～15天，平均为9天。老龄犬开始表现可能不太明显，要注意观察行为及器官变化，不要错过交配日期，有条件的可利用其他技术手段来进行发情鉴定，如被广泛使用的公犬试情法。

（2）发情期　发情期是指雌犬集中表现发情现象的阶段，又称兴奋期。它紧接在发情前期，两期之间没有严格而明显的界线，过度平缓而自然。此期间卵巢中卵泡迅速发育，卵巢体积明显增大。生殖道充血肿胀明显，雌犬精神状态和行为表现明显。此时的雌犬外阴部肿胀达到最大，外阴部触诊柔软有弹性，并可能出现开始消退现象，内壁发亮，分泌物增多，颜色淡黄色。雌犬表现较强的交配欲望，异常兴奋，敏感性增强，易激动，轻按或轻拍尾根部，尾巴偏向一侧，喜欢挑逗雄犬，雄犬接近时表现为站立不动，愿意接受雄犬的交配，或其他犬的爬跨。发情期的持续时间为7～12天，平均为9天。

雌犬在此期间排卵，卵巢上成熟卵泡破裂，释放卵子。但是排出的卵子尚未成熟，仍处于初级卵母细胞阶段，必须在输卵管中经过3～5天的继续发育，进行减数分裂，放出第一极体而变为次级卵母细胞，才具有获得受精能力。在排卵前11天左右卵泡开始发育，到排卵前2～3天迅速生长并达到成熟，在发情期的第1～3天内排卵，此时为交配的最佳时期，千万不可错过。

犬是自发性排卵，虽然理论上可在持续14天内排出卵子，但实际情况是大约80%的卵子在开始排卵后2天内排出，请注意交配时间的安排。通常情况下，排卵的快慢受犬的年龄影响，年轻的雌犬比年老的雌犬排卵要稍慢。卵子在输卵管中一般可存活4～8天，保持受精能力的时间可维持到排卵后108h。

（3）发情后期　是雌犬发情后的恢复阶段，故又称恢复期。卵泡成熟、破裂、排卵并开始形成黄体，子宫颈收缩，子宫内膜增厚，腺体分泌活动减弱，雌犬精神状态逐渐恢复正常。以雌犬开始拒绝雄犬交配为标志开始，受到雌犬血液中的雌激素的含量逐渐降低刺激，性欲开始减退，卵巢上排卵处形成黄体。大约6周时间黄体开始退化。发情后期的雌犬无论是否妊娠，都会在孕酮的作用下，子宫黏膜增生变厚，子宫壁增厚，为胚胎的附植（着床）做准备。如雌犬已妊娠，则进入妊娠期，若未妊娠，则进入发情周期最后阶段——休情期。

（4）休情期　休情期也称为乏情期或间情期，是发情后期结束到下一次发情前期的阶段。犬与其他某些动物不同，这个时期不是性周期的一个环节，是处于非繁殖时期，此期中雌犬除了卵巢中一些个别卵泡生长和闭锁外，其整个生殖系统都是静止状态。直到到达发情前期为止，雌犬才会呈现出某些明显症状，如喜欢与雄犬接近、食欲下降、换毛等。在发情前期之前的数日，大多数雌犬会变得态度冷漠，无精打采。偶见雌犬食欲下降至废绝，出现拒食现象，外阴肿胀。休情期的持续时间为90～140天，平均为125天。

猫与犬不同，属于季节性多次发情，并是诱发性排卵。季节性多次发情是指在一个发情季节中出现多次发情表现。诱发排卵又称刺激性排卵，必须通过交配或其他途径使其受到机械性刺激后才排卵，并形成功能性黄体。由于以上原因，猫发情周期没有严格而准确的周期性，其时间取决于是否交配、是否排卵、是否妊娠以及分娩后是否泌乳等因素。

雌猫的发情周期一般是指雌猫从这一次卵子成熟开始到下次卵子成熟开始的时期。一般为 21 天左右，发情持续时间 3～6 天，允许交配的时间 2～3 天。如果发情期未能排卵，则发情周期为 2～3 周。如果出现持续发情，周期就会相应延长。

如果交配后排卵但未受孕，则发情周期延长至 30～75 天，平均为 6 周。根据发情症状外观表现和行为变化及卵巢的实质变化，可将其发情周期分为以下 5 个时期。

（1）发情前期　雌猫此时喜欢受人抚摸，排尿频繁，持续 1～3 天。阴门水肿不明显，卵巢上有 3～7 个卵泡发育。

（2）发情期　雌猫叫声不断，性格变得较温顺，但精神亢奋，食欲下降，若以手轻压背部，有踏足举尾动作，愿意接受雄猫交配，会阴部前后移动，如果轻按骨盆区，表现更为明显，阴门红肿、湿润、流出黏液。

（3）排卵期　雌猫的排卵发生在交配后 24～50h。交配时刺激阴门和阴道，引起下丘脑释放促性腺激素释放激素，其可促进促黄体激素的分泌和释放，促黄体激素有一定的诱发排卵作用。

（4）发情后期　此期各现象及行为呈现退化消失，雌猫逐渐恢复正常状态。如果雌猫发情后未交配，发情后期为 14～28 天，平均 21 天。如果雌猫交配后诱发了排卵，但未受精，持续 30～73 天，平均 35 天。

（5）乏情期　此期雌猫卵巢体积缩小，外观表现正常，无发情行为表观，生殖器官无变化。

四、交配和受精

（一）交配

1. 犬的交配

（1）交配过程

① 交配适期　犬的交配适期是排卵前 1.5 天到排卵后 4.5 天之间，此时间段内交配受胎的概率较大。一般的经验，发情出血后第 9～11 天首次交配，间隔 1～3 天再次交配。

② 交配方式　目前采用自然交配和辅助交配两种方法。交配之前，雌、雄犬必须经过人工选定，并由专人负责，做好交配记录。

a. 自然交配　是指雌雄犬的交配是在没有人为干涉及帮助下进行的交配活动，就是把雄犬与雌犬牵入交配场地让其自然交配，一般较顺利。

b. 辅助交配　是指雌犬虽已到交配适期，但由于交配时慌乱、蹦跳、扑咬雄犬，或雄犬缺乏"性经验"，或雌、雄犬体型大小差异悬殊等原因而不能完成交配任务时，有关人员可辅助雄犬将阴茎插入雌犬阴道，或抓紧雌犬脖圈，协助保定雌犬，并且托住其腹部，使其保持站立不动姿势，使雌犬接受并完成交配。交配场所常常选在固定场地或雌犬的饲养地，但是如果雄犬运输距离过大，运输过程当中长途运输的颠簸会影响配种效果，此时应将雌犬运输到雄犬处交配。

有的雌犬因有选择雄犬的倾向而拒绝交配，可以换一条雄犬。往往在换雄犬后，交配即可顺利进行。判断是否成功配上，视雌犬阴户外翻程度可判定，若交配后阴户外翻明显，则已成功配上；若阴户自然闭合则未配上。

③ 交配过程　对雄犬来说，大体上经过勃起、交配、射精、锁结、交配结束。

a. 勃起　雄犬经发情雌犬刺激以后，阴茎呈不完全勃起状态。犬的阴茎有阴茎骨，是靠阴茎骨支持而使阴茎呈半举起状态插入阴道的。阴茎插入阴道后，由于雌犬阴唇肌肉的收缩而使阴茎静脉闭锁。阴茎动脉血液仍继续流入，使阴茎龟头体变粗，龟头球膨胀，此时阴茎才完全勃起。

b. 交配　雄犬爬跨到雌犬背上，两前肢抱住雌犬。此时的雌犬站立不动，低背，抬高会阴部，便于阴茎插入阴道。雄犬的腹部肌肉收缩，后躯前后推动而将阴茎插入雌犬的阴道内。

c. 射精　雄犬的射精过程可分为三个阶段：第一阶段是当犬阴茎刚插入阴道时就开始射精，这时的精液呈清水样液体，没有精子，若人工收集可弃去不用；第二阶段是经过几次抽动后，再加上阴道节律性收缩，阴茎充分勃起，而将含有大量精子的乳白色精液射入子宫内；第三阶段射精是在锁结时发生的，此时的精液为不含精子的前列腺分泌物，人工收集时也可弃去不用。

d. 锁结　犬是多次射精动物，当完成第二阶段射精以后，还有第三阶段射精，这时的阴茎尚处于完全勃起状态，阴道括约肌仍在收缩。因此，雄犬从雌犬背上爬下时，生殖器官不能分离而呈臀部触合姿势，此状态称为锁结，也称为连裆。在这种相持阶段，雄犬完成第三阶段的射精。锁结阶段一般持续5～30min，个别的也有长达2h。

e. 交配结束　第三阶段射精完毕后，雄犬性欲降低，雌犬阴道的节律性收缩也减弱，阴茎勃起消退而变软，由阴道中抽出，退缩至包皮内。雌、雄犬分开后，雄犬不再表现出对雌犬的兴趣。

（2）交配时应注意的问题

① 雌、雄犬的繁殖年龄　雌、雄犬初配年龄以体成熟为基准。大约雌犬1.5岁、雄犬2岁为宜。应防止过早进行配种繁殖影响其种用价值的持续利用。超过8岁的雄犬已进入老年期，一般不再作为种用。

② 雄犬的交配频率　种雄犬交配时体能消耗大，故种雄犬要有良好的体质、旺盛的性欲。雄犬在一年中的总交配次数不能超过40次，在时间上要尽可能均匀地分布。必须控制犬的配种次数，两次交配至少要间隔24h以上，否则其精液排空试验表明不利于雌犬受孕。

③ 交配时间和地点的选择　以清晨雌、雄犬精神状态良好时为最佳。要选择安静的地方，使雌、雄犬在不受外界不良刺激和影响的情况下自然交配，必要时可人工辅助。

④ 人工辅助交配要注意安全　雌犬性反射不强导致自然交配困难时，辅助人员可抓紧雌犬脖圈，托住雌犬腹部，使其保持交配姿势，并辅助雄犬将阴茎插入阴道，迫使雌犬接受交配。对咬雄犬或咬人的雌犬应戴上口笼。交配中要防止雌犬蹲坐挫伤雄犬阴茎。因犬的交配特殊，锁结状态持续时间较长，不能强行使它们分开，应等交配完毕后自行解脱。

2. 猫的交配

猫的交配行为受交配经验及体内激素水平的影响。雌猫与雄猫多接触有助于交配的顺利进行。在休情期和发情后期，雌猫和雄猫之间无吸引。在发情前期和发情期，雌猫主要是通过叫声、行为以及尿味等来吸引雄猫的注意。

（1）交配前行为　雌猫进入发情期，其主要表现为活跃、紧张和不断叫，到处摩擦头部，并在地上打滚。当雄猫接近时，这种表现更为突出。在听到雄猫的叫声或雄猫接近时，雌猫表现为腰部下弯，骨盆区抬高，尾巴弯向一侧，后脚做踏步运动，接受交配。如果轻敲或触摸雌猫腰部或骨盆区，或抓住雌猫颈部皮肤和轻击会阴部，均会出现上述行为。

（2）交配过程　猫的交配一般发生在光线较暗、安静的地方，以夜间居多。交配期平均2～3天。交配时，雄猫在雌猫的身后用牙齿紧咬住其颈部，前爪前腿抱住雌猫胸部，两后爪着地。平时，雄猫阴茎方向向后；交配时，阴茎方向朝前下方，与水平方向呈一定夹角。阴茎进入阴道后立即射精。交配后，雌猫产生哀鸣，称为交配哀鸣，可能是由阴茎上角质化的球状突起刺激所致。一旦交配结束，雄猫立即走开，以避免受到雌猫攻击。此时雌猫会炫耀自己，脚趾张开，爪子伸展，打滚，摩擦身体，5～10min 后，再次开始交配。发情期间，雌猫一天可以交配多次，通常由雌猫决定终止交配。

（二）受精

精子与卵子形成受精卵的过程称为受精。

受精变化过程包括：精子溶解放射冠；穿过透明带；进入卵黄膜，配子配合，融合成为受精卵，完成受精。

1. 精子溶解放射冠

放射冠是包围在卵子透明带外面的卵丘样细胞群，基质主要由透明质酸多聚体组成。犬的精子与卵子在受精部位相遇，大量精子包围着卵细胞，当获能的精子与卵子放射冠细胞一接触便发生顶体反应。获能后的精子、卵子相遇，出现顶体帽膨大，精子质膜和顶体膜相融合现象，造成顶体膜局部破裂，顶体酶释放出来，溶解卵丘、放射冠和透明带，这一过程称为顶体反应。精子溶解放射冠过程中，精子的数量对溶解放射冠有重要意义。若参加受精的精子数目太少，释放的透明质酸酶不足，几乎不能溶解放射冠，精子无法接触透明带。

2. 精子穿过透明带

精子到达透明带后，附着于透明带，并通过释放顶体酶将透明带溶出一条通道而穿越透明带并和卵黄膜接触。精子在穿越透明带时，其头部以斜向或垂直方向穿入。精子触及卵黄膜的瞬间，会激活卵子，使之从休眠状态下苏醒过来。同时，卵黄膜发生收缩，由卵黄释放某种物质，传播到卵的表面以及卵黄周隙，引起透明带阻止后来的精子再进入透明带。这一变化称为透明带反应。迅速而有效的透明带反应可防止多个精子进入透明带，是防止多精子进入卵子的屏障之一。

3. 精子进入卵黄膜

精子进入透明带后，到达卵周隙。在此精子头部附着于卵黄膜表面。由于卵黄膜表面具有大量的微绒毛，当精子与卵黄膜接触时，即被微绒毛抱合，通过微绒毛的收缩将精子拉入卵内。随后精子质膜和卵黄膜相互融合，使精子的头部完全进入卵细胞内。当精子进入卵黄膜时，卵黄紧缩，卵黄膜增厚，并排出部分液体进入卵黄周隙，这种变化称为卵黄膜反应。具有阻止多精子进入卵子的作用，又称为卵黄膜封闭作用，是受精过程中防止多精子受精的第二道屏障。

4. 形成原核

精子进入卵子后，头部开始膨大，精核疏松，核膜消失，失去固有的形态，同时卵母细胞释放第二极体。最后在疏松的染色质外又形成新的核膜，核内出现多个核仁。这种重新形成的原核称为雄原核。进入卵子的精子尾部最终消失，线粒体解体。雌原核的形成类似于雄原核。两性原核同时发育，体积不断增大。

5. 配子配合

雄原核和雌原核经充分发育、移动并紧密接触，然后两核膜破裂，核膜、核仁消失，染色体混合、合并，形成二倍体的核。随后，染色体对等排列在赤道部，出现纺锤体，达到第一次卵裂的中期。从两个原核彼此接触到两组染色体结合的过程，称为配子配合。至此，受精结束。受精后的卵子称为合子。

五、妊娠和分娩

（一）妊娠

妊娠是指由受精开始直至胎儿从产道中产出为止的生理变化过程。在此过程中胎儿与雌体均发生一系列的生理变化，这些生理变化具有一定的规律，掌握这些规律，可为妊娠动物的科学饲养管理和先进繁殖技术的应用提供理论依据。

1. 妊娠时的生理变化（以犬为例）

（1）妊娠雌犬的全身变化 妊娠后雌犬的行动变得缓慢而谨慎，温驯、安静、嗜睡，喜欢温暖安静的场所。妊娠期间雌犬的食欲增强，采食量明显增加，但有时会出现孕吐的现象，此时，食欲下降，短期内即可恢复正常。妊娠后期由于腹腔内压增高，呼吸式、呼吸次数也随之改变，粪、尿的排出次数增多。雌犬体尺和体重在妊娠期间均有所增加，增加的幅度主要受妊娠期和胎儿数量的影响。体尺的增加主要是腹围随着胎儿的生长发育而增大。体重的增加包括两部分：一是子宫内容物，包括胎儿、胎膜、胎盘和液体；二是雌体本身增重，妊娠期间雌犬体内代谢水平增强，采食量及对饲料的利用率提高，孕体营养状况改善，吸收的营养物质除了能满足胎儿生长发育的需要外，在雌犬体内也有一定的蓄积。

（2）妊娠雌犬生殖器官的变化 妊娠时，妊娠黄体持续存在，以维持雌犬的妊娠生理机能。后随着胎儿体积的增大，胎儿下沉入腹腔，卵巢也随之下沉，以至于卵巢的位置和形状有所变化，阴道受到牵拉，子宫颈口方向改变。

子宫随着妊娠的时间不断增大，子宫逐渐扩大以满足胚胎生长的空间及营养需要，子宫的变化有增生、生长和扩张。

胚胎附植前，子宫内膜由于孕酮的作用而增生。其特征性的变化是血管分布增加、子宫腺的增长、腺体卷曲以及白细胞浸润。胚胎附植后，子宫开始生长，包括子宫肌层的肥大、结缔组织基质的广泛增加，纤维成分及胶原含量的增加。

在子宫扩张期间，子宫的生长减弱，而其内容物则快速增长。在妊娠前半期，子宫体积的增长主要是子宫肌纤维的肥大及增长，后半期，则是由于胎儿使子宫壁扩张，因此子宫壁变薄。

妊娠时，子宫颈内膜的腺管数量增加，并分泌黏稠的黏液，形成子宫栓塞。同时子宫颈的括约肌收缩得很紧，子宫颈管完全封闭，防止外界细菌、异物进入。

妊娠后，子宫阔韧带中的平滑肌及结缔组织增生，使其变厚。由于子宫的重量逐渐增加，子宫下垂，所以子宫阔韧带伸长并且绷得很紧。

由于子宫的下垂和扩张，子宫阔韧带和子宫壁血管也逐渐变直。为了满足胎儿生长发育所需要的营养，血管不但分支增加而且扩张变粗，使运往子宫的血液量增加，因此子宫动脉分支震动加强可产生特殊的脉搏。

受精后雌犬外阴迅速回收，阴门紧闭。阴道黏膜上覆盖有从子宫颈分泌出来的浓稠黏液。在妊娠末期，外阴部水肿并且柔软，为分娩做好准备。

（3）妊娠雌犬激素的变化 妊娠期间，雌犬内分泌系统发生明显的变化，这种改变使得雌犬体内也发生相应的生理变化。妊娠需要一定的激素平衡来调节，故其生理变化也相应达到一定程度。

2. 早期胚胎发育

早期胚胎发育可分成胚胎的早期发育、早期胚胎的迁移和胚胎的附植三部分内容。

（1）胚胎的早期发育 受精的结束标志着早期胚胎发育开始，其细胞仅分裂而无生长，并且分裂是在透明带内进行的，所以总体积并未增加，只是数目增加。这种特殊的分裂称为卵裂，卵裂所形成的细胞又称卵裂球。受精卵的发育，以形态特征大体可分为以下三个阶段。

① 桑葚胚 合子在透明带内进行分裂，成几何级数增加，但是卵裂球并不同时进行分裂。通常较大的一个首先进行分裂，然后较小的卵裂球进行分裂。直至随着分裂的细胞数目不断增加，细胞体积逐渐缩小，并从球形变为楔形，当卵裂球达到 16～32 个细胞左右，在透明带内形成致密的细胞团。其形状像桑葚，故称为桑葚胚。

② 囊胚　当受精卵继续分裂发育，细胞开始分化，一部分细胞仍集聚成团，另一部分细胞逐渐变为扁平形状围绕在腔的周围，其细胞团间出现囊胚腔，于是成为囊胚。

③ 原肠胚　胚胎进一步发育，出现内、外胚两个胚层，此时的胚胎称原肠胚。原肠胚出现后，在内胚层和滋养层之间出现了中胚层，中胚层又分化为体壁中胚层和脏壁中胚层。三个胚层的建立和形成，为胎膜和胎儿各器官的分化奠定了基础。

（2）早期胚胎的迁移　卵裂中的早期胚胎沿着输卵管运行，大约在排卵后69天进入子宫角内，此时正是桑葚胚或囊胚的早期。在此期间，胚胎除消耗自身有限的营养外，还有赖于输卵管及子宫内膜的分泌物。胚胎进入子宫内壁不是立即着床，而是有一个呈游离状态的间隔期。

（3）胚胎的附植　胚泡在子宫内发育初期的游离状态，随其增大，与子宫壁相贴附，随后和子宫内膜发生组织及生理的联系，位置固定下来的过程，也称附着、植入或着床。犬的带状囊胚扩展时，它在子宫腔内的运动逐渐受到限制，位置被缓慢地固定下来。囊胚的外层逐渐与子宫内膜发生组织及生理上的联系，正常状态下，胚胎始终存在于子宫腔内。附植是胚泡和子宫的相互作用。

3. 胎膜与胎盘

（1）胎膜　胎膜是胎儿的附属膜，又称胎衣，是胎儿本体以外包被着的几层膜的总称。其作用是与母体交换养分、气体及代谢产物，对胎儿的发育极为重要。胎膜主要指卵黄囊、羊膜、尿膜和绒毛膜。

① 卵黄囊　原肠胚进一步发育，其外胚层部分即形成卵黄囊。卵黄囊的外层和内层分别由胚外脏壁中胚层和胚外内胚层形成。卵黄囊上有稠密的血管网，胚胎发育的早期借以吸收子宫乳中的养分和排出废物，随着尿囊的发育，卵黄囊逐渐萎缩，最后只在脐带中留下一点遗迹。

犬的卵黄囊从发生到分娩时，在脉络膜内伸长，其前、后端附着在脉络膜内壁上。可以使胎儿在胎膜中心保持悬垂状态，类似鸡卵的卵黄附着的"卵带"作用，以保护胎儿。

② 羊膜　胚胎形成以后，其腹侧的外胚层和中胚层生出皱褶，向外伸展，然后向胚胎上隆起，形成皱褶，最后愈合，皱褶的内层和外层分离，内层形成羊膜囊，将胚胎包围起来。羊膜是胎儿最内侧的一层膜，羊膜外侧覆盖有尿膜，两膜之间有血管分布。羊膜囊内有羊水，妊娠初期羊水量少，随着胎儿的发育而逐渐增加。

羊水清澈透明、无色、黏稠，其量比尿囊液少得多。分娩时羊水带有乳白色光泽，稍黏稠，正常情况下，羊水可以保护胎儿免受震荡和压力的物理损伤，同时还为胚胎提供了向各方向自由生长的客观条件；还有提供液态隔离防止胚胎干燥、胚胎组织和羊膜发生粘连的作用；分娩时有助于子宫颈扩张并润滑胎儿体表及产道，有利于胎儿产出。

③ 尿膜　最初由原肠后部（后肠）翻出胚体外而成，其功能一方面是贮存胚胎排出的尿，因而可以在一定程度上认为它是胚体外临时的膀胱，并起着和羊膜相似的保护作用；另一方面则代替在胚胎早期的卵黄囊的生理机能。随着尿液的增加，尿囊亦逐渐增大，有一部分和羊膜融合而成尿膜羊膜，还有一部分和绒毛膜融合形成尿膜绒毛膜。尿囊液有助于分娩初期子宫扩张。

④ 绒毛膜　为胎膜的最外层，包围着整个胚胎和其他胎膜。由于其外面被覆有绒毛，故称为绒毛膜。绒毛膜在胎盘的形成上具有重要作用，而且一部分和尿膜融合。但是犬的尿膜不与绒毛膜融合形成血管网，而是卵黄囊同绒毛膜融合形成卵黄囊-绒毛膜胎盘。

⑤ 脐带　由包着卵黄囊残迹的两个胎囊及卵黄管延伸发育而成，是连接胎儿和母体的纽带。其含脐动脉、脐静脉、脐尿管、卵黄囊的遗迹等。

胎儿通过脐动脉把体内循环的无营养静脉血液导入胎盘。脐静脉把在胎盘处与母体进行气体交换的新鲜动脉血运送给胎儿。脐带很坚韧，不能自然断裂。脐带内的血管在肌肉层断裂时可剧烈收缩，因此，脐带被咬断（或切断）时出血少。初生仔犬腹部残留的脐带断端经数天后，逐渐干燥而自然脱落。

（2）胎盘　胎盘通常是指胎膜的绒毛膜和母体子宫黏膜发生联系所形成的一种临时性器官，由两部分组成。胎膜的尿膜绒毛膜部分为胎儿胎盘，子宫黏膜部分为母体胎盘。

犬的胎盘在绒毛膜中央呈环状，所以称为带状胎盘。其特征是绒毛膜的绒毛聚合在一起形成一个宽带，环绕在卵圆形的尿膜绒毛膜囊的中部，子宫内膜也形成相应的带状母体胎盘。带状胎盘有两种：一种是完全的带状胎盘，另一种是不完全胎盘，犬属于完全带状胎盘。完全带状胎盘在妊娠早期是由卵黄囊形成有功能的绒毛——卵黄胎盘，以及绒毛膜-尿膜在赤道区生长发育，侵入子宫上皮而形成的。因而，紧靠着尿膜的中胚层细胞的滋养层细胞与母体子宫内膜毛细血管内皮细胞紧密相贴。卵黄囊是唯一退化的器官，漂浮在尿水中。绒毛膜-尿膜仍然形成一个充满液体的长椭圆形的囊。

胎盘是维持胎儿生长发育的器官，它的主要功能是物质运输、合成分解代谢、分泌激素和免疫等作用。

（二）分娩

1. 分娩过程

分娩是指妊娠期满，胎儿发育成熟，雌性动物将胎儿以及其附属物（胎膜）由产道排出体外的生理过程。

整个分娩期从子宫颈口张开、子宫开始阵缩到胎衣排出为止，一般分为三个阶段。

（1）第一阶段（开口期）　从子宫开始阵缩，到子宫颈口充分扩张打开为止。这一阶段持续的时间差别较大，一般犬为3～24h，猫约为6h。在这一阶段，子宫一般只有只产生阵缩，没有努责。雌犬行为上表现轻微的不安、烦躁；时起时卧，来回走动；常做排尿动作，有时也有少量粪尿排出；呼吸、脉搏加快。雌猫行为上表现呼吸开始加快，喉咙发出响声，但并不痛苦。此外，可以看到阴道有透明的液体流出。

（2）第二阶段（产出期）　从子宫颈口充分扩张打开，至所有胎儿全部排出为止。这一阶段持续时间的长短取决于雌犬的状况和仔犬的数目，一般在6h之内，仔犬数多的不应超过12h。猫为10～30min。在这一阶段，子宫阵缩和努责共同发生，而且强烈。雌犬行为上表现极度不安，烦躁情绪增强，并伴有努责。当第一只仔犬进入，阵缩和努责更加强烈，且持续时间更长、更频繁。同时雌犬常常会将后肢向外伸直，便于仔犬排出，强烈努责数次后，休息片刻继续努责，直到胎儿排出。当第二只仔犬要娩出而产生阵缩时，雌犬就会暂时撇开第一只仔犬，来处理第二只仔犬的出生。如此反复这一行为直到所有仔犬产出。在这一阶段，通常情况下，雌犬不需要人为护理与帮助，而且多数雌犬还会因有人在其附近而产生情绪。但对初产雌犬在这一阶段要特别加强观察，以便能够随时提供助产及难产救助帮助。雌猫行为上表现由于受到分娩的机械刺激，腹壁肌肉收缩加强，开始舔外阴部，雌猫腹壁肌肉收缩的时间间隔逐渐缩短，最终仔猫排出，相对于雌犬，雌猫产仔速度较快也较容易。

（3）第三阶段（胎衣排出期）　从胎儿排出直到所有胎衣完全排出为止。在这一阶段：雌犬子宫轻微阵缩，偶有轻微努责。胎盘和胎膜一般是在每只仔犬娩出后15min内排出，也有可能与下一只仔犬娩出时一起排出。胎盘具有丰富的蛋白质，雌犬通常会吃掉胎盘和胎膜，用于补充能量，有利于分娩，但是有时候这样做会带来不好的影响。这一阶段的雌犬相对以上两个阶段比较安静，处于疲劳状态。仔猫出生相隔的时间不确定，少则5min，多则2h，一般在产出3～4只仔猫后，经1h后不再见雌猫努责，表明分娩已结束。但有些猫分娩时也可能出现不明原因的生理性中断，12～24h后再分娩其余的仔猫。仔猫排出来后，胎膜和胎盘往往随之很快排出体外。

2. 分娩机制

分娩是胎儿发育成熟后的自发生理活动，引起分娩发动的因素是多方面的，分列分娩机制如下。

（1）机械因素　随着胎儿迅速生长，子宫也不断扩张，由于子宫壁扩张后，胎盘血液循环受阻，胎儿所需氧气和营养得不到满足，引起胎儿强烈反射性活动，并且日益增大的胎儿对于母体的压迫感逐渐加强，而导致分娩。

（2）激素　对分娩启动有作用的激素很多，包括催产素、孕酮、雌激素、前列腺素、肾上腺皮质激素、松弛素等。这些激素通过共同作用，启动分娩。

（3）胎儿因素　胎儿糖皮质类固醇引起孕酮的下降，雌激素的上升和 PGF2α 的释放，这些变化导致子宫肌收缩，引发分娩。

（4）免疫学说　母体对胎儿免疫耐受性消失，导致分娩发动。

（5）中枢神经对分娩的启动并不起决定性的作用，但对分娩具有很好的调节作用，可以接受并传导分娩期间的各种信号。

【复习思考题】

1. 犬或猫的发情周期为什么能周而复始地出现？
2. 简述精子生成的过程。
3. 简述下丘脑与卵巢间的功能关系。
4. 简述卵子的发育过程。
5. 妊娠是如何建立的？

第十六章 泌 乳

【学习目标】
    1. 了解乳腺的发育及调节、乳的成分及分泌。
    2. 掌握初乳、常乳和排乳的概念。
    3. 重点掌握初乳的概念及意义。

【技能目标】
    能在模型上正确指出乳腺的具体位置和相关结构。

一、乳腺的发育及其调节

1. 乳腺

乳腺为哺乳动物所特有的皮肤腺，与生殖器官十分密切，通常被认为是生殖系统的组成成分。其主要的功能是在繁殖过程中分泌乳汁，哺乳幼仔。虽然所有的哺乳动物都有乳腺，但只有雌性动物的乳腺才能发育并在分娩后具备分泌乳汁的能力。

2. 乳腺的位置

犬的乳房在哺乳期非常发达，而在非哺乳期并不明显。犬的乳房一般形成 4～5 对乳丘，对称排列于胸腹部正中线的两侧，每个乳头有 2～4 个乳头管口，每个乳头管口有 6～12 个小排泄口，其中泌乳量较多的是后面 3 对。猫的乳房有 5 对乳头，前 2 对位于胸部，后 3 对位于腹部。

3. 乳腺的结构

乳腺由皮肤、筋膜和实质构成。乳腺的皮肤薄而柔软，毛稀而细。筋膜位于皮肤深层，分为浅筋膜和深筋膜。浅筋膜由疏松结缔组织构成，使皮肤具有活动性。深筋膜含有丰富的弹性纤维，在两侧乳房中间可以形成乳房悬韧带，有固定乳房的作用。深筋膜的结缔组织伸入到乳房的实质中，将腺实质分成很多腺小叶。乳腺的实质由腺泡和腺小管组成，具有泌乳的功能，分泌的乳汁经输乳管集合而成的乳道进入乳池，再经乳头末端的乳头管（其开口处有括约肌控制）排出。

4. 乳腺的发育

雌性动物的乳腺随着机体的生长而逐渐发育。出生后至初情期之前，乳腺只有很小的腺乳池和不发达的导管，随着年龄的增长，雌性动物乳腺中的疏松结缔组织和脂肪组织逐渐增多，导致乳腺逐步增大。妊娠初期，乳导管的数量继续增加，出现没有分泌腔的乳腺泡。妊娠中期，乳腺泡出现分泌腔，腺泡和导管的体积不断增大，同时乳腺内神经纤维和血管数量增多。妊娠后期，腺泡上皮具备分泌功能。临分娩前，腺泡分泌初乳。分娩后，进入哺乳时期，乳腺发育达到全面活动期，到哺乳后期，腺组织逐渐缩小以致停止分泌活动，被结缔组织和脂肪所代替，乳腺进入静止期。当再次妊娠时，乳腺又重新生长发育。

二、乳的生成及其调节

乳是乳腺生理活动的产物，其生成是极其强烈的代谢活动。乳的生成是在乳腺腺泡上皮和腺小管分泌上皮细胞内进行的。它包括较复杂的选择性吸收和一系列新物质的合成两个基本过程。乳汁中的各种原料均来自于血液，都是乳腺上皮细胞对血浆选择性吸收和浓缩的结果，包括球蛋白、酶类、维生素和无机盐等物质；而乳中的酪蛋白、乳白蛋白和乳糖等则是由上皮细胞利用血中的各种原料，经过复杂反应合成的。乳汁中的这些营养物质能很好地满足幼仔生长的需要。

乳可分为初乳和常乳。雌犬（猫）在分娩后3～5天乳腺所分泌的乳叫初乳，初乳色黄而浓稠，稍有咸味和特殊的腥味，煮沸时易凝固。初乳内含有丰富的蛋白质、无机盐（主要是镁盐）和免疫物质。其中蛋白质能被机体直接吸收到血液，以补充幼犬、猫血浆蛋白的不足；镁盐有缓泻作用，能促进胎粪的排出和消化道蠕动；免疫物质可使幼犬、猫产生被动免疫，增强其抵抗疾病的能力。根据初乳的特点和新生犬、猫的营养需要，初乳是新生犬、猫必不可少的食物，对于保证幼犬、猫的健康生长具有重要意义。

初乳期过后，乳腺所分泌的乳汁称为常乳。所有哺乳动物的常乳含有水、蛋白质、糖类、无机盐、酶和维生素等成分，其中常乳中蛋白质主要是酪蛋白，当乳变酸性时（pH4.7），酪蛋白与Ca^{2+}结合沉淀而使乳凝固。此外，乳中还含有来自于饲料中的各种维生素和血液中的某些物质（如药物等）。

乳的分泌受神经和激素调节，乳分泌与乳排放之间有着密切的协作和制约关系。

三、排乳

由哺乳和挤乳引起的乳房的腺泡和乳导管系统内紧张度的改变，使贮存其内的乳迅速流向乳池的过程，称为排乳。

排乳是一种复杂的反射过程，由于哺乳或挤乳时刺激母畜乳头的感受器，反射性引起腺泡和细小乳导管壁外的肌上皮收缩。中等乳导管、粗大乳导管和乳池壁外的平滑肌强烈收缩，乳汁流入乳池，使乳池乳压迅速升高，乳头括约肌开放，使乳汁排出体外为排乳反射。排乳反射能够通过条件反射影响排乳。因此在固定的时间、地点、操作和熟练的挤乳员进行挤乳都可以成为条件刺激来建立条件反射，可以提高泌乳量。

【复习思考题】

1. 何为初乳？为什么说初乳是新生幼犬、猫必不可少的食物？
2. 乳是如何生成的？
3. 何为排乳？

第十七章　观赏鸟解剖生理特征

【学习目标】

1. 了解观赏鸟运动系统的组成和结构特点。
2. 掌握观赏鸟消化系统的组成、结构特点和生理机能。
3. 掌握观赏鸟呼吸系统的组成、结构特点和生理机能。
4. 掌握观赏鸟泌尿系统的组成、结构特点和生理机能。
5. 掌握观赏鸟生殖系统的组成、结构特点和生理机能。
6. 了解观赏鸟心血管、神经系统和感觉器官的基本构造及其生理机能。
7. 了解内分泌系统的组成、各器官位置及其作用。

【技能目标】

能在临床中依据观赏鸟的解剖特征和生理机能正确诊断相关疾病。

第一节　观赏鸟简介

一、概念

观赏鸟是鸟类中供人玩赏和消遣的一部分，笼养观赏鸟类不下100种，主要是雀形目的鸟，供人饲育观赏。观赏鸟的活动与消化能力都较其他动物强，故热量的消耗也大。观赏鸟为适应飞翔，体内就不能贮存很多的饲料来慢慢消化，所以观赏鸟的进食就与其他动物不一样。

二、观赏鸟的分类

观赏鸟的分类方法很多，通常都是按鸟的功能、毛色和叫声进行分类的，另外也可根据鸟类的食性进行分类。

1. 鸣叫型

中国人在执欣赏观赏鸟时，十分注意鸟的鸣叫声。鸟的叫声有的激昂悠扬，有的清朗流畅，有的柔润婉转，给人以不同的享受。以鸣叫为主的观赏鸟有画眉、百灵、云雀、黄雀、金翅雀、白头鹎、红耳鹎、红嘴蓝鹊、白喉矶鸫、鹊鸲、相思鸟、红点颏、蓝点颏、乌鸫等。

2. 外观型

即以鸟的羽毛是否美丽作为观赏标准。具有较高观赏价值的鸟有红嘴蓝鹊、黄鹂、寿带鸟、翡翠、交嘴雀、燕雀、太平鸟、红耳鹎、白喉矶鸫、灰顶红尾鸲、相思鸟、绣眼鸟、戴胜等。另外鸟类飞舞的姿态是否优美也是重要的观赏标准，善飞的鸟有百灵、云雀、绣眼鸟等。

3. 善斗型

这类鸟的观赏价值体现上擅长争斗上，具有这种特质的鸟类有棕头雅雀、画眉、鹌鹑、鹊鸲等。

4. 技艺型

指能接受训练而学会技艺的鸟类。如黄雀、蜡嘴雀、金翅雀、交嘴雀、燕雀、朱顶雀、白腰文鸟等，通过训练能表演杂技。

5. 模仿型

鹦鹉、八哥、鹩哥等经训练都可模仿人类语言，还可模仿自然界其他鸟兽的叫声以及汽车、火车的鸣笛声等多种声响。

6. 按鸟的食性分类

（1）软食鸟　所谓软食鸟就是指以细软饲料为主食的鸟类，观赏鸟中这类鸟比较多。如红点颏、蓝点颏、蓝歌鸲、红胁蓝尾鸲、白眉鸫、白腹鸫、灰鸫、黑喉石䳭、树莺等。这些鸟因嘴短小细弱，其主要的食物是虫类，不食谷类等硬食。

（2）硬食鸟　硬食鸟是指主食以植物种子为主的鸟类，种类也不少。观赏鸟中属硬食类的有金山珍珠鸟、芙蓉鸟、娇凤、灰文鸟等。这些鸟以谷物种子为主食，食种子时有剥壳的习惯。其中画眉、白头翁、太平鸟等属杂食性鸟，饲料以蛋米为主。

（3）生食鸟　至于生食鸟则指的是以鱼、肉等为主要饲料的鸟类，在家养观赏鸟中种类较少，如鹰隼、猫头鹰等。

第二节　运动系统

一、骨骼

观赏鸟骨骼的强度大而重量轻。强度大是由于骨密质非常致密，含无机质钙盐较多，有的骨块合成一个整体，如颅骨、腰荐骨和盆带骨等。重量轻是由于鸟的气囊扩展到许多骨的髓腔里，取代骨髓，称为含气骨。但幼鸟的所有骨都含红骨髓。鸟的骨在生长发育过程中不形成骨骺，骨的加长主要靠端部软骨的增长和骨化。鸟类全身骨骼依其所在部位可分为躯干骨、头骨、前肢骨和后肢骨。

1. 躯干骨

躯干骨包括椎骨、肋和胸骨。

（1）椎骨　分为颈椎、胸椎、腰荐椎和尾椎。

颈椎数目较多。胸椎愈合成一整体。全部腰椎、荐椎以及一部分尾椎在发育过程中愈合成一整块，称腰荐骨或综荐骨。综荐骨两侧与髂骨紧密相连而形成不活动关节。第1尾椎与综荐骨愈合，第2～3尾椎游离；最后一块呈三棱形的综尾骨，是胚胎期由几个尾椎愈合而成，为尾羽和尾脂腺的支架。

（2）肋　肋的对数与胸椎数目一致。第1～2对肋为浮肋，不与胸骨接接，其余每一肋又分为椎肋骨和胸肋骨两段，互相连接，二者间大致形成直角。椎肋骨与胸肋骨相接。除最前一对和最后2对（鸽）肋骨外，每对肋体中部均发出一支斜向上方的钩突，覆盖后一肋骨的外面，这是鸟类的特征，对胸廓有加固作用。

（3）胸骨　胸骨非常发达，供肌肉附着，构成体腔底壁大部分的支架，腹侧面沿中线有一片纵行的胸骨嵴，又叫龙骨。

2. 头骨

观赏鸟头骨以一对大而明显的眼眶分为颅骨和面骨。其颅骨在早期已愈合为一个整体，面骨较轻，无齿。

3. 前肢骨

（1）肩带骨　包括肩胛骨、乌喙骨和锁骨。

（2）游离部　为翼骨，由肱骨、前臂骨（桡骨、尺骨）和前脚骨（腕骨、掌骨和指骨）组成。平时折叠成"Z"字形贴于胸廓部。

4. 后肢骨

（1）盆带骨　包括髂骨、坐骨和耻骨，三骨愈合或髋骨。其结构特点保证了站立的稳固性和运动的灵活性。发达的盆带骨与脊柱牢固连接；髋骨在骨盆腹侧相距较远而使鸟类具有开放性的骨盆。

（2）游离部　包括股骨、膝盖骨、小腿骨（胫骨、腓骨）、跗骨和趾骨（4 趾）。

二、肌肉

观赏鸟的肌纤维较细，肌肉内无脂肪沉积。肌纤维分白肌纤维、红肌纤维以及中间型的肌纤维。善飞的鸟类，红肌纤维较多，肌肉大多呈暗红色。飞翔能力差或不能飞的鸟类，有些肌肉主要由白肌纤维构成，颜色较淡。

鸟体肌系可分为皮肌、头部肌、躯干肌、前肢肌和后肢肌。

1. 皮肌

主要与皮肤的羽区相联系，控制其活动；另外有支持嗉囊的作用。

2. 头部肌

无唇、颊和耳廓，面部肌肉部发达。

3. 躯干肌

脊柱颈段的肌肉比较发达，脊柱胸段和腰荐段的肌肉很不发达，尾部的肌肉比较丰富，以实现尾羽的功能。胸廓肌的肋间外肌、肋间内肌、肋提肌和肋胸骨肌等，可扩大和缩小胸腔，参与呼吸运动。腹肌分为四层，但很薄弱，主要参与呼气、排粪及蛋的产出等作用。

4. 前肢肌

前肢肌包括肩带肌和翼肌。肩带肌将前肢连于躯干，通过肩关节作用于翼。翼肌主要分布于臂部和前臂部，主要起着展翼和收翼的作用。

5. 后肢肌

后肢肌包括盆带肌和腿肌。盆带肌不发达。腿肌是鸟体内第二群最发达的肌肉。大部分肌肉位于股部，作用于髋关节和膝关节。小腿部肌肉作用于跗关节和趾关节。当髋关节、膝关节在鸟下蹲栖息而屈曲时，跗关节和所有趾关节也同时屈曲，从而牢固地攀住栖木。参与此作用的还有小的耻骨肌，起于耻骨前端，沿股部内侧向下行，绕过膝关节的外侧面再转到小腿后方，合并入趾浅屈肌内，因其腱迂回而行，又称迂回肌，通常称为栖肌，为鸟类及爬行类所特有。

第三节　皮肤及其衍生物

一、皮肤

观赏鸟皮肤较薄，表皮仅由 4～7 层细胞构成、真皮厚度比较一致，可分为浅、深两层。浅层含有丰富的毛细血管；深层又分为较厚的密层和较薄的松层。真皮内的平滑肌在羽区位于密层内，在裸区位于松层内。真皮与皮下组织间有一薄层弹性纤维。皮下组织一般较疏松，有利于羽毛的活动。

皮肤没有皮脂腺，尾部尾综骨背侧有两叶尾脂腺，分泌物含有脂质、卵磷脂、高级醇。鸟类当整梳羽毛时，用喙压迫尾脂腺挤出分泌物，用喙涂于羽毛上，起着润泽羽毛并使羽毛不被水所浸湿的作用。

观赏鸟皮肤也无汗腺，体温调节靠体表裸区的散热作用，蒸发散热则依靠呼吸道。

二、羽毛

羽毛是鸟类皮肤特有的衍生物，根据形态主要可分为正羽、绒羽和纤羽三类。

羽毛的颜色主要取决于羽毛细胞内所含色素的颜色。羽色和图案与遗传因素有关，雌雄异形的羽色与性激素有关。目前养鸟已依幼雏羽色和图案作为鉴别雌雄的依据。

第四节 内脏器官

一、消化器官

1. 消化器官形态结构

观赏鸟消化器官包括口腔、咽、食管、胃、小肠、大肠、泄殖腔以及肝和胰。

（1）口腔 观赏鸟无唇、齿，颊不明显，上、下颌形成喙是采食器官，其形态及构造因鸟的种类不同有所差异。鸟、鸽的喙呈尖锥形，被覆有坚强的角质；水鸟的喙长而扁，大部分被覆以角质层较柔软的蜡膜。

鸽的舌为尖锥形，舌体和舌根之间有一横列乳头，除舌体后部外，侧缘有丝状的角质乳头。舌肌不发达，黏膜上缺味觉乳头，仅分布有少量结构简单的味蕾。鸟的味蕾分布于舌基部和咽底壁横排乳头后方的上皮内，大部分与唾液腺导管相紧靠。

（2）咽 无软腭，口腔与咽无明显分界，常合称为口咽腔。咽部黏膜血管丰富，可使大量血液冷却，有参与散发体温的作用。

鸟唾液腺比较发达，数量较多，在口腔和咽的黏膜下几乎连成一片。主要有上颌腺、腭腺、蝶腭腺、下颌腺、口角腺、舌腺、环、腺和咽鼓管腺等。导管很多，开口于该腺所在部位的黏膜表面。

（3）食管和嗉囊 食管较宽，易扩张，可分颈、胸两段。颈段较长，开始位于气管背侧，然后与气管同偏于颈的右侧而行，直接在皮下。食管在胸前口的前方膨大形成球形嗉囊，主要有贮存、软化和发酵分解食料的作用。水鸟无真正嗉囊，但食管颈段可扩大成纺锤形，后端具有括约肌和胸段为界。食管的胸段伴随气管进入胸腔，移行至心基和气管背侧继续向后延伸，续接腺胃。食管壁由黏膜、肌层和外膜构成。食管黏膜固有层分布有较大的黏液性食管腺，食管的肌层一般分有两层。食管后端的淋巴滤泡称为食管扁桃体。

（4）胃 分为前部的腺胃和后部的肌胃。

① 腺胃 腺胃呈纺锤形，位于腹腔左侧、肝左、右两叶之间的背侧。向前与食管胸段相连续，向后以略细的峡与肌胃相接，两者之间的黏膜形成中间区。腺胃壁较厚，内腔不大，黏膜表面形成乳头，乳头上有深层腺导管的开口。

黏膜含有两种腺体：浅层为单管状腺和深层的复管状腺。单管状腺紧密排列在固有层内又称前胃浅腺，分泌黏液；复管状腺又称前胃深腺集合成腺小叶，分布于两层黏膜肌层之间，在胃壁切面上肉眼可见。小叶中央为集合窦，腺管排列于周围，集合窦以导管开口于黏膜表面的乳头上。深腺相当于家畜的胃底腺，但盐酸胃蛋白酶原是由一种细胞分泌的。

② 肌胃 肌胃紧接腺胃之后，为近圆形或椭圆形的双凸体，质地坚实，位于腹腔左侧，在肝的两叶之间。肌胃的肌层很发达，是由平滑肌的环行层所构成。平滑肌因富含肌红蛋白而呈暗红色，构成体部两块强大厚肌和两块薄肌，四块肌在肌胃两侧以厚而致密的腱中心相连接，形成所谓腱面。

肌胃黏膜被覆柱状上皮，在与腺胃交接部形成较明显的中间区。在黏膜固有层内，排列有单管状的肌胃腺，一般 10～30 个为一群，开口于黏膜表面的隐窝。腺和隐窝主要有一种细胞构成，其分泌物加上黏膜上皮的分泌物及脱落的上皮细胞一起，在酸性环境中，硬化而形成一层厚的类角质膜，称胃角质层，俗称肫皮，中药名"鸡内金"，起保护膜的作用。

肌胃内经常含有吞食的沙砾，又称沙囊。肌胃以发达的肌层和胃的沙砾，以及粗糙而坚韧的类角质膜，对吞入食物起机械性磨碎作用。

(5) 肠和泄殖腔 肠可分为小肠和大肠。各段肠的管径无明显差别。

① 小肠 小肠分为十二指肠、空肠和回肠。十二指肠位于肌胃右侧，并由腹腔后部转至左侧，形成长的"U"形肠襻，在幽门附近移行为空肠，"U"形肠襻支之间夹有胰腺。空肠形成许多肠襻，以肠系膜悬挂于腹腔右侧。空、回肠的末段以系膜与两盲肠相联系，空、回肠的中部有一小突起，叫卵黄囊憩室，是胚胎期卵黄囊柄的遗迹。

② 大肠 大肠包括一对盲肠和一条直肠。盲肠长，沿回肠两旁向前延伸；可分颈、体、尖三部分。盲肠颈较细，体较粗，逐渐变尖为盲肠尖。盲肠壁内含有丰富的淋巴组织，在盲肠颈处的淋巴小结集合成所谓盲肠扁桃体。没有明显的结肠，有一短的直肠，有时也称结直肠。

③ 殖腔 是消化、泌尿和生殖三个系统的共同通道，略呈椭圆形。输尿管、输精管、输卵管开口于泄殖道。肛道的背侧有腔上囊的开口。肛门由背侧唇和腹侧唇围成，并具有发达的括约肌。

(6) 肝和胰

① 肝 肝为淡褐色至红褐色，位于腹腔前下部，分左、右两叶；右叶略大并有一胆囊。肝脏两叶各有肝门，左叶的肝管直接开口于十二指肠终部，称肝肠管；右叶的肝管注入胆囊，再由胆囊发出胆囊管开口于十二指肠终部。

② 胰 胰位于十二指肠襻内，呈淡黄色或淡红色。长条形，可分为背叶、腹叶和很小的脾叶。

2. 消化生理

(1) 口腔消化 观赏鸟口腔没有牙齿，采食不经咀嚼，在口腔内经唾液湿润即迅速吞咽。吞咽食物是靠抬头和伸颈借重力和食管内的负压迫使食团向下段移行。

(2) 食管和嗉囊的消化 摄食的饲料在饥饿时直接经腺胃进入肌胃，在通常情况下的饲料大都进入嗉囊，在嗉囊中停留数小时，并借嗉囊腺体分泌的黏液，嗉囊运动和嗉囊内栖居的微生物作用，对饲料进行湿润和浸软，还为唾液淀粉酶和植物性饲料本身所含的酶的作用提供了适宜的环境，因此常有激活淀粉酶的活性的作用。

(3) 胃内的消化

① 腺胃内的消化 胃液主要由水和少量盐酸，某些盐类，胃蛋白酶和黏液蛋白所组成。胃液分泌呈连续性分泌，这与嗉囊贮藏食物的功能及通常都用自由采食饲料方式有关。分泌量在一般情况下为 5～30mL/h，饲喂可引起分泌水平增高，饥饿则可使其降低。

腺胃虽然分泌胃液但因体积小，食物在腺胃内短时间停留即进入肌胃，因此胃液的消化作用主要是在肌胃内进行。

② 肌胃内的消化 一方面是机械的磨碎性作用，肌胃的胃壁由非常发达的肌肉构成。它主要靠胃壁肌肉强有力的收缩，磨碎来自嗉囊的粗粒食物。不论在饲喂时还是饥饿时都进行有节律的收缩。饲喂时及饲喂后半小时收缩次数增加，一般经 1h 后降低至空腹水平以下。肌胃收缩受迷走神经和交感神经的支配。另一方面是化学消化作用，腺胃分泌的胃液流入肌胃，借肌胃的运动与饲料进行充分混合，以便于盐酸和胃蛋白酶对饲料起消化作用。饲料在肌胃内经过消化后，即迅速进入十二指肠，肌胃排空间隔时间变动较大，有时可表现连续几个急速的蠕动液，有时可停止排空超过数分钟。

（4）小肠的消化　小肠的消化主要靠胰液，胆汁和肠液对饲料起化学消化作用，以及靠肠壁肌肉收缩使饲料与消化液混合和沿消化管向后移动。

① 胰液的分泌和作用　胰液中含有胰蛋白酶、糜蛋白酶、胰淀粉酶和胰脂肪酶等多种消化酶。饲料中的蛋白质可分解成氨基酸，糖类可分解成单糖，脂肪分解为甘油和脂肪酸，它们才能被肠壁吸收。

胰液呈连续性分泌，平时分泌水平低，进食后 1h 内分泌水平增加，保持 9～10h，然后逐渐下降至原水平。胰液分泌的调节由激素和神经共同作用。胃液中的盐酸作用于肠黏膜，产生的促胰素是鸟类胰液分泌的重要体液性刺激因素。

② 胆汁的分泌和作用　肝脏连续不断地分泌胆汁，进食时胆汁输入小肠的量显著增加，饥饿时分泌水平降低。胆汁的主要成分中所含胆汁酸、胆汁酸都是以盐类形式存在于胆汁中，又称胆盐，胆盐对促进脂肪的消化与吸收起着重要作用。

小肠黏膜中分布的肠腺，分泌的液体进入小肠，它含有肠肽、肠和脂肪酶，以及能激活胰蛋白酶的肠激酶。

③ 小肠的运动　鸟类的小肠有典型的蠕动和分节运动。蠕动是纵行肌和环行肌交替发生的波状收缩，形似蠕虫运动，故称蠕动。它推送食糜向后移动。分节运动是环行肌在肠的不同部位的同时交替地进行收缩和舒张，使肠管分成许多节段，其中的食糜也被不断地分割和重新汇合。这样可促使食糜与消化液充分混合，以利于消化酶作用并可促进吸收。

（5）大肠的消化　饲料经小肠消化后，一部分进入盲肠，其余进入直肠，继续消化。

① 盲肠的消化　盲肠消化主要是对饲料中的粗纤维进行微生物的发酵和分解。粗纤维经发酵的终产物是较简单的挥发性脂肪酸、乙酸、丙酸和丁酸等。这些有机酸可在盲肠内被吸收，进入肝脏内代谢。

有盲肠内细菌还能分解饲料中的蛋白质和氨基酸，产生氨，并能利用日粮中非蛋白质含氮物合成菌体蛋白质，提高蛋白质的生物学价值。盲肠内还进行水分、盐类和简单的含氮物的吸收。

② 直肠的消化　直肠很短，消化作用不甚重要，主要吸收一部分水和盐，形成粪便排入泄殖腔，与尿混合后，排出体外。

二、呼吸器官

1. 呼吸器官形态、结构

鸟呼吸器官包括鼻腔、喉、气管、鸣管、肺和气囊。

（1）鼻腔　鸟鼻腔较狭，鼻孔位于上喙基部。鼻孔上缘盖有一个膜质鼻孔盖，内有软骨支架，鼻后孔一个。开口于咽顶壁前部正中，两侧黏膜褶在吞咽时因肌肉的作用而关闭。

鸟的鼻腺位于鼻腔侧壁，导管沿鼻腔侧壁向前，开口于鼻前庭的鼻中隔或前鼻甲上。

（2）喉和气管

① 喉　位于咽底壁，在舌根后方，约与鼻后孔相对，喉口呈纵行裂缝，以两侧黏膜褶围成，内有一对勺状软骨为支架。没有会厌软骨和甲状软骨，喉腔内无声带。

② 气管　气管较长较粗，进入胸腔后在心基上方分为左、右两个支气管，分叉处形成鸣管。

③ 鸣管　是鸟类的发音器官，位于胸腔入口后方，被锁骨气囊包裹；由最后几个气管环、前几个支气管软骨环和气管叉顶部呈楔形的鸣骨构成。鸣骨将鸣腔分为两部，在鸣骨与支气管以及气管与支气管之间的内、外侧壁覆以两对弹性薄膜，叫内、外鸣膜（鸣膜相当于声带）。两鸣膜形成一对狭缝，当鸟呼气时，受空气振动而发声。

④ 支气管　经心基上方进入肺，其支架为 C 形软骨环，内壁为结缔组织膜。

（3）肺　肺不大，鲜红色，略呈扁平四边形，一般不分叶，位于胸腔背侧，背侧面有肋骨嵌入，形成几条肋沟。肺除腹侧面前部有一肺门外，还有一些开口与气囊相通。

（4）气囊　气囊是鸟类特有的器官，由支气管出肺后形成，大部分与许多含气骨的内腔相通。气囊在胚胎发生时共有 6 对，但在孵出后一部分气囊合并，多数只有 9 个，可分为前、后两群。前群有 5 个气囊：一对颈气囊、一个锁骨气囊和一对胸前气囊。后群气囊有 4 个气囊：一对胸后气囊和一对腹气囊。

（5）胸腔和膈　被覆胸膜，胸膜腔不明显内有肺。无坚韧的膈，而有胸膜与胸气囊壁形成的水平隔，伸张于两肺腹侧，又叫囊胸膜或肺膈，壁内含有较多胶原纤维，两侧并有一些肌束附着于两段肋骨交界处。胸气囊壁另与腹膜形成所谓斜隔，将心脏及其大血管等与后方腹腔内脏隔开，又叫囊腹膜或胸腹膈。

2. 呼吸生理

鸟类的弹性小，并固定于肋骨间，没有明显的膈，在呼吸肌的作用下，靠肋骨和胸骨的交互运动引起胸腔的扩张和缩小，进行呼吸。

鸟类呼吸率取决于种类、性别、年龄、体重，温度和生理状态而有很大的变动。

鸟类呼吸系的另一特征是发达的气囊，容积很多，占全部呼吸器官容积的 $85\% \sim 90\%$，吸气时气体经过肺进入气囊，在肺内进行气体交换；呼气时气囊内的气体经过肺而后呼出，在肺内有进行气体交换，一次呼吸在肺内进行二次气体交换，这就大大提高了鸟肺的气体交换效率。此外气囊还有减轻体重、平衡体位、加强发音气流、发散体热以调节体温等生理功能。

三、泌尿器官

1. 泌尿器官的形态、结构

鸟无膀胱和尿道，泌尿器官由成对的肾和输尿管组成。

（1）肾　肾比例较大，占体重的 1% 以上。淡红色至红褐色；质软而脆。位于综荐骨两旁髂骨的肾窝内；形狭长，可分前、中、后三部。没有肾门，肾的血管、神经和输尿管直接从表面进出，输尿管在肾内不形成肾盂或肾盏，而是分支为初级分支（约 17 条）和次级分支（每一初级分支上有 5～6 条）。

肾实质由许多肾叶构成。表面较深的裂将肾分为数十个肾叶，每个肾叶又被表面的浅沟分成数个肾小叶。肾小叶形状不规则，彼此间由小叶间静脉隔开。每个肾小叶也分为皮质和髓质，但由于肾小叶的分布有浅有深，因此整个肾不能区分出皮质和髓质。

（2）输尿管　为一对细管，从肾中部走出，沿肾的腹侧面向后延伸，最后开口于泄殖道顶壁两侧。输尿管壁很薄，有时因管内尿液含有较浓的尿酸盐而显白色。尿沿输尿管到泄殖腔与粪混合，形成浓稠灰白色的粪便一起排出体外。

2. 泌尿生理

尿生成的特点是：肾小球的有效滤过压较低；肾小管上皮细胞向小管液中分泌尿酸而不是尿素，另外，还有肌酸、马尿酸、鸟变酸、肌酐等其他有关成分；肾小管浓缩尿的能力较低，而泄殖腔却有很强的重吸收水分的能力。

尿量较少，呈奶油色，较浓稠，呈弱酸性反应，pH 6.22～6.7。尿中尿酸多于尿素，肌酸多于肌酐酸。

四、生殖器官

1. 公鸟生殖器官的形态、结构

公鸟生殖器官包括睾丸、附睾、输精管和交配器官。

（1）睾丸和附睾　睾丸左右对称，均呈豆形，位于腹腔内，以短的系膜悬挂在肾前部的腹侧。大小随年龄和季节而有变化。幼雏只有米粒大，淡黄色；成鸟在生殖季节可达鸽蛋大小，颜色变白。睾丸实质主要由精小管构成。睾丸增大主要是由于精小管的加长和增粗以及间质细胞增多。

附睾呈长纺锤形，紧贴在睾丸的背内侧缘。附睾主要有睾丸输出小管和短的附睾管构成，出附睾后延续为输精管。

（2）输精管　是一对弯曲的细管。与输尿管并行，向后因壁内平滑肌增多而逐渐加粗，终部变直，然后略扩大成纺锤形，进入泄殖腔内，末端形成输精管乳头，突出于输尿管口外下方。输精管是精子的主要贮存处，在生殖季节增长并加粗，弯曲密度也变大，此时常因贮有精液而呈乳白色。

（3）交配器官　交配器官不发达，包括三个小阴茎体、一对淋巴褶和一对泄殖腔旁血管体。交配射精时，一对外侧阴茎体因充满淋巴而勃起增大，并与正中阴茎体形成阴茎沟，插入母鸟阴道内，精液沿阴茎沟导入阴道。

2. 母鸟生殖器官形态、结构

母鸟生殖器官由卵巢和输卵管组成。母鸟生殖器官仅左侧发育正常，右侧在胚胎发育过程中停止至退化。

（1）卵巢　卵巢以短的系膜附着在左肾前部及肾上腺腹侧。雏鸟卵巢为扁平椭圆形，表面呈颗粒状，被覆生殖上皮，皮质内有卵泡，髓质为疏松结缔组织和血管。随年龄的增长和性活动，卵泡不断发育，并突出于卵巢表面，仅以细的卵泡蒂与卵巢相连，因此卵巢呈葡萄状。排卵时，卵泡膜在薄弱无血管的卵泡斑处破裂，将卵子释放出。鸟卵泡没有卵泡腔和卵泡液，排卵后不形成黄体，卵泡膜于排卵2周后退化消失。鸟卵泡在发育过程中也发生大量退化和闭锁现象。较大的卵泡在萎缩时，细胞膜和卵泡膜破裂；卵黄外溢而被吸收。

（2）输卵管　输卵管因生殖周期而具有显著的变化，产蛋期粗长而弯曲，形如肠管。停产期的输卵管萎缩。根据构造和功能，由前向后可顺次分为五部分：漏斗、膨大部、峡、子宫和阴道。漏斗是输卵管的起始部，前端形成漏斗伞，朝向卵巢；中央有一裂缝状的输卵管腹腔口。膨大部又称蛋白分泌部，是输卵管最长和最弯曲的一段，它以短而细的峡与子宫连接。子宫扩大成囊状，壁较厚。阴道为输卵管的末段，弯曲成"S"形，先从子宫折转向前，再转向后，最后开口于泄殖道的左侧。

输卵管壁由黏膜、肌层和浆膜构成。黏膜形成皱褶，富有血管；上皮由纤毛柱状细胞和单细胞腺构成。黏膜下组织薄，无黏膜肌层。

3. 生殖器官的生理功能

（1）公鸟生殖生理　鸟类精子呈细长的纤维状，体积较小，精子射出后，在体外有较强的活力，对温度变化也有较宽的范围（2～34℃）。鸟类没有副性腺，其精液来源是阴茎海绵体中的淋巴滤过液和输卵管的分泌物。交配前公鸟先有求偶行为，然后公鸟的泄殖腔紧贴母鸟泄殖腔进行交配，靠精子本身的运动，一部分精子越过子宫阴道连接处，再经输卵管的运动，约在自然交配后1h可达漏斗部，该部即发生受精。

（2）母鸟生殖生理　在性活动期的母鸟卵巢内，会有许多不同发育程度的卵泡，每一个卵泡中有一个卵细胞，随着卵泡的发育，卵黄物质逐渐沉积，当卵泡才成熟后，卵泡破裂，于是发生排卵。卵泡在排卵以后，卵泡壁发生皱缩，最后形成瘢痕组织。母鸟排乱通常在产蛋后15～75min内发生。两次产卵通常间隔24～26h。排出的卵细胞卵黄进入输卵管漏斗部，在此停留15～25min，并进行受精。在输卵管壁肌肉收缩的作用下，卵黄被后移，到膨大部，并在此停留，膨大部大量的腺体分泌浓稠的胶状蛋白围绕在卵黄的四周，构成蛋的全部蛋白。然后至峡部，停留约1.25h形成内外壳膜，同时也有少量水分进入蛋白。卵在子宫内停留 19～20h。该部内壁的黏膜下有壳腺细胞，能分泌大量钙盐和少量蛋白质。当卵到达子宫后，壳腺细胞即开始从血液转运钙，沉积在壳膜上形成蛋（表17-1）。蛋壳的色素在子宫内最后 4～5h 形成。

表 17-1 蛋的形成

部位	蛋的形成	需要时间	部位	蛋的形成	需要时间
卵巢	蛋黄	7～9h	峡部	形成壳膜	1.25h
输卵管	所有非蛋黄部分	24～25h	子宫	形成蛋壳	19～20h
漏斗部	受精	15min	阴道	形成保护膜、蛋的产出	1～10min
膨大部	形成蛋白	3h			

卵从卵巢排出后进入输卵管，在输卵管内约经过 25h，完成蛋的形成以后产出。在产出前，蛋在子宫内要旋转 180°而以钝端向后产出。蛋产出时，阴道和泄殖腔外翻，使蛋部与泄殖腔直接接触，故产出的蛋表面比较干净。

（3）抱窝　抱窝也称就巢性，是指母鸟的母性行为，表现为愿意伏在巢中进行孵蛋并育雏，在抱窝期间产蛋停止。就巢性受激素的控制，腺垂体分泌的催乳素能引起就巢性。注射雌激素或雄激素能终止就巢性。某些环境因素包括高温、黑暗，巢中蛋的积累以及出现雏鸟，则有助于诱起母鸟的就巢性。

第五节　循 环 系 统

一、心血管系统

1. 血液

（1）血浆　血浆蛋白含量较哺乳动物低，血糖含量较高，非蛋白含氮物主要是氨基氮和尿酸氮，尿素氮含量很低，几乎没有肌酸。血浆中钾含量高、钠含量低。在产蛋期的母鸟血钙含量明显升高。

（2）血细胞　鸟类的血细胞分为红细胞、白细胞和凝血细胞三种。

① 红细胞　鸟类红细胞有细胞核，呈椭圆形，较哺乳动物的大，数量则较少，约250万～400万/mm³。鸟类红细胞的数量常因种类、性别、品种、年龄和生理状态不同而有变化。

② 白细胞　鸟类的白细胞可分为 5 种类型，即异嗜性粒细胞、嗜酸性粒细胞、嗜碱性粒细胞、单核细胞和淋巴细胞。其形态、功能与哺乳动物相似。异嗜性粒细胞类似于哺乳动物的中性粒细胞，白细胞总数在大多数鸟类为 2 万～3 万/mm³，但因年龄、性别和不同的生理状态而异。

③ 凝血细胞　鸟类的凝血细胞形态与鸟的红细胞相似，但胞体小，有一椭圆形的核，胞质内有 1～3 个深染的颗粒。凝血细胞参与血液凝固过程，数量约为 2.5 万～4 万个/mm³，幼年的鸟高于成年鸟。

2. 心脏

鸟类心脏位于胸腔前下方，心底朝向前上方，与 1～2 肋骨相对；心尖向后下方，夹在肝脏的左、右叶之间，与第 5～6 肋骨相对。右心房有静脉窦，是左、右前腔静脉和后腔静脉的注入处。

右房室瓣是一片厚的肌肉瓣，呈新月形。右心室壁内较平滑，缺少乳头肌和腱索结构。左、右肺静脉相互合成一总干进入左心房。

3. 血管

（1）动脉　肺动脉干由右心室发出，在接近臂头动脉的背侧分为左、右肺动脉，进入两肺。主动脉由左心室发出，可分为升主动脉、主动脉弓和降主动脉三段。升主动脉自起始部向前弯向右上后方形成右主动脉弓，延续为降主动脉。

升主动脉在半月瓣平面分出左、右冠状动脉分布于心肌。主动脉弓分出左、右臂头动脉；每一臂头动脉又分为颈总动脉和锁骨下动脉。颈总动脉沿颈腹侧中线向前到颈前端分向两侧至头部。锁骨下动脉分布到翼部。

降主动脉沿胸腹腔背侧向后行，分出成对的肋间动脉和腰荐动脉以及腹腔动脉、肠系膜前动脉、肠系膜后动脉和一对肾前动脉。

主动脉分出髂外动脉、坐骨动脉。髂外动脉向外侧延伸，经髂骨的外侧出腹腔，称股动脉。坐骨动脉向外侧延伸，分出肾中和肾后动脉，然后穿过坐骨孔到后肢，成为后肢动脉干。

主动脉分出一对细的髂内动脉后，延续为尾动脉，分布于尾部。

(2) 静脉 肺静脉有左、右两支，注入左心房。

全身静脉汇集成两支前腔静脉和一支后腔静脉，开口于心房的静脉窦。前腔静脉是由同侧的颈静脉和锁骨下静脉汇合形成。两颈静脉在颈部皮下沿气管两侧延伸。后腔静脉是由两髂总静脉汇合而成。髂内静脉穿行于肾后部和中部内成为肾门后静脉，与髂外静脉汇合而成髂总静脉。

门静脉有左、右两干，进入肝的两叶。有肠系膜后静脉注入。肝静脉有两支，由肝的两叶走出，直接注入后腔静脉。

二、淋巴系统

1. 淋巴管

鸟类体内的淋巴管较小，大多数伴随血管而行；管内瓣膜也较少。胸导管一般有一对，从骨盆沿主动脉两侧向前行，最后分别进入前腔静脉。

2. 淋巴器官

(1) 胸腺 位于颈部两侧皮下，淡黄色或带红色。性成熟前发育至最大，此后逐渐萎缩，但常保留一些遗迹。

(2) 腔上囊 又称泄殖腔囊或法氏囊，是鸟类特有的器官，位于泄殖腔背侧，开口于肛道；圆形或长椭圆形。鸟孵出时已存在，性成熟前发育至最大，此后开始退化为小的遗迹，直至完全消失。

(3) 脾 较小，位于腺胃右侧，为褐红色，呈圆形或三角形。

3. 淋巴组织

淋巴组织广泛分布于体内各器官，主要分布于实质性器官和消化管壁内；多数呈弥散性，有的呈小结状，有的较发达，如盲肠扁桃体和食管扁桃体。

第六节 神 经 系 统

一、中枢神经

(1) 脊髓 脊髓细长，从枕骨大孔与延髓连接处起，向后延伸直到综尾骨的椎管内。在脊髓的颈胸部和腰荐部形成颈膨大和较发达的腰荐膨大。

(2) 脑 脑较小。延髓发达，其中除有维持和调节呼吸运动、心血管活动等重要中枢外，它的前庭核还与内耳迷路相联系。因此，其延髓在维持正常姿势和调节空间方位平衡方面也有一定的作用。脑桥不明显，中脑较发达，后方与延髓直接融合，背侧顶盖形成一对发达的二叠体，又叫视叶，相当于哺乳动物的前丘；还形成一对半环状枕，突向中脑水管，内为中脑外侧核，相当于后丘。间脑较短，位于视交叉背后侧，无乳头体。小脑的蚓部很发达，两侧有一对小脑绒球。小脑中有控制躯体运动和平衡的中枢。大脑皮质不发达，薄而表面平滑，无脑沟和脑回，仅背面有一略斜的纵沟。纹状体较发达，是重要的整合中枢。

二、周围神经

1. 脊神经

（1）臂神经丛　由最后两个颈神经和第 1、2 胸神经的腹侧支形成，分布于翼部。

（2）腰荐神经丛　由腰荐部 8 对脊神经的腹侧支形成，又分为腰神经丛和荐神经丛两部分；分别分布于荐臀部和后肢。

2. 脑神经

12 对脑神经，三叉神经发达，在头部分布较广。面神经不发达，其运动支支配下颌降肌、颈皮肤和部分舌骨肌。舌咽神经分为三支，即舌神经、喉咽神经和食管降神经。副神经伴随迷走神经出颅腔，分支至部分颈皮肌，其余神经纤维随迷走神经分布。舌下神经舌支分布于舌骨肌，气管支分布于气管肌。

3. 植物性神经

（1）交感神经　交感神经干有一对，从颅底沿脊柱两侧延伸到综尾骨，具有一串椎旁神经节。数目与脊神经数目相近。交感干的颈段位于颈椎横突管内；颈前结很大。此外，还有一对细干沿颈总动脉延伸，叫颈动脉神经或椎下干，在胸腔入口处与颈交感干一起至颈胸神经节。交感干胸段的节间支分为背、腹两支，包绕肋骨头。从颈胸神经节上分心支和肺支；从胸神经节上分出大、小神经，到腹腔动脉和肠系膜前动脉周围以及主动脉上的椎前神经丛。交感干的胸段被肾覆盖，向后逐渐变细，至泄殖腔处与对侧合并而形成具有许多神经节的神经丛。腹段分支于输尿管、输精管、输卵管、泄殖腔及腔上囊。

（2）副交感神经　迷走神经发达，在头部有分支与舌咽神经相联系，然后继续沿颈静脉后行，在胸腔入口处的甲状腺附近具有结状节（远神经节），有分支到甲状腺和心脏，并分出返支折向前与舌下神经的降支相汇合，有分支到气管和食管。迷走神经分出心支和肺丛后，向后沿食管延伸，在腺胃处左右两侧合并为迷走神经总干，分支到胃、肝和脾，而入交感的椎前神经丛内。副交感神经的荐部，其节前纤维行于腰部 4～5 对脊神经腹侧支形成的阴部丛内，节后纤维分布到泄殖腔和泌尿生殖器官。

鸟类还有一支特殊的肠神经，从直肠与泄殖腔的连接处起，在肠系膜内与肠管平行向前延伸，直到十二指肠后端，具有一串肠神经节。肠神经接受来自交感神经椎前丛的前支，后部并于阴部丛的副交感纤维相联系，从肠神经发出细支到肠和泄殖腔。

第七节　感觉器官

一、视器官

1. 眼球

眼球比较大，较扁，角膜较凸，巩膜较坚硬；虹膜呈黄色，中央有圆形的瞳孔，视网膜较厚，没有血管分布；在视神经入口处，视网膜呈板状伸向玻璃体内，并含有丰富的血管和神经，这一特殊结构称为眼梳膜，可能与视网膜的营养和代谢有关。晶状体柔软，其外周在靠近睫状突部位有晶状体环枕。

2. 辅助器官

鸟类下眼睑大而薄，较灵活，眼睑无腺体。第三眼睑（瞬膜）发达，为半透明薄膜，由两块小的横纹肌（瞬膜肌）控制其活动，受外展神经支配。泪腺较小，位于下眼睑后部的内侧。瞬膜腺较发达，呈淡红色至褐红色，位于眼眶内眼球的腹侧和后内侧，分泌黏液性分泌物，有清洁、湿润角膜和利于瞬膜活动的作用。

二、位听器官

位听器官包括外耳、中耳和内耳。

（1）外耳　无耳廓，外耳门周缘有褶，被小的耳羽遮盖，外耳道较短，鼓膜向外隆凸。

（2）中耳　听小骨只有一块，称为耳柱骨，其一端以多条软骨性突起连于鼓膜，另一端膨大呈盘状嵌于内耳的前庭窗，鼓室除咽鼓管与咽腔相通处，还有一些小孔与颅骨内一些气腔相通。

（3）内耳　由骨迷路和膜迷路构成，三个半规管很发达。耳蜗则是一个稍弯曲的短管。

第八节　内分泌系

一、甲状腺

甲状腺一对，不大，呈椭圆形，暗红色，位于胸腔前口附近、气管的两侧。甲状腺的大小因鸟的品种、年龄、季节和饲料中碘的含量而有变化。甲状腺分泌甲状腺激素，主要功能是新陈代谢和生长发育。

二、甲状旁腺

有两对，很小（如芝麻粒大），呈黄色或淡褐色，紧位于甲状腺之后。甲状旁腺主细胞分泌甲状旁腺激素，对骨的作用主要是调节钙磷代谢。

三、腮后腺

是一对较小的腺体。位于甲状腺与甲状腺后方，但右腮后腺位置变化较大。在新鲜标本中腮后腺呈淡红色。腮后腺分泌的激素叫降钙素。降钙素的作用与甲状旁腺相反，主要是抑制破骨细胞的活动，抑制骨的溶解及骨钙的释放，从而使血钙降低。

四、肾上腺

一对，呈卵圆形或扁平的不规则形，多为乳白色，黄色或橙色，位于肾前端。肾上腺髓质分泌两种激素：肾上腺素和去甲肾上腺素。肾上腺素能提高心肌的兴奋性和传导速度，使心搏加强加快，心输出量增加，血压升高；去甲肾上腺素使小动脉不同程度的收缩等。肾上腺素能促进肝脏和肌肉中糖原分解，并降低葡萄糖在组织中的氧化速度，结果使血糖和乳酸含量增加，去甲肾上腺素对糖代谢和对内脏平滑肌的作用，与肾上腺素相比较弱。肾上腺皮质分泌三类激素，即盐皮质激素、糖皮质激素和性激素，其生理作用调节糖和水盐的代谢，增强机体对有害刺激的耐受力。当机体遭受损害性刺激时，肾上腺分泌大量的糖皮质激素，增加鸟体对恶劣环境的适应能力。

五、垂体

呈扁平长卵圆形，位于脑的腹侧，以垂体柄与间脑相连。

（1）腺垂体　分泌的促甲肾上腺素、促肾上腺皮质激素、生长激素和促性腺激素中的卵泡刺激素，它们的生理作用与哺乳动物相似。

（2）神经垂体　分泌催产素和8-催产素为鸟类所特有，与繁殖有密切关系。此外，神经垂体也含有加压-抗利尿激素，具有升高血压和减少尿量的作用。

六、胰岛

为胰腺的内分泌部，主要分泌胰岛素和胰高血糖素，胰岛素作用是降低血糖，但鸟类对胰岛素的敏感性远比哺乳动物低。胰高血糖素能使血糖升高，鸟类胰腺中胰高血糖素含量比哺乳动物约高10倍。

七、性腺

（1）公鸟的性激素及作用　公鸟的睾丸产生雄激素，主要生理作用是雄性生殖器官发育、促进雄性第二性征的出现、维持正常的性行为并促进体内蛋白质的合成。

（2）母鸟的性激素及作用　母鸟卵巢分泌的性激素主要为雌激素和孕酮。

第九节　体　温

1. 正常体温

鸟类的正常体温较家畜高。

2. 体温调节

鸟类体温调节中枢位于下丘脑，当内、外环境变动可能引起体温变化时，能对鸟体的产热和散热过程不断进行调节。鸟类的喙部和胸腹部有温度感受器，当外界温度升高时，能反射性地加速散热过程。鸟类表现为头颈伸张、翅下垂以增加散热的有效体表面积和降低羽毛的绝热效能。鸟类无毛部分的血管舒张，使血液流向体表便于散热；当外界温度降低时，羽毛蓬松以增加绝热效应。群鸟集挤在一起以减少散热面积；头部藏于翅下，以防裸露散热过多等。

3. 鸟类对外环境的反应

鸟类对高温的耐受性在很大程度上受温度的影响，因为鸟类主要靠蒸发散热，温度高会妨碍热的蒸发。鸟类对寒冷的环境耐受力较强，这可能是由于包有羽毛保护具有较高的绝缘性的缘故。鸟类在高温或低温环境中，会发生一系列生理机能的调整，以适应生活环境。在炎热的环境中通常表现摄食量减少，体重减轻，引水量增加；呼吸率和每分呼吸量减少，潮气量增加；体表血管扩张，外周血管收缩，血流外周阻力增加。同时甲状腺和去甲肾上腺素分泌量增加，基础代谢升高。羽毛变厚，绝热性改善，大大增加耐寒能力。

【复习思考题】

1. 鸟类骨骼与犬、猫的骨骼有什么不同？
2. 简述鸟类消化器官的形态结构和生理机能。
3. 鸟类呼吸系统由哪些器官组成？其形态结构和生理功能如何？
4. 鸟类肾结构和主要功能是什么？
5. 公鸟和母鸟的生殖系统各包括哪些器官？各器官的结构和功能如何？
6. 试述鸟类血液的理化特性和形态特征。
7. 鸟类淋巴器官的结构有何特征？
8. 简述鸟类内分泌腺的形态结构和生理作用。

【岗位技能实训】

项目　鸽的解剖

【目的要求】　掌握鸽的消化、呼吸、泌尿、生殖系统的组成及各器官的形态、结构和位置。

【实训材料】　鸽（公、母各半）。

【方法步骤】

1. 分离颈部，向气管内插入玻璃管并吹气，使气囊充满气体，然后结扎气管。

2. 从肛门下方向前至胸骨后端切开腹壁，然后沿胸骨两侧用肋骨剪剪断胸骨突和肋骨，向上方掀开胸骨，暴露胸腔和腹腔器官。

3. 消化器官　观察口咽结构；颈段食管的走向；嗉囊的形态及位置；腺胃的形态、结构，肌胃的形态、结构；小肠、大肠和肝、胰的形态构造和相互关系。

4. 呼吸器官　观察喉、气管、鸣管（内鸣膜、外鸣膜、鸣骨）、肺和气囊。

5. 泌尿器官　观察肾（前肾、中肾和后肾）和输尿管的形态、位置。

6. 生殖器官　观察公鸟睾丸、附睾、输精管和交媾器的形态位置；观察母鸟的卵巢、输卵管（漏斗部、膨大部、峡部、子宫部、阴道部）的形态结构。

7. 观察心脏、脾、胸腺、甲状腺、泄殖腔（区分粪道、泄殖道和肛道）和腔上囊。

【技能考核】　正确解剖鸽子，依据其各系统的器官形态和结构，分辨之并指出其位置所在。

第十八章　观赏鱼解剖生理特征

【学习目标】

1. 了解鱼类骨骼、肌肉、皮肤的形态、结构。
2. 了解常见鱼类的消化、呼吸、泌尿、生殖、循环、神经系统的组成和生理特点。
3. 掌握鱼的口腔、胃、肠、鳃、肾、膀胱、精巢、卵巢等器官的形态、位置特点。
4. 了解鱼的生活习性。

【技能目标】

识别鱼内脏主要器官的形态结构。

　　观赏鱼只是指那些具有观赏价值的有鲜艳色彩或奇特形状的鱼类。它们分布在世界各地，品种不下数千种。它们有的生活在淡水中，有的生活在海水中，有的来自温带地区，有的来自热带地区。按其对水温的适用性可分为热带鱼、温带鱼和冷水鱼。它们有的以色彩绚丽而著称，有的以形状怪异而称奇，有的以稀少名贵而闻名。在世界观赏鱼市场中，它们通常由三大品系组成，即温带淡水观赏鱼、热带淡水观赏鱼和热带海水观赏鱼。

第一节　观赏鱼概述

　　世界的鱼类有 3 万～5 万种，其中可供观赏的包括海水鱼，淡水鱼有 2000～3000 种，而实际普遍饲养和常见的只有 500 种左右。观赏鱼在世界观赏鱼市场中通常由三大品系组成，即温带淡水观赏鱼、热带淡水观赏鱼和热带海水观赏鱼。

一、温带淡水观赏鱼

　　主要有红鲫鱼、中国金鱼、日本锦鲤等，它们主要来自中国和日本。

　　(1) 红鲫鱼　体形酷似食用鲫鱼，依据体色不同分为红鲫鱼、红白花鲫鱼和五花鲫鱼等，它们主要被放养在旅游景点的湖中或喷水池中，如上海老城隍庙的"九曲桥"、杭州的"花港观鱼"等。

　　(2) 中国金鱼　其鼻祖是数百年前野生的红鲫鱼，经历池养和盆养两个阶段家化，由最初的单尾金鲫鱼逐渐发展为双尾、三尾、四尾金鱼，颜色也由单一的红色逐渐形成红白花、五花、黑色、蓝色、紫色等，体形也由狭长的纺锤形发展为椭圆形、皮球形等，品种也由单一的金鲫鱼发展为今天丰富多彩的数十个品种，如龙睛、朝天龙、水泡、狮头、虎头、绒球、珍珠鳞、鹤顶红等。

　　(3) 日本锦鲤　其原始品种为红色鲤鱼，早期是由中国传入日本的，经过精心饲养，逐渐成为今天驰名世界的观赏鱼之一。日本锦鲤的主要品种有红白色、昭和三色、大正三色、秋翠等。

二、热带淡水观赏鱼

　　主要来自于热带和亚热带地区的河流、湖泊中，它们分布地域极广，品种繁多，大小不等、体形特性各异，颜色五彩斑斓，非常美丽。依据原始栖息地的不同，它们主要来自于三个地区：一是南美洲的亚马逊河流域的许多国家和地区，如哥伦比亚、巴拉圭、圭那亚、巴西、阿根廷、墨西哥等地；二是东南亚的许多国家和地区，如泰国、马来西亚、印度、斯里兰卡等地；三是非洲的三大湖区，即马拉维湖、维多利亚湖和坦干伊克湖。

热带淡水观赏鱼较著名的品种有灯类、神仙鱼和龙鱼三大系列。

（1）灯类品种 如红绿灯、头尾灯、蓝三角、红莲灯、黑莲灯等，它们小巧玲珑、美妙俏丽、若隐若现，非常受欢迎。

（2）神仙鱼系列 如红七彩、蓝七彩、条纹蓝绿七彩、黑神仙、芝麻神仙、鸳鸯神仙、红眼钻石神仙等，它们潇洒飘逸、温文尔雅，大有陆上神仙的风范，非常美丽。

（3）龙鱼系列 如银龙、红龙、金龙、黑龙鱼等，它们素有"活化石"美称，名贵美丽，广受欢迎。

三、热带海水观赏鱼

主要来自于印度洋、太平洋中的珊瑚礁水域，品种很多体型怪异，体表色彩丰富，极富变化，善于藏匿，具有一种原始、古朴、神秘的自然美。常见产区有菲律宾、中国台湾和南海、日本、澳大利亚、夏威夷群岛、印度、红海、非洲东海岸等。热带海水观赏鱼分布极广，它们生活在广阔无垠的海洋中，许多海域人迹罕至，还有许多未被人类发现的品种。热带海水观赏鱼是全世界最有发展潜力和前途的观赏鱼类，代表了未来观赏鱼的发展方向。

热带海水观赏鱼由三十几科组成，较常见的品种有雀鲷科、蝶鱼科、棘蝶鱼科、粗皮鲷科等，其著名品种有女王神仙、皇后神仙、皇帝神仙、月光蝶、月眉蝶、人字蝶、海马、红小丑、蓝魔鬼等。热带海水观赏鱼颜色特别鲜艳、体表花纹丰富。许多品种都有自我保护的本性，有些体表生有假眼，有的尾柄生有利刃，有的棘条坚硬有毒，有的体内可分泌毒汁，有的体色可任意变化，有的体形善于模仿，林林总总，千奇百怪，充分展现了大自然的神奇魅力。

四、外形特征

鱼类营水生生活，体表覆盖鳞片，有鳍，体色多样。体型差异大，身体左右对称，常见体形有纺锤形、侧扁形、平扁形和圆筒形等，也有一些特殊的体形，如带形、箱形、球形、海马形等。分为头部、躯干部和尾部（图 18-

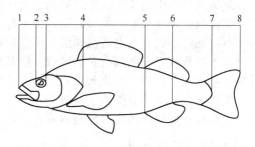

图 18-1 鱼类的外形
1～4—头部；4～5—躯干部；5～8—尾长

1）。头部和躯干部的分界线为最后一对鳃裂或鳃盖后缘，躯干部和尾部的分界线是肛门或泄殖腔。

第二节 运动与被皮系统

一、骨骼

骨骼（图 18-2）分为中轴骨骼（包括头骨、脊柱、肋骨）和附肢骨骼（包括肩带、腰带、支鳍骨）；外骨骼主要是皮骨（包括鳞片、鳍条、鳍棘）。

1. 中轴骨

（1）头骨 头骨可分为脑颅和咽颅两部分。脑颅位于整个头骨的上部，用来保护脑及嗅、视、听等感觉器官。咽颅也称脏颅，位于整个头骨的下部，呈弧状排列，包围着消化道前端的两侧。

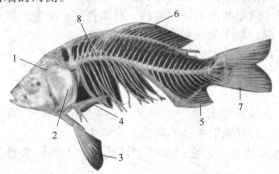

图 18-2　鱼的骨骼

1—头骨；2—鳃盖；3—腹鳍；4—胸鳍；5—臀鳍；

6—背鳍；7—尾鳍；8—脊椎骨

（2）脊柱　脊柱是由许多椎骨自头后一直到尾鳍基部相互衔接而成，用以支持身体和保护脊髓、主要血管等，鱼类的脊椎骨按着部位和形态的不同可以分为躯椎和尾椎两类。

（3）肋骨及肋间骨

① 肋骨　是中轴骨骼的一个组成部分。肋骨与椎体横突相关节，起到支持身体、保护内脏器官的作用。鱼类的肋骨可分为两大类，即背肋和腹肋。

② 肌间骨　见于低等真骨鱼类，如鲱形目及鲤形目等，它是分布于椎体两侧肌隔中的小骨。分布于轴上肌的每一肌隔中的称上肌间骨，是由髓弓基部发生的。分布于轴下肌每一肌隔中的称下肌间骨，是由椎体两侧生出的。

2. 附肢骨

（1）鳍骨　鳍骨分为偶鳍骨（胸鳍和腹鳍）和奇鳍骨（背鳍、臀鳍）。偶鳍骨在软骨鱼类由基鳍骨、辐鳍骨和角质鳍条组成。硬骨鱼类的偶鳍骨简化，留有辐鳍骨和角质鳍条。

（2）带骨　带骨分为肩带和腰带，连接胸鳍为肩带，连接腹鳍为腰带。

二、肌肉

鱼类的肌肉由横纹肌、平滑肌和心脏肌组成。鱼体横纹肌根据来源不同又可以分为两大类，即体节肌和鳃节肌。体节肌受意志支配，分布于头部、躯干部、附肢等部位。鳃节肌来源于胚层间叶细胞，与平滑肌同源，但它的肌纤维上有横纹，受意志支配，与横纹肌相同，它分布于咽颅或者与咽颅有关的区域。躯部肌肉主要是从头后直到尾柄末端的大侧肌，它是体侧一系列按节排列呈锯齿状的肌节，肌节间有结缔组织的肌隔相隔。体侧中央有结缔组织的水平隔膜将大侧肌分隔为上、下两个部分，背部的肌肉称为轴上肌，腹部的肌肉称为轴下肌。有些鱼类的肌肉转化为发电器官，放电功能可用于攻击、防卫和定位等。

三、皮肤及其衍生物

皮肤包被在鱼体的外面，有保护鱼体的功用。鱼类皮肤的结构由表皮和真皮两层组成。皮下疏松结缔组织少，皮肤与肌肉连接紧密。鱼类的黏液腺是表皮腺层内的各种单细胞腺体，可分泌黏液以保护鱼体，减少病菌、寄生虫和其他微小有机体的侵害；保持身体润滑，减低游泳阻力和增加体表光滑，不易被敌害捕捉，或捕捉后易于滑逃。鳞片是皮肤的衍生物，披覆在鱼的体表，因含有钙质，所以比较坚韧，是一种保护性的结构。现存鱼类除圆口类无鳞外，绝大多数都有鳞片。根据鳞片形状的不同可分为三种，即盾鳞、硬鳞和骨鳞。其中骨鳞表面有很多同心环纹，称为年轮，据此可以推算鱼的年龄。

第三节　头部器官和鳍

一、头部器官

头部形态各种各样，但在头部着生的器官却无增减。头部主要的器官有口、唇、须、眼、鼻、鳃裂和鳃孔、喷水孔等。

（1）口　可区分为上位口（如翘嘴红鲌、麦穗鱼、鳜鱼、大眼鲷等）、端位口（如鲟鱼、密鲴、鲮鱼）和下位口（也称前位口。如鲢、鳙、海水的鲌鱼、马鲛鱼等）。

（2）唇　唇是围绕在口边的一层厚皮，一般不发达，生活在水底层的鱼类有比较发达的唇。

（3）须　有一部分鱼类在口周围及其附近常有各种类型的须着生，须上分布有作为感觉器的味蕾，起触角作用，其功能是辅助鱼类发现和觅取食物。须以所在的位置不同而命名，着生在颐部（颏部）的称为颐须，在颌部的为颌须，在鼻部的为鼻须，在吻部的为吻须。

（4）眼　鱼类的眼睛一般较大，多位于头部两侧，无泪腺，无真正的眼睑。

（5）鼻　绝大多数每边均有由瓣膜隔开的两个鼻孔，前面的称前鼻孔，为进水孔，后面的称后鼻孔，为出水孔。

（6）鳃裂和鳃孔　鳃裂一般具五对（多鳍鱼类仅四对），所有具有鳃盖，并有骨骼支持，在外观上只能看到一对鳃孔。

① 鳃裂　头部后方两侧，由消化管通到体外的孔裂，为两鳃弓之间的裂缝。

② 鳃孔　又称鳃盖孔或鳃盖裂，具有鳃盖的硬骨鱼类，鳃盖末端的开口。

二、鳍

鳍是鱼形动物和鱼类特有的外部器官，通常分布在躯干部和尾部，是鱼体运动和维持身体平衡的主要器官。鳍可分为奇鳍和偶鳍两大类。奇鳍位于耳体正中，不成对，包括背鳍、臀鳍。偶鳍均成对存在，位于身体两侧，包括胸鳍和腹鳍。

鳍的作用：背鳍和臀鳍像船的龙骨一样，能维持鱼体直立稳定，防止左右摇摆，也能帮助游泳；尾鳍在静止时能保持身体稳定，在游泳时像螺旋桨和舵一样起推进作用及掌握运动方向；胸鳍在静止时，与尾鳍合作控制身体的稳定平衡，缓慢游泳时，可像船桨一样拨动，使鱼体徐徐向前，快速游泳时能突然举起，鱼类停止前进，当一鳍举起，一鳍靠近身体时鱼体向举鳍方向转弯；腹鳍能帮助背鳍、臀鳍维持鱼类平衡，在高等鱼类中有腹鳍胸位的则还有转弯的作用。

第四节　鱼类的内脏解剖生理特征

一、消化系统

消化系统包括消化道和消化腺两部分。消化道包括口咽腔、食管、胃、肠、肛门。消化腺主要是肝脏和胰腺。

1. 口咽腔

鱼类的口腔和咽没有明显的界限，鳃裂开口处为咽，其前即为口腔，故一般统称为口咽腔。鱼类口咽腔的形态和大小与食性有关。口咽腔常覆盖以复层上皮，其中有黏液细胞和味蕾的分布，口咽腔内有齿、舌及鳃耙等构造。

2. 食管

鱼类食管短而宽，管壁较厚。仅少数鱼类的食管较细长，如烟管鱼。鱼类食管由三层组织构成，即黏膜层（内层）、肌肉层（中层）、浆膜层（外层）。黏膜层中尚有味觉细胞、味蕾分布，具有选择食物的作用。食管还能分泌黏液，将食物制成团状，便于吞咽。

3. 胃

其接近食管的部分称为贲门部，胃体的盲囊状突出部分称盲囊部，连接肠的一端称为幽门部。多数鱼类有胃，但鲤科鱼类无胃，仅在食管后方一段延长而略膨大的部分，称肠球。一般鱼的胃由四层组织组成，即黏膜层、黏膜下层、肌肉层、浆膜层。

4. 肠

鱼类肠管组织由黏膜层、黏膜下层、肌肉层和浆膜层等组成。

肠分化不明显。一般肉食性鱼类，肠管较短，常短于或等于体长，多为直管或有 1～2 个弯曲；以植物食物为主及浮游生物为食的鱼类肠管较长，在腹腔中盘曲较多，一般为体长的 2～5 倍，有的甚至达 15 倍；杂食性鱼类的肠短于草食性鱼类而长于肉食性鱼类。

5. 幽门垂（幽门盲囊）

在肠开始处有许多指状盲囊突出物，为幽门垂（或称幽门盲囊）。幽门垂的组织结构与肠壁组织相似，其作用一般认为是用来扩充肠子的吸收面积，同时又能分泌与肠壁相同的分泌物。幽门垂均开口于小肠。

6. 肛门

肠道最后开口处为肛门，消化管中的残渣经此排出体外。软骨鱼类和一些低等的硬骨鱼类、肠末端开口于泄殖腔，即排泄、生殖管及肠末端均开口于一个腔中，然后排出体外，其他鱼类肛门单独开口于体外。肛门的位置通常位于臀鳍前方，但也有特别前移的，有的接近腹鳍，如江河上游的船丁鱼，个别种类还移至喉部。

7. 肝脏和胰腺

消化腺主要有肝脏和胰腺。肝脏是鱼体内最大的消化腺。一般为黄色、黄褐色。大多数鱼类的肝脏分为两叶，有些硬骨鱼类的肝呈三叶，如金枪鱼科，有的则为多叶，如玉筋鱼，鲤科鱼类大多数分散，不易分清叶数，少数硬骨鱼类的肝不分叶。肝脏能分泌胆汁，经胆微管集中于胆囊内，再由输胆管开口于肠右上方。胆囊埋在肝脏中，位于体腔右侧。胰腺也是鱼类重要的消化腺，有些鱼类如板鳃类的胰脏很发达，呈单叶或双叶，明显与肝脏分离，位于胃的末端与肠的相接处。硬骨鱼类的胰脏，大多数为弥散腺体，一部分或全部埋在肝脏中，如鲤科鱼类、真鲷、黑鲷、海龙等，这类胰脏和肝脏混杂在一起的组织，称为肝胰脏。有的种类在肠壁处也有胰细胞分布，如白鲢。

二、呼吸系统

鳃是鱼类的主要呼吸器官。鳃裂在外侧有鳃盖保护，鳃隔已退化，在咽部每侧有 4 个全鳃，每一个全鳃由 2 列鳃丝构成，鳃丝上布满毛细血管。鳃瓣生在鳃弓上，鳃弓内侧生有鳃耙是滤食器官。第 5 对鳃弓无鳃而生有咽喉齿。

大多数鱼类有鳔，位于体腔背方的长形薄囊，鳔一般分为两室，内含氧气、氮气和二氧化碳。鳔的功能主要是调节身体比重，来实现鱼在水中的升降。

三、泌尿生殖系统

1. 泌尿系统

泌尿系统由肾脏、输尿管、膀胱、尿道等器官组成。肾脏位于体腔背壁，常为暗红色的狭长状。肾脏腹面有输尿管，两条输尿管末端合并，稍为膨大形成膀胱。

2. 生殖系统

生殖系统由生殖腺和生殖导管组成。雄性生殖腺为有囊状膜包裹的精巢一对，生殖导管为输精管。输精管前端盘曲在肾脏前部，输精管后端膨大为贮精囊，是暂时贮存精液之处，贮精囊附近有一对精子囊。精子囊、贮精囊和副肾管均开口于泌尿生殖窦，最后通入泄殖腔，以泄殖孔通体外。雌性生殖系统由成对有囊状膜包裹的卵巢、输卵管构成。输卵管前端为喇叭口，前部膨大为壳腺，后端膨大为子宫。

四、循环系统

循环系统主要包括心脏、动脉、静脉和毛细血管。

1. 心脏

（1）静脉窦　位于心脏后背侧，近似三角形，壁甚薄，接受身体前后各部分回心脏的静脉血。

（2）心耳　位于静脉窦的腹下方，心耳腔较大，壁薄。

（3）心室　位于心耳的腹前方，呈圆球状，壁厚。心室搏动力最强，为心脏主要的搏动中心。

（4）动脉圆锥　心室前方为动脉圆锥。真骨鱼类的动脉圆锥退化。只留 2 个半月瓣，并为动脉球代替，动脉球是指在心室前方一圆球状构造，其壁也厚，不能搏动。动脉圆锥与动脉球的功能在于使血液均匀地流入腹大动脉，它们能够减轻由于心室的强烈搏动而对鳃血管所产生的压力。

（5）瓣膜　心耳与静脉窦之间有两个瓣膜，称窦耳瓣；心室与心耳间也有两个袋状瓣膜，称耳室瓣；心室与动脉圆锥之间有半月瓣，防止血液倒流。

2. 动脉

血液从心室的动脉圆锥或动脉球流出而进入腹大动脉，然后流向 5 对或 4 对入鳃动脉。在鳃获得氧气后于背部汇合为一条背大动脉，再分支到身体各部和内脏器官。

3. 静脉

一般由一对前主静脉、一对下颈静脉、后主静脉、肝门静脉和肾门静脉构成。

4. 毛细血管

毛细血管主要分布于动脉与静脉之间（多数情况，动脉由粗变细，以毛细血管与静脉相连）、动脉与动脉之间（在鳃上入鳃小片动脉析散成毛细血管，汇集成出鳃小片动脉）静脉与静脉之间（肾门静脉、肝门静脉）。

五、神经系统和感觉器官

有明显五部分的脑和适应水生的感觉器官。

1. 神经系统

脑由大脑、间脑、中脑、小脑和延脑五部分构成。大脑的主要功能是嗅觉，间脑有探测水深和影响鱼类色素细胞的功能。中脑为视觉中枢，小脑主要调节运动，延脑为脑的最后部分，有多种神经中枢，重要的有听觉、侧线感觉中枢和呼吸中枢。脑神经有 10 对。

2. 感觉器官

（1）侧线器官　分布于头部和躯干部两侧，侧线的重要功能是感觉水流。

（2）平衡觉和听觉器官　没有中耳和外耳，只有内耳。内耳是听觉器官。位于眼睛的后方，埋藏在脑颅的耳囊内。内耳的主要功能是平衡作用，其次是听觉。

（3）视觉器官　角膜扁平而靠近晶状体，适于近视。没有防干燥的眼睑和泪腺。

（4）嗅觉器官　嗅觉器官为嗅囊，是一对凹陷的构造。由一些多褶的嗅觉上皮组成，嗅囊位于头的背部，眼的前方。

【复习思考题】

1. 列出鱼类外形特征和特点。
2. 简述鱼类内脏系统的组成。

【岗位技能实训】

项目　鱼的解剖与内脏器官形态和结构的识别

【目的要求】　了解鱼运动系统与被皮系统的形态构造特点，掌握内脏系统的组成、形态位置、构造特点和生理特性。

【实训材料】　鱼骨骼标本、浸制标本、活体、解剖器械。

【方法步骤】

1. 仔细观察鱼类的体表特征。

2. 解剖鱼体。

3. 消化系统器官的观察：口腔、食管、胃、肠、肝、胰。

4. 呼吸系统器官的观察：鳃。

5. 泌尿生殖系统器官的观察：肾、输尿管、睾丸（卵巢）。

【技能考核】　能正确解剖并识别鱼的主要内脏器官。

第十九章 两栖类（宠物蛙）解剖生理特征

【学习目标】

1. 了解两栖动物的分类。

2. 掌握蛙的呼吸系统、排泄系统、循环系统和神经系统的解剖生理特点。

【技能目标】

识别蛙标本上的各个脏器。

两栖动物是脊椎动物进化史上由水生向陆生的过渡类型，成体可适应陆地生活，但繁殖和幼体发育还离不开水。主要的特征是：体温不恒定；卵生，幼体在水中生活，经变态后成体可适应陆地生活，用肺呼吸，皮肤裸露而湿润，无鳞片，毛发等皮肤衍生物，黏液腺丰富，具有辅助呼吸功能。两栖类起源于距今约三亿多年前的泥盆纪。在漫长的演变过程中，鱼类从水到陆逐渐自我完善达到了质变并适应陆地新环境，因而形成了两栖动物，它们是最早的登陆四足动物。

第一节 两栖动物概述

现代的两栖动物种类并不少，超过 4000 种，分布也比较广泛，但其多样性远不如其他的陆生脊椎动物，只有 3 个目，其中只有无尾目种类繁多，分布广泛。每个目的成员也大体有着类似的生活方式，从食性上来说，除了一些无尾目的蝌蚪食植物性食物外，均食动物性食物。两栖动物虽然也能适应多种生活环境，但是其适应力远不如更高等的其他陆生脊椎动物，既不能适应海洋的生活环境，也不能生活在极端干旱的环境中，在寒冷和酷热的季节则需要冬眠或者夏蛰。

一、无足目

无足目又称蚓螈目或裸蛇目，是近代两栖类最原始的一目。其特征是：体长圆，四肢退化，形似蚯蚓。穴居，以蚯蚓、昆虫等为食，眼小、退化，皮肤裸露，具有许多环状沟纹，富含黏液腺。卵生，但产卵较少（10～20 个）。幼体在水中发育，具有 3 对外鳃；成体用肺呼吸，但只有右肺发达。代表动物为蚓螈、鱼螈等，主要分布于中南美洲，在我国仅有 1 种，即版纳鱼螈，是我国蚓螈目的唯一代表。双带鱼螈见图 19-1。

二、有尾目

有尾目也称为蝾螈目，头扁宽，体圆筒形，躯干较长；有四肢，较短，少数种类缺少后肢；终生有长尾而侧扁；爬行，多数种类以水栖生活为主，形似蜥蜴。幼体在水中发育，有外鳃，变

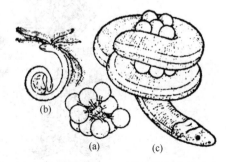

图 19-1 双带鱼螈

(a) 卵堆；(b) 幼体；(c) 成体在孵卵

态发育不明显。有尾目均为肉食性动物，代表动物如大鲵，俗称"娃娃鱼"，是现生体型最大的两栖动物。大鲵是现存体型最大的两栖动物，体长一般 40～60cm，最长可达 180cm，重 50kg，皮肤有各种斑纹，体侧有纵向的皮肤褶，眼小，无活动眼睑，四肢短小。大鲵在我国分布于华中、华南、华东和西北等处，是我国的特产物种，被列为国家级珍稀保护动物。除大鲵外，分布在我国的有尾目代表动物还有东方蝾螈、肥螈、泥螈等。见图 19-2。

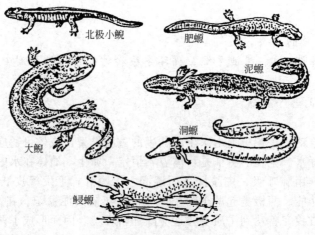

图 19-2　有尾目代表动物

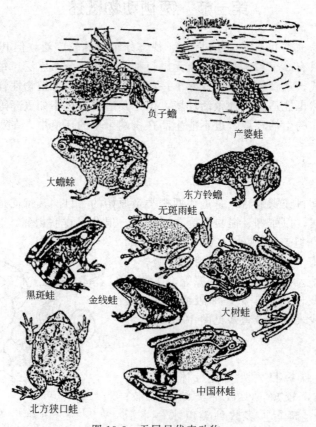

图 19-3　无尾目代表动物

三、无尾目

无尾目典型代表动物如大蟾蜍、无斑雨蛙、中国林蛙等，幼体为蝌蚪，从蝌蚪到成体的发育中需经变态过程。无尾目包括现代两栖动物中绝大多数的种类，也是两栖动物中最高等、种类最多、分布最广的一个类群。无尾目的成员体形大体相似，而与其他动物均相差甚远，仅从外形上就不会与其他动物混淆。其形态特征为：身体扁宽，颈部不明显，幼体即蝌蚪有尾无足，成体无尾而具四肢，后肢较长且发达，适于跳跃，有眼睑和可活动的瞬膜，有鼓膜和鼓室，有声带，大多数雄性有鸣囊。无尾目的成员统称蛙和蟾蜍，一般来说，皮肤比较光滑、身体比较苗条而善于跳跃的称为蛙，而皮肤比较粗糙、身体比较臃肿而不善跳跃的称为蟾蜍。无尾目历史悠久，三叠纪便已经出现，直到现代仍然繁盛，除了两极、大洋和极端干旱的沙漠地区以外，世界各地都能见到，但在热带地区和南半球尤其是拉丁美洲最为多见，其次是非洲。无尾目可分为原始的始蛙亚目和和进步的新蛙亚目，或进一步将始蛙亚目划分为始蛙亚目、负子蟾亚目和锄足蟾亚目。见图19-3。

目前作为宠物饲养的两栖动物主要有以下品种：花狭口蛙、光滑爪蟾（金蛙）、树蛙、东方蝾螈（大鲵或娃娃鱼）、红瘰蝾螈（金麒麟）、墨西哥钝口螈、潮汕蝾螈、花姬蛙、侏儒爪蟾等。

第二节　宠物蛙的解剖生理特征

两栖动物是动物进化史中从水生到陆生的一个过渡环节，水陆环境存在很多差异，如水中氧气少、水密度大（有浮力）、水温比较恒定、环境少变；而在陆地上，氧气多、空气密度小（不能产生足够的浮力）、温度不恒定、环境多变。在长期的进化过程中，两栖动物在解剖结构和生理功能方面都进行了一些适应性的改变，如呼吸的多样化、五趾型附肢、较复杂的消化系统等。

两栖动物的主要特征是：

① 变态发育，幼体生活在水中，用鳃呼吸；

② 大多数生活在陆地上，少数种类生活在水中，一般用肺呼吸；

③ 皮肤裸露，能分泌黏液，有辅助呼吸的作用；

④ 心脏两心房、一心室，不完全的双循环；

⑤ 低温不恒定；

⑥ 体外受精；

⑦ 先长出后肢，再长出前肢；

⑧ 抱对受精，不仅可以刺激雌雄双方排出生殖细胞，还可以使精子和卵细胞向相同方向排出，提高受精率。

由于两栖类动物的心脏结构不完善，代谢水平低，并且缺乏体温调节机制，两栖类到了冬天天气寒冷时就开始藏身于洞穴，不吃不动，新陈代谢降至最低，只靠皮肤进行呼吸，靠体内贮藏的营养物质如脂肪提供能源，翌年春季气温回升时再恢复摄食及活动，这种现象即称为冬眠。在热带地区，许多两栖类在酷热阶段也要寻找潮湿的地方隐蔽，安静不动，称为夏眠。

一、被皮系统

皮肤由表皮和真皮组成，其特点为皮肤裸露，富于腺体，轻度角质化，并含有色素。

表皮由多层细胞组成，可分为角质层和生发层。角质层位于皮肤表面，为1～2层角化上皮细胞构成，此层细胞已经死亡并逐渐脱落，同时生发层的细胞逐渐往上推移，变成角质层。在角质层之下，为生发层。生发层的细胞具有分裂增殖能力。

真皮较厚，有疏松层和致密层两层。疏松层由疏松结缔组织构成，含有黏液腺，有些种类的黏液腺变成了毒腺，可分泌白色浆液，如蟾蜍。黏液腺实质上是表皮下陷到真皮层所形成，呈泡状，可分泌黏液，使皮肤保持光滑、湿润。在表皮的生发层和真皮内还含有色素细胞，从而使两栖动物的皮肤呈现多种颜色，常与周围环境颜色保持一致，称为保护色。致密层由致密结缔组织构成，起支持作用。在真皮内分布有丰富的毛细血管，可通过皮肤与外界进行气体交换，因此，皮肤也是两栖动物非常重要的辅助呼吸器官，尤其是在冬眠时。

二、运动系统

1. 骨骼

两栖动物的骨骼可分为中轴骨和附肢骨。中轴骨包括头骨和脊柱。附肢骨包括肩带、腰带和前、后肢骨。

（1）头骨　由脑颅和咽骨组成。骨块数目少，宽而扁，重量较轻，脑腔狭小，骨化程度低，硬骨数目较少。咽骨包括上、下颌弓和舌骨。

（2）脊柱　分为颈椎、躯干椎、荐椎和尾椎。椎骨的数量，因动物种类不同，差异较大。蛙的椎骨共有 10 枚，其中 1 枚颈椎、7 枚躯干椎、1 枚荐椎和 1 块由尾椎愈合而成的棒状的尾杆骨。

（3）肩带　主要由肩胛骨、乌喙骨和锁骨构成。胸骨（蛙）由肩胸骨、上胸骨、中胸骨和剑胸骨（剑突）构成。两栖类动物不形成明显的肋骨，故无胸廓。前肢骨由肱骨、桡骨与尺骨、腕骨、掌骨和指骨组成。

（4）腰带　由髂骨、坐骨和耻骨组成。后肢骨由股骨、胫骨与腓骨、跗骨、蹠骨（跖骨）和趾骨组成。五趾型四肢的骨骼是陆生脊椎动物的一个特征，只是由于环境和生活方式的不同，产生了一些演变，如蛙类的桡骨与尺骨愈合呈一块桡尺骨，第一指退化；胫骨与腓骨愈合呈一块胫腓骨，以适应蛙类的跳跃。

蛙的全身骨骼见图 19-4。

2. 肌肉

两栖动物为适应陆生生活，伴随着四肢的出现，骨骼肌逐渐复杂化。蛙类明显分化出了颈肌、躯干肌、尾髂肌和附肢肌等肌群，尤其是后肢的肌群特别发达，以适应跳跃行走。

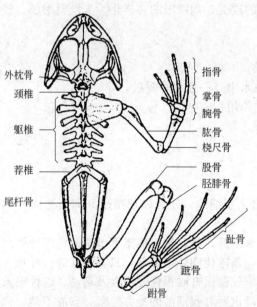

外枕骨
颈椎
躯椎
荐椎
尾杆骨
指骨
掌骨
腕骨
肱骨
桡尺骨
股骨
胫腓骨
趾骨
蹠骨
跗骨

图 19-4　蛙的全身骨骼（背面观）

三、消化系统

两栖动物的消化系统分化较鱼类复杂。和鱼类一样，两栖动物的消化系统也分为消化道和消化腺两部分，但具有了泄殖腔，直肠的末端开口于此；口腔构造也较复杂，这是陆生脊椎动物和鱼类的巨大区别。

1. 消化道

包括口、咽、食管、胃、小肠、大肠、泄殖腔、泄殖腔孔。

蛙口咽腔（图 19-5）的构造较复杂，口腔内有肌肉质的舌，舌尖分叉向后，唾液腺可分泌黏液，使干燥的食物湿润，便于吞咽。无咀嚼功能。蛙的口咽腔内具有内鼻孔、耳咽管孔、喉门和食管开口。在舌后方腹面隆起部分，中央有一裂缝即喉门。食管口与咽腔之间无明显界限。蛙的口咽腔两侧或底部具有一对或单个的声囊开口，对发声具有共鸣作用。

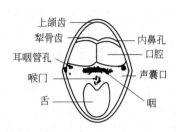

图 19-5　蛙的口咽腔

食管较短，胃略偏于体腔的左侧，前宽后狭，最后突然紧缩形成幽门。小肠由十二指肠和回肠组成，起于胃后，弯向前方的一小段为十二指肠；由十二指肠向后折，经过几次回旋而达大肠的部分为回肠。大肠膨大而陡直，开口于泄殖腔通体外。

蛙的泄殖腔较大肠短小，为汇纳肛门、输尿管和输卵管（雌蛙）的管道。泄殖腔的腹面有膀胱开口。

2. 消化腺

肝脏位于体腔前端，呈红褐色，由较大的左右二叶和较小的中叶组成。在肝脏背面，左右两叶之间有一绿色近圆形的胆囊（内贮胆汁），向外有两根输胆管，一根与肝管连接，接收肝脏分泌的胆汁；另一根与输胆总管相接，胆囊中的胆汁经此输入胆总管，输胆总管末端通十二指肠。胆汁经总胆管进入消化道。胰腺位于胃与十二指肠之间的肠系膜上，呈不规则的管状，淡黄色，其分泌物为胰液，借输胆管与胆汁混合后入十二指肠。

蛙的内脏解剖见图 19-6。

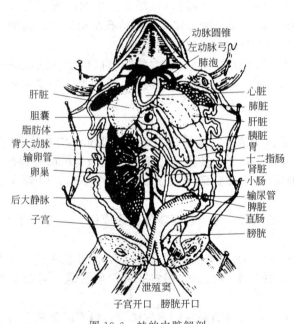

图 19-6　蛙的内脏解剖

四、呼吸系统

蛙等两栖动物早期（蝌蚪期）的主要呼吸器官是鳃，经过变态发育后，成体的鳃消失，由咽部腹侧长出一对囊状的肺，成为成体的主要呼吸器官。在冬眠和在水中时，皮肤则可作为主要的呼吸器官。成体参与肺呼吸的器官包括鼻腔、口腔、喉气管室和肺，无气管和支气管。喉气管室为自喉门向内的短粗的管状结构。肺比较原始，结构简单，壁薄，透明，呈椭圆形的囊状，内壁为蜂窝状，密布毛细血管网，具有弹性，是气体交换的场所。

由于没有胸廓，蛙呼吸动作比较特殊，称为吞咽式呼吸。吸气时，上下颌紧闭，鼻孔瓣膜开放，口腔底部下降，空气自外鼻孔进入鼻腔，经内鼻孔达口腔，然后鼻瓣关闭，口底上升而将空气压入喉门和肺内。进行气体交换后，肺的弹性回缩力和腹肌的收缩使气体又退回口腔，鼻孔开张，呼出气体。

五、泌尿系统（排泄系统）

两栖类的排泄系统不完善，由一对肾脏（中肾）、一对输尿管和一膀胱组成。肾脏位于体腔靠后部脊柱两侧；左右两侧的输尿管（中肾管）并不开口于膀胱，而是分别开口于泄殖腔的背面。膀胱（也称泄殖腔膀胱）呈囊状，开口于泄殖腔腹面。肾脏产生尿液经输尿管流入泄殖腔，慢慢流入膀胱，并贮存于膀胱，当膀胱充满尿液时，再经泄殖腔排出体外。膀胱还有重吸收水分的作用。

肾脏除了泌尿功能之外，还具有调节水代谢、维持渗透压的作用。两栖类动物皮肤通透性很高，当机体在水中时，大量水分深入体内，此时利用肾小球高效的过滤机能可使体内的水分得到平衡；而当动物在登陆后，体内大量的水分又会通过皮肤散失，此时通过调节肾小球的滤过和膀胱的重吸收，减少尿量，保持体液。虽然两栖类膀胱重吸收水分的功能使体内水分的保持得到了加强，但是仍不足以抵偿因体表蒸发所造成的大量失水，这就决定了两栖动物虽然能够在陆地上生活，却不能长时间离开水源。

六、生殖系统

1. 解剖特征

雄性蛙具有 1 对白色卵圆形的精巢，位于肾脏腹面。精巢可分泌雄性激素，产生精子，成熟的精子经由若干输精小管通入肾脏前部，再通过输尿管、泄殖腔排出体外。雄性的输尿管在进入泄殖腔之前，膨大成贮精囊，用以贮存精子。输尿管兼有输精的作用。无交配器。

雌性具有 1 对卵巢，呈多叶的囊状，可产生卵子，分泌雌性激素。成熟的卵子落入体腔，进入输卵管（1 对）前端的喇叭口，再经输卵管至泄殖腔，由泄殖孔排出体外。输卵管的末端膨大部分称子宫，能分泌胶质卵膜包在卵外，有保护卵的作用。

在雌雄生殖腺的前方，均有一簇黄色指状的脂肪体，内含大量脂肪以供生殖细胞的营养。脂肪体的大小与生殖季节有关，生殖结束时，脂肪体即萎缩消失。雄性蟾蜍的睾丸前端具有一黄褐色的圆形小体，称毕氏器，相当于雌性的卵巢。

2. 生殖与发育特征

绝大多数两栖动物在水中进行体外受精。受精时，雄性伏在雌性的背部（抱对），在抱对的刺激下，雌性连续排出成熟的卵，雄性排出精子，使卵子受精。形成的受精卵外包被 3 层胶质膜，遇水后膨胀形成胶质囊，可保护受精卵，还可使受精卵粘在一起，附着在水草上。

蛙类的发育为变态发育，从受精卵孵化成蝌蚪，再经过变态发育为成体，一般需要 2～3 个月。

在春季温度适宜的情况下，受精卵经过 5～6 天发育成幼体（蝌蚪），冲破胶质囊，进入水中。蝌蚪以口吸盘吸附在水草的叶子上，并以水草为食。蝌蚪头部两侧形成 3 对羽状外鳃，作为呼吸器官。

随着蝌蚪的生长，口吸盘和外鳃逐渐消失，同时咽部两侧出现鳃裂，鳃裂内腔壁上衍生出鳃，外鳃消失处演变为鳃盖。此时鳃执行呼吸功能。血液循环为单循环，排泄器官为前肾，无四肢，靠尾部游泳，消化道发达，盘绕在体腔内。

蝌蚪继续发育，进入变态期。此时发生主要变化为：尾逐渐萎缩；在尾的基部两侧长出后肢，随后前肢也突破鳃盖附近的皮肤长出；肺逐渐发育形成；内鳃和鳃裂消失；血液循环变为不完全双循环；骨骼发生剧烈变化，绝大部分软骨变为硬骨，尾椎骨愈合变为尾杆骨；排泄器官由前肾变为中肾；消化道变短，食性变为肉食性。最终发育为成体。

七、心血管系统

1. 心脏

蛙的心脏（图 19-7）位于体腔的前端，肝的腹面，被包围在具有两层囊壁的围心腔中，

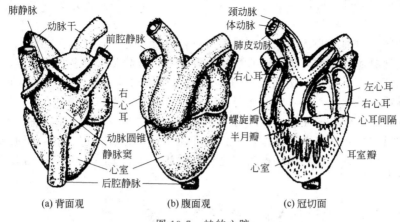

图 19-7　蛙的心脏

与体腔完全隔离。由静脉窦、心房、心室、动脉圆锥组成。幼体为一心房、一心室；成体为二心房、一心室，静脉窦和动脉圆锥仍存在。成体为不完全的双循环，心室内并未严格区分来自左、右心房的多氧血和少氧血。

静脉窦位于心脏的背面，呈三角形，向前连接左、右前大静脉，后面连接一根后大静脉。此窦开口于右心房，其前缘有很细的肺静脉，注入左心房。

左、右心房互不相通，但血液都通过房室孔流入心室，两个房室孔有瓣膜，可防止血液从心室倒流到心房。

动脉圆锥为心室腹面右上角通出的淡色的管状结构，其后端稍粗大；由动脉圆锥向前分叉为左右两大动脉干。动脉圆锥内有 3 个半月瓣，可防止心室泵出的血液倒流到心室内。

2. 动脉

由动脉圆锥向前发出一对粗大的动脉干，每一干向前又分为左、右 3 支，由内向外为：

① 总颈动脉　分左、右 2 支，给头部各器官供血。

② 体动脉　自动脉干分出左、右两动脉弓，每支动脉弓再分出 2 支，一支分布到前肢，另一支前行不远就绕过食管的两旁，沿体壁后行，至肾脏前端，汇合为背大动脉，向后延伸，再分支到达内脏各器官和后肢。

③ 肺皮动脉　左、右各一支，每支又分成 2 支，一支分布到皮肤，另一支分布到肺。

动脉逐级分支，形成毛细血管网。毛细血管逐渐汇集成静脉系统。

3. 静脉

(1) 前大静脉　身体前部的血液由颈外静脉、颈内静脉和锁骨下静脉汇入一对前大静脉，再通入静脉窦进入右心房。颈外静脉收集口底、舌部及下颌等处的血液；颈内静脉收集头部及肩臂等处的血液；锁骨下静脉收集前肢及身体背面两侧皮肤等处血液。

(2) 后大静脉　甚大，是一根正中静脉，由生殖静脉、肾门静脉和肝门静脉汇集而成。肝门静脉左右各一，从肝脏通出，开口于后大静脉接近静脉窦的部位。肾门静脉从一对肾脏通出，每边各有 4～6 根，每根各自通入后大静脉。

① 生殖静脉　在雌体为卵巢静脉，起源于一对卵巢；雄体为精索静脉，起源于一对睾丸。

② 肾门静脉　是后肢回心的血管，由 2 条合成。一条位于大腿外侧，称股静脉；另一条位于大腿内侧，称臀静脉，会合而成肾门静脉，在肾脏外缘，又会合一支从体壁来的背腰静脉，然后分出许多小支进入肾脏散成微血管。

③ 肝门静脉　由来自胃壁与胰脏的胃静脉、来自小肠与大肠的肠静脉、来自脾脏的脾

静脉等汇集呈肝门静脉。肝门静脉走到正当腹静脉入肝前分歧点的地方，便与腹静脉汇合流入肝。

（3）肺静脉　由肺回心的血液经一对肺静脉，再合二为一，通入左心房。

静脉血（缺氧血）经静脉窦到右心房，再到心室；肺静脉来的多氧血经左心房也进入心室。心室收缩，血液进入动脉圆锥，通过颈总动脉和体动脉弓至身体各部器官。静脉血经前、后腔静脉通至静脉窦，再入右心房至心室，这个循环过程叫体循环。

从肺皮动脉流入肺脏的血液，由肺静脉流入心脏的左心房再入心室，称为肺循环。

综上，两栖动物开始出现了体循环和肺循环两个循环途径，但只有一个心室，因此动、静脉血要在心室内混合，这种循环称为不完全双循环。蛙的血液循环见图19-8。

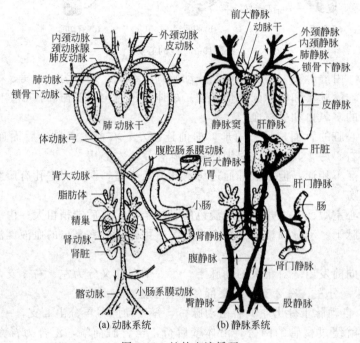

图 19-8　蛙的血液循环

4. 淋巴

淋巴是血液循环的辅助部分。蛙的淋巴循环系统很发达，有淋巴管、淋巴心、皮下淋巴囊及脾脏。淋巴管在静脉的开口处扩大成囊状，并可收缩。脾脏是制造淋巴细胞的器官，暗红色、圆形，附着在肠系膜上。皮下淋巴囊是皮肤下面充满淋巴液的囊状结构，这种结构使蛙的皮肤很容易被剥离下来。

八、神经系统与感觉器官

1. 中枢神经系统

包括脑和脊髓。脑（图19-9）分为5部分，即大脑、间脑、中脑、小脑和延脑。

（1）大脑　分为左、右两个半球，顶部和侧部出现了零散的神经细胞，称原脑皮，其机能与嗅觉有关；大脑半球前方有一对嗅叶。左右大脑半球内的空隙分别称为第一、第二脑室。

（2）间脑　较小，腹面有视神经交叉，其内腔为第三脑室。

（3）中脑　顶部有一对视叶，和鱼类一样，是视觉中枢。内腔称中脑导水管，前后端分别连接第三、第四脑室。

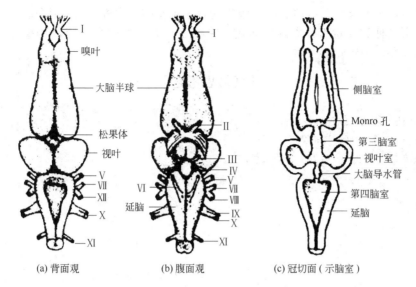

(a) 背面观　　　　(b) 腹面观　　　　(c) 冠切面（示脑室）

图 19-9　蛙的脑

Ⅰ—嗅神经；Ⅱ—视神经；Ⅲ—动眼神经；Ⅳ—滑车神经；Ⅴ—三叉神经；

Ⅵ—外展神经；Ⅶ—面神经；Ⅷ—前庭耳蜗神经；Ⅸ—吞咽神经；

Ⅹ—迷走神经；Ⅺ—副神经；Ⅻ—舌下神经

（4）小脑　呈带状，不发达，这与运动方式比较简单有关。

（5）延脑　是脑的最后部分，是呼吸、心跳等重要生命活动的中枢。内腔为第四脑室。

延脑后接脊髓，两者以枕骨大孔为界。脊髓向后达身体末端，其管腔称中央腔，与第四脑室相通。脊髓的蝶形灰质部是神经细胞集中的地方，其外的白质由神经纤维组成。

2. 外周神经系统

（1）脑神经　有 10 对，多数分布到头部的感觉器官、肌肉和皮肤。只有第Ⅹ脑神经（迷走神经）自延脑侧面发出，分布到内脏器官。

（2）脊神经　也为 10 对。从脊髓两侧自椎间孔发出。

（3）交感神经　位于脊柱两侧，形成纵行的交感神经干，连接许多交感神经节，由神经节发出神经与脊神经相连，同时还发出神经到内脏器官。

3. 感觉器官

（1）视觉器官　眼球似鱼眼，角膜呈凸形，晶状体扁圆形，角膜与晶状体的距离较近，利于远视。晶状体上有牵引肌，由牵引肌收缩拉动晶体前移聚焦，利于近视。但晶状体本身不能调节凸度。两眼间距较大。视网膜上的感觉细胞对运动的物体比较敏感，适合捕食昆虫。蛙具有可活动的眼睑和半透明的瞬膜，具泪腺，分泌物使眼球润滑，免遭伤害和防止干燥。

（2）听觉器官　除内耳外，还有中耳，以适应感觉声波。鼓膜直接暴露于体表，中耳腔通过耳咽管（欧氏管）与口咽腔相通，以平衡鼓膜内外的压力。只有一块听小骨（耳柱骨），声波对鼓膜的振动，可经耳柱骨传入内耳。蛙的耳部结构见图 19-10。

（3）嗅觉器官　尚不完善，鼻腔内的嗅黏膜平坦。蛙有嗅囊 1 对，通过外鼻孔与外界相通，内鼻

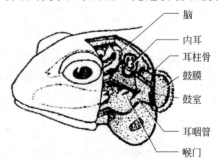

图 19-10　蛙的耳部结构

孔与口腔相通，因此鼻腔兼有嗅觉与呼吸之功，这也是陆生脊椎动物的特征。

此外，水栖种类及陆栖种类的幼体还具有侧线器官。蛙的鼻腔腹内侧壁上，有一对盲囊，称为犁鼻器，为味觉感受器。

【复习思考题】

1. 简述两栖动物的解剖生理特征。
2. 简述两栖动物全身骨骼的划分。
3. 简述两栖动物消化和呼吸系统的组成。
4. 简述生殖系统解剖特征。

参　考　文　献

［1］ 尹秀玲. 动物生理. 北京：化学工业出版社，2009.
［2］ 塞普提摩斯·谢逊. 家畜解剖学. 张鹤宇等译. 北京：科学出版社，1956.
［3］ A.Φ.克立莫夫. 家畜解剖学. 常瀛生等译. 北京：高等教育出版社，1955.
［4］ 沈和湘. 家畜系统解剖学. 合肥：安徽科学技术出版社，1997.
［5］ 沈霞芬. 家畜组织学与胚胎学. 第3版. 北京：中国农业出版社，2002.
［6］ 马仲华. 家畜解剖学及组织胚胎学. 第3版. 北京：中国农业出版社，2001.
［7］ 董常生. 家畜解剖学. 第3版. 北京：中国农业出版社，2006.
［8］ 范光丽. 家禽解剖学. 西安：陕西科学技术出版社，1995.
［9］ 彭克美，张登荣. 组织学与胚胎学. 北京：中国农业出版社，2001.
［10］ 程会昌，李敬双. 畜禽解剖与组织胚胎学. 郑州：河南科学技术出版社，2006.
［11］ 柏树龄，应大君. 系统解剖学. 第6版. 北京：人民卫生出版社，2006.
［12］ 田九畴. 畜禽解剖与组织胚胎学. 北京：高等教育出版社，1993.
［13］ 范作良. 家畜解剖. 北京：中国农业出版社，2001.
［14］ 谭文雅. 家畜组织学与胚胎学实验指导. 北京：中国农业出版社，1995.
［15］ 陈耀星. 家禽解剖学. 第2版. 北京：中国农业大学出版社，2005.
［16］ 高英茂，徐昌芬. 组织学与胚胎学. 北京：人民卫生出版社，2001.
［17］ 凌治萍. 细胞生物学. 北京：人民卫生出版社，2001.
［18］ 成令忠，王一飞，钟翠平主编. 组织胚胎学. 上海：上海科学技术文献出版社，2003.
［19］ 南京农业大学主编. 家畜生理学. 第3版. 北京：中国农业出版社，2000.
［20］ 姚泰主编. 生理学. 第6版. 北京：人民卫生出版社，2005.
［21］ 韩正康主编. 家禽生理学. 南京：江苏科学出版社，1986.
［22］ 韩正康主编. 家禽营养生理学. 北京：农业出版社，1993.
［23］ 陈杰主编. 家畜生理学. 第4版. 北京：中国农业出版社，2003.
［24］ 安铁洙，谭建华，韦旭斌. 犬解剖学. 长春：吉林科学技术出版社，2003.
［25］ 李育良. 犬体解剖学. 西安：陕西科学技术出版社，1995.
［26］ 马仲华. 家畜解剖学及组织胚胎学. 第3版. 北京：中国农业出版社，2002.
［27］ 张春光. 宠物解剖. 北京：中国农业大学出版社，2007.
［28］ 李静. 宠物解剖生理. 北京：中国农业出版社，2007.
［29］ ［日］ 小野宪一郎，金井壮一，多川正弘等. 犬病图解. 黄治国，张素芳译. 南京：江苏科学技术出版社，2004.